U0249007

计算河流工程学

胡德超 著

清华大学出版社
北京

内 容 简 介

计算河流工程学是一门采用数值模拟方法开展河流演变预测及工程水沙计算的专业学科。本书立足于工程泥沙的研究与实践，在兼顾系统性的前提下重点介绍近 20 年河流工程计算领域的新进展。全书包含一维、二维、三维水沙数学模型的试验方法，全面覆盖了各种河流及其工程的建模、模拟技术、重点关注内容及研究流程等，试图从数值模拟的视角阐述河床演变学及河流工程学，并讨论在新的计算理论与计算机软硬件背景下河流数学模型能用于开展哪些研究、能达到怎样的模拟效果及精度水平等问题。

本书适用于水力学、河流动力学、水环境、智慧水利、城市水系统规划等专业的学者和本科生、研究生，也可作为水利水电、航道水运、环境生态等相关行业工程技术人员的参考书籍。

图书在版编目(CIP)数据

计算河流工程学 / 胡德超著. -- 北京：清华大学出版社，2024. 12. -- ISBN 978-7-302-67643-0

I. TV143

中国国家版本馆 CIP 数据核字第 2024JW5611 号

责任编辑：戚 亚
封面设计：傅瑞学
责任校对：欧 洋
责任印制：杨 艳

出版发行：清华大学出版社
   网 址：https://www.tup.com.cn, https://www.wqxuetang.com
   地 址：北京清华大学学研大厦 A 座   邮 编：100084
   社 总 机：010-83470000   邮 购：010-62786544
   投稿与读者服务：010-62776969, c-service@tup.tsinghua.edu.cn
   质量反馈：010-62772015, zhiliang@tup.tsinghua.edu.cn
印 装 者：北京博海升彩色印刷有限公司
经 销：全国新华书店
开 本：185mm×260mm   印 张：27.5   字 数：474 千字
版 次：2024 年 12 月第 1 版   印 次：2024 年 12 月第 1 次印刷
定 价：219.00 元

产品编号：105962-01

序

原型观测分析、河工模型试验、河流数值模拟是研究河流科学与工程问题的三大手段。其中，河流数值模拟是一个涉及计算数学、水沙运动力学、计算机技术等的多学科交叉研究方法，具有费用低、周期短、不受场地限制和环境影响等优点，还可以形象与动态地展示计算结果。随着计算机技术和计算数学方法的快速发展，近几十年来，河流数值模拟技术也得到迅速发展，并在河流研究中获得了广泛的应用，其应用频率目前已超过其他研究方法。

河流数学模型的发展始于 20 世纪 60 年代，我国在 20 世纪 70 年代已研发出考虑因素较全面的非均匀沙不平衡输移一维水沙数学模型。受当时计算机软硬件条件的限制，早期工程泥沙计算大多采用恒定流计算模式，计算量相对较大的一维非恒定流水沙数学模型直到 20 世纪末才逐步普及。然而，一维模型存在无法描述水域形态、不能提供平面冲淤分布、难以刻画涉水工程等短板，常常不能满足需求。研究和发展高维（二维、三维）模型是大势所趋：1990 年前后，二维水沙数学模型的研究开始起步；2000 年前后，三维模型也被报道应用于工程泥沙计算。二维、三维模型在发展过程中主要受水沙运动理论基础不足和计算量大的双重限制。例如，二维模型在计算河床阻力、水流输沙能力等关键指标时，只能借用经扩展的一维计算公式，这种做法的合理性还值得商榷；再如，出于对时效性的考虑，二维、三维模型的研究区域一般不能很大或只允许采用低密度的计算网格，且在开展长时段模拟时还需借助梯级恒定化、冲淤放大因子等简化方法来减小计算耗时。2010 年后，计算数学方法（例如大时间步长、可高度并行化的算法）和计算机技术（例如多核 CPU）的进一步发展，使河流数学模型的效率得到本质性提高。目前，使用二维、三维模型开展大时空模拟已成为现实。例如，人们可开展大范围长时段的、完全非恒定的、精细的、河流与涉水工程一体的二维和三维水沙计算，这也是河流工程计算的未来发展趋势。令人遗憾的是，目前水力学及河流动力学学科尚缺乏一本专业书籍，来全面回答在新的计算理论与计算机技术背景下，河流数学模型能用于开展哪些研究、能达到怎样的模拟效果及精度水平等，并较系统地介绍相关的模拟技术。这正是本书作者胡德超博士的初心。

与作者初识是在 2009 年，记得当时，应其导师张红武教授邀请，我参加了他的博士学位论文《三维水沙运动及河床变形数学模型研究》答辩，我发言认为三维泥沙模型是专业内尚未攻克的、难度极大的研究方向之一，做出创新很不容易，希望他能坚持研究下去。他在毕业后回到家乡的长江科学院工作，一边开展工程生产实践，一边坚持探索河流水沙数值模拟理论与技术，经多年持之以恒的研究，取得了丰硕的成果。2015 年 ASCE 旗舰期刊 *Journal of Hydraulic Engineering* 以两篇连载的形式，刊载了胡德超博士为第一作者的研究成果，随后他在该刊又发表了多篇高质量的论文。在该刊上连载论文的国内学者，我是第一个（1996 年），他是第二个，时隔 20 年。近期，作者梳理了其亲历完成的河流工程模拟实践成果，重点提炼了其中具有特色和共性的河流数值模拟技术，形成专著《计算河流工程学》并请我作序。本书立足于工程泥沙的研究实际，在兼顾系统性的前提下突出介绍近 20 年河流工程计算领域的新进展。我欣喜地看到这位晚辈在论著中展现的创新工作，对其坚守科研、顽强拼搏的精神深表敬意。

本书从数值模拟的视角阐述河床演变学及河流工程学，包含了一维、二维、三维水沙数学模型的试验方法，覆盖了各种河流（河道、河网、湖泊、河口、喀斯特伏流等）及其工程的建模、模拟技术及研究流程等。其创新和可贵之处在于，通过研究解决河流计算中的各种遗留技术难题，首次成功开展了江湖河网水沙调控二维精细模拟、坝区冲刷漏斗形成发展全生命周期三维计算、伏流河道混合流水沙输移一维计算等，更新了对河流演变规律及工程作用机制的认识，丰富和扩展了计算河流工程学内涵。此外，床沙级配平面分布的机器学习构建方法、河道立面环流的定量提取方法等，以及分汊型河道洲滩运动模拟、辫状河道流场精细刻画、河口汊道间水沙通量交换计算、大流域洪水演进秒级实时计算等的模拟技术均属于创新性成果，具有很高的推广价值。本书具有重要的理论与应用价值，可供水利水电等相关领域的师生和从事规划、设计、科研等方面的科技人员参考。

作者与我颇有渊源，从姓氏到求学、学术成长经历等均有几分相似，衷心希望这个优秀的晚辈在今后工作与生活中继续不忘初心、砥砺前行，参加更多国家重大水利工程科研工作，取得更多的创新成果，大力推动学科的进步。

胡春宏

中国工程院院士

2023 年 11 月 22 日北京

前　言

　　河流（本书泛指河道、湖泊、水网、河口海岸等地表水流系统）的分布及冲淤演变直接影响着人类的生活、生产及社会发展。人们出于防洪、航运、水资源利用、环境保护等目的，在河流范围内开展的除害兴利活动统称为河流工程。研究和认识河流演变规律并开展针对性的工程治理，以帮助消除水患灾害并更好地发挥河流的功能，具有重要的实际意义。由于河床形态、水沙紊动、开边界条件等通常非常复杂，研究河流水沙输移及河床演变规律本身已十分困难。而且，不同地域和类型的河流在工程治理方略、具体整治措施等方面又常常存在不同考虑。这些原因使研究河流演变规律和开展河流工程治理十分具有挑战性。

　　河流数值模拟是研究河流科学与工程的主要手段之一。作为作者前期出版的《大时空河流数值模拟理论》的姊妹篇，本书将继续讨论在新理论背景下河流数学模型能用于开展哪些研究、能达到怎样的模拟效果及精度水平等。鉴于此，本书的主要目的在于，介绍使用水沙数学模型研究河流及其工程的各种模拟技术，并试图从数值模拟的视角重新论述河床演变学及河流工程学。作者期盼，读者在开展河流及其工程数值模拟研究时都能在书中找到可供借鉴的经验，并从中了解到河流计算的当前水平与发展趋势。

　　河流及其工程的数值模拟研究涉及面很广。如在研究水库时，常需要开展枝状河网、孔口出流等条件下的水沙运动模拟；在研究流域中下游江湖河网时，通常需要开展江湖系统大时空模拟；在研究河口时，需开展感潮河段—海岸带—近海的整体模拟。关于河流及其工程，前人已开展了大量的数学模型研究并取得了丰富的成果，但仍有不少技术问题多年来并未得到较好解决，这限制了人们借助数学模型研究河流规律与有关工程问题的能力。作者在其近 20 年的河流计算实践工作中，对各种模拟技术进行了持续性的研究和探索。本书正是对这些工作所取得的成果的归纳和凝练，具有系统性、创新性、实践性三大特色。

　　本书的系统性体现在，完整介绍了一维、二维、三维河流数学模型的试验方法，全面覆盖了各种河流及其工程的模拟技术、重点关注内容等。本书先在第 1～3 章概述了河流数学模型的原理、基础技术与试验方法，然后在第 4～11 章依次介绍了河道演变与治理、河网水沙调控、湖泊演变与治理、河口海岸工程、水库淤积、涉河工程扰动、流域洪水演进等的数值模拟研究的技术要点与方法。

本书的创新性体现在，对河流及其工程计算中的多个模拟技术问题提出了解决方法，并据此通过开展计算研究更新了对河流演变规律及工程作用机制的认识。在建模与分析方法方面，提出了河流及涉水工程的精细建模方法、床沙级配分布的机器学习构建方法、河道立面环流的定量提取方法等。在河道研究方面，实现了弯曲河道切滩撇弯模拟、分汊河道洲滩运动及主支汊转化模拟、辫状河道流场精细刻画等。在江湖河网研究方面，提出了江湖河网与水工程一体化二维精细模拟方法，并实现了江湖湿地大时空冲淤演变的二维模型预测。在水库研究方面，提出了孔口出流条件下坝区水沙输移的三维数值模拟方法，实现了真实水库坝区冲刷漏斗形成发展全生命周期三维计算。在特殊河流研究方面，提出了非恒定混合流一维水沙数值模拟方法，实现了喀斯特地区伏流水沙输移及冲淤的模拟。在河口研究方面，实现了大型分汊型河口水沙输移及整治工程的精细模拟，揭示了分汊型河口汊道间水沙通量交换规律、工程对河口旋转流水沙输移的扰动机制等。在洪水计算方面，实现了流域大范围洪水演进秒级实时模拟、城镇淹退水过程精细模拟等。所得到的模拟技术和水沙运动规律认识均是本书的创新性成果。

本书的实践性体现在，书中实例均源自作者亲历的河流科学和工程研究项目。区别于传统的河流计算，本书的河流计算实践全面采用了非恒定流水沙数学模型并开展工程精细模拟。作者通过对大量项目成果进行浓缩，将其中具有技术含量的、特色的、共性的河流数值模拟技术提炼出来列入书中。因而，本书在内容上具有源于实践又高于实践的特点，十分接地气，具有重要的实用价值。

感谢长江科学院提供的工程研究平台及清华大学张红武、钟德钰教授的指导和帮助。本书研究得到国家自然科学基金项目（52179058）资助，特此致谢！

需指出，因河流水沙计算精度受泥沙基本理论发展水平等多方面制约，河流数学模型目前仍是一种有待发展完善的技术手段。本书虽较全面地介绍了各种河流及其工程的计算研究，但许多尚属初步尝试，其中不少模拟技术问题有待进一步探究。希望这些问题也能引起读者的思考，起到抛砖引玉的效果。鉴于作者水平有限，难免出现疏漏或不准确之处，敬请读者不吝赐教。

作者

2023 年 11 月 武汉

目　录

河流数学模型原理概述

本章概述河流数值模拟的基本原理，包括一维、二维、三维水沙数学模型的控制方程、边界条件、计算网格、数值离散求解方法、计算流程等，重点剖析各种维度的泥沙数学模型中计算非均匀沙不平衡输移的关键环节和技术、各种参系数的选取或确定方法等。在此基础上，辨析几种常用的水沙数学模型。

1.1 河流研究方法简介

原型观测、室内试验和数值模拟是研究河流水沙输移及演变的 3 种主要手段。本节概述这些研究方法，并简要介绍水沙数值模拟的原理、特点与发展。

▶ 1.1.1 河流研究的主要方法

原型观测包括常规水文观测、现场试验等。常规水文观测是指在现场对河流的水力要素、物质浓度、河床地形等进行定期/不定期观测。现场试验是指在原型条件下开展具有明确目的的短期试验和系统观测，例如堤坝溃决[1]、河道冲淤[2]、水质指标迁移[3]等。开展原型观测需消耗大量的人力和物力。

室内试验主要包括水槽试验和物理模型(又称为比尺模型)试验。前者在抽象或概化的水槽中开展试验[4]，通常仅用于开展水流、物质输运等的机理性研究。后者是指按一定比例缩小真实河流得到模型小河并在其中进行试验的研究方法[5]，其缺点是占地大、费用高、试验周期长且易受场地限制和环境影响。需指出，真实地表水流通常为紊流，其输沙规律十分复杂，相关理论并不成熟。经典流体力学理论在用于描述和研究紊流问题时，时常产生显著的误差，紊流及其物质输运的规律有时只有它们自己知道。因而，相比于基于流体力学理论的数值模拟方法或其他分析类研究方法，试验类研究手段具有更高的可靠性，仍是目前河流研究领域最基本、最有效、最常用的研究手段之一。

河流数值模拟始于 20 世纪 60 年代[6]，是一种以流体力学、计算数学、河流动力学等为基础的交叉学科研究手段。它将水流、物质输运及其伴随过程的基本规律使用数学物理方程(控制方程)进行描述,采用计算数学方法对方程进行离散并在一定的初始和边界条件下使用计算机进行求解,从而模拟河流过程和解决有关科学与工程问题。数值模拟具有费用低、试验周期短、不受场地限制及环境影响等优点,加之能形象动态地展示计算结果,在当前河流研究中应用越来越多[7],大有取代实体模型试验的趋势。在河流数值模拟方法中,水流计算是物质输运及其伴随过程计算的基础。从模拟技术来看,水流模型相对较成熟,而泥沙模型由于受水沙运动基本理论发展水平的限制,精度有待进一步提升。

▶ 1.1.2 河流水沙数值模拟概述

对于一些理想、简单的情景,例如一维溃坝水流、微幅波运动、物质浓度刚体云旋转等,可通过数理推导获得描述水流或物质输运的偏微分方程的理论解(又称解析解)。理论解通常包括流速、压力、物质浓度等的时空变化。然而,这种数理解析方法仅适用于求解少量极简单的流动和物质输运问题。在不规则水域或复杂开边界条件下,例如真实的地表水流系统,很难通过数理推导得到偏微分方程的解析解。此时,通常只能采用对控制方程进行时空离散和计算机求解的方式寻求偏微分方程的数值解,河流数学模型便是实现这一目的的途径。用于描述水沙运动的数学物理方程及其时空离散,是河流数学模型的核心基础内容。

1. 挟沙水流的数学物理方程

挟沙水流属于固-液两相流范畴,泥沙和水流之间不间断交换着动量和能量,将其作为两相流进行描述和模拟更合理。然而,由于水、沙相互作用的复杂性及对其中机理认识的不足,人们通常认为散布在水中的泥沙具有分散粒子(微观上)和连续介质(宏观上)双重特性,并采用较简单的单流体模型来研究挟沙水流。单流体模型将泥沙颗粒视作溶解质,将水沙两相流视作连续介质单相流(浑水),具体的数理方程描述方式为:①使用不可压缩时间平均纳维-斯托克斯方程(Navier-Stokes equations,简称为时均 NS 方程)描述水流;②使用泥沙输运方程,即含有冲淤源项(水流与河床之间的泥沙交换项)的对流-扩散方程,描述泥沙在水流中的输运。

一方面,实践表明,以不可压缩时均 NS 方程为核心控制方程的水动力模型已能满足实际应用的计算精度要求，在现阶段河流计算中占主导地位。这类水动力模型的架构已基本发展成熟且种类很多，模型计算精度主要受紊流理论发展水平的制约。另一方面，泥沙运动基本理论发展较缓慢，例如对非均匀沙输移、不平衡输沙、水流-河床泥沙交换、床沙级配调整、河床横向变形等方面的机理认识并不充分，在很大程度上限制了河流冲淤演变数值模拟的准确性。

挟沙水流是一个水流、泥沙输运、河床变形三者相互影响的复杂物理过程。理论上水流与泥沙运动方程均应含有反映水-沙相互作用的物理项，且这些方程的求解也应是耦合的(实时互馈)。然而，求解耦合的水沙控制方程往往十分困难且耗时。在实际工作中，通常采用非耦合的水沙控制方程(不含水沙相互作用项)建立数学模型开展河流计算。非耦合水沙数学模型在单个时步中的计算流程为，先通过水动力模块计算水流物理场，再基于已获得的水流信息开展泥沙输运及河床冲淤计算。其特征为，单个时步中的泥沙计算位于水流计算之后且无需考虑泥沙计算对水流计算的反馈，泥沙运动对水流的影响将在下一时步中通过河床边界变化反映出来。关于非耦合与耦合水沙数学模型的辨析见 1.5.3 节。

2. 水沙控制方程的时空离散

数值求解水沙控制方程存在"偏微分方程连续描述"与"计算机离散计算"的矛盾。偏微分方程所描述的是水沙物理量在时间和空间中的连续变化，而计算机只能存储和处理时空离散的数据。在使用计算数学方法求解控制方程时，需先将其转化为离散的代数方程，再利用计算机进行求解。控制方程的时空离散一般包括 3 个环节。①使用计算网格剖分研究区域，选取特定网格点作为空间离散点并在其上布置能代表物理场的变量。于是，原本在空间中连续分布的物理场(流速、压力、物质浓度等)就被一系列位于空间离散点的变量的集合所代表，该环节称为空间离散化。②将时间轴划分为若干时层，以便描述水沙物理场随时间的演化(在时间轴上向前推进)，该环节称为时间离散化。③基于控制方程，建立描述时空离散点物理变量之间联系的代数方程(也称为离散方程)，从而将连续的偏微分方程转化为关于时空离散点的代数方程，即完成了控制方程的时空离散。

水沙数学模型的基本方法涉及计算网格生成、控制方程时空离散、建模技术等多个方面。其一，用于剖分研究区域的计算网格包括多种类型，例如在水平方向上常采用的直角、曲线、非结构网格，在垂向常采用的 z、σ 网格。其二，前人已发展出将偏微分方程转化为代数方程的多种方法，包括有限差分法(finite difference method，FDM)、有限体积法(finite volume method，FVM)、有限元法(finite element method，FEM)等。这些计算数学方法各具特点，例如 FDM 简单直接、FVM 守恒性好。其三，建模技术主要包括算子、方向、模式分裂等，使用它们可大幅简化模型的结构和求解流程并提升计算效率。关于河流数学模型的数值解法，以往论著[8-14]已有较多论述，本书不再详细介绍。

3. 泥沙输运及其计算的特点

其一，河流所输运的泥沙及河床组成物质(床沙)均是由大小形状不同的固体颗粒混合而成，具有非均匀性。一般可按粒径(D)范围对非均匀沙进行划分(分组)，并使用各分组泥沙的重量占比(即泥沙级配)描述非均匀沙的粒径分布状况、粗细程度等。以长江科学院的 16 分组为例，各分组泥沙的粒径上限分别为 0.005mm、0.01mm、0.025mm、0.05mm、0.1mm、0.25mm、0.5mm、1mm、2mm、5mm、10mm、25mm、50mm、75mm、100mm、150mm。另外，按运动形式的不同，河流泥沙常被分为悬移质和推移质，例如通常将上述 16 分组中的前 8 组规定为悬移质而后 8 组为推移质，此时应选用对应的公式分别计算水流对悬移质和推移质的输沙能力。需指出，因为在河流输沙过程中悬移质和推移质常会随水流条件变化而相互转化，所以规定这两种泥沙对应固定的分组并不总是符合实际。除特殊说明外，本书默认使用上述粒径分组。

非均匀沙的输运计算主要有代表粒径法和分组法。前者将非均匀沙看作均匀沙并使用其代表性粒径进行泥沙输运计算；后者由 A. Einstein 在 20 世纪 50 年代提出[7]，它对非均匀沙的各分组分别使用一个独立的输运方程进行描述和计算。随着计算机运算能力的提升，分组法已逐渐成为非均匀沙输运计算的主流方法。需指出，在许多冲积河流中，推移质输沙率通常仅占悬移质的 1% 以下。这时，经常采用将河流推移质来沙折算给最粗悬移质分组(增加悬移质最粗颗粒分组的来沙量)的方式间接考虑推移质来沙的影响，从而简化泥沙输运计算。该方法不直接处理推移质问题，而是近似将推移质视作最粗的那组悬移质进行计算。

其二，天然河道水流一般处于次饱和或过饱和的不平衡输沙状态(泥沙浓度≠水流输沙能力)，且由不平衡发展到平衡需要一个时空过程。通常引入恢复饱和系数 α、恢复平衡距离 L_s 分别描述悬移质、推移质的不平衡输沙，其取值直接影响河流输沙恢复到平衡状态的快慢、河床的冲淤速率等。α 越大(或 L_s 越小)，河流中泥沙浓度恢复到平衡浓度就越快，同时河床冲淤变形也越迅速。

关于 α 的物理内涵，窦国仁将其解释为泥沙沉降概率[15]，韩其为认为它是河流近底含沙量(泥沙浓度)与垂线平均含沙量的比值[16-17]。在实际应用中，α 的取值(是否大于 1)还存在不同观点。韩其为根据实践经验认为，对于河、湖、水库等，α 在冲刷时取 1，在淤积时取 0.25，该取值获得了广泛借鉴。还有学者研究了分组泥沙恢复饱和系数[18]。关于 L_s，通常将其视作泥沙颗粒在床面上的跳跃长度[19-20]。但人们在实际应用中所使用的 L_s 常常比跳跃长度大很多，例如有文献中一维模型的 L_s 取值为 7.3 倍水深[21]。目前常用的 L_s 计算公式为 van Rijn 提出的实验关系[22-24]。泥沙运动的复杂性使得 α 与 L_s 取值的经验性均很强。

准确描述非均匀沙的不平衡输移是泥沙输运计算的关键，相关问题主要涉及水流输沙能力计算、床沙级配调整更新等，这些内容将在本章后文介绍。

4. 河流数值模拟的发展

常用的河流数学模型按空间维度可分为一维、平面二维、三维模型。它们分别能提供水沙因子的断面平均、平面分布、空间分布计算结果，后两种模型还能直接计算河床冲淤的平面分布。在早期计算机运算能力不足的条件下，人们不得不借助一维模型来研究地表水流系统的水沙问题，通过牺牲计算结果的精度和细节来换取满足实用效率要求的计算速度。20 世纪 90 年代之后，计算机技术迅猛发展，人们得以使用高维模型开展河流研究并取得比一维模型更精细的计算结果。经过数十年发展，高维河流数学模型在稳定性、准确性和计算效率等方面均获得了显著进步，同时也获得了广泛的应用。

除使用水沙数学模型(基础求解器)外，河流数值模拟实践还需使用与应用背景有关的各种特定模拟技术，后者的发展水平也是决定人们应用数学模型认识河流物理过程的广度和深度的重要因素。在河流水沙计算领域，各种 FDM、FVM、FEM 模型目前均已有广泛应用，因而在开展数值模拟研究时有多种选择。本书主要采用基于 θ 半隐、欧拉-拉格朗日等算法的水沙数学模型，它们具有守恒性好、时间步长大、不存在非物理振荡、可高度并行化等优点，可最大限度地保证模型稳定、准确、高效计算，相关理论与方法详情见文献[14]。

特定模拟技术涉及面很广，例如河流及涉水工程的精细建模、河流与涉水工程的耦合计算、河道立面环流提取、坝区趋孔水流模拟、封闭通道混合流水沙计算等。人们在过去数十年中在这些方面开展了大量研究并取得了丰富的成果，但仍有不少模拟技术难题并未得到解决，这制约了人们借助数学模型认识河流演变规律与解决工程问题。本书希望通过归纳和探究与河流数学模型应用背景有关的各种模拟技术，系统论述使用数值模拟手段研究各种河流科学与工程问题的方法，并全面回答在新理论背景下河流数学模型能用于开展哪些研究、能达到怎样的模拟效果及精度水平，以及通过研究可能取得的新认识等问题。

1.2　一维(1D)混合流水沙数学模型

自由表面水流(明渠水流)、承压水流及它们的混合流均是自然与工程界中的常见水流。基于测压管水头的物理内涵，可实现自由表面和承压这两类水流的统一描述，进而建立非恒定混合流的一维水沙数学模型。本节在介绍一维模型原理的基础上，对非均匀沙输运计算的方法和要点进行简要论述。

▶ 1.2.1　一维混合流水沙数学模型的原理

1. 一维非恒定混合流模型

一维非恒定流(仅讨论不可压缩水流)的控制方程包括连续性和动量方程：

$$\frac{\partial A}{\partial t}+\frac{\partial Q}{\partial x}=q \tag{1.1a}$$

$$B\frac{\partial \eta}{\partial t}+\frac{\partial (Au)}{\partial x}=q \tag{1.1b}$$

$$\frac{\partial u}{\partial t}+u\frac{\partial u}{\partial x}=-g\frac{\partial \eta}{\partial x}-gS_f \tag{1.2}$$

式中，A 为断面过流面积，m^2；B 为水面宽，m；Q 为断面流量，m^3/s，有 $Q=Au$，其中 u 为断面平均流速，m/s；t 为时间，s；x 为纵向里程，m；q 为侧向入汇，m^2/s；η 为测压管水头，m；$S_f=n_m^2 u|u|/R^{4/3}$，n_m 为糙率；R 为水力半径，m。

式(1.1a)是连续性方程的一般形式，将其$\partial A/\partial t$ 项进行转化后可得式(1.1b)。对于明渠水流，η 的物理含义为自由水面高度(水位)；对于发生在封闭断面通道内的承压水流，η 的物理含义为测压管水头。借助 η 的这两种具体含义，式(1.2) 即可实现明渠水流和承压水流动量传递的统一数学描述[25]，它为统一模拟明渠流、承压流及它们的混合流奠定了基础。相对于模拟单一类型水流，模拟混合流需要较多的步骤和辅助技术：①先使用标识变量，对明渠段、封闭断面通道段进行标识和区分；②定义新的标识变量，对封闭断面通道中自由表面流段、承压流段进行标识区分；③对具有不规则封闭断面的通道，可借助对称影子亚网格技术[14]代替常规的子断面方法来描述不规则封闭断面的过流区域及变形。

建模时，首先使用计算网格剖分研究区域，其次基于它离散控制方程。一维模型采用基于断面地形和间距的计算模式。就本书模型而言，首先，使用一系列在平面上互不重叠的一维单元覆盖研究区域，并将地形断面置于单元中心；其次，采用交错网格变量布置方式将 η、Q（或 u）分别布置在单元的中心、界面。在此基础上，基于算子分裂思想离散控制方程，其优点是可根据控制方程各项的物理或数学特性选用最适合的数值算法，从而使模型最大限度地实现稳定、准确和高效的数值运算。水流动量方程算子分裂数值离散的具体方案[14]：采用 θ 半隐差分方法离散水位梯度项，以消除与快速表面重力波传播有关的稳定性限制；采用欧拉-拉格朗日方法（Eulerian-Lagragian method，ELM）求解对流项，使模型计算时间步长摆脱与网格尺度有关的库朗数（Courant number，CFL）稳定条件限制。θ 半隐算法和 ELM 的联合使用，使模型可使用 CFL≫1 的大时间步长。采用 FVM 离散连续性方程，以严格保证模型计算的水量守恒。流速-压力（u-p）耦合最终形成一个三对角线性方程组，求解无需迭代。最终，得到一种稳定、准确和高效的非恒定混合流的隐式一维模型。

在研究河网问题时，首先以汉点为界将河网划分为若干单一河段，其次借助预测-校正分块解法（PCM）[14]将河网问题转化为单一河段问题进行求解。

2. 非均匀沙输运模型

假设悬移质在水流中具有完全跟随性，即泥沙运动速度等于水流流速，则可使用对流-扩散方程描述泥沙输运。在方程中加入反映水流与河床之间泥沙交换的源项，即可得到描述悬移质泥沙输移的控制方程（以第 k 分组泥沙为例）：

$$\frac{\partial\left(AC_k\right)}{\partial t}+\frac{\partial\left(uAC_k\right)}{\partial x}=\frac{\partial}{\partial x}\left(\upsilon_c A\frac{\partial C_k}{\partial x}\right)+\alpha w_{s,k}B_{\text{bed}}\left(S_{*k}-C_k\right) \quad (1.3)$$

式中，k 为泥沙分组的索引，$k=1,2,\cdots,N_s$（N_s 为分组数量）；υ_c 为泥沙浓度水平扩散系数，m^2/s；C_k 和 S_{*k} 分别为第 k 组泥沙的浓度和水流输沙能力，kg/m^3；$w_{s,k}$ 为第 k 组泥沙的沉速，m/s；α 为恢复饱和系数；B_{bed} 为湿子断面宽度之和，对于封闭断面，B_{bed} 指位于断面下半部分的湿子断面宽度之和。通过比较水流输沙能力与含沙量建立泥沙冲淤源项（水流与河床之间的交换项），推移质类似。

可通过修改式(1.3)得到推移质泥沙输运方程，修改方法为，去掉扩散项，将断面平均的水平流速(u)换算为近底水流流速(u_b)或摩阻流速(u_*)，并将后者近似作为推移质运动速度。经此修改，得到的推移质泥沙一维输运方程为

$$\frac{\partial\left(AC_k\right)}{\partial t}+\frac{\partial\left(u_b AC_k\right)}{\partial x}=\frac{u_b A}{L_s}\left(c_a-C_k\right) \tag{1.4}$$

式中，L_s 为推移质输运的恢复平衡距离，m；c_a 为推移质输沙能力，kg/m^3。一般可采用水平流速的垂线分布公式(例如对数分布公式)将 u 换算为 u_b。

泥沙模型的计算分两个步骤：首先，将泥沙视作普通保守物质，求解关于它的对流-扩散方程，获得中间解；其次，计算水流与河床的泥沙交换项，将它与第一步的中间解合成，并据此更新水流泥沙浓度和计算河床冲淤变形。

在求解保守物质对流-扩散方程时，为了保证模型计算的质量守恒性，一般将物质浓度(例如含沙量 C)控制变量布置在单元中心并采用 FVM 进行离散和求解。显式算法由于具有简单方便的优点，常被用于求解物质输运方程。使用显式算法求解式(1.3)时的离散方程为(暂忽略标识泥沙分组的下标)：

$$C_i^{n+1}=C_{bt,i}^{~n}+\frac{\Delta t}{A_i^n\Delta x_i}\left[\left(\upsilon_c A\right)_{i+1/2}^n\frac{C_{i+1}^n-C_i^n}{\Delta x_{i+1/2}}-\left(\upsilon_c A\right)_{i-1/2}^n\frac{C_i^n-C_{i-1}^n}{\Delta x_{i-1/2}}\right]+\frac{\Delta t}{A_i^n}\alpha w_s B_{bed,i}\left(S_{*i}-C_i\right)$$
$$\tag{1.5}$$

式中，C_{bt} 是求解对流项后得到的中间解；Δt、Δx 分别是离散方程的时间和空间步长。式(1.5)通用于各分组泥沙。在离散方程中，下标、上标遵从 i-n 规则[11](本书离散方程的表达形式均遵从 i-n 规则)：下标 i 代表网格单元中心，下标 i-$1/2$、$i+1/2$ 代表单元的界面；上标 n、$n+1$ 分别代表 t_n、t_{n+1} 时刻。此外，通常分别使用 Δt_f、Δt_s 表示水流、泥沙输运模型的计算时间步长，但在离散方程中常将它们简写为 Δt 以简化离散方程的形式。时常 Δt_s 可为 Δt_f 的 n 倍($n\geqslant1$)。

通量式 ELM 适用于求解各种维度的对流物质输运问题(包括后文的二维、三维泥沙输运)，它实现了质量守恒、大时间步长、无振荡、显式计算、高度并行化、多种物质输运快速求解等优点在物质输运计算中的统一。将通量式 ELM 用

于非均匀沙输运的分组计算具有多个优势：①允许 CFL≫1 的时间步长，使泥沙输运模型的求解不会对水流模型计算产生附加的稳定性限制；②各组泥沙可共用一条逆向追踪轨迹线，帮助快速求解多组泥沙输运，大幅提高非均匀沙输运计算效率。这里使用一维通量式 ELM[14]计算式(1.5)中的 C_{bt}。

水流中泥沙的输运与盐度、温度、污染物等输运的主要区别在于：水流与河床之间的泥沙交换是一种较特殊的源项，它不仅会改变水流中的物质(泥沙)浓度，而且会引起河床(固体边界)发生变形。因而，泥沙的输运计算比其他物质输运计算困难更大。与悬移质输运方程[式(1.3)]中源项相对应的河床变形方程为

$$\rho_k' \frac{\partial A_{b,k}}{\partial t} = \alpha w_{s,k} B_{bed} \left(C_k - S_{*k} \right) \tag{1.6}$$

式中，$\partial A_{b,k}$ 是由第 k 组泥沙冲淤引起的断面面积变化，m；ρ_k' 是第 k 组泥沙所对应的河床物质的干密度，kg/m³。推移质河床变形方程可类比写出。

3. 边界条件、初始条件与计算流程

计算区域通常包含开边界和固壁边界，前者是水域的截断界面，后者是约束水域的固壁界面。在开边界处，一般可使用狄利克雷(Dirichlet)类(给定变量值)或纽曼(Neumann)类(设定变量梯度为 0)边界条件；在固壁处，通常应用有滑移、无穿透边界条件。在入流开边界，单元水位一般由水动力模型自动解出，因而仅对流量、含沙量(将其转化为输沙率 QC 再使用)等应用给定值边界条件，同时对水位应用 0 梯度边界条件。这样设定可允许自由表面波无阻碍地自下而上（从下游向上游）穿出入流开边界。在出流开边界，一般对水位应用给定值边界条件，同时对流量、含沙量应用 0 梯度边界条件。

初始条件包括水位、流量(或流速)、含沙量等的空间分布。一般使用实测或估算的水位数据设定计算区域的初始水位。然而，在流域内实施流量与含沙量观测的水文站点的分布一般较稀疏，低空间分辨率的实测资料通常很难支撑设定计算区域中所有网格点的初始状态。此时，一般先将各网格点的流量、含沙量等的初值设定为 0，并在恒定的开边界条件下开展模型试算，直至研究区域中的水流及含沙量分布达到稳定状态，然后将这些物理场保存下来作为初始条件。

对于非耦合水沙数学模型，水流与泥沙输运计算在单个模型时步中是分开的。模型在单个时步中的执行流程为，①求解水流控制方程，算出各网格元素的

水位(或水深)与流量(或流速)；②基于已算得的水流信息，求解泥沙输运方程，算出各网格元素的泥沙浓度；③基于河床变形方程，计算各网格元素的由各分组泥沙冲淤引起的河床变形。对于一维计算，通常可沿湿的子断面均匀分配断面冲淤面积；对于二维、三维计算，一般将冲淤体积直接平铺在平面单元的河床上。

▶ 1.2.2 非均匀沙计算的几个关键环节

1. 水流的悬移质/推移质输沙能力

国内研究者常选用张瑞瑾公式[26]计算水流的悬移质输沙能力(挟沙力)。该公式的适用性经过了长期的实践检验，且其参数取值也有大量经验可依。

$$S_* = K\left[u^3/(ghw_s)\right]^m \tag{1.7}$$

式中，u 为过流断面的平均流速；h 为过流断面的平均水深；K、m 为经验参数，一般情况下令 $m=0.92$，同时使用实测的地形、水沙等资料率定 K。

计算推移质输沙能力的公式颇多，各个公式的适用条件、复杂性、计算结果等时常存在显著差异，目前国际上以 van Rijn 公式[22-24]在泥沙数学模型中应用最多。该公式不仅被用于计算推移质输沙能力，还常被用于估算悬移质近底平衡浓度。van Rijn 将近底(河床表面附近)的水流和泥沙因子进行无量纲化，算出床面有效水流剪切应力与沙粒临界起动剪切应力的比值(无量纲水流强度，T)，并基于此计算参考高度(a)处的平衡泥沙浓度 c_a。该公式包含 3 个与泥沙粒径有关的参数，它们分别为床沙中值粒径(D_{50})、无量纲粒径(D_*)和 T。

van Rijn 赋予 a 推移质运动层厚度的物理含义，规定在床面与参考高度 a 之间的水流层之中泥沙以推移质运动为主，进而导出推移层的平均泥沙浓度：

$$c_a = \frac{0.035}{\alpha_2}\frac{D_{50}}{a}\frac{T^{1.5}}{D_*^{0.3}} \tag{1.8}$$

式中，$D_*=\left[(s-1)g/v^2\right]^{1/3}D_{50}$ 为无量纲粒径，其中 D_{50} 为床沙中值粒径，s 为泥沙的相对密度，v 为 20℃时水的运动黏度($\text{m}^2\cdot\text{s}^{-1}$)；$T=(u_*')^2/(u_{*c})^2-1$ 为无量纲水流强度，其中 u_*' 为沙粒阻力所对应的床面摩阻流速，u_{*c} 为泥沙的临界起动摩阻流速；α_2 为一个系数，表示推移质的有效运动速度与表观速度的比值。

在 van Rijn 公式中，a 既重要又复杂，它与河床组成和床面形态均有关，但目前尚未找到较通用的确定方法。van Rijn 认为，当河床表面存在沙波、沙垄等床面形态时，$a=\Delta/2$（Δ 为床面形态单元的几何高度）；当难以确定床面形态单元的几何高度时，a 可取床面粗糙高度 k_s（$\approx 3d_{90}$）且一般 $a \geqslant 0.01h$。Wu[12]认为，当河床上存在沙波、沙垄等床面形态时，$a=2\Delta/3$；对于平坦河床，$a=2d_{90}$。van Rijn 建议在水沙数学模型中使用 $a=0.05h$，此时公式中 a 的取值正好与泥沙基本理论中研究悬移质泥沙浓度垂线分布时的参考高度[26]一致。

van Rijn 采用水深 0.1～25m、流速 0.4～1.6m/s、泥沙粒径 0.18～0.7mm 的实测资料(含沙量垂线分布资料)率定了 α_2 并得到式(1.8)的最终形式：

$$c_a = \xi 0.015 \frac{D_{50}}{a} \frac{T^{1.5}}{D_*^{0.3}} \tag{1.9}$$

式中，ξ 为系数。由公式导出过程可知，其中部分参数(如 α_2)是在一定的实测资料样本条件下率定的，另一部分参数(如 a)的取值还存在经验性。van Rijn 使用 800 组实测资料对公式进行检验，76%的计算结果分布在实测值的 $\frac{1}{2}$～2 倍范围内。这些事实将导致 van Rijn 公式在不同河流中的适用性发生变化。为了增强公式的适用性，在其中引入一个系数 ξ(0.5～2.0)对公式计算值进行微调是必要的。

2. 水流的非均匀沙输沙能力

水流输沙能力公式一般是针对均匀沙(在实际中粒径范围很小即被视作均匀)开展理论和实验研究得到的，并不直接适用于非均匀沙，即式(1.7)或式(1.9)只适用于均匀沙。然而，天然河流所输运的泥沙与床沙均属于非均匀沙，模拟河流冲淤首先需解决水流的非均匀沙输沙能力计算等问题。如前所述，人们通常使用分组法描述非均匀沙及其输运。在分组描述框架下，上述非均匀沙的输沙能力问题就被转化为计算水流对非均匀沙各分组泥沙的输运能力问题，其关键是确定非均匀沙的水流输沙能力的"级配"(各分组输沙能力的占比)，并据此分配得到水流对各分组泥沙的输运能力。下面以悬移质为例讨论具体计算方法。

确定非均匀沙水流挟沙力的级配目前还缺乏成熟的理论方法，已有方法大多是以分析水流条件、来流含沙量、床沙组成等为基础的经验方法，如 Hec 模型[27]参考床沙级配，韩其为[16-17]参考来流泥沙级配，李义天[28]依据水流条件和床沙级配，韦直林[29]综合考虑来流泥沙级配与床沙级配。虽然这些方法还难以全面考虑水-沙-河床之间的相互作用及不同分组泥沙之间的互相影响，但这并不妨碍它们在河流计算中获得广泛应用。下面简述较常用的韦直林方法。

该方法认为：河道水流泥沙有两个来源，即上游来流(挟沙)与河床(床沙)；水流挟沙力作为水流在输沙平衡状态下的含沙量，其级配应与这两个来源的泥沙级配均有关。据此提出了非均匀沙分组挟沙力的计算方法：①暂假设来流为清水，使用式(1.7)和第 k 组泥沙的沉速算出该分组泥沙水流挟沙力的临时值，将它乘以表层床沙中第 k 组泥沙的质量占比，得到来自该分组床沙对级配的贡献值；②综合各分组床沙的贡献值和来流中各分组含沙量的贡献值，计算各分组的综合权重，将它们作为非均匀沙水流挟沙力的级配；③使用水流挟沙力的级配和各分组泥沙的沉速，通过加权平均计算非均匀沙的平均沉速；④使用平均沉速，算出非均匀沙的总挟沙力；⑤使用挟沙力的级配分割总挟沙力得到各分组的挟沙力。上述方法的概念和计算流程均不复杂，已被广泛应用于各种维度的泥沙模型。

3. 模拟床沙级配变化的方法

挟沙水流在塑造河床的同时，它与河床之间的泥沙交换还将引起床沙级配发生改变，例如淤积细化、冲刷粗化等；床沙级配变化反过来又对水流输沙产生影响，进而影响河床冲淤。因而，水流输沙、河床冲淤变形、床沙级配调整三者之间是紧密关联的。一般而言，在冲刷情况下床沙级配的变化规律比在淤积情况下复杂很多，前者在总体上表现为床沙粗化及其向下发展。建立合理的床沙级配调整计算模式，也是准确模拟非均匀沙输移及河床冲淤的关键之一。

国内外学者通常将河床在竖向上进行分层[29-30]，通过实时记录各层床沙级配来描述河床结构与不同深度处的床沙组成，并基于此模拟床沙级配变化。何明民与韩其为[31]在 1989 年提出了"有效床沙级配"的概念及配套计算模式，随后其他研究者[32-34]也提出了模拟床沙级配调整的方法。其中，韦直林等[29]提出的三层计算模式物理概念清晰且较为简单，在实践中获得了较为广泛的应用。

韦直林等将河床分为表、中、底三层，分别称为交换层、过渡层、冲刷极限层，它们的层厚和泥沙级配依次记作 h_u、h_m、h_b 和 P_{uk}、P_{mk}、P_{bk}(下标 k 表示第 k 分组)。更新床沙级配的时段间隔记作 ΔT，时段初表层床沙级配记作 P_{uk}^0，时段内的河床总冲淤厚度和由第 k 分组泥沙引起的冲淤厚度分别记作 Δz_b 和 Δz_{bk}。在更新床沙级配时，先按照时段内各分组的冲淤厚度 Δz_{bk} 调整旧交换层底面之上的床沙的级配；再根据 Δz_b 确定各层的新的垂向范围(规定表、中层厚度保持不变，只允许底层厚度随床面升降而变化)，最后更新河床各层的泥沙级配。

为了节省耗时，早期泥沙模型中 ΔT 一般取数天或更长的时段，大 ΔT 导致韦直林方法存在如下问题：①从执行流程上来看，方法含有关于 Δz_b 与 h_u、h_m 之间大小关系的繁琐判断；②使用 Δz_b 笼统判定河床冲淤状态并据此更新床沙级配，无法甄别和处理总冲淤与各分组冲淤状态不一致的情况。例如当河床在总体上为淤积时（$\Delta z_b > 0$），而某些分组可能还在冲刷（$\Delta z_{bk} < 0$），此时若仍按淤积情景统一处理那些处于冲刷状态的分组泥沙的级配更新并不合理。近年来计算机能力的大幅提升，逐步允许使用小 ΔT 开展床沙级配更新。而且，在非恒定水沙数学模型中，通常模型 $\Delta t_s \leqslant 5\text{min}$，这使得在小时段 $n\Delta t_s$ 内一般满足 $\Delta z_b < h_u$（例如 $h_u = 2\text{m}$）。在这种条件下，床沙级配更新无需进行关于 Δz_b 与 h_u、h_m 之间大小关系的判断，计算流程可得到简化。鉴于此，可将 ΔT 降低到时间步长尺度（$\Delta T = n\Delta t_s$，n 为不大的整数）并建立一种改进方法，以解决原韦直林方法的上述问题。

下面介绍这种基于小 ΔT 的床沙级配计算模式。该模式将由各分组泥沙冲淤引起的床沙级配更新分开计算（以便处理总体冲淤与分组冲淤状态不一致的情况），以第 k 分组为例，在单个 ΔT 中各层的床沙级配更新包括如下步骤。

(1) 先暂时假设河床各层的分界面保持不变、水流与河床的泥沙交换被限制在河床表层范围内，且河床中层和底层的床沙级配不受河床冲淤的影响。

在 ΔT 时段末，旧交换层底面之上河床中第 k 组泥沙冲淤引起的级配更新为

$$P'_{ul} = \begin{cases} (h_u P_{ul}^0 + \Delta z_{bk})/(h_u + \Delta z_{bk}), & l = k \\ h_u P_{ul}^0/(h_u + \Delta z_{bk}), & l \neq k \end{cases}, \quad l = 1, 2, \cdots, N_s \qquad (1.10)$$

式中，上标"0"表示各类变量在本次（床沙级配更新之前）的数值。

(2) 第 k 分组的泥沙冲淤不仅会引起河床表层泥沙级配变化，还会引起 3 个分层垂向范围的上下变动，即河床冲淤将引起表层与中层之间、中层与底层之间两分界面高程变化。相对于旧分层，新的 3 个分层的床沙级配均将发生变化。

先根据第 k 分组的冲淤 Δz_{bk} 进行判别，再计算新分层的床沙级配。当第 k 分组为淤积时（$\Delta z_{bk} > 0$），河床各层分界面上移。表、中层级配分别更新为 $P_{ul} = P'_{ul}$、$P_{ml} = [\Delta z_{bk} P'_{ul} + (h_m - \Delta z_{bk}) P_{ml}^0]/h_m$；底层厚度变为 $h_b = h_b^0 + \Delta z_{bk}$，级配更新为 $P_{bl} = (\Delta z_{bk} P_{ml}^0 + h_b^0 P_{bl}^0)/h_b$。当第 k 分组为冲刷时（$\Delta z_{bk} < 0$），河床各层分界面下移。表、中层级配分别更新为 $P_{ul} = [(h_u + \Delta z_{bk}) P'_{ul} - \Delta z_{bk} P_{ml}^0]/h_u$，$P_{ml} = [(h_m + \Delta z_{bk}) P_{ml}^0 - \Delta z_{bk} P_{bl}^0]/h_m$；底层厚度变化为 $h_b = h_b^0 + \Delta z_{bk}$，级配更新为 $P_{bl} = P_{bl}^0$。

(3)对于所有泥沙分组(k=1, 2,…, N_s),依次执行上述步骤(1)和步骤(2),即完成由各组泥沙冲淤所引起的床沙级配变化的更新。需注意,在k>1的每一分组的级配更新计算中,P_{ul}^0、P_{ml}^0、P_{bl}^0均使用上一分组泥沙级配更新后的结果。

一维模型的优势是简单高效,不足在于:①基于断面平均的控制方程过于简化,很难充分反映真实地表水流系统水沙运动的物理特性;②基于断面地形和断面间距的计算模式,不能描述开阔水域的平面边界与形态;③沿断面合理分配冲淤量存在困难[8];④难以准确刻画涉水工程(例如丁坝、潜坝、护滩等)的实体形态或反映它们的影响。这些缺点限制了一维模型的适用性,并使计算结果偏离实测数据[35-36]。从功能来看,一维模型仅能提供水沙因子的断面平均值、分段冲淤量等宏观数据。对于某些应用,例如模拟平原冲积河流滩槽的水沙通量、冲淤变形等介观水沙动力过程及江湖冲淤情景,则需借助二维、三维模型。

1.3 二维(2D)水沙数学模型

二维(本书默认指平面二维)数学模型在河流计算中应用极为广泛。本节介绍二维水沙数学模型的原理,并讨论河流二维数值模拟领域中的平面二维水流挟沙力、考虑立面环流影响的二维模型、河道横向变形计算等前沿问题。

▶ 1.3.1 二维水沙数学模型的原理

1. 二维水流(水动力)模型

二维水流模型使用沿水深平均的浅水方程作为控制方程,包括连续性方程和动量方程。在平面直角坐标系下,控制方程(非守恒形式)如下:

$$\frac{\partial \eta}{\partial t}+\frac{\partial(hu)}{\partial x}+\frac{\partial(hv)}{\partial y}=0 \tag{1.11}$$

$$\frac{\partial u}{\partial t}+u\frac{\partial u}{\partial x}+v\frac{\partial u}{\partial y}=fv-g\frac{\partial \eta}{\partial x}-g\frac{n_m^2 u\sqrt{u^2+v^2}}{h^{4/3}}+\upsilon_\tau\left(\frac{\partial^2 u}{\partial x^2}+\frac{\partial^2 u}{\partial y^2}\right) \tag{1.12}$$

$$\frac{\partial v}{\partial t}+u\frac{\partial v}{\partial x}+v\frac{\partial v}{\partial y}=-fu-g\frac{\partial \eta}{\partial y}-g\frac{n_m^2 v\sqrt{u^2+v^2}}{h^{4/3}}+\upsilon_\tau\left(\frac{\partial^2 v}{\partial x^2}+\frac{\partial^2 v}{\partial y^2}\right) \tag{1.13}$$

式中,$h(x,y,t)$为水深,m;$u(x,y,t)$和$v(x,y,t)$分别为水平x和y方向的水深平均流速，m/s；f 为科氏力系数，s^{-1}；g 为重力加速度，$\mathrm{m/s^2}$；$\eta(x, y, t)$ 为自由水面高度（水位），m；υ_τ 为水平涡黏性系数，$\mathrm{m^2/s}$；n_m 为曼宁系数（糙率），$\mathrm{m^{-1/3} \cdot s}$。

上述控制方程构成了关于变量 u、v 和 η 的偏微分方程组。一般可使用实测水文资料率定 n_m，使用 Smagorinsky 方法[38]计算 υ_τ 以闭合水平紊动扩散项。根据控制方程的形式在水平面上的旋转不变性，在非结构网格局部坐标系下（以单元边中心为原点）水平法向、切向动量方程与在平面直角坐标系下 x、y 方向的动量方程具有相同的形式，因而式(1.11)～式(1.13)亦可作为非结构网格二维水动力模型的控制方程。本书所选用的二维模型先使用一组在平面上不重叠的三角形或四边形覆盖计算区域，采用交错网格变量布置方式（将水位 η 布置在单元中心，将流速 u、v 布置在单元边的中心），进而开展控制方程的时空离散和求解。

与前述一维模型类似，二维模型也基于算子分裂思想求解动量方程[14]：采用 θ 半隐差分方法离散水位梯度项，采用点式 ELM 求解对流项，采用部分隐式方法计算河床阻力项，采用显式中心差分法离散水平扩散项（求解该项对模型数值稳定性的影响很小）。所构建的非结构网格隐式二维水动力模型的 u-p 耦合最终形成一个具有对称正定稀疏矩阵的线性方程组，可采用预处理共轭梯度法[39]进行迭代求解。在模拟大范围地表浅水流动时，可先对计算区域进行分区，然后借助预测-校正分块解法[14]对所得到的分区代数方程组进行并行求解。

2. 二维非均匀沙输运模型

使用一个带冲淤源项（水流与河床之间的泥沙交换项）的二维对流-扩散方程描述二维泥沙输运。以第 k 分组悬移质为例，守恒形式的二维泥沙输运方程为

$$\frac{\partial(hC_k)}{\partial t} + \frac{\partial(uhC_k)}{\partial x} + \frac{\partial(vhC_k)}{\partial y} = \frac{\upsilon_\tau}{\sigma_\mathrm{c}}\left[\frac{\partial^2(hC_k)}{\partial x^2} + \frac{\partial^2(hC_k)}{\partial y^2}\right] + \alpha w_{\mathrm{s},k}(S_{*k} - C_k)$$

$$(1.14)$$

式中，C_k 和 S_{*k} 分别为第 k 分组泥沙的浓度和水流挟沙力，$\mathrm{kg/m^3}$；$w_{\mathrm{s},k}$ 为第 k 分组泥沙的沉速，m/s；α 为恢复饱和系数；$\upsilon_\tau/\sigma_\mathrm{c}$ 是泥沙浓度的水平扩散系数。可将原本针对河道断面建立的张瑞瑾公式推广用于计算水深平均的水流挟沙力。此时，公式中 u、h 的含义由断面平均值变为水深平均值，K、m 等参数的取值可参考一维模型。一维模型中 α 的取值对二维模型也具有参考价值。

与泥沙输运方程中冲淤源项相对应的河床变形方程如下：

$$\rho'_k \frac{\partial z_{b,k}}{\partial t} = \alpha w_{s,k} \left(C_k - S_{*k} \right) \tag{1.15}$$

式中，$\partial z_{b,k}$ 是由第 k 分组泥沙引起的河床冲淤；ρ'_k 是河床中第 k 分组泥沙的干密度。对于河床组成为基岩、礁石、卵石层等不可冲或极难冲刷物质的区域，可将这些区域范围内的网格单元的属性设定为"不可冲刷"。

与一维泥沙模型类似，二维泥沙模型一般也将泥沙浓度控制变量布置在单元（控制体）中心，以便采用守恒型算法（例如 FVM）离散和求解输运方程。采用显式算法离散式(1.14)得到的代数方程为（暂忽略标识泥沙分组的下标）

$$C_{k,i}^{n+1} = C_{\mathrm{bt},k,i}^{n+1} + \frac{\Delta t}{P_i h_i^n} \sum_{l=1}^{i34(i)} \left\{ s_{i,l} L_{j(i,l)} h_{j(i,l)}^n \left[\left(\frac{\upsilon_{\mathrm{t}}}{\sigma_{\mathrm{c}}} \right)_{j(i,l)}^n \frac{C_{k,i[j(i,l),2]}^n - C_{k,i[j(i,l),1]}^n}{\delta_{j(i,l)}} \right] \right\} +$$
$$\frac{\Delta t}{h_i^n} \alpha_k w_{s,k} \left(S_{*k}^n - C_k^n \right) \tag{1.16}$$

式(1.16)通用于非均匀沙的各分组，可采用二维通量式 ELM[14] 计算其中的 C_{bt}。在模型每个时步中，在完成泥沙输运方程求解后，即可使用式(1.15)计算由泥沙输运引起的河床冲淤。非均匀沙计算及床沙级配更新的方法参考 1.2.2 节。

3. 模型计算的边界条件与初始条件

二维水流模型的开边界条件在类型上与一维模型相同，不同在于二维模型在入流开边界处需要计算和应用纵向流速（垂直于开边界各边）沿开边界的分布。通常首先计算开边界上各边的流量模数，其次基于它们分割总入流得到各边的流量，同时可结合边水深算出各边的纵向流速。在固壁处，使用有滑移无穿透边界条件。初始条件主要包括初始时刻的水位在平面上的分布，流速一般全部设为 0。

二维模型相对于一维模型在泥沙开边界条件配置上的主要变化也在于入流开边界：需要计算和应用含沙量（泥沙浓度）沿开边界（每条边）的分布。一般可根据开边界各边的流速、水深等水力因子算出各边（可选边中心作为代表点）的水流输沙能力，据此分割该入流开边界的总输沙率得到各边的输沙率（kg/s），同时可结合分配给开边界各边的流量算出各边对应的含沙量。

▶ 1.3.2 二维水沙计算的若干前沿问题

二维水沙数学模型的主要优势在于可直接算出河势变化，同时它在模拟河床演变时的精度又受到水沙运动基本理论及相关模拟技术发展水平的限制。

1. 平面二维水流挟沙力

水流挟沙力的概念源于河流断面(一维)悬移质的输运计算。传统的水流挟沙力公式依其本意都只能提供断面平均值,例如在长江、黄河上常用的张瑞瑾[26]公式、张红武[40]公式。1990 年前后,通过将这些公式中的 u、h 由断面平均含义转变为水深平均含义,人们将源于求解一维泥沙输运问题的水流挟沙力概念和公式进行扩展和重构,得到二维水流挟沙力计算式[41-43]。至此,这种扩展型公式在二维水沙数值模拟领域获得了广泛应用,并帮助研究解决了大量科学与工程问题。

需指出,基于上述扩展型公式的二维模型,在模拟较复杂河道的河势变化时,算出的冲淤厚度平面分布时常与实测资料存在不小的差别。如在水库库区二维冲淤预测中,模型在回水变动区藕节状河段卡口下游的局部回流区常常算出具有坨状集中淤积特征的冲淤形态,与实际观测不符。再如,对于流域中下游冲积型河流,使用二维模型准确模拟河势变化过程通常也不是一件易事。扩展型公式并未充分反映水流在平面上的二维输沙特性,而目前又不存在真正意义上的二维水流挟沙力公式,这种窘境是导致二维模型计算精度不高的主因之一。关于二维水流挟沙力的物理机制和数学描述还有待进一步研究。

2. 对立面环流影响的考虑

立面环流广泛存在于天然河流,它们对河流中的物质输运、河床演变等有重要影响。三维模型无需在控制方程中增添附加物理项对立面环流或其影响进行补充描述,即可直接算出弯道水沙运动的所有三维特征。从水流模拟来看,全三维模型较准三维模型可获得更准确的结果,Lee 等[44]曾通过使用这两类三维水动力模型分别模拟了 Chang[4]的连续弯道水槽试验,阐明了两类模型在性能上的差异。由于三维模型计算量巨大,在目前的河流计算中,研究者们仍倾向于采用较快捷的二维模型研究弯道水沙输移及冲淤问题,尤其是大时空尺度的河床演变。

常规二维模型[41-43]无法直接考虑弯道水沙运动三维特征的影响,在模拟弯曲程度较大的河流时会产生一定误差。Shimizu 等[45]通过模拟 180°弯道水槽中的水沙输移,发现二维、三维模型在模拟弯道悬移质运动时结果存在显著差异。这表明,二维模型只有在经过功能性改进之后,才能考虑立面环流的影响和具备准确模拟弯道水沙输移的能力,这类二维模型称为增强型二维模型。

一般可通过 4 种方法建立增强型二维模型:动量交换系数法[46],附加弥散应力法[47]，动量矩法[48-49]，模型联合法[50]。其中，附加弥散应力法的应用最为广泛，它假设弯道水流横向流速与其垂线平均值之差的垂线分布符合弯道环流分布的经验公式[51]，将该流速差沿水深的积分定义为弥散应力，进而将弥散应力作为附加项嵌入控制方程中以包含立面环流的影响。该方法增加的计算量不大，不足在于计算精度受所选用的弯道环流分布经验公式的限制。有些学者仿照该思路计算弯道泥沙运动的附加弥散应力项，以考虑环流影响下泥沙浓度的重分布特征[52-53]。近年来，不少学者采用增强型二维模型研究了河型转化等问题[54-56]。

虽然增强型二维模型目前已有不少，但在实际工作中采用常规二维模型开展弯曲河流模拟研究仍十分常见，原因如下：①对于天然河流，精确计算在平面上复杂多变的流线曲率半径(计算弥散应力的基础)通常较为困难或计算量较大。②立面环流只是影响二维模型精度的因素之一，泥沙运动基础理论不足(缺乏真正意义的平面二维水流挟沙力公式，缺乏像时均 NS 方程描述水流运动那样描述河床颗粒运动的数学物理方程等)、基础资料不足(缺少精细的河床组成及床沙级配平面分布)等均可能产生重要影响。因而，在模拟天然河流演变时，模拟河床冲淤的精度通常比模拟水流低一个量级。增强型二维模型虽然在理论上更完善，但它的计算结果常与未考虑立面环流影响的常规二维模型差别不大。

3. 河道横向变形的模拟

在河流计算领域，常规模型仅模拟河道的垂向(竖直方向)变形，较少具备同步模拟河道横向变形(例如崩岸等)的功能，相关技术仍在探究之中。模拟河道横向变形主要涉及两方面技术：①河道横向变形物理过程的数学描述；②河道在发生横向变形时动态岸线的追踪。在第①方面，常用的方法包括经验法、极值假说法、力学分析法等，ASCE 曾对它们进行了全面介绍[57]，其中力学分析法在理论上相对较完善。Osman 和 Thorne 提出的力学分析法[58]目前应用较多，该方法先计算河岸附近水下河床的垂向冲淤，同时根据经验关系估算河岸的横向冲刷后退距离，然后使用土力学边坡稳定原理判断岸坡是否崩塌。在第②方面，目前已有网格重生成法[59]、固定网格河岸标记法[60]、边界节点挪动法[61]、边界亚网格技术[62]等追踪河岸动边界的方法。已有学者将横向变形计算模块嵌入二维、三维模型中同步开展河道垂向、横向变形计算，以求全面模拟河床演变过程。需指出，虽然上述两方面的研究工作已有不少，但由于人们对河岸发生横向变形的机理性认识并不充分，使准确模拟真实河道的横向变形仍十分困难。

1.4 三维（3D）水沙数学模型

目前，河流计算领域主要采用 z、σ 坐标两种垂向网格的三维水沙数学模型。本节介绍一种基于水平非结构垂向 σ 网格的三维水动力模型、一种复合型三维泥沙计算模式和基于它们的非均匀沙不平衡输移三维数学模型。

▶ 1.4.1 三维水沙数学模型的原理

垂向 σ 坐标变换以复杂化控制方程为代价换取垂向计算网格对垂向水域边界的适应能力，网格能实时贴合地形和水面并跟随它们同步变化。相对于 z 坐标模型，σ 坐标模型虽然控制方程较为复杂但能本质改善网格对垂向水域边界的贴合性，在用于模拟自由表面水流与河床冲淤时具有优势，更适合河流模拟。

1. 基于垂向 σ 网格的三维水流模型

使用 (x^*, y^*, z^*, t^*)、(x, y, σ, t) 分别代表垂向 z、σ 坐标系。使用 d 表示从床面至 H_R（人为选定的参考高度）的距离，则水深 $h(x, y) = d(x, y) + \eta(x, y)$。两坐标系之间的对应关系为：$x = x^*$、$y = y^*$、$\sigma = (z^* - \eta)/h$、$t = t^*$。

使用压力分裂[63]将动量方程中的总压力 p 分解成正压力、斜压力和动水压力（分别对应下式中的第一、二、三项，前两项构成静水压力）：

$$p = g\int_{z^*}^{H_R+\eta} \rho_0 \mathrm{d}\zeta + g\int_{z^*}^{H_R+\eta}(\rho - \rho_0)\mathrm{d}\zeta + \rho_0 q \tag{1.17}$$

式中，p 为流动空间中某点的总压力，$\mathrm{kg}/(\mathrm{m}\cdot\mathrm{s}^2)$；$q$ 为动水压强，$\mathrm{m}^2/\mathrm{s}^2$；$\eta$ 为水位（水面到 H_R 的距离）；ρ_0、ρ 分别为水流的参考密度和实际密度，$\mathrm{kg/m}^3$。

σ 的含义是无量纲的相对水深，据其计算式可知 $\sigma \in [-1, 0]$，即 σ 在水面恒为 0、在床面恒为 -1。σ 坐标变换将不平坦的水面和床面之间的垂向物理水域映射到一个规则且固定的计算区域 $[-1, 0]$，为离散控制方程提供了便利。对三维时均 NS 方程等应用压力分裂和垂向 σ 坐标变换后，可得到如下控制方程：

$$\frac{\partial u}{\partial x} + \frac{\partial v}{\partial y} + \frac{1}{h}\frac{\partial w}{\partial \sigma} = 0 \tag{1.18}$$

$$\frac{\mathrm{d}u}{\mathrm{d}t} = fv - g\frac{\partial \eta}{\partial x} - \frac{g}{\rho_0}\int_{z^*}^{H_R+\eta}\frac{\partial \rho}{\partial x^*}\mathrm{d}\zeta^* + \frac{1}{h}\frac{\partial}{\partial \sigma}\left(\frac{K_{mv}}{h}\frac{\partial u}{\partial \sigma}\right) + K_{mh}\left(\frac{\partial^2 u}{\partial x^{*2}} + \frac{\partial^2 u}{\partial y^{*2}}\right) - \left(\frac{\partial q}{\partial x} + \frac{\partial q}{\partial \sigma}\frac{\partial \sigma}{\partial x^*}\right) \tag{1.19}$$

$$\frac{\mathrm{d}v}{\mathrm{d}t}=-fu-g\frac{\partial\eta}{\partial y}-\frac{g}{\rho_0}\int_{z^*}^{H_\mathrm{R}+\eta}\frac{\partial\rho}{\partial y^*}\mathrm{d}\varsigma^*+\frac{1}{h}\frac{\partial}{\partial\sigma}\left(\frac{K_\mathrm{mv}}{h}\frac{\partial v}{\partial\sigma}\right)+K_\mathrm{mh}\left(\frac{\partial^2 v}{\partial x^{*2}}+\frac{\partial^2 v}{\partial y^{*2}}\right)-\left(\frac{\partial q}{\partial y}+\frac{\partial q}{\partial\sigma}\frac{\partial\sigma}{\partial y^*}\right)$$

$$(1.20)$$

$$\frac{\mathrm{d}w}{\mathrm{d}t}=\frac{1}{h}\frac{\partial}{\partial\sigma}\left(\frac{K_\mathrm{mv}}{h}\frac{\partial w}{\partial\sigma}\right)+K_\mathrm{mh}\left(\frac{\partial^2 w}{\partial x^{*2}}+\frac{\partial^2 w}{\partial y^{*2}}\right)-\frac{1}{h}\frac{\partial q}{\partial\sigma} \qquad (1.21)$$

$$\omega=\frac{w}{h}-u\left(\frac{\sigma}{h}\frac{\partial h}{\partial x}+\frac{1}{h}\frac{\partial\eta}{\partial x}\right)-v\left(\frac{\sigma}{h}\frac{\partial h}{\partial y}+\frac{1}{h}\frac{\partial\eta}{\partial y}\right)-\left(\frac{\sigma}{h}\frac{\partial h}{\partial t}+\frac{1}{h}\frac{\partial\eta}{\partial t}\right) \qquad (1.22)$$

$$\frac{\partial\eta}{\partial t}+\frac{\partial}{\partial x}\left(h\int_{-1}^{0}u\mathrm{d}\sigma\right)+\frac{\partial}{\partial y}\left(h\int_{-1}^{0}v\mathrm{d}\sigma\right)=0 \qquad (1.23)$$

式中，u、v、w 分别为在水平 x^*、y^* 轴和垂向 z^* 轴方向的流速分量，m/s；t 为时间，s；f 为科氏力（一种体积力）系数，s^{-1}；K_mh、K_mv 分别为水平、垂向涡黏性（紊动扩散）系数，m^2/s；ω 为 σ 坐标系下的垂向流速。方程中各变量均采用国际单位制。$\mathrm{d}u/\mathrm{d}t$、$\mathrm{d}v/\mathrm{d}t$、$\mathrm{d}w/\mathrm{d}t$ 均为各坐标轴方向流速的全导数，例如 $\mathrm{d}u/\mathrm{d}t=\partial u/\partial t + u\partial u/\partial x + v\partial u/\partial y + \omega\partial u/\partial\sigma$、$\mathrm{d}w/\mathrm{d}t=\partial w/\partial t + u\partial w/\partial x + v\partial w/\partial y + \omega\partial w/\partial\sigma$。

式(1.18)～式(1.23)构成了关于变量 u、v、w、ω、η 和 q 的偏微分方程组，基于它们可构建非静水压力（非静压）三维水动力模型。式(1.23)称为自由水面方程，由式(1.18)沿水深进行积分得到，用于描述自由水面变化。由控制方程形式在水平面上的旋转不变性可知，上述方程组亦适用于水平非结构网格。

在河流海洋数值模拟领域，三维模型通常采用水平与垂向分开的网格及控制变量布置。本书模型首先采用水平非结构、垂向 σ 网格剖分三维计算区域，得到一系列在空间中互不重叠的单元，基于它们交错布置控制变量。其次，基于算子分裂思想求解动量方程：采用 θ 半隐方法离散水位及动水压力梯度项，采用 ELM 计算对流项，分别采用全显、全隐格式离散水平、垂向扩散项。同时，采用一般紊动尺度（generic length scale，GLS）双方程模型[64-65]作为紊流闭合方式（俗称紊流模型）计算垂向涡黏性系数。采用 FVM 离散自由水面方程和三维连续性方程，以严格保证模型计算的水量守恒。

压力分裂三维水动力模型的求解分为两步（静压和动压耦合步）[14]。在静压耦合步，将不计动水压力梯度项（或其隐式离散部分）的水平动量方程代入自由水面方程，进行水棱柱水位与各层水平流速在水平方向上的耦合，形成一个关于水位的代数方程组，求解获得水位和各层水平流速的中间解。在动压耦合步，基于动量方程建立动水压力与流速之间的校正关系并将其代入连续性方程，进行流速与动水压力在三维空间中的耦合，形成一个关于动水压力的代数方程组，求解获得动水压力场，进而用它校正静压耦合步的中间解。求解思路是，先解出一个较接近的中间解，再基于它求解完整的时均 NS 方程，因而计算容易收敛。

按照是否应用静压假定，三维水动力模型分为静压（求解简化的时均 NS 方程，俗称准三维模型）和非静压（求解完整的时均 NS 方程，俗称全三维模型）两种。前述压力分裂三维水动力模型属于非静压模型，同时该类模型当仅进行静压耦合步计算并借助连续性方程算出垂向流速时可自动退化为静压模型。因而，压力分裂三维水动力模型可分别作为静压、非静压模型使用。对于垂向运动相对水平不显著的水流，采用静压计算模式可大幅提高三维水动力计算的时效性。

三维水动力模型中待定的参系数主要包括床面粗糙高度 k_s（或阻力系数 C_d）、紊流闭合模式中的壁函数 F_w，通常可使用实测资料开展数值试验率定。

2. 垂向 σ 坐标系三维泥沙输运模型

三维泥沙模型使用一个考虑沉降影响的三维对流-扩散方程（物质输运方程）描述泥沙输运。以第 ks 分组悬移质为例，守恒形式的三维泥沙输运方程为

$$\frac{\partial C_{ks}}{\partial t} + \frac{\partial u C_{ks}}{\partial x} + \frac{\partial v C_{ks}}{\partial y} + \frac{\partial (\omega - \omega_{s,ks}) C_{ks}}{\partial \sigma} = \frac{1}{h} \frac{\partial}{\partial \sigma} \left(\frac{K_{sv}}{h} \frac{\partial C_{ks}}{\partial \sigma} \right) + K_{sh} \left(\frac{\partial^2 C_{ks}}{\partial x^{*2}} + \frac{\partial^2 C_{ks}}{\partial y^{*2}} \right)$$

$$(1.24)$$

式中，ks=1, 2, $\cdots$, N_s，其中 N_s 为泥沙分组数量；C_{ks} 为第 ks 分组泥沙的浓度，kg/m^3；$\omega_{s,ks}$ 为 σ 坐标系下第 ks 分组泥沙的沉速；K_{sh}（$=K_{mh}/\sigma_c$）、K_{sv}（$=K_{mv}/\sigma_c$）分别为水平方向、垂向的泥沙浓度扩散系数（m^2/s），其中 σ_c 为施密特数（Schmidt number）。

与水质计算中的物质生化反应源项（发生在水域内）不同，泥沙计算中泥沙的冲淤源项并未被显式地表达在三维输运方程中，而是体现在方程的河床表面边界条件中。一般认为，水流与河床的泥沙交换发生在床面之上的推移质运动层（厚度为 δ）顶面，常被表达为水流紊动与颗粒沉降所引起的穿过该平面的净泥沙通量[66-69]。应用床面垂向泥沙通量平衡，三维泥沙输运方程的床面边界条件可写为

$$\left(K_{sv} \frac{1}{h} \frac{\partial C_{ks}}{\partial \sigma} + h \omega_{s,ks} C_{ks} \right)_{床面} = E_{b,ks} - D_{b,ks} \qquad (1.25)$$

式中，D_b、E_b 分别表示从水流沉降到河床、从河床上扬到水流的泥沙通量。穿过床面的泥沙净通量 $E_b - D_b > 0$，表示河床正在发生冲刷（水流中泥沙浓度增加），否

则表示淤积。与该式对应的河床变形方程可仿照式(1.15)写出。

在垂向 σ 坐标系下，一般先将三维输运方程在各分层垂向范围内进行积分得到方程的分层积分形式[14]，再使用算子分裂思想分两步求解。①显式离散输运方程的对流项，求解获得泥沙浓度场的中间解；②分别使用全隐、全显有限差分法求解垂向、水平扩散项，获得最终解。为了便于使用守恒型算法求解控制方程，一般将泥沙浓度控制变量布置在三维单元中心。因显式离散项对阐明模型求解框架不产生影响，所以不再列出水平扩散项以简化离散方程的表述。三维输运方程离散式为(垂向分层 $k = nv, nv-1, \cdots, 1$，暂忽略标识泥沙分组的下标 ks)：

$$-\frac{\Delta t (K_{sv})_{i,k+1/2}^{n}}{h_i^n h_i^n \Delta \sigma_{k+1/2}} C_{i,k+1}^{n+1} + \left[\Delta \sigma_k + \frac{\Delta t (K_{sv})_{i,k+1/2}^{n}}{h_i^n h_i^n \Delta \sigma_{k+1/2}} + \frac{\Delta t (K_{sv})_{i,k-1/2}^{n}}{h_i^n h_i^n \Delta \sigma_{k-1/2}}\right] C_{i,k}^{n+1} - \frac{\Delta t (K_{sv})_{i,k-1/2}^{n}}{h_i^n h_i^n \Delta \sigma_{k-1/2}} C_{i,k-1}^{n+1}$$

$$= \Delta \sigma_k C_{bt,i,k}^{n+1} + \Delta t \Delta \sigma_k E_{Ci,k}^{n}$$

$$(1.26)$$

式中，$C_{bt,i,k}^{n+1}$ 为显式求解对流项后得到的中间解；E_C 代表水平扩散项的离散式。

式(1.26)适用于非均匀沙的各分组，其中对流项的计算过程简述如下。二维泥沙输运方程的左边不含沉降项，泥沙沉降的影响在二维泥沙数学模型中是在方程等号右端的冲淤源项中综合考虑的。与之不同的是，三维泥沙输运方程等号左端显式地包含了沉降项，在三维泥沙模型中通常将这个沉降项与对流项联系在一起进行求解。在水平方向，通常假设泥沙运动与水流保持一致(具有完全跟随性)；而在垂向，非均匀沙的各分组由于具有不同的沉速将在垂向上相对水流发生不同程度的偏移，这个特点将给快速求解非均匀沙三维输运带来困难。

当采用三维通量式 ELM[14]求解非均匀沙对流输运时，可采用"流体质点追踪+垂向相对位移校正"的三维运动轨迹计算方法(图 1.1)，实现非均匀沙对流输运的快速计算。具体而言，将 ELM 的泥沙三维运动轨迹追踪(起点位于三维单元各面中心)分为两步执行：①暂不考虑颗粒沉降，计算质点在三维空间中的运动轨迹；②分别计算各分组泥沙因沉降所发生的垂向位移，并将这些位移分别与第①步中流体质点的垂向位移叠加，从而得到各分组泥沙在三维空间中的运动轨迹。该方法可充分考虑各分组泥沙具有不同沉速的特点，并避免了大量轨迹线追踪。

在单个时步内，完成泥沙输运方程求解之后，便可使用河床变形方程计算由泥沙冲淤引起的河床变形，床沙级配更新方法可参考 1.2.2 节。

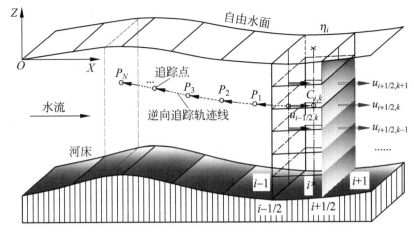

图 1.1 三维通量式 ELM 方法对三维单元侧面中心进行逆向追踪的示意图

3. 模型计算的边界条件与初始条件

以二维模型开边界配置为基础，三维水流模型还需计算和应用水平纵向流速沿入流开边界边中心的水深垂线(棱柱侧面垂向各分层)的分布，各层切向和垂向流速一般均设为 0。可参照水力学基本理论(例如对数、指数垂线分布公式[26])，具体算出各入流开边界边垂向各分层的纵向流速。固壁处(垂向各分层中三维单元的固壁侧面)应用有滑移无穿透边界条件。在初始时刻，因估算各网格点流速有困难，一般直接设为 0。在二维模型开边界的基础上，三维泥沙模型还需计算和应用含沙量沿入流开边界边中心的水深垂线的分布。可参照泥沙基本理论(如劳斯分布[26](Rouse distribution))具体算出各入流开边界边垂向各分层的含沙量。

▶ 1.4.2 复合型三维泥沙计算模式

三维泥沙输运方程床面边界条件的计算，涉及确定近底泥沙浓度、估算近底水流输沙能力、描述不平衡输沙等多个方面，各方面处理结果的好坏直接决定泥沙模型的计算精度。采用不同思路计算床面边界条件，可构建不同的三维泥沙计算模式。本节通过融合经典二维、三维泥沙计算模式，得到一种复合型三维泥沙计算模式，它具有计算简单、无需进行垂向换算等优点。

1. 经典的三维泥沙计算模式

一种经典的三维泥沙计算模式[66]的实施步骤为，①采用近底平衡浓度公式直接算出河床表面的水流输沙能力 c_a，并据此计算来自河床的上扬泥沙通量 E_b；②假设平衡输沙条件下的泥沙浓度的垂线分布公式在近底水流层中仍适用，据此将水域最底层垂向单元中心的泥沙浓度(C_1)换算为河床表面的泥沙浓度 C_b，基于它计算从水流沉降到河床的泥沙通量 D_b；③使用 D_b 与 E_b 计算穿过床面的净泥沙通量，并据此更新水域最底层垂向单元中心的泥沙浓度和计算河床冲淤。应用该计算模式后，三维泥沙输运方程的床面边界条件转化为

$$\left(K_{sv}\frac{1}{h}\frac{\partial C_{ks}}{\partial \sigma}+h\omega_{s,ks}C_{ks}\right)_{\text{床面}}=E_{b,ks}-D_{b,ks}=w_{s,ks}\left(c_{a,ks}-\beta_2 C_{1,ks}\right) \qquad (1.27)$$

式中，$c_{a,ks}$ 为第 ks 分组泥沙的近底平衡浓度，kg/m^3；$C_{1,ks}$ 为最底层垂向单元中心第 ks 分组的泥沙浓度，kg/m^3；$w_{s,ks}$ 为垂向 z 坐标系下第 ks 分组泥沙的沉速；β_2 是将 $C_{1,ks}$ 换算为床面值 $C_{b,ks}$ 的系数。

采用 van Rijn 公式可直接算出 c_a，由于该公式使用与水沙输移有关的"切应力"作为构成要素。因而，上述三维泥沙计算模式（一般均采用 van Rijn 公式）也被称为切应力计算模式。因为 van Rijn 公式同时适用于悬移质与推移质泥沙，所以切应力计算模式在应用时无需区分泥沙的运动形式，具有通用性。切应力计算模式在目前三维水沙数学模型领域获得了广泛应用和借鉴。

有学者使用水深平均水流挟沙力公式代替 van Rijn 公式，得到了上述三维泥沙计算模式的变化版本[67-68]，主要特点为，①假设水流输沙能力沿水深的分布服从平衡输沙条件下含沙量的垂线分布，据此将水深平均水流挟沙力(S_*)换算为近底水流挟沙力 s_{b*}（类似 c_a）；②在计算 E_b–D_b 时引入恢复饱和系数 α，以反映不平衡输沙的影响。在完成修改后，三维泥沙输运方程的床面边界条件变为

$$\left(K_{sv}\frac{1}{h}\frac{\partial C_{ks}}{\partial \sigma}+h\omega_{s,ks}C_{ks}\right)_{\text{床面}}=E_{b,ks}-D_{b,ks}=\alpha w_{s,ks}\left(\beta_1 S_{*,ks}-\beta_2 C_{1,ks}\right) \qquad (1.28)$$

式中，$S_{*,ks}$ 为第 ks 分组的水深平均水流挟沙力，kg/m^3；β_1 是将 $S_{*,ks}$ 换算为床面值 $s_{b*,ks}$ 的系数；α 是描述不平衡输沙的恢复饱和系数。该式包含了关于 $C_{1,ks}$、$S_{*,ks}$ 的两次垂线换算。通过对水深平均水流挟沙力进行垂线换算以获得 s_{b*} 的方法，是一种间接获取近底水流输沙能力的方法，与之对应的三维泥沙计算模式常被称为垂线换算计算模式。由输沙能力公式性质可知，式(1.28)仅适用于悬移质。

切应力和垂线换算计算模式均存在有待研究解决的问题。前者的主要问题在于，van Rijn 公式本质上是一个沙质推移质的输沙能力公式，将其扩展用于计算悬移质输运可能存在适用性问题；在导出该公式的过程中，使用了水平流速在垂线上呈对数分布等多个假设，这些假设在复杂三维流场条件下可能并不成立；公式

中参考高度、推移层厚度等参数的取值均带有经验性。后者的主要问题在于："水流输沙能力沿水深的分布服从含沙量垂线分布"的假设本身值得商榷，而当泥沙浓度场较复杂时又该如何换算尚需进一步研究解决。

2. 复合型三维泥沙计算模式

在切应力计算模式及其变化版本中，将垂线上某高度处泥沙浓度或输沙能力换算为床面值时所采用的含沙量垂线分布公式乃至该换算本身都只是一种假设，它们在复杂水流或输沙条件下可能与真实情况不符。基于水深积分控制方程的二维泥沙模型，在形式上直接使用水深平均的泥沙浓度与水流输沙能力来计算床面泥沙源项；同时在恢复饱和系数中统一考虑泥沙浓度和水流输沙能力的水深平均值与床面值之间的换算，以及不平衡输沙的影响。相比之下，传统的二维泥沙计算模式由于无需进行专门的垂向换算，因而十分简洁。

一种融合经典三维、传统二维计算模式的思路为，将传统二维计算模式直接应用于三维模型垂向网格的最底层单元($k=1$)；并使用经典三维计算模式中的 van Rijn 公式代替传统二维计算模式中的水流挟沙力公式计算床面输沙能力。所得的计算模式称为复合型三维泥沙计算模式，其床面边界条件计算式为

$$\left(K_{sv} \frac{1}{h} \frac{\partial C_{ks}}{\partial \sigma} + h\omega_{s,ks} C_{ks} \right)_{床面} = \alpha w_{s,ks} \left(c_{a,ks} - C_{1,ks} \right) \tag{1.29}$$

式中，因为使用 C_1 代替了 C_b，所以需在参数 α 中考虑垂向网格最底层单元中心与床面之间的泥沙浓度的换算。这样一来，式(1.29)中 α 的含义就相对于文献[67-68]发生了变化，这里称其为综合恢复饱和系数。由式(1.29)可知，复合型三维泥沙计算模式无需任何垂向换算，彻底消除了因垂线换算引起的潜在的不稳定因素。与式(1.29)相对应的河床变形方程为

$$\rho'_{ks} \frac{\partial z_{b,ks}}{\partial t} = \alpha w_{s,ks} \left(C_{1,ks} - c_{a,ks} \right) \tag{1.30}$$

式中，$\partial z_{b,ks}$ 为由第 ks 分组泥沙冲淤所引起的河床变形，m；ρ'_{ks} 为第 ks 分组泥沙所对应的河床组成物质的干密度，kg/m^3。

3. 床面边界条件的计算

"参数多且不易确定"是阻碍三维泥沙模型实用化的重要原因。一方面，由于不含任何垂向换算，复合型三维泥沙计算模式(相对于经典模式)床面边界条件

计算式中待定的参数得到大幅消减。另一方面，复合型三维泥沙计算模式与传统二维泥沙计算模式的部分参数具有十分接近的内涵，前者取值可参考后者。对于式(1.29)等号右端项 $\alpha w_{s,ks}(c_{a,ks} - C_{1,ks})$，可使用 1.4.3 节的方法算出 $c_{a,ks}$，并将求解对流-扩散方程(式(1.26)中的垂向扩散项在床面附近暂且使用 0 梯度条件)得到的泥沙浓度用作 $C_{1,ks}$。对于其中的参数 α，可参照传统二维泥沙计算模式初定冲刷时取 $\alpha=1$、淤积时取 $\alpha=0.25$，在此基础上进行试算和微调。

合理布置垂向网格对三维泥沙计算也很重要。在表达式 $\alpha w_{s,ks}(c_{a,ks}-C_{1,ks})$ 中，位于最底层垂向单元中心的 $C_{1,ks}$ 与垂向网格尺度、布置等均有直接关系。需指出，对于三维泥沙输运这种复杂问题的科学计算，一般不再强制要求计算结果满足网格无关性。因而，人们常常令最底层垂向网格尺度为 $0.1h$(最底层垂向单元中心位于 $0.05h$ 高度处)，这将带来如下好处。①计算 u_* 时所使用的 u_1 位于 $0.05h$ 高度处，它正好是已有的河床阻力、流速垂向分布等水力学规律研究中参考高度的推荐值。②国内外研究者在开展泥沙运动理论与实验研究时通常也选用 $0.05h$ 作为参考高度。若有需要，三维模型在 $0.05h$ 高度处可精准应用已有的泥沙理论研究成果(例如含沙量的垂向分布等)。③$0.05h$ 正好也是 van Rijn 所推荐的公式中参考高度 a 的取值。④$C_{1,ks}$ 的垂向位置位于 $0.05h$ 处，正好与计算 $c_{a,k}$ 时的参考高度 a 一致，即水流的输沙能力与泥沙浓度的参考点位于同一高度处，这使复合型三维泥沙计算模式对传统二维泥沙计算模式的借鉴在理论上更合理。

因而，将最底层垂向网格尺度设为 $0.1h$，可使三维泥沙模型在计算床面水沙边界条件时准确而方便地应用水沙研究领域的已有成果，并有利于减少流速、泥沙浓度、水流输沙能力等在垂线上的换算，显著简化三维水沙计算。

▶ 1.4.3 非均匀沙不平衡输移的三维计算

式(1.24)、式(1.29)、式(1.30)通用于非均匀沙各分组。非均匀沙输运三维计算的关键在于确定各分组泥沙的近底平衡浓度的占比，下面介绍具体方法。

1. 非均匀沙的输沙能力计算

采用 van Rijn 公式和 1.2.2 节的方法计算非均匀沙输沙能力。与张瑞瑾公式类似，van Rijn 公式也不能直接用于非均匀沙。在将 van Rijn 公式用于计算非均匀沙之前，需先确定非均匀沙各分组的无量纲参数 T、D_*，再基于此构造分组输沙

能力的临时值计算式，以第 ks 分组为例，临时值计算式的形式为

$$c_{a,\text{ks}}^* = \xi 0.015 \frac{D_{\text{pj}}}{a} \frac{T_{\text{ks}}^{1.5}}{D_{*,\text{ks}}^{0.3}} \tag{1.31}$$

式中，D_{pj} 是河床表层床沙的平均粒径；$D_{*,\text{ks}} = [(s-1)g/v^2]^{1/3} D_{\text{ks}}$ 是对应第 ks 分组泥沙的无量纲粒径；$T_{\text{ks}} = (u_*')^2/(u_{*c,\text{ks}})^2 - 1$ 是对应第 ks 分组泥沙的无量纲水流强度，其中 $u_{*c,\text{ks}}$ 是第 ks 分组泥沙的临界起动摩阻流速。

按照 1.2.2 节的方法，非均匀沙近底平衡浓度的级配与来流(挟沙)、河床(表层床沙)的泥沙组成均有关。三维泥沙模型仍采用"先计算非均匀沙近底平衡浓度的级配，再据此分配得到各分组的近底平衡浓度"的计算流程。

（1）暂假设来流为清水，使用式(1.31)算出第 ks 分组近底平衡浓度的临时值 $c_{a,\text{ks}}^*$，用它乘以表层床沙第 ks 分组的占比得到该分组床沙对级配的贡献值。

（2）对于一给定的平面位置，综合使用各分组床沙的贡献值(贡献 1)和来流中各分组含沙量的贡献值(贡献 2)计算各分组的综合权重，并将它们视作非均匀沙近底平衡浓度的级配(P_{ks})，所涉及的计算式为(ks=1, 2,···, N_s)

$$P_{\text{ks}} = \frac{P_{u,\text{ks}}c_{a,\text{ks}}^* + C_{1,\text{ks}}}{\sum_{\text{ks}=1}^{N_s}(P_{u,\text{ks}}c_{a,\text{ks}}^* + C_{1,\text{ks}})} \tag{1.32}$$

式中，$P_{u,\text{ks}}$ 为表层床沙第 ks 分组的重量占比。

（3）使用各分组泥沙的代表粒径和已得到的近底平衡浓度的级配，通过加权平均，计算水流所输运的非均匀沙的加权平均粒径($\bar{D}$)：

$$\bar{D} = \sum_{\text{ks}=1}^{N_s} P_{\text{ks}} D_{\text{ks}} \tag{1.33}$$

（4）使用 $\bar{D}$ 及其衍生变量，计算非均匀沙的总近底平衡浓度(c_a)：

$$c_a = \xi 0.015 \frac{D_{\text{pj}}}{a} \frac{\bar{T}^{1.5}}{\bar{D}_*^{0.3}} \tag{1.34}$$

式中，$\bar{D}_* = [(s-1)g/v^2]^{1/3}\bar{D}$、$\bar{T} = (u_*')^2/(\bar{u}_{*c})^2 - 1$ 分别是非均匀沙的平均无量纲粒径、平均无量纲水流强度，其中 $\bar{u}_{*c}$ 是 $\bar{D}$ 所对应的平均临界起动摩阻流速。

（5）使用 P_{ks} 分割 c_a，得到各分组泥沙的近底平衡浓度($c_{a,\text{ks}}$)：

$$c_{a,\text{ks}} = P_{\text{ks}} c_a \tag{1.35}$$

计算时，需考虑泥沙起动和悬移条件的影响。式(1.31)中，若 $u_*' < u_{*c,\text{ks}}$，表明

在当前水流条件下该分组泥沙不能起动。对于式(1.34)也应进行类似的判断。在使用式(1.35)分割悬移质输沙能力时，当 $u'_* > w_{s,ks}$ 时 $c_{a,ks} = P_{ks}c_a$；若 $u'_* \leqslant w_{s,ks}$ 则按 $u'_*/w_{s,ks}$ 比例折减该分组的 $c_{a,ks}$，并将余出的输沙能力转移给较细的分组。

2. 各种剪切应力的计算

三维泥沙的计算需使用水流在床面的摩阻流速 u_*、沙粒阻力摩阻流速 u'_* 和各分组泥沙的临界起动摩阻流速 u_{*c}。其中，u_* 主要用于水流计算，u'_* 和 u_{*c} 用于泥沙计算。水流床面剪切应力 $\tau = \rho u_*^2$ 的3种计算方法如下。①对于水力粗糙的明渠紊流，u_* 与水深平均流速 $\bar{u}$ 满足对数关系 $\bar{u}/u_* = 6.25 + 5.75\log(h/k_s)$，式中 k_s 为床面粗糙高度。当 $\bar{u}$ 已知时，可根据该式算出 u_*。②当已知 $0.05h$ 高度处水平流速 u_b 时，可使用关系式 $u_* = \kappa u_b/\log(0.05h/z_0)$[24]算出 u_*，式中 κ 为卡门常数(≈ 0.41)，z_0 为零流速点距离床面的高度(建议值 $0.03k_s$)。③当已知河床阻力系数 C_{Db} 和近底水平流速 u_b 时，还可使用关系式 $u_*^2 = C_{Db}u_b^2$ 计算 u_*。

沙粒阻力摩阻流速 u'_*。从输沙角度看，在 u_* 中仅 u'_* 这一部分是对输沙有效的。一般将 u'_* 表示为 u_* 的比例 $u'_* = \lambda_1 u_*$，其中 $\lambda_1 = C/C'$ 为比例系数，C 和 C' 分别为沙粒阻力与河床阻力对应的谢才系数。van Rijn 建议的计算式为 $C = 18\log(12h/k_s)$、$C' = 18\log[12h/(3d_{90})]$。以长江下荆江为例，$k_s = 5\sim 10$mm，河床 $d_{90} = 0.25\sim 0.5$mm，平滩河槽平均水深约为 15m，根据上式可算出 $\lambda_1 = 0.8\sim 0.9$。

实践表明，合适的 λ_1 通常仅能保证基于 van Rijn 公式的泥沙模型较准确地算出断面的宏观输沙过程，而不能保证算出的冲淤厚度平面分布也合理。例如模型算出的深水区冲刷幅度常常偏大，这一现象可能与 van Rijn 公式未直接含有水深因子等有关。相比之下，基于张瑞瑾公式的泥沙模型常常可给出较好的冲淤平面分布计算结果。张瑞瑾公式和 van Rijn 公式比较如下：①前者是悬移质挟沙力公式，后者在本质上是沙质推移质输沙能力公式；②前者计算水深平均的水流输沙能力，后者计算近底平衡泥沙浓度；③前者不包含、后者包含泥沙起动的影响；④前者考虑、后者不考虑水深的影响。van Rijn 公式由于不含水深因子，算出的河槽等深水区的输沙能力可能偏大，从而导致模型算出的深水区冲刷幅度偏大。可采用按水深修正沙粒摩阻流速 u'_* 的方法，在 van Rijn 公式中考虑水深的影响。

泥沙临界起动摩阻流速 u_{*c} 分为各分组的临界起动摩阻流速 $u_{*c,ks}$ 和平均的临界起动摩阻流速 $\bar{u}_{*c}$。可使用希尔兹曲线（Shields curve）[22-24]计算它们：采用第

ks 分组泥沙的代表粒径 D_{ks} 及其对应的参数 θ_{cr} 计算 $u_{*c,ks}$，采用加权平均粒径 $\overline{D}$ 及其对应的参数 θ_{cr} 计算 $\overline{u}_{*c}$。泥沙临界起动摩阻流速的通用计算式为

$$u_{*c} = \left(\frac{\rho_s - \rho}{\rho} gD\theta_{cr} \right)^{1/2} \tag{1.36}$$

式中，θ_{cr} 为泥沙起动的临界希尔兹数，可通过查询希尔兹曲线得到

$$\theta_{cr} = \begin{cases} 0.24 D_*^{-1}, & D_* \leqslant 4 \\ 0.14 D_*^{-0.64}, & 4 < D_* \leqslant 10 \\ 0.04 D_*^{-0.1}, & 10 < D_* \leqslant 20 \\ 0.013 D_*^{0.29}, & 20 < D_* \leqslant 150 \\ 0.055, & 150 < D_* \end{cases} \tag{1.37}$$

由式 (1.36) 和式 (1.37) 可计算 0.01~10mm 粒径范围内泥沙的临界起动摩阻流速 u_{*c}。当 $D_* < 4$（$D < 0.1686$mm）时，细颗粒的 u_{*c} 将保持为 1.279cm/s。同时，van Rijn 曾指出式 (1.9) 原则上仅适用于粒径为 0.1~0.5mm 的泥沙[22-24]。

在不少河流，粒径不大于 0.05mm（该粒径在长江中下游常被视作区分床沙质与冲泻质的分界粒径）的细沙有时是来流挟沙的主要成分。在应用式 (1.36) 和式 (1.37) 时，这些细沙（冲泻质）将与 $D = 0.05$~0.1686mm 的较粗沙具有相同的临界起动摩阻流速，这会使 van Rijn 公式算出的输沙能力偏小。当公式算出的细沙的水流输沙能力小于其在来流中的浓度时，就可能发生"细淤粗冲"等异常现象。此时，可通过修改式 (1.37) 来提高 van Rijn 公式的兼容性，具体做法为，对于细沙（暂不考虑黏性影响），近似认为式 (1.37) 所描述的 $4 < D_* \leqslant 10$ 的较粗沙的 θ_{cr} 计算式近似适用于 $D_* \leqslant 4$ 的细沙，借此降低细沙的 u_{*c}。

在三维水流计算方面，除了紊流闭合模式（对流场分布具有重要影响）之外，基于时均 NS 方程的三维水动力模型目前已发展得较为成熟。在三维泥沙计算方面，泥沙运动基本理论发展水平不高仍是限制模型计算精度的主要因素。

1.5　常用水沙数学模型辨析

按不同的视角，水沙数学模型有着多种分类，如非静压与静压、水沙耦合与非耦合等。本节对实践中常用的水沙数学模型进行辨析，以帮助人们在河流数值模拟研究中选用最合适的模型类型，最大限度地保证准确和高效。

▶ 1.5.1 非静压与静压水动力模型

静压与非静压水动力模型均是河流海洋数值模拟的常用手段，其特点、适用性、发展历程等简述如下。静压水动力模型不考虑动水压力(非静水压力)的影响，以浅水方程作为控制方程(不再含有垂向动量方程)，在完成水平动量方程与自由水面方程的耦合求解之后，可通过基于连续性方程的计算来获得水流的垂向流速。相比于静压水动力模型，非静压模型考虑动水压力的影响，其结构与求解均复杂很多(如三维非静压模型需要求解三向流速与动力压力在三维空间中的耦合方程)，计算量也急剧增加。立面二维模型在工程中应用很少，因而非静压模型主要是指三维非静压模型。一维、平面二维模型均属静压模型范畴。

在地表某些水域，由于地形起伏、密度差、短波运动等原因，水流的垂向运动尺度相比于水平方向不可忽略，静压假设不再适用。此时，浅水方程模型将产生较大的计算误差(表现在流场、压力场、运动周期等的失真)，需使用非静压模型。对于内陆河湖的浅水流动，水流垂向运动尺度相对很小，非静压模型与浅水方程模型所给出的计算结果通常十分接近。河口潮流的水平运动尺度也远大于垂向，常被视作长波运动，因而河口一般也作为浅水流动系统进行模拟。

三维水动力模型的进步与计算机技术发展密切相关。在早期计算机运算能力不足时，为了满足三维水动力计算的时效性要求，前人引入静压假设来回避求解计算量巨大且十分复杂的三维空间流速-动水压力耦合问题，同时借助隐式算法离散控制方程以便能使用大时间步长。这两项策略可有效降低三维水动力模型的计算量，在 Delft3D[70]、Ecomsed[71]、EFDC[72]、Mike3[73]、ELcirc[74]等三维河流海洋模型中获得了广泛应用。自从 Leendertse[75]采用 ADI 方法构建首个河口三维水动力模型以来，经过几十年发展，三维浅水方程模型已逐步发展完善[76]。

随着计算机运算能力不断提升，人们自 20 世纪 90 年代就开始研发非静压水动力模型来改善三维水流计算的精度，并借助它们研究河流海洋的水动力过程。经过此后 20 多年的研究和发展，非静压模型已拥有多种经典的模型架构[63,77-81]，并逐步获得了不少应用。三维非静压模型的主要缺点是计算量大。如当垂向网格为 10 层时，非静压模型的耗时可达浅水方程模型的数十倍以上。而且，三维非静压模型常常与高分辨率计算网格联合使用，以便精细模拟和刻画各种尺度的三维水流结构，这些应用的计算量更是巨大。在实际工作中，三维非静压模型的计算效率瓶颈限制了它们在大时空河流数值模拟中的应用。

▶ 1.5.2　一二维耦合水动力模型

大型地表水流系统通常同时含有江河干流、河网和大范围开阔水域(湖泊、蓄滞洪区、海湾等)，具有面积庞大、连通复杂、耦合性强等特点。在研究它们时，通常要求对系统进行整体同步模拟，以反映其成员在水动力与物质输运上的耦合性。对于这类应用，一维模型虽可准确计算河湖断面的宏观水文过程(水位、流量等随时间的变化)，但无法刻画宽阔水域的平面特征；若改用高分辨率网格二维模型，则模型效率常常难以满足时效性要求。于是，人们常常将 1D 和 2D 模型耦合起来应用，以缓解在大型浅水系统模拟中模型功能与效率的矛盾。

1D-2D 耦合计算一般先将计算区域划分为若干个 1D 和 2D 分区，再使用源项、边界条件、状态变量等连接方式实现 1D 和 2D 模块的耦合求解[82]。目前大多数耦合模型采用边界条件连接方式(互相提供分区边界条件)耦合 1D 和 2D 模块，具有直接、简单等优点。在这类模型中，各模块通过上一时步的计算提供 1D-2D 界面处的边界条件(通常为狄利克雷类型)，基于此实现 1D 和 2D 模块的同步求解。当相邻的 1D、2D 分区互相提供水位作为彼此的边界条件时，称为 η-η 型数据交换或连接；当相邻的 1D、2D 分区交错提供水位、流量作为彼此的边界条件时，称为 Q-η 型数据交换或连接。在 1D-2D 界面处对 1D 和 2D 模块使用固定类型的开边界条件，将不利于耦合模型模拟 1D-2D 界面附近的往复流，降低模型能力。一种较合理的分区连接设计为，在 1D-2D 界面处预先判断流向，然后据此对出流、入流分区的边界分别应用水位、流量边界条件。边界条件连接方式的优点在于，每个分区的计算都是独立的(可并行)。这些 1D 和 2D 分区通过一个全局循环实现同步[83]。下面将聚焦讨论基于边界条件连接方式的 1D-2D 耦合模型。

1. 松散耦合与深度耦合模型

根据 1D 和 2D 模块的耦合程度，1D-2D 耦合水动力模型可分为松散耦合模型与深度耦合模型。这两类模型的区别为，后者跨越 1D-2D 界面求解水流控制方程，而前者(也被称为嵌套模型)一般使用水力连接条件连接不同维的模块。目前，松散耦合模型的研发与应用已十分广泛，而深度耦合模型的报导还较少。

在基于边界条件连接方式的耦合模型框架下，松散耦合模型可选用显式或隐式水动力模块作为基础模块。隐式模型通常需迭代求解一个复杂的大型代数方程组，而显式模型的求解一般直接而简单。因此，耦合显式模块比耦合隐式模块容易很多。早期的松散耦合模型大多选用显式模块，模型架构简单、编程也不复杂，如谭维炎等[84]的研究。这种选用显式模块来构建耦合模型的思路，在新模型的研发中仍在大量使用[85-86]。需指出，显式算法虽简单但一般仅允许使用满足 CFL 稳定条件的小时间步长，使模型耗时较多。因此，尽管求解较复杂，隐式算法也被引入 1D-2D 耦合模型以改进其稳定性和效率。一些使用隐式 1D 和显式 2D 模块的耦合模型[87-88]逐步在 1D-2D 耦合模型领域流行开来。这类耦合模型的一维模块常采用四点隐式 FDM 和河网三级解法。同时，人们还研发了使用隐式 1D 和 2D 模块的耦合模型[89-90]。这类模型虽然常常需要定义耦合单元来连接一维和二维网格且需要迭代求解，但它们在稳定性和效率上均具有明显提升。

在松散耦合模型中，水流控制方程并未得到跨越 1D-2D 界面的充分求解，这将使水流的某些物理特性不能充分地从 1D/2D 区域传输到 2D/1D 区域。忽略 1D-2D 界面处水流某些物理作用的求解可能降低模型的模拟能力，或成为耦合模型不稳定和不准确的一个潜在原因。对于使用显式模块的耦合模型，文献[91]提出了跨越 1D-2D 界面求解水流控制方程的两种策略。第 1 种策略仅求解 1D-2D 耦合区域的质量守恒方程，第 2 种策略同时求解该区域的质量守恒和动量方程。研究者通过溃坝水流数值试验发现：基于第 1 种策略的耦合模型算出的数值解与试验数据差异显著；基于第 2 种策略的耦合模型能动态监测水流的弗劳德数（Froude number, Fr）并很好地模拟超临界流穿过 1D-2D 耦合区域。由此可见，跨越 1D-2D 界面求解控制方程对于保证耦合模型的模拟能力、稳定性、准确性等是十分重要的。

2. 显式与隐式的深度耦合模型

按"是否跨越 1D-2D 界面求解控制方程"的标准，文献[91]基于显式模块研发的耦合模型可被视作显式的深度耦合模型。在显式耦合模型中，1D 和 2D 模块以时间步长为间隔进行分区边界处的变量数据交换，即在每个时步末进行一次数据交换，在单个时步内不存在数据交换或互馈。因而，对于显式 1D、2D 模块，它们的深度耦合求解是较容易的。相比之下，对于隐式 1D、2D 模块，其深度耦合求解需克服两种模块在结构、迭代求解等多方面的差异和复杂性的阻碍。①建立隐式的 1D-2D 深度耦合模型，要求隐式 1D 和 2D 模块在变量种类及其空间布置、控制方程的时空离散等方面相互兼容，以便为 1D 和 2D 模块在单个时步内实时进行数据交换、跨越 1D-2D 界面计算方程物理项等奠定基础。②隐式 1D 和 2D 模块在单个时步的迭代求解过程中，需进行实时的数据交换或互馈。这些要求使隐式的 1D-2D 深度耦合模型在构建、执行、编程等方面均具有挑战性。

由于上述原因，现有的基于隐式 1D 和 2D 模块的耦合模型大多采用水力连接条件进行模块连接，而没有在 1D-2D 界面处求解控制方程；忽略在时步内迭代求解过程中的实时数据交换，仅在每时步末开展分区边界的数据交换。另外，早期的隐式 1D-2D 耦合模型通常需要预先知晓 1D-2D 界面处的流向和流态[82]，这使模型在具有往复流或未知流态的河网中常常难以使用。Chen 等[89]通过定义耦合单元(连接 1D 和 2D 分区)、应用匹配条件(一种水力连接条件)和局部求解技术，提高了隐式 1D-2D 耦合模型的适用性。水力连接条件在本质上是水流控制方程的极简化形式，构建它们所采用的假设(例如在耦合单元周围的分区边界处具有相同水位、忽略对流作用等)可能偏离 1D-2D 界面的真实情况。

文献[92]曾探究了隐式 1D 和 2D 模块的深度耦合求解技术，涉及 2D 网格队列降维、1D-2D 界面处对流项迎风求解、1D 和 2D 混合分区 u-η 耦合的预测-校正分块求解、跨越 1D-2D 界面的干湿转换模拟等。所建立的隐式 1D-2D 深度耦合模型，相对于以往耦合模型在稳定性、精度、效率等方面取得了全面提升。

▶ 1.5.3　不同耦合程度的水沙数学模型

按水沙计算耦合程度由强到弱的顺序，水沙数学模型可分为 3 个层级：非恒定耦合求解(Level-1)、非恒定非耦合求解(Level-2)、基于均化水文过程的非耦合求解(Level-3)。Level-2 模型即常规的非恒定水沙数学模型，其执行流程为，①以 Δt_f 逐时步推进，不断更新水流物理场；②在水流物理场的演化过程中，以 Δt_s(等于 $n\Delta t_f$，$n \geqslant 1$)为间隔求解对流-扩散方程得到泥沙浓度场，基于此计算泥沙冲淤源项并更新单元泥沙浓度、河床高程和床沙级配。Level-2 模型适用于模拟输沙强度适中、河床冲淤不快的非恒定水沙过程。Level-1 与 Level-3 的模型辨析如下。

Level-1 模型将描述水、沙、河床相互作用的附加项添加到单流体模型水沙控制方程中得到扩展型方程，并基于此耦合求解水流、泥沙输运与河床冲淤。自 21世纪初，国内外学者[93-96]就开始研究水沙耦合求解模型。关于这类模型中附加项的作用或影响，前人的研究结论为，添加到连续性方程等号右端的 $\partial z_b/\partial t$ 项对模型计算结果的影响最大[96]。因此，目前大多数 Level-1 模型相对于 Level-2 模型的主要变化在于：在水流连续性方程中增加了 $\partial z_b/\partial t$ 项。对于河床变形速率比水深变化率显著的高强度快速冲淤过程，Level-2 模型常常较难取得与实测资料相符的计算结果，而 Level-1 模型因为具备描述水-沙-河床互馈的优势所以可较好地模拟这类水沙运动。动床溃坝问题是河床发生剧烈快速冲淤变形的一个典型实例，其中水沙运动的耦合性很强，常被用于测试 Level-1 模型的性能。

Level-3 模型利用某些地表水流"水沙条件变化慢""水沙运动变化周期性强"等特点开展简化的水沙输运计算，主要包括两种方法：适用于内陆河流的梯级恒定化方法，适用于河口的冲淤放大因子加速法。冲积型河流的流量、含沙量及河道水位等在数日内时常变化不大。据此，梯级恒定化方法将非恒定的年水文过程按其时变特征划分为若干个梯级恒定流时段(如 50~60 个，在尽量保留洪峰和沙峰的前提下将水文特征较接近的连续多日划归一个时段)，逐时段开展恒定流条件下的泥沙输运计算，从而大幅降低长系列河床演变计算的耗时。单个时段的计算流程为，①使用时段内流量、含沙量、水位的均值设置开边界；②采用非恒定流模型逐 Δt_f 计算直至形成稳定的水流；③基于恒定的水流物理场，采用非恒定泥沙输运模型和 $\Delta t_s(=n\Delta t_f,\ n\geq1)$ 逐步向前推进，每步均需计算泥沙因子的空间演化及河床变形；④在时段末更新床沙级配。梯级恒定化方法是我国现阶段开展高维模型长系列年河床演变计算的主要方法，其缺点是忽略了时段内水沙非恒定性的影响，当来水、来沙条件变化较快时可能引起较大误差；当计算区域较大时，模型将水流算至恒定的耗时亦较多，节省的时间有限。

冲淤放大因子加速法的原理如下。河口的河床演变(在周期性潮流作用下泥沙冲淤通常需数日甚至更长时间才会引起明显的河床变形)比水沙物理场随时间的变化慢得多，且短期河床自然变形对水沙运动的反作用十分有限。据此，有些模型例如 Delft3D[70]在开展长时间河口演变计算时，使用若干大小潮过程模拟代替长系列水沙过程模拟，同步引入冲淤放大因子(床面垂向泥沙通量的放大倍数)来加速河床冲淤计算，大幅压缩长系列冲淤模拟的计算量。该方法先将长系列径流过程按某一间隔(例如 1 个月)分割为若干时段，并算出各时段内上游来流流量、含沙量等的平均值。在每个时段的模型计算中，在上游开边界加载流量、含沙量等的时段平均值，在海域开边界应用非恒定的潮位过程，模拟内容仅包含一个大潮水沙过程和一个小潮水沙过程，然后使用冲淤放大因子加倍床面垂向泥沙通量从而得到整个时段的河床变形。该方法的缺点是并未模拟真正的长系列河口非恒定水沙过程，也不能及时考虑时段内河床变形的反馈作用。从单个时段计算来看，河口的冲淤放大因子加速法使用非恒定的海域潮位开边界开展了非恒定水沙输移计算，而内陆河流的梯级恒定化方法是在恒定流条件下开展泥沙输运计算。

区别于传统的河湖、水库、河口等地表水流系统的水沙输运及河床演变计算，本书的两大特色是全面采用 Level-2 模型和开展工程精细模拟。

参考文献

[1]　张建云, 李云, 宣国祥, 等. 不同黏性均质土坝漫顶溃决实体试验研究[J]. 中国科学 E 辑: 技术科学, 2009, 39(11): 1181-1186.

[2]　俞月阳, 唐子文, 卢祥兴, 等. 曹娥江船闸引航道冲淤研究[J]. 泥沙研究, 2007, 3:17-23.

[3]　周刚. 赣江下游二维水环境模型及污染物总量分配研究[D]. 北京: 中国环境科学研究院, 2011.

[4]　CHANG Y C. Lateral mixing in meandering channels[D]. Iowa City: University of Iowa, 1971.

[5]　谢鉴衡. 河流模拟[M]. 北京:水利水电出版社, 1990.

[6]　KENNEDY J F. Whence and whether river-sediment research[C]// Proceedings of the Fourth International Symposium of River Sedimentation, Post-symposium Volume, Beijing. [S.l.:s.n.], 1989: 18-35.

[7]　王光谦. 河流泥沙研究进展[J]. 泥沙研究, 2007, 2: 64-81.

[8]　杨国录. 河流数学模型[M]. 北京: 海洋出版社, 1993.

[9]　周雪漪. 计算水力学[M]. 北京:清华大学出版社, 1995.

[10]　谭维炎. 计算浅水动力学[M]. 北京: 清华大学出版社, 1998.

[11]　陶文铨. 数值传热学[M]. 2 版. 西安: 西安交通大学出版社, 2001.

[12]　WU W M. Computational river dynamics[M]. New York: Taylor & Francis, 2007.

[13]　汪德爝. 计算水力学理论及应用[M]. 北京: 科学出版社, 2011.

[14] 胡德超. 大时空河流数值模拟理论[M]. 北京: 科学出版社, 2023.

[15] 窦国仁. 潮汐水流中的悬沙运动和冲淤计算[J]. 水利学报, 1963, 4: 13-23.

[16] 韩其为. 非均匀悬移质不平衡输沙的研究[J]. 科学通报, 1979, 17: 804-808.

[17] 韩其为. 扩散方程边界条件及恢复饱和系数[J]. 长沙理工大学学报: 自然科学版, 2006, 3(3): 7-19.

[18] 王新宏, 曹如轩, 沈晋. 非均匀悬移质恢复饱和系数的探讨[J]. 水利学报, 2003, 3:120-124.

[19] PHILLIPS B C, SUTHERLAND A J. Spatial lag effects in bed load sediment transport[J]. Journal of Hydraulic Research, 1989, 27(1): 115-133.

[20] TRAN THUC. Two-dimensional morphological computations near hydraulic structures[D]. Bangkok: Asian Institute of Technology, 1991.

[21] RAHUEL J L, HOLLY F M, CHOLLET J P, et al. Modeling of riverbed evolution for bedload sediment mixtures[J]. Journal of Hydraulic Engineering, 1989, 115(11): 1521-1542.

[22] VAN RIJN L C. Sediment transport, Part I: Bed load transport[J]. Journal of Hydraulic Engineering, 1984, 110(10): 1431-1456.

[23] VAN RIJN L C. Sediment transport, Part II: Suspended load transport[J]. Journal of Hydraulic Engineering, 1984, 110(11), 1613-1641.

[24] VAN RIJN L C. Mathematical modeling of suspended sediment in non-uniform flows[J]. Journal of Hydraulic Engineering, 1986, 112 (6):433-455.

[25] CASULLI V, STELLING G S. A semi-implicit numerical model for urban drainage systems[J]. International Journal for Numerical Methods in Fluids, 2013, 73: 600-614.

[26] 张瑞瑾. 河流泥沙动力学 [M]. 2 版. 北京: 中国水利水电出版社, 1998.

[27] FELDMAN A D. HEC models for water resources system simulation: Theory and experience[M]. Davis: The Hydraulic Engineering Center, 1981.

[28] 李义天. 冲淤平衡状态下床沙质级配初探[J]. 泥沙研究, 1987, 1: 82-87.

[29] 韦直林, 赵良奎. 黄河泥沙数学模型研究[J]. 武汉水利电力大学学报, 1997, 5: 21-25.

[30] KARIM F. Bed material discharge prediction for nonuniform bed sediments[J]. Journal of Hydraulic Engineering, 1998, 124(6): 595-604.

[31] 何明民, 韩其为. 挟沙能力级配及有效床沙级配的概念[J]. 水利学报, 1989, 3: 17-26.

[32] 李义天, 胡海明. 床沙混合层活动层的计算方法探讨[J]. 泥沙研究, 1994, 1: 64-71.

[33] 赵连军, 张红武, 江恩惠. 冲积河流悬移质泥沙与床沙交换机理及计算方法研究[J]. 泥沙研究, 1999, 4: 49-54.

[34] 王士强. 沙波运动与床沙交换调整[J]. 泥沙研究, 1992, 4: 14-23.

[35] 李义天. 三峡水库下游一维数学模型计算成果比较[M]//长江三峡工程泥沙问题研究, 第七卷(1996-2000), 长江三峡工程坝下游泥沙问题(二). 北京: 知识产权出版社, 2002: 323-329.

[36] 许全喜, 朱玲玲, 袁晶. 长江中下游水沙与河床冲淤变化特性研究[J]. 人民长江, 2013, 44(23): 16-21.

[37] 李琳琳. 荆江-洞庭湖耦合系统水动力学研究[D]. 北京: 清华大学, 2009.

[38] SMAGORINSKY J. General circulation experiments with the primitive equations I: The basic experiment[J]. Monthly Weather Review, 1963, 91: 99-164.

[39] PRESS W H, TEUKOLSKY S A, VETTERLING W T, et al. Numerical. Recipes[M]. 3rd ed. Cambridge: Cambridge University Press, 2007.

[40] 张红武, 江恩惠. 黄河高含沙洪水模型的相似率[M]. 郑州: 河南科学技术出版社, 1993, 67-71.

[41] 李义天. 平面二维泥沙数学模型研究[D]. 武汉: 武汉水利电力学院, 1987.

[42] 周建军, 林秉南, 王连祥. 平面二维泥沙输移数学模型研究[J]. 水利学报, 1991(5):8-18.

[43] 杨国录. 平面二维水流挟沙力初探[C]//第 2 届全国泥沙基本理论研究学术讨论会论文集. 北京:中国建材工业出版社, 1995. 359-364.

[44] LEE J W, TEUBNER M D, NIXON J B, et al. A 3-D non-hydrostatic pressure model for small amplitude free surface flows[J]. International Journal for Numerical Methods in Fluids, 2006, 50: 649-672.

[45] SHIMIZU Y, YAMAGUCHI H, ITAKURA T. Three-dimensional computation of flow and bed deformation[J]. Journal of Hydraulic Engineering, 1990, 116(9): 1090-1109.

[46] 陈国祥, 金海生. 用 k-ε 模式解平面二维弯道水流[J]. 河海大学学报, 1988, 16(2): 104-113.

[47] LIEN H C, HSIEH T Y, YANG J C, et al. Bend flow simulation using 2D depth-average model[J]. Journal of Hydraulic Engineering, 1999, 125(10): 1097-1108.

[48] JIN Y, STEFFLER P M. Predicting flow in curved open channels by depth-averaged method[J]. Journal of Hydraulic Engineering, 1993, 119(1): 109-124.

[49] YEH K C, KENNEDY J F. Moment model of nonuniform channel-bend flow I: Fixed beds[J]. Journal of Hydraulic Engineering, 1993, 119(7): 776-795.

[50] 方春明. 考虑弯道环流影响的平面二维水流泥沙数学模型[J]. 中国水利水电科学研究院学报, 2003, 1(3): 190-193.

[51] DE VRIEND H J. Velocity redistribution in curved rectangular channels[J]. Journal of Fluid Mechanics, 1981, 107: 423-439.

[52] WU W, WANG S Y. Depth-averaged 2D calculation of flow and sediment transport in curved channels[J]. International Journal of Sediment Research, 2004, 19(4): 241-257.

[53] 钟德钰, 张红武. 考虑环流横向输沙及河岸变形德平面二维扩展数学模型[J]. 水利学报, 2004, 7: 14-20.

[54] NAGATA N, HOSODA T, MURAMOTO Y. Numerical analysis of river channel processes with bank erosion[J]. Journal of Hydraulic Engineering, 2000, 126(4): 243-252.

[55] DUAN G J, JULIEN P Y. Numerical simulation of meandering evolution[J]. Journal of Hydrology, 2010, 391: 34-46.

[56] XIAO Y, SHAO X J, WANG H, et al. Formation process of meandering channel by a 2D numerical simulation[J]. International Journal of Sediment Research, 2012, 27:306-322.

[57] ASCE TASK COMMITTEE ON HYDRAULIC, BANK MECHANICS, AND MODELING OF RIVERBANK WIDTH ADJUSTMENT. River width adjustment II: Modeling[J]. Journal of Hydraulic Engineering, 1998, 124(9): 903-918.

[58] OSMAN A M, THORNE C R. Riverbank stability analysis Ⅰ: Theory [J]. Journal of Hydraulic Engineering, 1988, 114 (2): 134-150.

[59] DUAN J G, WANG S Y. The applications of the enhanced CCHE2D model to study the alluvial channel migration processes[J]. Journal of Hydraulic Research, 2001, 39(4): 469-780.

[60] 夏军强, 王光谦, 吴保生. 游荡型河流演变及其数值模拟[M]. 北京: 中国水利水电出版社, 2005, 121-135.

[61] 假冬冬. 非均质河岸河道摆动的三维数值模拟[D]. 北京: 清华大学, 2010.

[62] 胡德超. 三维水沙运动及河床变形数学模型研究[D]. 北京: 清华大学, 2009.

[63] CASULLI V, ZANOLLI P. Semi-implicit numerical modeling of nonhydrostatic free-surface flows for environmental problems[J]. Mathematical and Computer Modeling, 2002, 36(9-10): 1131-1149.

[64] UMLAUF L, BURCHARD H. A generic length-scale equation for geophysical turbulence models[J]. Journal of Marine Research, 2003, 6 (12): 235-265.

[65] WARNER J C, SHERWOOD C R, ARANGO H G, et al. Performance of four turbulence closure models implemented using a generic length scale method[J]. Ocean Modeling, 2005, 8:81-113.

[66] WU W M, RODI W, WENKA T. 3D numerical model for suspended sediment transport in channels[J]. Journal of Hydraulic Engineering, 2000, 126(1):4-15.

[67] FANG H W, WANG G Q. Three-dimensional mathematical model of suspended sediment transport[J]. Journal of Hydraulic Engineering, 2000, 126 (8): 578-592.

[68] 陆永军, 窦国仁, 韩龙喜, 等. 三维紊流悬沙数学模型及应用[J]. 中国科学 E 辑: 技术科学, 2003, 34(3): 311-328.

[69] 韩其为, 何明民. 论非均匀悬移质二维不平衡输沙方程及其边界条件[J]. 水利学报, 1997(1): 1-10.

[70] WL|DELFT HYDRAULICS. Delft3D-FLOW User Manual, Version 3.13[M]. Delft: [s.n.], 2006.

[71] BLUMBERG A F. A Primer for ECOMSED[M]. United States: Technical Report of Hydroqual, 2002.

[72] TETRA TECH INC. Theoretical and computational aspects of sediment and contaminant transport in EFDC[J]. A report to the U. S. Environmental protection agency, Fairfax, VA, 2002.

[73] PIETRZAK J, JAKOBSON J B, BURCHARD H, et al. A three-dimensional hydrostatic model for coastal and ocean modelling using a generalised topography following coordinate system[J]. Ocean Modelling, 2002, 4: 173-205.

[74] ZHANG Y L, BAPTISTA A M, MYERS E P. A cross-scale model for 3D baroclinic circulation in estuary-plume-shelf systems: I. Formulation and skill assessment[J]. Continental Shelf Research, 2004, 24(18): 2187-2214.

[75] LEENDERTSE J J, ALEXANDER R C, LIU S K. A three-dimensional model for estuaries and coastal seas, Volume 1, Principle of computation[M]. Santa Monica: The Rand Corporation, 1970.

[76] GRIFFIES S M, BONING C, BRYAN F O, et al. Developments in ocean climate modelling[J]. Ocean Modelling, 2000, 2(3-4): 123-192.

[77] FRINGER O B, GERRITSEN M, STREET R L. An unstructured-grid, finite-volume, non-hydrostatic, parallel coastal ocean simulator[J]. Ocean Modeling, 2006(14): 139-173.

[78] MAHADEVAN A, OLIGER J, STREET R. A nonhydrostatic mesoscale ocean model. Part II: Numerical implementation[J]. Journal of Physical Oceanography, 1996, 26(9): 1881-1900.

[79] MARSHALL J, HILL C, PERELMAN L, et al. Hydrostatic, quasi-hydrostatic, and nonhydrostatic ocean modeling[J]. Journal of Geophysical Research, 1997, 102:5733-5752.

[80] BRADFORD S F, KATOPODES N D. Hydrodynamics of turbid underflows. I: Formulation and numerical analysis[J]. Journal of Hydraulic Engineering, 1999, 125(10): 1006-1015.

[81] BERNTSEN J, XING J, ALENDAL G. Assessment of non-hydrostatic ocean

models using laboratory scale problems [J]. Continental Shelf Research, 2006, 26, 1433-1447.

[82] STEINEBACH G, RADEMACHER S, RENTROP P, et al. Mechanisms of coupling in river flow simulation systems[J]. Journal of Computational and Applied Mathematics, 2004, 168(1-2): 459-470.

[83] KUBLER R, SCHIEHLEN W. Two methods of simulator coupling[J]. Mathematics and Computers Modelling of Dynamic Systems, 2000, 6: 93-113.

[84] 谭维炎, 胡四一, 王银堂, 等. 长江中游洞庭湖防洪系统水流模拟 I 建模思路和基本算法[J]. 水科学进展, 1996, 12: 336-334.

[85] FERNÁNDEZ-NIETO E D, MARIN J, MONNIER J. Coupling superposed 1D and 2D shallow-water models: Source terms in finite volume schemes[J]. Computers & Fluids, 2010, 39: 1070-1082.

[86] YU H L, CHANG T J. A hybrid shallow water solver for overland flow modelling in rural and urban areas[J]. Journal of Hydrology, 2021, 598: 126262.

[87] 诸裕良, 严以新, 李瑞杰, 等. 河网海湾水动力联网数学模型[J]. 水科学进展, 2003, 114(12): 131-135.

[88] LAI X J, JIANG J H, LIANG Q H. Large-scale hydrodynamic modeling of the middle Yangtze River Basin with complex river-lake interactions[J]. Journal of Hydrology, 2013, 492(7): 228-243.

[89] CHEN Y, WANG Z, LIU Z, et al. 1D-2D coupled numerical model for shallow water flows[J]. Journal of Hydraulic Engineering, 2012, 138 (2): 122-132.

[90] YU K, CHEN Y C, ZHU D J, et al. Development and performance of a 1D-2D coupled shallow water model for large river and lake networks[J]. Journal of Hydraulic Research, 2019, 57 (6): 852-865.

[91] MORALES-HERNÁNDEZ M, GARCÍA-NAVARRO P, BURGUETE J. A conservative strategy to couple 1D and 2D models for shallow water flow simulation[J]. Computers & Fluids, 2013, 81: 26-44.

[92] HU D C, CHEN Z B, LI Z J, et al. An implicit 1D-2D deeply coupled hydrodynamic model for shallow water flows [J]. Journal of Hydrology, 2024, 631:130833.

[93] CAO Z X, PENDER G, WALLIS S, et al. Computational dam-break hydraulics over erodible sediment bed[J]. Journal of Hydraulic Engineering, 2004, 130(7): 689-703.

[94] SIMPSON G, CASTELLTORT S. Coupled model of surface water flow, sediment transport and morphological evolution[J]. Computers & Geosciences, 2006, 32: 1600-1614.

[95] XIA J Q, LIN B L, FALCONER R A, et al. Modelling dam-break flows over mobile beds using a 2D coupled approach[J]. Advances in Water Resources, 2010, 33: 171-183.

[96] ASCE/EWRI TASK COMMITTEE ON DAM/LEVEE BREACHING. Earthen Embankment Breaching[J]. Journal of Hydraulic Engineering, 2011, 137(12): 1549-1564.

河流数学模型的基础技术涉及计算网格剖分、河流形态与特性描述、干湿动边界处理、床沙级配平面分布构建、涉水工程建模、水沙过程重构等,十分繁杂,但这些环节处理结果的好坏将直接影响河流数值模拟的稳定性和准确性。本章将梳理和讨论一维、二维、三维河流数学模型常涉及的若干基础性技术。

2.1 河湖断面及其阻力动态的描述方法

一维模型主要使用断面地形与间距开展计算。河湖断面通常具有形态不规则、物理特性随水流条件变化等特点,对它们进行合理描述是使用一维模型准确计算江湖洪水演进、水沙输移等的基础。本节针对一维模型,介绍不规则地形断面的描述方法及复式明渠断面糙率随河道水位变化的简易估算方法。

▶ 2.1.1 天然河流不规则地形断面的描述

天然河流横断面几何形态一般均不规则,平原河流断面还时常具有滩槽复式形态(这类河道称为复式明渠)。这使得在断面横向上,即便水位 η 相同水深 h 也会因地形变化而不同。封闭断面与明渠断面的离散化描述具有相通性,下面以明渠为例简述不规则断面的常规描述方法(子断面描述法)。它采用一个离散点序列来描述断面地形。如图 2.1(a)所示,每行的一个"数据对"(包含起点距和高程两个要素)代表位于断面河床上的一个离散点。由这些离散点引出竖直向分界线(图 2.1(b)),相邻分界线与河底所包围的区域称为一个子断面。

梯级近似是用于辅助子断面描述的常用方法,它假设子断面河床水平并在断面内是一级一级分布的(子断面使用左右两个离散点高程的平均值作为高程)。在根据水位计算断面水力参数时,只有水位高于河床的子断面(湿子断面)才参与计算。对于一个包含 NP 个离散点的断面,其过流面积(A)为

$$A = \sum_{j=1}^{NP-1} \left[(D_{j+1} - D_j)h_j \right] \tag{2.1}$$

式中，h_j 为子断面 j 的平均水深；D_j 为离散点 j 的起点距。累加所有湿子断面的倾斜和水平长度分别得到湿周 W 和水面宽 B，断面水力半径 $R=A/W$。

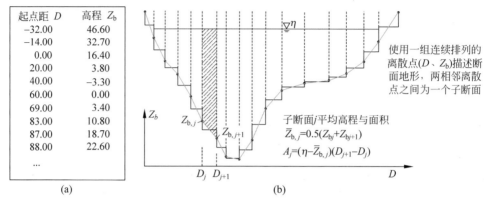

图 2.1　天然河流不规则横断面的描述方法及相关数据的结构
(a)断面离散点数据结构；(b)断面的子断面分割与描述

▶ 2.1.2　复式明渠断面阻力的变化规律

一维水动力模型含有的物理参数主要为断面糙率，其取值的合理性直接影响水流计算结果的准确性。复式明渠断面糙率随河道水位的变化较为复杂，下面对其进行简要分析，并举例说明使用特定的断面糙率将产生的后果。

1. 复式明渠断面糙率的变化规律

实践表明，河道断面的糙率在不同水流条件下是变化的。简单河道断面(不能明显区分滩槽)的综合糙率(n_m)与水位之间一般是单调递减关系。对于复式明渠，在中小流量下水流被约束在河槽之中，n_m 与水位之间也是单调递减关系(与简单河道断面类似)；当河道涨水发生漫滩时，n_m 的变化较为复杂，主要与过流断面急剧扩大、滩地河床条件(床沙与植被等)、滩地水流流态等有关。

将复式明渠平滩水位对应的断面综合糙率表示为 $n_{m,b}$，水槽试验发现[1]，由于过流断面突然扩大等原因，复式明渠的 n_m 在涨水漫滩过程中具有不连续变化的特征：在水流漫滩瞬间，n_m 发生突变性减小，由 $n_{m,b}$ 变化至 $n_{m,b}-\Delta n_m$(Δn_m 为减小值)；之后随着水位继续上涨，n_m 又从 $n_{m,b}-\Delta n_m$ 重新开始增加，最终可大于 $n_{m,b}$。前人通过引入各种假设得到复式明渠 n_m 的公式，可分为"单河槽"和"分割河槽"两类[2]。其中，有些公式不能反映复式明渠水流漫滩时 n_m 的突变特征，还有些公式在滩地水深很小时容易给出不合理的结果从而诱发水动力计算的非物理振荡[3]。而且，这些计算式大多需要开展沿河宽积分运算并含有待定的参数，这使它们在被应用于真实河流时存在计算复杂、参数不易确定等困难。因而，为复式明渠 n_m 随水流条件变化建立一个合理而简单的数学描述，具有重要的实际意义。

2. 使用静态糙率模拟洪水演进时的失真问题

在复式明渠中，滩地粗糙程度较大，漫滩水流的特点为，水流强度一般较弱、流态接近层流，曼宁公式(仅适用于紊流阻力平方区)不再适用。一般可采用断面分割法和断面整体法计算河床阻力：前者对河槽与滩地分别采用不同方法和参数算出河床阻力然后将它们综合起来，计算过程较繁琐；后者直接使用断面平均流速与断面综合糙率计算河床阻力，在实际工作中常用。在断面整体法背景下，如果不考虑断面糙率随水流条件变化，即应用静态糙率，那么模型将给出怎样的计算结果呢？下面以长江中游宜都至螺山长约 365km 的河段(三口洪道计算区域延伸至最近的水文站处)为例，通过洪水演进一维计算来讨论这个问题。

选用 2012 年实测水文过程设定开边界，在静态糙率的设定下分别按照洪季、枯季水位符合较好的标准开展模型率定计算。图 2.2 给出了两组率定计算得到的断面糙率在长江沿程的分布，分别为 0.029～0.020、0.034～0.023。图 2.3 绘出了模型算出的关键水文断面水位(Z)、流量(Q)随时间的变化过程。

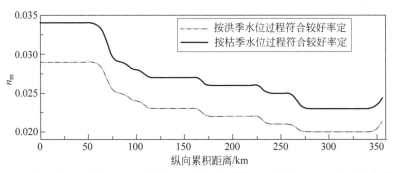

图 2.2　在静态糙率的设定下开展率定计算得到的 n_m 沿长江(0 点为宜都)的分布

模型计算结果表明，n_m 在洪季(流量大、水位高)较小、在枯季较大。在静态糙率的设定下，若使用按洪季水位符合标准率定的糙率，模型算出的枯季水位显著偏低；若使用按枯季水位符合标准率定的糙率，则算出的洪季水位显著偏高。长江水位不准确还会对三口分流过程的计算结果造成影响。由此可见，在使用静态糙率时模型很难兼顾洪、枯季水流过程的准确模拟。

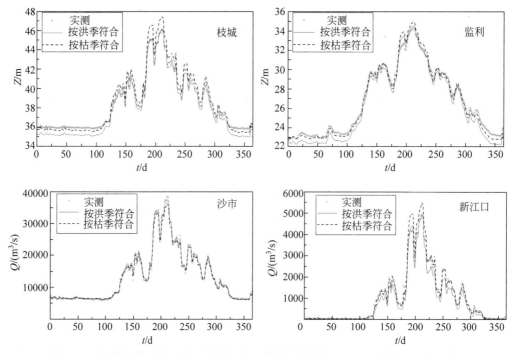

图 2.3　在静态糙率设定下开展率定计算得到的荆江及分流道的 Q、Z 过程

▶ 2.1.3　复式明渠断面糙率动态变化的计算

一方面，前述数值试验表明：在模拟复式明渠水流时，水流漫滩后需减小 n_m 以兼顾滩地层流流态(或低强度水流)对断面整体河床阻力计算的影响。另一方面，从横向上滩槽的衔接来看，真实河道与概化水槽的复式明渠存在一定差别，前者一般通过一个横坡来实现滩槽之间较缓和的过渡，而后者通常是一个突变式转折。长江中下游洪水演进模拟实践也表明，当发生水流漫滩时，断面 n_m 的不连续变化特征并不显著，大多数河段表现为 n_m 缓慢减小或变化不大。因而可假设，当发生水流漫滩时，在概化水槽中由于过流断面突然扩大所引起的糙率突变式减小，在真实复式明渠河道中是一个随水位升高被逐步释放的过程。

根据多个河段洪水演进一维水动力数值模拟实践发现，当采用下式实时计算复式明渠断面 n_m 时洪水演进的模拟结果与实测数据符合较好：

$$n_\mathrm{m} = n_\mathrm{m,b} - S_h(\eta - Z_\mathrm{b})/R_\mathrm{b} \tag{2.2}$$

式中，n_m 是与水位 η 相对应的断面综合糙率；Z_b 是复式明渠断面的平滩水位或滩面高程；R_b 是水流满主槽时断面的水力半径；$(\eta - Z_\mathrm{b})/R_\mathrm{b}$ 为相对水深；$n_\mathrm{m,b}$ 是 Z_b 所对应的河槽糙率；S_h 为断面糙率随水深的变化率，由试算确定。该式亦适用于单槽河道，此时将 Z_b 设定为某一适中的高程即可。

式(2.2)假设 n_m 与相对水深呈线性关系：当 $\eta \geqslant Z_b$ 时，n_m 随 η 升高而减小；当 $\eta < Z_b$ 时，n_m 随 η 降低而增加。该式是一种采用滩面高程及平滩河槽糙率作为参照、实时估算真实河道断面 n_m 的经验公式。式(2.2)中的 $n_{m,b}$、Z_b 和 R_b 均是预先算出或率定的已知量。一维水动力模型在时步推进过程中，只需将模型在上一时步解出的水位 η 代入式(2.2)，即可得到在最新水流条件下的断面 n_m。

在动态糙率的设定下开展流域大范围江湖洪水演进计算，包括如下步骤。

第 1 步，对河湖计算区域进行断面剖分，建立一维水动力模型。

第 2 步，对于复式明渠断面，分析滩槽几何形态，得到滩槽衔接处的滩面高程 Z_b。对于单槽河道，使用其上下游复式明渠断面的滩面高程进行插值得到近似的 Z_b。同时，计算各断面 Z_b 所对应的水力半径 R_b。

第 3 步，选取满槽水流条件(平滩流量)或略小于它的非恒定水文过程，在静态糙率设定下开展试算，率定各断面 Z_b 所对应的糙率 $n_{m,b}$。

第 4 步，选取平滩流量以下的水文过程，使用式(2.2)实时计算 n_m 并将它作为模型的参数，基于此开展试算率定各断面在中枯水条件下的 $S_{h(中枯)}$。

第 5 步，选取平滩流量以上的水文过程，使用式(2.2)实时计算 n_m 并将它作为模型的参数，基于此开展试算率定各断面在大洪水条件下的 $S_{h(洪水)}$。

第 6 步，开展大范围江湖洪水演进预测。使用实测水文资料设定模型开边界，启动模型进行时步推进。在模型计算的每个时步，①比较模型在上一时步算出的断面水位 η 与 Z_b，当 $\eta \geqslant Z_b$ 时(表示水流漫滩)，令 $S_h = S_{h(洪水)}$，当 $\eta < Z_b$ 时(表示水流被约束在河槽中)令 $S_h = S_{h(中枯)}$；②将已知的断面水位 η 和已确定的 S_h 代入式(2.2)，实时计算 n_m；③基于最新的 n_m 计算河床阻力项，然后完成水流方程中其他物理项的求解，得到各断面的最新流量和水位。

第 7 步，整理洪水演进的一维模型计算结果，绘制江湖各控制性水文断面的流量、水位等随时间变化过程的图表，分析洪水演进规律和发展形势。

实践表明，采用动态糙率开展大范围江湖洪水演进计算，可解决静态糙率在模拟洪、枯季洪水时难以兼顾的问题从而改善模型计算结果。当使用动态糙率时，模型算出的洪、枯季的断面水位和流量过程均能与实测数据符合较好。

2.2 平面网格剖分与干湿动边界处理方法

河流二维数值模拟的计算区域时常是边界不规则、河势复杂的水域，此时，计算网格剖分质量与干湿转换模拟好坏对模型性能有着重要影响。本节讨论复杂河势条件下平面区域的非结构网格剖分及干湿转换模拟方法。

▶ 2.2.1 高分辨率滩槽优化的非结构网格

计算网格被喻为河流数学模型的"骨架"，网格尺度与质量直接影响模型的性能。在进行河流及工程建模时，通常期待计算网格具备如下 3 个方面特性：①能使用尽可能少的计算单元，准确刻画天然河流、湖泊等的不规则水域边界与复杂河势；②在模拟洪、枯季水流时均具有足够的空间分辨率；③能根据研究的需求在工程附近灵活地进行网格局部加密。非结构网格因为具有极强的适应不规则水域边界的能力，是目前新的二维、三维河流数学模型研发时首选的计算网格类型。这里介绍一种能全面满足上述要求的二维网格（"滩槽优化的非结构网格"）及其制作方法，关于河流涉水工程的精细建模将在 2.5 节介绍。

选取具有不规则边界、滩槽复式断面、较复杂河势的某天然河道为例（图 2.4 为荆南河网内松西河狮子洲河段），滩槽优化的非结构网格的制作步骤如下。

①沿河道纵向绘制河槽中心线，按预定的间距等分中心线，并按等分点绘制横断面线；参照河槽中心线及横断面线，沿陡坎或水边线勾画滩槽分界线，如图 2.4(a) 所示；沿大堤或外围不过流高地的内侧，勾画计算区域的边界。②分别生成河槽、心滩、边滩的面域，将它们导入网格制作软件。③分区生成网格，在河槽等地形变化较剧烈的区域使用结构网格生成模式和较小的网格尺度，以获得较高的空间分辨率，如图 2.4(b) 所示；在不经常上水的心滩和边滩使用非结构网格生成模式和较大的网格尺度，以节约计算单元，如图 2.4(c) 所示。使用同等尺度网格剖分同一区域时，三角形网格（适应能力更强）的单元数量是四边形网格的两倍，但后者具有效率优势。④在网格生成软件中自动将各分区网格连成整体，并实现节点、单元的统一编号。⑤对网格节点进行地形插值，如图 2.4(d) 所示。所制作的计算网格在准确刻画滩槽及复杂河势的前提下，尽可能地减少了单元数量。

计算网格制作还涉及一个重要问题：对于给定的天然河流，怎样的网格尺度才是合适的？下面就来讨论在科学与工程计算中网格尺度的选取依据。

参照水文部门常规地形测图中高程点的间距选定网格尺度，一般就可基本保证计算网格支撑对河湖形态的准确描述，又不致使网格尺度过小、单元过多，说明如下。①当网格尺度显著大于地形图测点间距时（低分辨率），模型将难以准确

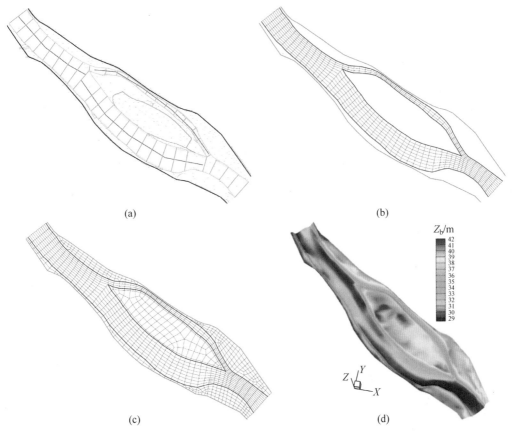

图 2.4　高分辨率滩槽优化的二维非结构网格的制作步骤
(a)勾画滩槽分界线；(b)生成河槽网格；(c)生成边滩、心滩网格；(d)插值计算网格地形

描述河湖中广泛存在的滩槽与复杂河势。已有研究表明，基于低分辨率网格的二维水动力模型在中小流量下的计算精度甚至低于一维或一二维嵌套模型。②当网格尺度接近于地形图测点间距时，二维水流模型通常已能较好地描述滩槽与复杂河势，以及地表水流系统中的各种中尺度流动结构。③将网格尺度进一步减小到显著小于地形图测点间距时，水流模型的精度增加并不明显。需指出，河床演变模拟对网格分辨率提出了更高要求，建议其网格尺度为地形测图测点间距的一半。本书将尺度不大于地形图测点间距的计算网格统称为高分辨率网格。

▶ 2.2.2　模拟平面上干湿动边界的记忆补偿法

地表水流系统的水域及其边界随着水流运动而频繁发生变化，称为干湿动边界问题。在水动力模型计算过程中，水域变动将引起计算网格的部分单元在涨水时被淹没、在落水时干出。与水域及其边界动态变化有关的计算网格干湿转换计算工作，称为干湿动边界模拟，它是水动力模型在应用于模拟真实河流之前必须解决的关键技术问题。在计算数学快速发展与河流数学模型架构日益完善的今天，许多水动力模型往往就是由于没有妥善处理干湿动边界问题而引发水量不守恒、数值振荡、求解失稳等问题，使模型缺乏鲁棒性而难以实用。

一维模型常采用窄缝法(在断面上开一个很窄的深槽)来解决干湿动边界问题，该方法实施简单，尤其可稳定地处理纵向深泓急剧变化的河段(例如上、下游断面深泓落差达 10m 以上)在来流流量很小时所形成的跌水。从一维到二维模型，随着模型"骨架"的基本元素由断面变为平面单元，后者不再能使用前者的窄缝法。模拟平面上干湿动边界最常用的是临界水深法，具有简单、高效、适应性强等特点，可用于各种显式与隐式二维模型。改进传统临界水深法可得到记忆补偿法[4]，其优势是尤其适用于基于大时间步长进行时步推进的隐式模型。

1. 传统的临界水深法

临界水深法通过定义一个临界水深 h_0(如 0.001m)来界定计算网格元素的干湿状态。例如对于网格单元，当中心水深(h)小于 h_0 时单元为干，否则为湿。同时，为各网格元素定义一个干湿标志(变量)，用以记录它们在当前的干湿状态。与网格元素一一对应的干湿标志，随着水流运动而发生变化。根据最新的水流情势对网格元素干湿状态进行实时更新，便可描述水域及其边界的动态。

在模型单个时步中，求解控制方程和模拟干湿动边界一般是先后两个基本独立的部分。传统临界水深法依次执行两步：①"湿→干"检测，当发现某湿单元 $h < h_0$ 时，立即令其干出并退出模型计算；②"干→湿"检测，当发现某干单元满足恢复过流条件时，则令它变湿并在下一时步加入模型计算。对于某干单元，其恢复过流条件依次为，①使用相邻湿单元的信息插值得到干单元中心水位并计算 h，应满足 $h > h_0$；②干单元侧面(干单元与湿单元间的干湿交界面为固壁，法向流速为 0，因而只能借用对应湿单元中心的流速近似代表该侧面的流速)应具有流入的水通量，或干单元和与之相邻的湿单元之间存在较大的水位梯度。

传统临界水深法因为不能处理由悬河横向漫流[4]等现象产生的负水深单元，在复杂河道条件下容易引起模型计算水量不守恒、结果失真等不良后果，这一问题在隐式模型大时间步长计算中尤为突出。隐式水动力模型的优势就在于允许使用大时间步长进行计算，但在单个时步的迭代求解过程中一般不会对网格干湿状态进行实时更新。这些特点使得基于传统临界水深法的隐式模型在使用大时间步长计算时,若遇到地形复杂、水位梯度大的局部水域,极易在附近产生负水深单元。在未妥善解决负水深问题时,即便采用 FVM 离散连续性方程也无法保证水动力计算的水量守恒性。于是,大时间步长水动力计算与模拟快速变化的水域边界动态要求使用小时间步长之间就产生了矛盾,它制约着模型的性能。

2. 干湿动边界模拟的记忆补偿法

文献[4]通过研究二维水动力计算中负水深单元的产生原因,在传统临界水深法中添加了一种处理水动力计算负水深问题的"记忆补偿"机制,得到一种改进方法(称为记忆补偿法),其基本原理及实施流程(图 2.5)简述如下。

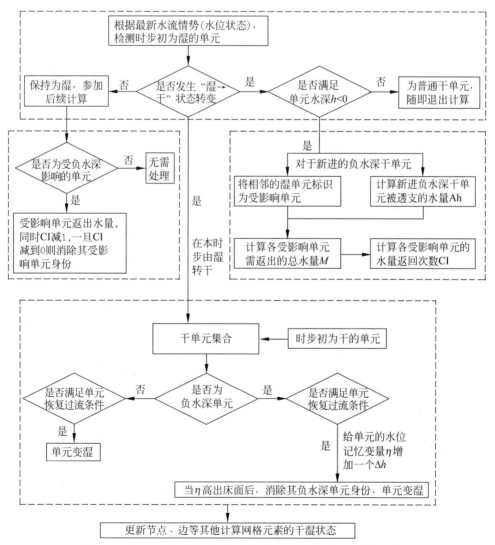

图 2.5 处理水平面上干湿动边界的记忆补偿法的执行流程

①为每个单元增加一个负水深标识，以区分负水深和普通干单元，使用记忆变量 η 实时储存负水深单元的名义水位。区别于传统临界水深法，记忆补偿法在每个时步将满足恢复过流条件的负水深单元的水位仅抬升 $\Delta h(0.1\sim1.0h_0)$ 而并未立即恢复单元过流，它规定，当同时满足恢复过流条件、单元的 η 比河床高出 h_0 时，负水深单元才能重新变湿和加入模型计算。②将与负水深单元相邻的湿单元标识为受影响单元，它们在负水深单元形成过程中透支后者的水量，需返还。受影响单元通过多个时步局部修正的方式逐步缓慢返出其所透支的水量，以便在保证计算稳定的前提下维持系统的水量守恒。各个受影响单元的返出水量 (M) 及返还次数 (CI)，根据负水深单元被透支的水量 (Ah) 等信息提前算出。

记忆补偿法的优点：能在保证水量守恒的前提下准确、高效地更新计算网格的干湿状态，解决了隐式水动力模型大时间步长计算与模拟快速变化的水域边界动态要求使用小时间步长之间的矛盾，且不会使模型求解变得复杂或给模型稳定性带来附加限制。使用该方法精细模拟复杂平面流场的实例见 4.5 节。

2.3　精细床沙级配平面分布的构建方法

河床泥沙级配在平面上的分布（简称床沙级配分布）是模拟河流输沙及河床冲淤的必需基础资料之一。天然河流的床沙级配分布通常极不均匀、变化复杂且不易获取。本节介绍一种基于机器学习构建河流床沙级配分布的通用方法，该方法先基于稀疏的实地床沙采样点资料构建分片均匀或渐变的床沙级配分布，再通过机器学习对其进行不断改进最终获得精细的床沙级配分布。

▶ 2.3.1　床沙级配平面分布问题概述

在总体单向淤积条件下（例如水库），泥沙输运受床沙级配的影响很小，数学模型取得较准确的结果通常并不困难。一旦涉及河床冲刷，伴随着在河床中粗细颗粒垂向交换等复杂物理过程，数学模型就不再容易取得准确的结果。此时，床沙级配分布往往对泥沙输运及河床冲淤模拟的准确性有决定性影响。

一方面，河流床沙组成与地层条件（地质特征、岩石属性、碎屑成分及其物理化学特性等）有关，同时受水文过程（挟沙水流造床）、人类活动（筑坝、河道与航道整治、采砂等）等的作用或影响，河流床沙的级配分布通常极不均匀且变化非常复杂。关于河流床沙级配分布规律与形成机理的研究成果目前还十分匮乏，至今未找到一种能支撑构建床沙级配分布的物理机制。另一方面，现场床沙采样（借助机械挖掘装置）及实验室沙样分析（包括干燥、筛选、颗分试验等工序）成本均较高，这决定了在开展大范围现场勘测时床沙采样点的平面分布将十分稀疏，例如在实际工作中河道床沙采样断面往往相隔数公里。稀疏的床沙采样点资料的代表性通常比较有限，也很难基于它们构建精细的床沙级配分布。

上述两方面原因使构建河流床沙级配分布具有挑战性。由于缺乏有效的方法，研究者在实际工作中通常不得不使用零星的实地床沙采样点资料进行插值，以采样断面为间隔构建分片均匀或渐变的床沙级配分布，并将其用于河流演变模拟。这种粗糙的床沙级配分布仅能在低层次上满足实际应用的需求，它与真实情况的差异所产生的常见后果为，在模拟河流输沙（尤其涉及冲刷问题）时，模型常常难以准确算出河道含沙量的变化过程及河床冲淤的平面分布。床沙级配分布精度不足，在当前已逐渐凸显为制约河流水沙数值模拟及河流工程研究的瓶颈问题之一，探究构建床沙级配分布的方法具有重要的科学和实用意义。

▶ 2.3.2　耦合物理机制的机器学习思想

随着 21 世纪计算机能力的大幅提升，人工智能方法获得了迅猛发展，逐步渗透至各行各业。近期机器学习也被引入流体及水利研究领域，用于分析流体特性[5]、改进计算流体动力学方法[6]及河流数值模拟效果[7]等。对于构建河流床沙级配分布这类棘手的工作，在相关物理机制尚不可知的背景下，探究其机器学习方法是一种无可奈何但又可能行之有效的解决问题的途径。

1. 基于机器学习构建床沙级配分布的困难

传统的机器学习（数据→数据）是指通过对已有数据的分析和学习，发现数据中的规律，从而可以根据这些规律进行预测，它含有模型、策略、算法三大要素。其中，模型本质上是一种函数关系，是实现从样本 X（输入数据，自变量）到样本标记值 Y（输出数据，因变量）的一个函数映射。机器学习的目的就是找到一种最优的映射函数，或已有映射函数的最优参数组合。策略是用于评价模型及其参数是否最优的规则，它一般被表述为某个目标函数的极值问题。算法是指训练机器学习模型所采用的具体算法。机器学习就是基于数据集和策略，选用合适的算法求解最优化问题，从备选的各种映射函数中选出最优的模型。

传统的机器学习需大量数据作基础。在开展河流床沙学习时，若将地形视作固定的环境条件，那么可用于机器学习的数据就十分有限，主要包括水文站/测验数据、床沙采样点数据等。这些数据的种类与时空分辨率并不足以支撑使用传统的机器学习方法来建立床沙级配分布与河流数据之间的关系。此时，可考虑在机器学习中耦合河流水沙运动的某些物理机制并开展河段冲刷模拟测试，以帮助克服在基础数据不足条件下实施机器学习的困难。在耦合了物理机制之后，机器学习在模型、策略、算法等方面的内涵均将发生一定改变。

2. 耦合物理机制的机器学习方法

分析和实践表明，充分利用二维水沙数学模型(属已发展较完善的物理驱动模型)，再辅助应用冲积河流冲淤的某些规律，就能为构建床沙级配分布的机器学习提供足够的物理机制支撑。一方面，二维水沙数学模型能为河流水沙的输移与冲淤演变提供一个基本合理的描述，在被用于构建床沙级配分布的机器学习时，它能将基于断面的宏观数据(流量、水位、含沙量等)转化为基于二维计算网格的物理场数据(水深、流速、含沙量、冲淤厚度等的平面分布)，为构建床沙级配分布的机器学习提供充足的基础数据。另一方面，冲积河流的冲淤通常具有如下规律：在经历漫长的自然冲淤演变后，河流的地形及床沙级配均将趋于与当地的水流条件相适应，在短历时常规水流作用下河床冲淤在平面上将趋于均匀。那些在短历时河床冲刷模拟测试中冲刷幅度不符合"均匀特征"的河道局部区域(例如发生冲淤幅度显著异于附近区域的急剧冲刷)就是床沙级配不合理的区域，将其定义为"奇点冲刷区"。如果河道存在较多的奇点冲刷区，在开展河道水沙输移模拟时会出现河道含沙量计算值显著高于实测值等异常现象。

在耦合了物理机制之后，机器学习的模型不再是直接且简单的映射函数，而是转变成为一个渐进式映射系统。所述构建床沙级配分布的机器学习的映射系统，包括两个部分：①二维水沙数学模型；②由"初始床沙级配分布"向"精细床沙级配分布"映射的改进动作。二维水沙数学模型及短历时河床冲刷模拟测试，被应用于搜寻奇点冲刷区；然后，对于在河段中找到的奇点冲刷区的床沙进行粗化(所述的改进动作)，使该局部的床沙级配与水流条件相适应。

针对上述机器学习模型(映射系统)，制定了一个用于判定河流床沙级配分布合理与否的机器学习准则(策略)：合理的床沙级配分布应满足在河床冲刷模拟测试中所形成的奇点冲刷区尽可能少(简称奇点冲刷区最少策略)。若河段中奇点冲

刷区的相对数量为 N，在实际应用中可引入一个阈值 N_C 来建立一个具体的策略。例如在某次训练后若 $N \leq N_C$，则认为构建床沙级配分布的机器学习目标已达成。

按照上述策略，可在分片均匀或渐变的初始床沙级配分布上，借助机器学习，通过不断地搜索奇点冲刷区并改进其床沙组成从而构建更合理的床沙级配分布。如在短历时河床冲刷模拟测试中，当发现河道某一局部在水流作用下显现异常冲刷时，说明为该区域预设的床沙级配偏细。改进动作为，通过对奇点冲刷区的床沙级配进行粗化，削弱水流对河床的冲刷以减小该区域与其附近的冲刷强度的差别，从而达到消除该奇点冲刷区的目的。由此可见，由于耦合了物理机制，机器学习不是在初拟的"基础数据→精细床沙级配分布"函数关系的集合中进行选优，而是变成一个不断改进已有较为粗糙的床沙级配分布的过程。

▶ 2.3.3　构建床沙级配分布的机器学习方法的执行

使用耦合物理机制的机器学习方法构建河流床沙级配分布的思路为，①使用二维网格剖分目标河段，使用实测的床沙采样点资料构建分片均匀或渐变的床沙级配分布作为初始河床条件，建立二维数学模型；②调用二维数学模型，在多级恒定水流条件下(可依次选用枯季、多年平均、平滩流量等典型水流条件)开展河床冲刷模拟测试，对已有较为粗糙的床沙级配分布进行机器学习训练，实现由"粗糙床沙级配分布"向"精细床沙级配分布"的映射。为了简化机器学习，可规定其中泥沙模型的工作模式为，在算至稳定的水流条件下开展短历时河床冲淤计算，并只训练发生冲刷的单元。例如对于单元 i，若根据输沙能力与含沙量判断其河床将发生淤积时，则将它排除在参加本次训练的单元的集合之外。遵循上述思路，构建河流床沙级配平面分布的机器学习执行流程如下(图 2.6)。

第 1 步，建模。使用高分辨率二维网格将目标河段剖分为不重合的平面单元，将实测地形插值到网格节点。使用实地床沙采样点资料插值得到分片均匀或渐变的床沙级配分布，根据地勘资料给位于基岩、礁石、卵石等区域的单元设置"不可冲"属性，以此作为初始河床条件建立二维水沙数学模型。率定水流模型参数，根据大流量条件下的试算结果初步选定较合适的泥沙模型参数。

第 2 步，目标河段的水流计算。在选定的某恒定开边界水流条件下，开展目标河段的水流计算，直至算出的水位和流场达到稳定，将基于计算网格的水流信息(网格元素的流速、水位等)保存到文件以备机器学习使用。

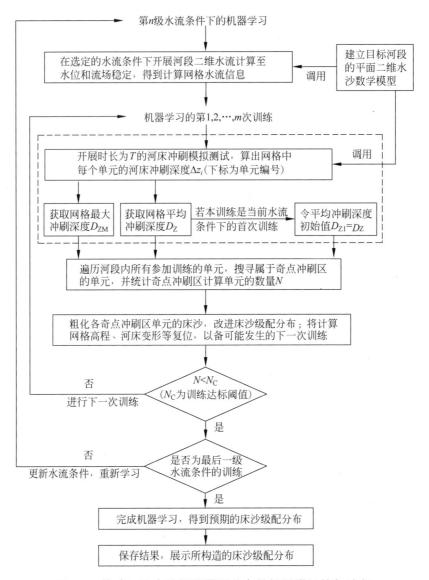

图 2.6　构建河流床沙级配平面分布的机器学习执行流程

第 3 步是单次训练的初始阶段。在第 2 步基础上设定目标河段入流含沙量为 0（清水），进而调用泥沙计算模块开展时长为 T 的河床冲刷模拟测试，获取在单次训练中各单元的冲刷深度 Δz_i（下标为单元编号），基于各单元的 Δz_i 统计得到本次训练中河段的平均冲刷深度 D_Z 和最大冲刷深度 D_{ZM}。如果当前训练是该水流条件下的首次训练，则使用 D_Z 设置初始平均冲刷深度（D_{ZI}）。

第 4 步是单次训练的中间阶段。按照单元编号由小到大的顺序，遍历计算网格中所有参加训练的单元，搜寻属于奇点冲刷区的单元，步骤如下。

①对于单元 i，计算它的无量纲冲刷强度 r_i。在覆盖目标河段的计算网格中，

单元 i 的无量纲冲刷强度 r_i 的定义为，在单次训练过程中单元的河床冲刷深度 Δz_i 与计算区域的平均河床冲刷深度 D_Z 的比值，计算式为 $r_i = \Delta z_i / D_Z$。②判断单元 i 是否满足临界条件"$r_i \geqslant R_S$"（R_S 为临界冲刷强度），若不满足则无需粗化，若满足则将单元 i 标识为奇点冲刷区单元。R_S 的含义为单元 i 的床沙级配需改进的临界冲刷强度，$r_i \geqslant R_S$ 表示在河床冲刷模拟测试中单元 i 位于或构成奇点冲刷区，需对单元 i 执行床沙粗化。对于冲积型河流，R_S 的推荐取值为 3～5。③在遍历各单元的过程中统计满足"$r_i \geqslant R_S$"的单元数量，用 N 表示它在湿单元中的占比。

第 5 步是单次训练的完成阶段。粗化奇点冲刷区单元的床沙级配，得到并保存改进的床沙级配分布（规定每进行一次机器学习训练就改进一次）；将与计算网格有关的河床高程、河床变形等变量进行复位，以备可能发生的下一次训练。其中，粗化奇点冲刷区单元的床沙级配的具体步骤如下。

①对于奇点冲刷区单元 i，使用 r_i 算出级配校正幅度 ΔP。ΔP 是单元 i 的床沙级配的粗化程度，可采用如 $\Delta P = \min(0.01 \times r_i^x, \ 0.1)$ 等的假设公式计算，式中 x 为指数（取值 1.0 左右）。②按粒径由小到大的顺序，分别统计单元 i 内第 1，2，$\cdots$，N_s 泥沙分组的重量累计占比 P_1，P_2，$\cdots$，P_{NS}，其中 N_s 表示泥沙分组的数量。③按照优先减少较细颗粒的原则，根据 ΔP 检测需修正的分组范围，在此基础上对处于需要修正范围内的分组的重量占比进行"减细增粗"处理。

第 6 步，当前水流条件下训练结果的判定。比较 N 与 N_C（N_C 为在当前水流条件下机器学习达标时的奇点冲刷区的阈值），若 $N \geqslant N_C$，则返回到第 3 步，并以最新的床沙级配分布作为基础开展在当前水流条件下的下一次训练（重新执行第 3～5 步）；若 $N < N_C$，则表明在当前水流条件下的机器学习已达标。根据实践经验，N_C 的建议取值为研究区域中湿单元总数的 1‰及以下。

第 7 步，更新水流条件，重新开展机器学习。按照河段来流流量由小到大的顺序重复上述第 2～6 步，直到完成所有水流条件下的机器学习。最终得到的各单元的床沙级配，就构成了预期的（精细的）床沙级配分布。

所述构建床沙级配分布的机器学习方法特点如下。①二维水沙数学模型可选用标准化封装的水流与泥沙计算模块，其调用编程简单；机器学习训练使用多级恒定流短历时河床冲刷模拟测试的工作模式，床沙级配分布的改进过程类似于显式迭代计算，流程不复杂且计算量也不大。②因为采用了无量纲冲刷深度来构建单元床沙级配是否需改进的判定条件，所以在河床冲刷模拟测试中使用清水冲刷条件、近似合理的泥沙模型参数等都不会影响训练结果。③床沙级配分布的构建结果,在宏观上受实地床沙采样点资料的控制,在细部上与当地水流条件相适应,精细程度与二维计算网格的空间分辨率保持一致(可变可控)。

注意事项:①在建模时由网格或地形精度不足所引起的地形突兀区域可能会被误认作奇点冲刷区。因而应使用分辨率足够的二维网格和地形进行河流建模,并对由地形插值误差引起的地形突兀进行平滑预处理,以避免因地形精度不足形成虚假的奇点冲刷区。②冲刷模拟(在河流数值模拟中难度较大)的关键在于准确模拟河槽冲淤,河槽床沙级配也自然成为重点关注对象,因而在多级水流机器学习时,中小流量水流条件下的训练更为重要。③机器学习所涉及的各种参数的取值带有一定的经验性,对于不同河段需进行调整。需指出,本节只是对构建河流床沙级配分布的机器学习做了一个初步尝试,所述方法还可从扩展输入数据类型、耦合更合适的物理机制等方面加以改进,以提升构建结果的品质。

▶ 2.3.4　构建天然河流床沙级配分布的实例

松滋口附近河道(图 2.7)床沙级配在平面上的差异十分显著。本节以松滋口附近河道为例,介绍前述构建床沙级配分布的机器学习方法的应用效果。

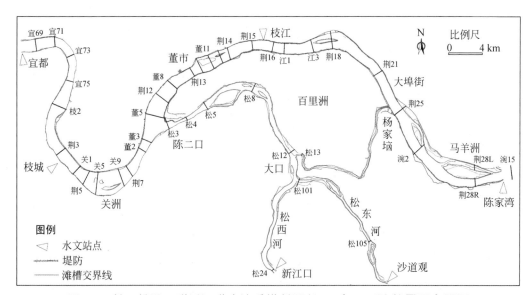

图 2.7　长江松滋口附近河道床沙采样断面(2019 年 10 月)的平面布置图

长江松滋口附近河道床沙采样表明:①长江干流床沙平均粒径(D_{pj})在杨家垴以上河段为 32～37mm,在杨家垴以下马羊洲右汊降至 18～19mm,在陈家湾附近锐减至 6mm 以下；②松滋口分流道床沙显著细于附近的长江干流，D_{pj} 在陈二口附近为 0.89mm，沿分流道向下游迅速减小到 0.35mm 以下。松滋口附近部分采样断面床沙级配见表 2.1（使用 1.2 节的非均匀沙分组），表中 6 个断面的 D_{pj} 依次为 32.22mm、30.31mm、32.05mm、5.72mm、0.89mm、0.35mm。

表 2.1　松滋口附近河道采样断面（位置见图 2.7）的床沙级配

床沙特征	分组代表粒径/mm	长江干流断面床沙级配/%				分流道断面床沙级配/%	
		关 1	董 5	荆 21	涴 15	松 4	松 12
分组床沙所占的百分比/%	0.005	0.00	0.00	0.00	0.00	0.00	0.00
	0.0075	0.00	0.00	0.00	0.00	0.00	0.00
	0.0175	0.00	0.00	0.00	0.00	0.00	0.00
	0.0375	0.00	0.00	0.00	5.76	0.34	0.00
	0.075	0.00	0.06	0.06	5.15	1.06	0.24
	0.175	0.40	0.54	0.44	35.39	13.21	15.06
	0.375	1.30	4.30	5.20	37.20	57.78	82.80
	0.75	1.10	6.20	1.80	3.10	5.13	1.60
	1.5	2.70	1.90	0.90	0.70	8.60	0.30
	3.5	2.73	1.50	3.13	0.40	13.90	0.00
	7.5	6.40	6.00	7.13	0.43	0.00	0.00
	17.5	26.91	24.81	22.44	0.88	0.00	0.00
	37.5	38.65	35.23	37.56	6.36	0.00	0.00
	62.5	19.82	19.47	21.35	4.64	0.00	0.00
	87.5	0.00	0.00	0.00	0.00	0.00	0.00
	125	0.00	0.00	0.00	0.00	0.00	0.00

准备工作。①选取长江宜都～陈家湾河段及松滋口附近分流道（分别延伸至新江口、沙道观水文站）作为计算区域（图 2.7）。采用滩槽优化的四边形无结构网格剖分计算区域。在分流道，河槽顺、垂直水流方向的网格尺度分别为 50m、15m，滩地网格尺度为 50m×40m。采用荆江 1/10000、分流道 1/2000 实测地形图塑制地形，建立二维水沙数学模型。②松滋口附近河道床沙粒径一般小于 75mm。为了便于在重构床沙级配分布过程中能够排除大颗粒的干扰、及时清晰地观察到床沙

级配的改进效果，这里将粒径大于 50mm 的泥沙近似划归为 25～50mm 的泥沙分组。经此操作后，表 2.1 中 6 个断面的 D_{pj} 分别变为 27.26mm、25.45mm、26.71mm、4.56mm、0.89mm、0.35mm。③基于稀疏的床沙采样点资料，通过插值构建分片均匀的床沙级配分布，使用它作为计算区域的初始河床条件。

依次在枯季、多年平均、平滩流量等水流条件下开展机器学习，重构计算区域的床沙级配分布，结果如图 2.8 所示。在机器学习的初始时刻（图 2.8(a)），D_{pj} 在平面上呈分片均匀分布。长江干流杨家垴附近 D_{pj} 自上而下由 26mm 减少到 19mm，马羊洲右汊 D_{pj}=18～19mm。经过机器学习后（图 2.8(b)），各分区的床沙级配得到粗化以适应当地的水流条件并抑制冲刷奇点区的形成。在杨家垴上下游附近局部区域 D_{pj} 分别增加至 26～28mm、20～25mm，在马羊洲右汊局部位置 D_{pj} 增加至 20～23mm，在采穴河局部区域 D_{pj} 由不足 0.5mm 增加到 1～1.5mm，在松东与松西河的局部区域 D_{pj} 由不足 1mm 增加到 1～2mm。最终，计算区域各单元形成了

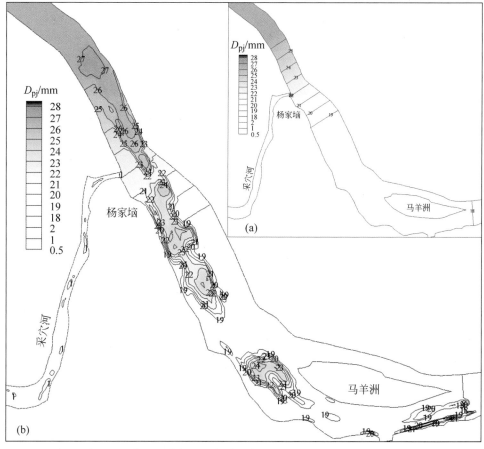

图 2.8   松滋口附近河道的 D_{pj} 在床沙级配分布机器学习重构前后的变化
(a)初始的分片均匀的床沙级配分布；(b)机器学习所得到的床沙级配分布

与当地水流条件相适应的床沙级配。将图 2.8(b)的床沙级配分布作为初始河床条件，即可开展泥沙数学模型的率定与验证计算(详情与对比数值试验见 5.2 节)。

2.4　河道立面二次流的提取与分析方法

二次流广泛存在于河流之中，呈现为比河道纵向流动弱很多的环流，它们对河流物质输运、冲淤演变等均有着重要影响[8-10]。水平环流的模拟与提取简单而直接，因而本节将聚焦河道立面(主要为横断面)环流的提取方法[11]。

▶ 2.4.1　河道二次流提取与分析概述

前人曾采用水槽实验[12-15]、三维数值模拟[16-19]、现场观测[20-23]等手段对河道二次流开展了大量研究，在理解二次流形成、结构、特性及其对物质输运(例如水层物质交换)、河床演变的影响等方面取得了重要认识。二次流包括水平和垂向环流两种，一般具有封闭的椭圆形流场。定量提取二次流是开展河道二次流特性与影响研究的基础。捕捉和定量描述河流中的水平环流一般是较容易的。同时，垂向环流在本质上是沿河道纵向的螺旋流在河道立面(例如横断面)中的投影。由于立面环流尺度小、易被其他流动掩盖等原因，从复杂的真实河道三维流场中定量提取立面环流往往比较困难。河道立面环流通用性的提取方法匮乏，阻碍了深入开展河流二次流的有关研究。跨领域的二次流研究目前仍高度碎片化[24-25]，定量评估二次流对河流过程的影响、建立二者之间的定量联系还十分困难。

由弯道水力学[8-9,13]可知，河道横断面切向(平行于断面)流场可分解为两个部分：由纵向流动在横断面上的投影所形成的对流部分，由空间螺旋流在横断面上的投影所形成的环流部分。这意味着横断面内的二次流(环流部分)只是横断面内切向流动的一部分。选取河道某立面切向流场的水平流速分量(u_τ)作为分析对象，则在该立面内某一条垂线某一高度处 u_τ 的分解的数学描述为

$$u_\tau = u_{con} + u_{circ} \tag{2.3}$$

式中，u_{con} 和 u_{circ} 分别表示立面切向流场的对流和环流部分。需注意，在立面内一条给定的垂线的不同高度处 u_τ、u_{con} 和 u_{circ} 均是变化的。

作为空间螺旋流在河道横断面上的投影，横断面环流应满足连续性规则。对于横断面中的一条垂线，切向流场的环流部分(u_{circ})沿水深的积分只有为 0[26-28]，

才能满足水流的连续性要求。这个事实通常被称为"环流流速的零通量规则"。对于三维流场中的一条垂线，u_circ 的零通量规则的数学描述为

$$\int_h u_\text{circ} \mathrm{d}z = 0 \tag{2.4}$$

式中，h 表示水深，z 表示垂向坐标。u_circ 的零通量规则与立面的走向无关。对于穿过目标垂线的任意一个立面，u_circ 的零通量规则都是成立的。

同时，对于立面中的一条垂线，立面切向流场的对流部分(u_con)沿水深的积分一般并不为 0，而是在立面切向产生一个净的水通量[26-28]。然而，在实际中一般只有 u_τ 是可用的(已知量)，而 u_circ 是环流提取的结果(待求未知量)。因此，无法直接应用 u_circ 的零通量规则来提取立面环流。后果是，虽然目前通过 ADV 观测或三维数值模拟已可较易获取真实河道的三维流场，但是从复杂的三维流场中定量地提取任意立面的环流仍然十分困难。

对于较规则的(例如等宽规则断面)弯曲河道，垂直其纵轴线布置立面可有效降低 u_con 对立面环流的掩盖，使立面环流较清晰地显现出来。然而，对于真实河道，由于立面环流尺度很小、易被其他流动掩盖等特点，从复杂三维流场中定量提取立面环流目前还缺乏通用方法。此时人们常常不得不借助一些简化的或经验的方法。有些研究者使用横断面的切向流场(u_τ)近似代表立面环流[8,13,21]来分析弯道环流对主流偏移、泥沙输运等的影响。也有研究者[29-30]将断面切向流速(u_τ)分解为沿水深的平均流速($\bar{u}_\tau$)和相对于它的偏离值(Δu_τ)，即 $u_\tau = \bar{u}_\tau + \Delta u_\tau$，近似使用 $\bar{u}_\tau$ 和 Δu_τ 分别代表 u_τ 的对流和环流部分。然而，对于非规则地形的天然河道，使用这些简化的或经验的方法时常无法有效地捕捉到立面环流，或不能提供关于立面环流的准确描述，或提取的立面环流不满足 u_circ 的零通量规则。

虽然 u_circ 的零通量规则已被发现很久，但利用它分离立面切向流场的对流和环流部分、提取立面环流的研究还很少。本节将基于 u_circ 的零通量规则导出 u_τ 的零通量规则，并基于后者建立一种提取河道任意断面立面环流的通用方法。

▶ 2.4.2 提取立面环流的零通量规则

通过分析河道立面切向流场随立面走向的变化，提出基于垂线的 u_τ 的零通量规则，导出它的空间离散形式，并将其作为提取河道立面环流的基础。

1. 河道立面(断面)切向流场分析

在河道横断面内能否使用切向流场代表环流与断面走向有关。从流动量级

看，与流线局部曲率相对应的立面环流是相对于河道纵向流动的次要流动，十分微弱。同时，作为河道纵向流动在断面上的投影，对流流场与断面走向有关。只有当断面走向与河道纵向水流正交性较好(对流流场很弱)时，断面内的环流才能较好地被切向流场所代表。因为断面走向与河道纵向流动方向的正交性并不是总能得到满足，所以断面切向对流流场常常较显著甚至可达到纵向流动的量级，从而将断面内的环流掩盖。此时，就不再能使用切向流场代表环流。因而，断面走向决定了断面内对流流场的强弱，也决定了切向流场能否准确代表断面环流。

选取一段真实河道(长江下游落成洲河段沙洲右汊)举例说明上述问题。使用三维水动力模型算出河道的三维流场。所选河段是一个较规则的单槽弯道，在其上布置 3 个走向不同的断面(2-1#、2-2#、2-3#)分析切向流场(图 2.9)。2-2#断面的走向与纵向水流方向近似正交，在该断面中的切向流场的对流部分(对流流场)很弱，此时可使用切向流场较好地代表断面环流。2-1#、2-3#断面的走向与纵向水流方向的正交性较差，在这些断面中环流被占优势的对流流场所掩盖。如果将简单的单槽弯道换成具有水域不规则、分汊、复式断面等特征的复杂河道，那么断面走向与纵向水流方向的正交性沿着河道横向是变化的而且这种变化通常非常复杂，试图使用断面的切向流场来代表断面环流也将变得更加困难。

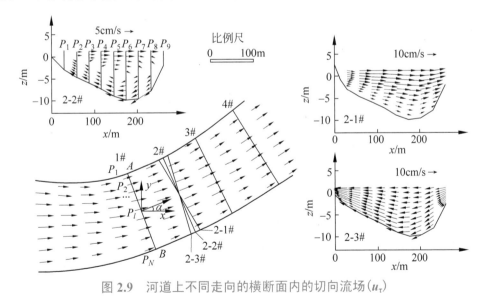

图 2.9　河道上不同走向的横断面内的切向流场(u_τ)

2. 基于垂线的 u_τ 的零通量规则

一方面，使用断面的切向流场代表环流并不可靠；另一方面，在断面环流被提取之前只有 u_τ 是已知的，因而也无法直接使用 u_{circ} 的零通量规则提取河道的立面环流。在此背景下，尝试基于已知变量 u_τ 建立环流提取规则来提取河道的立面环流。对于河道三维流场空间中一根受空间螺旋流影响的垂线，在穿过该垂线的立面集合中必定能找到一个"关键立面"（满足在该立面中 u_τ 沿该垂线水深的积分为 0）。如果在穿过某垂线的所有立面中找不到关键立面，说明该垂线未受到空间螺旋流影响。某一立面成为垂线的关键立面的判定标准为

$$\int_h u_\tau \mathrm{d}z \approx 0 \tag{2.5}$$

将式(2.3)代入式(2.5)，可得

$$\int_h (u_{\mathrm{con}} + u_{\mathrm{circ}})\mathrm{d}z = \int_h u_{\mathrm{con}}\mathrm{d}z + \int_h u_{\mathrm{circ}}\mathrm{d}z \approx 0 \tag{2.6}$$

应用式(2.4)，可知

$$\int_h u_{\mathrm{con}}\mathrm{d}z \approx 0 \tag{2.7}$$

作为纵向流动在河道断面上的投影，u_{con} 应具有与纵向流动类似的特点：①在垂线不同高度处，纵向流速通常具有相同的流向(指向下游)，与之对应，在垂线不同高度处 u_{con} 也将指向断面的同一方向；②u_{con} 沿垂线的分布与纵向流速沿垂线的分布也应一致。图 2.9 中断面 2-1#、2-3# 的切向流场较好地证实了这两个方面的特点。应用这两个特点可知，式(2.7)的成立意味着：在垂线的关键立面内，在垂线各高度处均满足 $u_{\mathrm{con}} \approx 0$，即垂线各高度处 $u_{\mathrm{circ}} \approx u_\tau$。因而，在垂线的关键立面中，切向流场近似地等同于环流流场。

在物理本质上，垂线的关键立面近似垂直于当地的河道纵向流动，这使得垂线周围的螺旋流在该关键立面中的投影基本不受对流流场的影响。将式(2.5)称为 u_τ 的零通量规则。不同于 u_{circ} 的零通量规则，u_τ 的零通量规则在穿过一根受空间螺旋流影响的垂线的各立面中并非总是成立的(受 u_{con} 的影响，u_τ 沿垂线水深的积分并非总是为 0)。u_τ 的零通量规则仅在垂线的关键立面中成立，正是这种"条件成立"特性使该规则可为在穿过垂线的立面集合中搜寻该垂线的关键立面提供一个依据，从而为提取河道任意断面的环流提供了一种途径。

3. u_τ 零通量规则的离散形式

对于目标断面 AB 内的一根垂线 VL，计算它的环流流速 u_{circ} 分为两步。①先在穿过 VL 的立面集合中，搜索 VL 的关键立面；②将 VL 的关键立面的环流流速 u_{circ}(近似等于关键立面的 u_τ)转化为断面 AB 的环流流速 u_{circ}(与断面 AB 的 u_τ 通常

存在显著差别）。反复执行上述两步，获得断面 AB 的所有代表性垂线的 u_{circ} 的垂线分布，将它们组合起来即得到断面 AB 的环流流场。

需用到的 u_τ 的垂线分布数据可由 ADV 观测或三维水动力模型算得。这些流速数据在空间中是离散的，与之对应，需导出 u_τ 的零通量规则的离散形式。对于目标断面 AB 内的垂线 VL，使用 $u_{\tau,0}$、$u_{\tau,1}$、…、$u_{\tau,\text{nv}}$ 分别代表从河底到水面范围内采样点的 u_τ（采样点数量为 $nv+1$），它们构成了一个离散的 u_τ 的垂线分布（图 2.10）。不失一般性，对于穿过 VL 的立面，将从左岸指向右岸规定为断面的正方向。分别将正、负 u_τ 沿着 VL 的水深进行积分（求和），得到正、负通量：

$$F^+_{\tau,\Delta\alpha} = \sum_{k=0}^{\text{nv}} \max(u_{\tau,\Delta\alpha,k},0)\Delta z_k \tag{2.8a}$$

$$F^-_{\tau,\Delta\alpha} = \sum_{k=0}^{\text{nv}} \min(u_{\tau,\Delta\alpha,k},0)\Delta z_k \tag{2.8b}$$

式中，Δz_k 是垂线 VL 上第 k 个采样点所代表的水层的厚度；下标 $\Delta\alpha$ 表示临时立面与目标立面之间的夹角，每个 $\Delta\alpha$ 代表着一个搜索方向（图 2.10）。

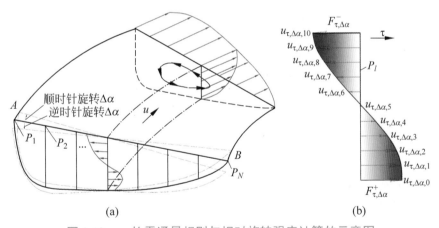

图 2.10 u_τ 的零通量规则与相对旋转强度计算的示意图

在天然河流中，受复杂流场、离散精度、离散点代表性等的影响，严格达到式(2.5)所定义的 u_τ 的零通量规则常常是较困难的。为了解决这一问题，我们为穿过垂线的立面定义一个无量纲旋转强度（$II_{\Delta\alpha}$），并试图使用"$II_{\Delta\alpha}$ 最大"代替式(2.5)所表达的积分为 0 作为判定标准。无量纲旋转强度 $II_{\Delta\alpha}$ 的定义如下：

$$II_{\Delta\alpha} = \min\left(\left|F^+_{\tau,\Delta\alpha}\right|,\left|F^-_{\tau,\Delta\alpha}\right|\right) \Big/ \left(\left|F^+_{\tau,\Delta\alpha}\right|+\left|F^-_{\tau,\Delta\alpha}\right|\right) \tag{2.9}$$

使用断面切向流速 u_τ 可直接算出 $II_{\Delta\alpha}$，它是环流流场在立面中显著程度的一个

定量描述。图 2.10(b)描绘了垂线的关键立面中 u_τ 沿垂线的分布，它近似等同于 u_{circ} 的垂线分布且在理论上有 $\left|F_{\tau,\Delta\alpha}^-\right| \approx \left|F_{\tau,\Delta\alpha}^+\right|$。调整断面走向会导致两种后果：①给该环流剖面叠加一个指向左岸的对流流速剖面（服从简单的下小上大的对数分布）时，式(2.9)分子减小、分母增加，$II_{\Delta\alpha}$ 将减小；②当给该环流剖面叠加一个指向右岸的对流流速剖面时，式(2.9)分子减小，且分子减小的影响大于分母减小的影响，$II_{\Delta\alpha}$ 也将减小。因而，对于一根受环流影响的垂线，$II_{\Delta\alpha}$ 的最大值是存在的，且极值在关键立面条件下取得。"$II_{\Delta\alpha}$ 最大"就意味着 u_{con} 的影响达到了最小（$u_{con}\approx0$）及螺旋流在垂线的当前立面中得到了最充分的投影。因而，使用"$II_{\Delta\alpha}$ 最大"和使用式(2.5)作为判定标准是等价的。此时，提取河道立面环流的具体任务转化为，在穿过 VL 的所有立面的集合中，搜索具有最大 $II_{\Delta\alpha}$ 的立面。

▶ 2.4.3 河道立面环流提取与分析方法

1. 提取河道立面环流的步骤

使用 u_τ 的零通量规则提取立面环流需使用水平 x、y 方向上流速分量沿水深的分布。仍选用图 2.9 的简单微弯河段举例说明立面环流的提取过程。目标断面 AB 在水平面上的投影为断面线 AB，其法向与水平 x 轴夹角为 α。提取立面环流分为 5 个步骤，核心是为断面内每根受螺旋流影响的垂线找到对应的关键立面。

第 1 步，准备基础数据。首先，将断面线 AB 等分为 $N-1$ 段，使用 P_1，P_2，…，P_N 表示等分点或端点，每个点均代表三维流场空间中的一条垂线。目标断面由这些垂线代表。其次，将每条垂线沿水深等分为 nv 段：使用等间距水平层面切割垂线 P_l，得到 nv+1 个等分点，使用 $k=0$，1，…，nv 标识。基于 ADV 数据（包括流速大小与流向）或三维模型算出的流场，在垂线 P_l 的第 k 个等分点高度处，插值获得水平 x、y 方向上的流速分量 $v_{x,l,k}$、$v_{y,l,k}$，进而形成水平流速沿垂线的分布。

第 2 步，搜索垂线的关键立面。对于断面 AB 中的垂线 P_l，其关键立面一般与断面 AB 并不重合。对于一个给定的 $\Delta\alpha$（临时立面与断面 AB 的夹角），穿过垂线 P_l 的临时立面的法线方向与 x 轴的夹角为 $\alpha+\Delta\alpha$。首先选定一个搜索范围 $\Delta\alpha\in[-\theta, +\theta]$，建议 $\theta=15°\sim30°$。其次在 $(\alpha+\Delta\alpha)\in[\alpha-\theta, \alpha+\theta]$ 使用微小的角度步长不断改变 $\Delta\alpha$，通过遍历搜索寻找关键立面。在遍历搜索的某个临时立面中（对应 $\alpha+\Delta\alpha$），$u_{\tau,\Delta\alpha,k}$（位于垂线 P_l 的第 k 个等分点处）的计算式为

$$u_{\tau,\Delta\alpha,k} = -v_{x,l,k}\sin(\alpha+\Delta\alpha) + v_{y,l,k}\cos(\alpha+\Delta\alpha) \tag{2.10}$$

对于一根受螺旋流影响的垂线，正的和负的 u_τ 应同时存在并分布在不同的水深范围内(图 2.10)。基于 $u_{\tau,\Delta\alpha,k}(k=0，1，\cdots，\mathrm{nv})$ 所描述的临时立面中切向流速的垂线分布，可使用式(2.9)算出当前临时立面的切向流场的 $II_{\Delta\alpha}$。

在垂线 P_l 的 $\Delta\alpha\in[-\theta,\theta]$ 的遍历搜索中，计算每个搜索方向 $\Delta\alpha$ 所对应的临时立面的切向流场的 $II_{\Delta\alpha}$，并记录最大的 $II_{\Delta\alpha}$ 和相应的 $\Delta\alpha$(使用 $\Delta\alpha_{\mathrm{circ}}$ 表示)。所得的 $\alpha+\Delta\alpha_{\mathrm{circ}}$ 代表垂线 P_l 的关键立面的法线方向，使用 $u^*_{\tau,l,k}$ 表示关键立面的切向流速的水平分量。根据 u_τ 的零通量规则，在垂线 P_l 的关键立面内，环流流速的水平分量(使用 $u^*_{\mathrm{circ},l,k}$ 表示)近似等于 $u^*_{\tau,l,k}$，计算式如下：

$$u^*_{\mathrm{circ},l,k} \approx u^*_{\tau,l,k} = -v_{x,l,k}\sin(\alpha+\Delta\alpha_{\mathrm{circ}}) + v_{y,l,k}\cos(\alpha+\Delta\alpha_{\mathrm{circ}}) \tag{2.11}$$

第 3 步，将关键立面的环流流速水平分量($u^*_{\mathrm{circ},l,k}$)转化为目标断面 AB 的环流流速水平分量($u_{\mathrm{circ},l,k}$)。对于垂线 P_l，使用关键立面与目标断面的夹角 $\Delta\alpha_{\mathrm{circ}}$，目标断面 AB 的 $u_{\mathrm{circ},l,k}$ 可使用如下投影计算：

$$u_{\mathrm{circ},l,k} = u^*_{\mathrm{circ},l,k}\cos(\Delta\alpha_{\mathrm{circ}}) \tag{2.12}$$

第 4 步，构建目标断面 AB 的环流流速的垂向分量($w_{\mathrm{circ},l,k}$)。可借助质量守恒定理(连续性原理[21])或基于三维模型计算结果插值得到 $w_{\mathrm{circ},l,k}$。当使用垂向 σ 网格的三维水动力模型时，垂线 P_l 的第 k 个采样点高度处 $w_{\mathrm{circ},l,k}$ 的计算式为

$$w_{\mathrm{circ},l,k} = h_l\omega_{l,k} + u_{\mathrm{circ},l,k}\left(\sigma_k\frac{\partial h}{\partial\tau}+\frac{\partial\eta}{\partial\tau}\right)_l + \left(\sigma_k\frac{\partial h}{\partial t}+\frac{\partial\eta}{\partial t}\right)_l \tag{2.13}$$

式中，τ 坐标轴沿着目标断面的切向；$\omega_{l,k}$ 表示在垂线 P_l 的第 k 个采样点处垂向 σ 坐标系下的垂向流速。基于三维水动力模型算出的水位与流场数据，可算出式(2.13)所需的所有水力参数及其偏导数。

当基于 ADV 观测数据提取立面环流时，分为两种情况：①当已测得垂向流速数据时，可基于它们插值各高度处环流流速的垂向分量；②当未观测垂向流速时，则需要根据断面的地形、水位分布等和连续性原理，计算环流流速的垂向分量。

第 5 步，重复步骤 2～4，逐一算出所有垂线(P_1，P_2，$\cdots$，P_N)不同高度的环流流速分量 $u_{\mathrm{circ},l,k}$ 和 $w_{\mathrm{circ},l,k}$，进而将它们组合起来构成目标断面的环流流场。

对于如图 2.9 所示的简单弯道，使用潮流落急时刻水流条件和垂向 σ 网格三维水动力模型算出三维空间流场。在此基础上，采用上述步骤提取弯道沿程 1#～4#

断面的立面环流，结果如图 2.11 所示。河道沿程的这些环流流场具有连续、平顺等特征，符合弯道水力学中关于弯道环流的一般性认识。

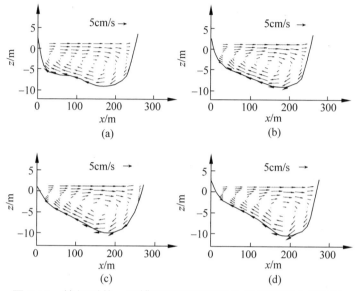

图 2.11　较规则单一河槽微弯河段沿程连续横断面中的环流

(a) 1#；　(b) 2#；　(c) 3#；　(d) 4#

2. 河道断面环流强度的定量计算

常常借助河道横断面内各代表点的环流合流速(U_{circ}，环流流速水平和垂向分量的模)与河道纵向流速(u_s)的比值，来定义断面的环流强度(I_{cs})：

$$I_{cs} = \frac{1}{(nv+1)N} \sum_{l=1}^{N} \sum_{k=0}^{nv} \left(U_{circ,l,k} / u_{s,l,k} \right) \tag{2.14}$$

式中，N 是横断面内代表性垂线的数量，nv 是各代表性垂线被等分的数量。在横断面内垂线 P_l 的某高度处，环流流速水平和垂向分量的模为

$$U_{circ,l,k} = \sqrt{u_{circ,l,k}^2 + w_{circ,l,k}^2} \tag{2.15}$$

式中，l 表示横断面内代表性垂线的编号，k 用于标识垂线 P_l 的第 k 个采样点。

所述基于 u_τ 的零通量规则的河道立面环流提取方法在执行上具有如下特点。其一，基本计算单位是从河底延伸至水面的垂线。每根垂线的环流提取只需使用该垂线自身的数据(各垂线的计算相互独立)且无需迭代，流程简单。其二，只需水平 x、y 方向的流速分量沿水深的分布作为数据支撑，就可完成与 u_τ 的零通量规则有关的计算(环流流速垂向分量计算除外)。这两个执行特征使所述环流提取方法对代表性垂线的空间分辨率和位置均没有特殊要求，并具有如下优点：①适

用于任何类型的立面(立面在水平面上的投影可以是直线,也可是曲线),只需该立面能被一组垂线代表即可;②对数据来源没有要求,可使用三维模型算出的流场或 ADV 现场观测的流速数据,只需提供两个水平方向流速分量沿水深的分布即可。这些优点使得该方法能被用于提取复杂河道(例如具有分汊、复式断面等特征)的任意立面的环流,具备极强的适应能力和通用性。

此外,u_τ 的零通量规则及其离散形式的本质均为水流的连续性,均未要求在垂向上的环流结构的数量必须小于或等于 1。因而,基于 u_τ 的零通量规则的河道立面环流提取方法亦可适用于在垂向上存在多个涡结构的情况。

2.5　河流工程的二维精细建模方法

人们常常在河流中修建涉水工程以满足防洪、河势控制、航运、岸线利用等的需求。它们可分为两类:①淹没类,在全年或在年内部分时段被淹没,例如潜丁坝、锁坝、溢流坝、护滩带等,诸如炸礁、挖槽(疏浚)等河床开挖等工程也可归于此类;②非淹没类,一般工程顶部较高、工程区域不过流,例如堤防、高丁坝、桥墩、围垦等。本节重点介绍河流工程的二维建模方法。

▶ 2.5.1　河流工程二维建模概述

在河流工程计算中,常通过对工程及其附近进行网格加密和属性修改(高程、糙率、输沙参数、河床可冲性等)的方式反映工程后河床特性的变化,以便模型解析工程对河流水沙输移的影响。"附加糙率法"是常被采用的方法,它先用较小尺度(一般仍显著大于涉水建筑物尺度)的网格覆盖工程及其附近区域,再根据经验增大工程区域的糙率来反映工程的阻水作用。其优点是适用面广且不会对模型的稳定性产生明显不利的影响,因该方法仅进行涉水建筑物的概化描述而不会产生尺度过小的网格。其缺点是它属于较粗糙的经验性方法,并未精确描述工程实体,也不能模拟工程及其附近的真实场景,且附加糙率取值的经验性较强。

本书推荐河流工程的一种精细建模方法。它通过勾画工程轮廓、局部加密计算网格、修改河床属性等,实现计算网格与涉水工程的完全叠合及工程平面位置、形状、高程等的精确刻画。非结构网格在网格形状、尺寸、疏密等方面具有灵活可控、易于进行局部修改等优点,因而是工程精细建模的最佳选择。

1. 淹没类涉水工程的实体精细建模

淹没类涉水工程实体精细建模的步骤。①勾画工程的平面轮廓,据此布置工程及其附近的网格,使工程区域的网格精准叠合涉水建筑物。②在工程局部进行网格加密,以提高工程及其附近的网格分辨率。③根据涉水建筑物的设计参数与特点修改相应网格节点、单元的属性,来反映工程后河床条件的变化。

以长距离挖槽工程为例,可先依据规划的挖槽线路绘制新槽的平面轮廓线,再分别生成挖槽区域及其附近的网格(在挖槽区域可采用排列整齐的细长四边形网格),最后根据新槽的设计河底高程修改新槽范围内网格节点高程(当河道地形高于设计值高程时将节点高程降低至设计值)。在建模时,对于一些较低矮的涉水建筑物,由于工程抬高河床的高度(例如某些护滩带仅抬升 0.2~0.5m)及其影响都很小,可选用附加糙率法近似考虑其影响,以减小实体建模的工作量。

以松西河航道整治工程杨家洲河段为例,拟建涉水工程包括全程挖槽、7 道潜丁坝(编号 1~7)和 2 道潜锁坝(编号 24、25)。实施工程建模的杨家洲河段的计算网格见图 2.12。由图可见,计算单元与挖槽、涉水建筑物等在平面上完全重合。同时,对涉水建筑物及其附近采用 10m 尺度的四边形网格进行加密,在航槽范围内采用 50m×12m(纵向×横向)的四边形网格进行加密。潜丁坝、锁坝等的坝高在 2m 左右(顶高程 36.1~36.4m)。由工程建模后的地形形态可知(图 2.13),所采用的实体精细建模方法准确刻画了涉水工程的边界和形态。

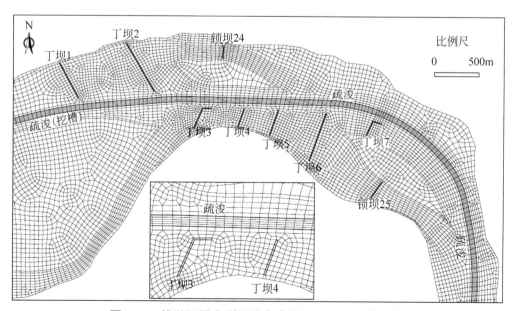

图 2.12 松滋河杨家洲河段在布置工程后的计算网格

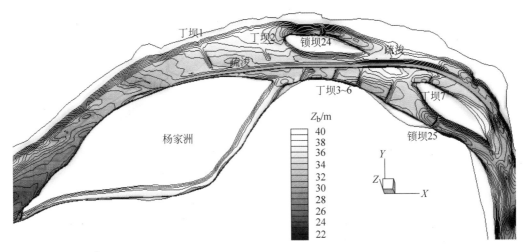

图 2.13　松滋河杨家洲河段在完成工程建模后的河床固体边界形态

2. 非淹没类涉水工程的挖空法精细建模

对于非淹没类涉水工程，可采用挖空法将工程占据区域排除在计算区域之外，使之不再过流。挖空法建模的关键在于合理布置计算网格，步骤如下。

首先，精准勾画涉水建筑物的平面轮廓，以保证即将生成的计算网格能真实反映涉水建筑物的平面位置、形状与大小。其次，将涉水建筑物占据的平面区域挖除形成一个空白区域(不布置网格)，被挖除区域的边界(固壁边界)称为工程内边界。最后，依据计算区域外边界和工程内边界生成计算网格，同时对涉水工程附近网格进行局部加密，以提高涉水工程附近的模拟精度。

选用武汉市朱家河桥，举例说明挖空法建模及其效果。朱家河桥与河道斜交，跨河长度约 415m，桥址河道宽 200~270m。该桥在河道内有 10 个桥墩，在河道主流区有两个尺寸分别为 3.0m×3.2m、2.6m×3.0m 的桥墩，非主流区桥墩的尺寸均为 2.0m×2.6m。按挖空法布置桥墩及其附近的计算网格，并采用尺度为 2~3m 的四边形网格对桥墩附近网格进行局部加密，建模效果如图 2.14 所示。

▶ 2.5.2　拦河溢流闸/坝的常规建模方法

拦河溢流闸/坝的主要特征是允许水流从其顶部通过。以河道上常见的防洪节制闸为例，在防洪期间，节制闸下闸挡水、将上下游河道隔断成两个不连通的区域；在非汛期，节制闸敞泄运行，上游来流翻越闸底板(时常显著高于上下游邻近的河槽床面)下泄到下游河道。对于这类溢流闸、坝，亦可采用前述实体建模方法。选取虎渡河南闸，举例说明溢流坝/闸的一维、二维常规建模方法。

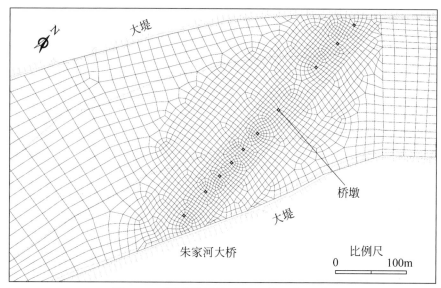

图 2.14　桥墩附近的计算网格局部加密

南闸位于虎渡河黄山头河段，左岸接南线大堤，右岸接黄山头镇。始建于 1952 年，于 1965 年、2002 年两次实施加固。闸室位于河道右半江，总宽 336.82m，分 32 孔，单个闸室宽 10.5m、长 14m，闸底板顶面高程为 34.02m（黄海基面，下同），设 9m×6m（宽×高）弧形钢闸门。左、右岸墩分别接东、西引堤，高程 43.47m。闸室下游接滤渗板、消力池、海漫和防冲槽，水平长度分别为 5m、45.7m、48m、5.75m，高程为 28.32～27.82m。防冲槽下游为消力坎，高程为 31.82m。2020 年实测地形显示，消力坎下游附近河槽最低高程为 27～28m。

1. 拦河闸、坝的常规一维建模

一维模型主要是通过修改断面属性对闸坝等挡水建筑物进行描述，分为两步：①在闸址断面，根据设计高程（分挡水和敞泄工况，前者使用闸门顶高程，后者使用闸底板顶高程）设定断面地形，将低于设计高程的节点抬升至设计高程，如图 2.15 所示；②增加闸址断面的糙率以反映工程引起的附加阻水作用。对于在

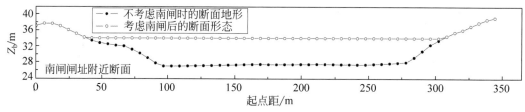

图 2.15　拦河闸的一维建模：修改河道断面
以虎渡河南闸闸址断面为例

其中存在溢流闸、坝的大范围河网，计入闸、坝的影响可显著提升水动力模拟结果（例如各流路的分流过程）的合理性。如在模拟荆南河网 2020 年水文过程时（模型见 3.2.2 节），若不考虑南闸的影响，模型算出的太平口分流将明显偏大（图 2.16）。

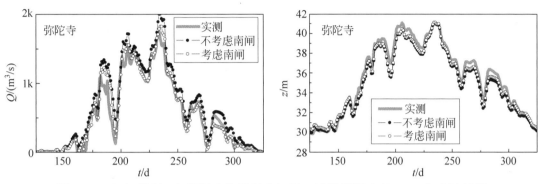

图 2.16　考虑虎渡河南闸影响前后荆南河网一维模型算出的 2020 年分流过程

2. 溢流坝/闸的常规二维建模

溢流坝/闸的常规二维建模一般重点描绘挡水建筑物，而不要求精确刻画闸室、闸墩等细部结构。首先，根据闸室、消力池、消力坎等关键建筑物布置计算网格，并对它们附近的区域进行局部网格加密（5～10m）；其次，根据挡水建筑物的设计高程设定相应网格节点的高程来反映工程实体。对虎渡河南闸开展常规二维建模，闸室、消力池、消力坎及其附近的计算网格及建模效果如图 2.17 所示。

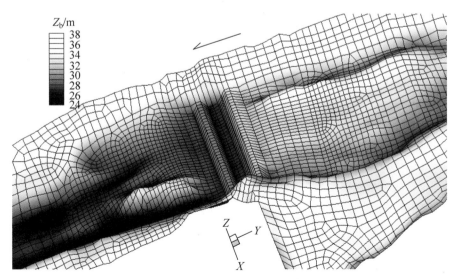

图 2.17　拦河闸的二维建模：修改有关建筑物区域的地形
以虎渡河南闸为例

溢流坝/闸较难模拟的工况是小流量溢流情景,此时坝/闸下游河道水位一般很低,使坝/闸挡水建筑物上下游形成跌水,以虎渡河南闸为例分析如下。虎渡河具有季节性过流特征,2018—2019 年的实测数据显示,当枝城流量大于 11500m³/s 时,太平口开始分流,年过流 206~226 天;2020 年大水造床后,太平口分流所对应的枝城流量提高至 12500m³/s,年断流天数增多。因而,南闸长期处于小流量过流状态:闸前微幅壅水,闸室水面略高于 34.02m,消力池内水面略高于 31.82m,而下游河道在小流量条件下水位为 28~29m;水流在闸室与消力池衔接处、消力坎与下游河道衔接处形成跌水,纵向水位落差均在 2m 以上,并产生很大的流速。在大时间步长二维水动力计算中,跌水使得跌坎上游附近区域的单元极易变干,与之相伴的频繁的网格干湿转换将引起局部流场混乱和计算失稳,即跌水效应。

可采取如下思路处理溢流坝/闸挡水建筑物的跌水效应。在工程正常运行期间,闸室区域、消力坎上游区域均一直处于缓慢过流状态。根据这一实际情况,当河道来流流量较小但不为 0 时,可令跌坎上游附近的单元恒为湿并给予一个微小的限制水深,通过消除这些单元的频繁干湿转换来解决由它引发的模型计算失稳问题。传统的临界水深法具备这一能力(记忆补偿法不适用于模拟跌水),但该方法在被用于模拟跌水时的缺点是当来流很小时可能产生较大的水量增多误差。

在溢流坝/闸常规建模条件下,消力池区域的水沙计算应注意如下事项。①可通过为消力池区域规定用于计算河床阻力的最小流速(例如 0.5m/s)和增加糙率(例如 0.05)等方式来考虑工程的消能作用。②设置工程区域的单元均具有不可冲属性,同时设置消力池区域泥沙淤积时的恢复饱和系数为 0,以避免在水沙计算过程中泥沙大量淤积在消力池之中(在实际中消力池较少发生持续性淤积)。

采用上述方法开展虎渡河来流流量为 45~800m³/s 条件下的水流模拟。二维模型稳定地完成了各级流量下的计算并得到合理的流场,部分结果如图 2.18 所示。

▶ 2.5.3 水利枢纽的二维精细建模方法

水利枢纽一般是一个含有多种和多个涉水工程的集合体。选用拟建的松滋口闸(陈二口闸址),举例说明溢流型水利枢纽的二维精细建模方法。

考虑到闸址处河槽较窄,设计了利用滩地过洪的枢纽布置方案:左岸连接段+左区 12 孔滩地泄水闸(底高程 32m)+检修门库(日常不过流)+中区 16 孔泄水闸(底高程 25~26m)+右区 2 孔通航闸+右岸连接段。闸室顺水流方向长 35m,泄水

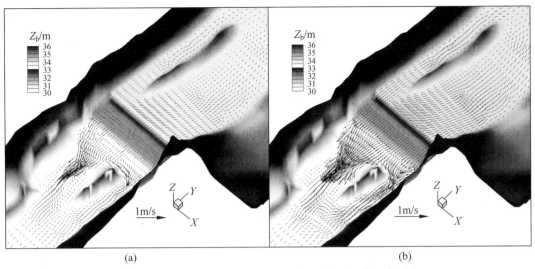

图 2.18　虎渡河不同来流条件下南闸附近的水面与流场

(a) $Q=45\text{m}^3/\text{s}$ 时闸址处水面与流场；　(b) $Q=100\text{m}^3/\text{s}$ 时闸址处水面与流场

闸、检修门库、通航闸的单孔净宽别为 14m、25m、57m。泄水闸两孔一联，中、边墩分别宽 2.5m、2m。闸室上游设 25m 长混凝土铺盖，下游有消力池、护坦、海漫、防冲槽。对左区闸室上下游滩地进行削坡和岸线平顺。

对于闸墩、导流墙等不过流区域，采用挖空法将其排除在计算区域之外；对于闸室、削坡等区域，采用实体建模方法(修改网格节点高程)来反映工程动作；对于海曼区域，通过增加网格节点糙率来反映工程对水流的影响。在闸墩等建筑物附近，采用 2～8m 尺度的四边形网格进行局部加密(图 2.19)，适度加密枢纽上下游的网格，并使它们与远端的河道大尺度网格(50m×20m)平顺过渡。建模效果如图 2.20 所示，所采用的工程建模方法较好地刻画了水利枢纽的形态。

在开展河流工程二维精细模拟时，需要对工程及其附近区域采用与涉水建筑物同等尺度(涉水建筑物平面尺寸常仅 2～5m 甚至更小)的计算网格进行加密，这将产生大量极小尺度的计算单元。许多传统的二维模型尤其是显格式模型(如 Mike21)，其数值稳定性一般受 CFL 稳定条件限制，这使得模型在小尺度网格条件下的计算容易失稳，从而使计算时间步长受到限制。真实河湖复杂地形、工程附近水流集中等原因还将使显格式模型的稳定性进一步降低。因而，传统的显格式模型很难支撑河流工程的二维精细模拟，这也是人们以往较少采用涉水工程精细模拟方法而时常借助概化模拟方法(如附加糙率法)的主要原因。

第 1 章介绍的一维、二维、三维河流数学模型均采用 θ 半隐方法、点式 ELM、通量式 ELM 求解水沙控制方程，这使模型的稳定性在理论上不受与网格尺度有

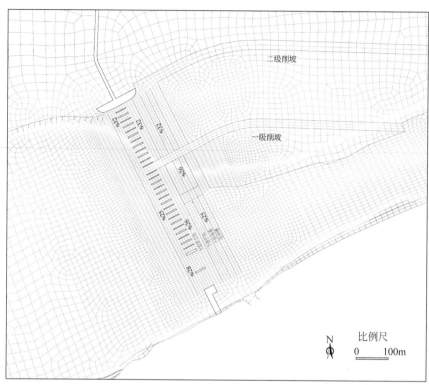

图 2.19　水利枢纽二维精细建模的计算网格

以松滋口闸陈二口闸为例

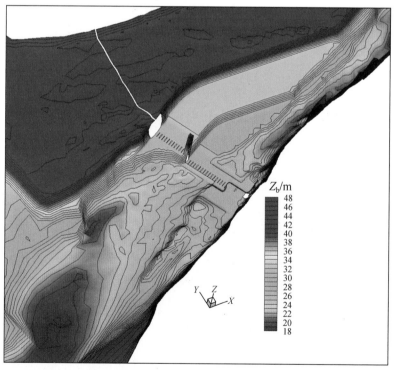

图 2.20　水利枢纽二维精细建模的效果

以松滋口闸陈二口闸为例

关的 CFL 稳定条件的限制。因而,使用小尺度网格的涉水工程精细建模不会对这些模型的稳定性产生不利影响,模型依旧可使用 CFL≫1 的大时间步长并因此具有很高的效率,为河流工程的精细模拟提供了强力支撑。

2.6　河道变异水沙过程的重构方法

在开展河流工程计算时,时常需要考虑人类活动影响来确定工程河段的水沙边界条件,以便制定符合实际的计算工况。修建水库、水土保持、跨流域调水等都会对河流水沙过程造成显著影响,其中以建库的影响最为重大。选用长江中游河段,举例说明考虑建库影响重构水库下游河道水沙过程的简易方法。

▶ 2.6.1　水库下游河道水沙过程重构概述

在建库后水库下游河道水沙过程的主要变化在于:①河道径流过程被调平;②河道水流含沙量大幅降低(受大坝拦沙影响);③同流量下河道水位显著下降(受水库下游河道冲刷影响)。在开展水库下游河道的河流工程研究时,一般需要选用各种典型年水文过程作为预测计算的开边界条件。对于水库下游某些河段,有时(例如水库运用时间尚短)在建库后的水文系列中很难选到合适的典型年(例如特大洪水年等)。在这种情况下,可采取将建库前河道水文过程转化为建库后对应过程的方式来构建所需的特定典型年,主要包括两种方法。第一种方法是采用大范围一维数学模型计算,提供所需的河道断面的水沙过程。该方法需要具备较充足的基础资料和专业模型作为支撑。第二种方法无需使用专业工具,它通过分析工程河段附近水文站实测资料直接重构水沙过程。该方法虽然较难反映水库调节径流的影响,但因为简单、需求的资料少等优点在工程中常被采用。

采用第二种方法将水库下游某河段建库前水沙过程转化为建库后过程,主要工作为,开展河道含沙量过程的"减沙"重构,以考虑水库拦沙的影响;开展河道水位过程的"降水位"重构,以反映水库下游河道冲刷下切的影响。

▶ 2.6.2　河道含沙量过程的减沙重构

以三峡水库(2003 年开始蓄水)下游荆江为例介绍用于减沙重构的下包线法。监利 1998 年实测年径流量 4412.4 亿 m³、年输沙量 4.071 亿 t。在 2008—2016 年,监利年输沙量减小到 0.33~0.76 亿 t，即便在丰水年份 2012 年也只有 0.744 亿 t。将 1998 年、2008—2016 年的含沙量(C)-流量(Q)实测数据点绘在同一张图上（图 2.21），发现在相同流量下 2008—2016 年的 C-Q 数据点显著低于 1998 年的数据点，这反映了三峡水库运用后同流量下监利河段来沙量显著减小的现象。

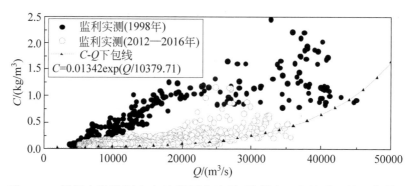

图 2.21　长江中游监利水文站断面含沙量–流量（C-Q）关系及其下包线

用于减沙重构的下包线法的实施步骤如下：①根据建库后 C-Q 数据点，勾画它们的下包线轮廓点，通过拟合得到下包线解析式；②基于年内逐日实测流量，采用 C-Q 下包线的解析式算出考虑减沙影响的目标水文年的逐日含沙量过程，并据此算出年输沙量（$S_{试算}$）；③比较 $S_{试算}$ 与实测的年输沙量（$S_{实测}$），算出减沙后年输沙量的剩余比例（用 $R_{剩}$ 表示）；④使用 $R_{剩}$ 对实测的年含沙量过程进行同比缩小，算出减沙后目标水文年的逐日含沙量过程。基于图 2.21 的 C-Q 数据点，按照上述方法可算出监利 1998 年水文过程的 $R_{剩}$ 为 0.287。

在上述方法的基础上引入悬移质级配，可进一步开展非均匀沙分组含沙量过程的重构。以 4 个分组为例，1998 年的监利实测数据显示：粒径为 0~0.031mm、0.031~0.125mm 的较细颗粒的输沙量分别为 3.196 亿 t、0.597 亿 t，合计占年输沙量的 93.2%；粒径为 0.125~0.25mm、0.25~0.5mm 的较粗颗粒的输沙量分别为 0.236 亿 t、0.042 亿 t，与 2008—2016 年实测的对应分组的年输沙量相差不大（见表 2.2）。因而，在对 1998 年实测含沙量过程进行减沙重构时，主要任务是减少较细颗粒。首先，由前述的整体减沙重构可知，减沙后 1998 年的总剩余沙量为 1.17 亿 t。然后，在保留被 0.125~0.5mm 颗粒所占有的 0.279 亿 t 之后，其余的 0.891 亿 t 将被较细颗粒分组所占有。据推算，可将 4 个分组的 $R_{剩}$ 分别设定为 0.2、0.422、1.0、1.0。最后，将 1998 年各分组的逐日含沙量过程分别乘以对应的 $R_{剩}$，就可得到减沙后各分组的逐日含沙量过程。

表 2.2　长江中游监利断面水文系列年的水沙特征

年份	监利来水 (亿)/m³	分组来沙量(亿)/t				总来沙量 (亿)/t
		<0.031mm	0.031～ 0.125mm	0.125～ 0.25mm	0.25～ 0.5mm	
2008	3798.9	0.273	0.131	0.316	0.040	0.760
2009	3647.7	0.314	0.084	0.266	0.043	0.706
2010	3678.6	0.370	0.073	0.090	0.069	0.602
2011	3330.2	0.192	0.069	0.108	0.079	0.448
2012	4045.8	0.463	0.119	0.100	0.062	0.744
1998	4412.4	0.639	0.252	0.236	0.042	1.170
2013	3467.0	0.347	0.087	0.077	0.054	0.564
2014	3989.9	0.195	0.088	0.131	0.112	0.527
2015	3590.0	0.080	0.046	0.110	0.096	0.331
2016	3852.8	0.103	0.043	0.089	0.095	0.330
合计	37813.4	2.975	0.990	1.525	0.691	6.181

注：关于表中来沙量数据，1998 年为减少重构后的沙量，其他年份为实测沙量。

▶ 2.6.3　河道水位过程的降水位重构

仍以三峡水库下游荆江为例，介绍用于降水位重构的河道断面水文数据拟合法。荆江河道具有滩槽复式断面特征，当径流过程被三峡水库调平后，漫滩和极小流量的发生频率均显著降低，水流对滩地的作用减少，造床主要被限制在平滩河槽以内。因而，三峡水库蓄水后荆江冲刷下切主要发生在平滩河槽。同时，河槽冲刷粗化、滩地植被发展及植树等因素引起河道阻力增加。这两方面对河道水位的影响是相反的，使三峡水库运用后荆江沿程的水位变化较复杂。基于断面水文数据拟合法推算建库后坝下河道水位变化，能综合考虑上述各种因素的影响。其缺点是准确性受实测水文数据质量的限制，数据越分散，精度越低。

使用同一水文站点(断面)同一年份的水位(Z)和流量(Q)数据进行拟合，可得到该站点在该年份的 Z-Q 曲线。一般可选用指数型公式(ExpDec)进行曲线拟合。许多软件内含不同阶的指数型拟合公式，其中的二阶指数拟合公式(ExpDec2)通常已可满足实用的精度要求。ExpDec2 拟合公式的形式为

$$Z = Z_0 + A_1 e^{-Q/t_1} + A_2 e^{-Q/t_2} \tag{2.16}$$

式中，Z_0、A_1、A_2、t_1、t_2 为拟合公式的系数，它们在不同站点、不同年份均不同。

在分析同一站点在不同年份的水位变化时，可采用 Z-Q 拟合曲线相减开展定量计算。例如，同一站点在 2002 年、2008 年的 Z-Q 曲线相减可表示为

$$\Delta Z = \left(Z_0 + A_1 \mathrm{e}^{-Q/t_1} + A_2 \mathrm{e}^{-Q/t_2}\right)_{2008} - \left(Z_0 + A_1 \mathrm{e}^{-Q/t_1} + A_2 \mathrm{e}^{-Q/t_2}\right)_{2002} \tag{2.17}$$

图 2.22 分别给出了荆江沙市、监利断面在 2002 年、2008 年的 Z-Q 曲线。比较同一站点在不同年份的 Z-Q 曲线发现：受三峡水库运用后河道冲刷与河床特性变化的综合影响，荆江沿程水文站点在同一流量条件下的水位呈下降趋势。

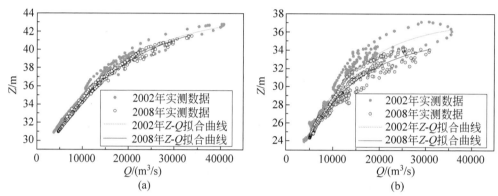

图 2.22　荆江上重要水文站点不同年份水位-流量数据的拟合曲线
(a)沙市水文站；(b)监利水文站

沙市河段的典型流量(枯季、多年平均、平滩、防洪设计)分别为 5520m³/s、12500m³/s、32000m³/s、50000m³/s。借助 Z-Q 曲线可算出 2002 年(三峡水库运用前)沙市断面在四级流量下的水位分别为 32.13m、36.297m、41.529m、43.214m。借助 Z-Q 曲线相减可知，经过 2002—2008 年河床冲刷后，在四级流量条件下沙市水位的降低值分别为 0.629m、0.570m、0.160m、0.145m。需指出，在 2002 年、2008 年，35000m³/s 以上流量的数据点较少，这使 Z-Q 曲线在 $Q>35000$m³/s 时的可靠性不高，上述 0.145m 是基于曲线变化趋势的推算值。分析表明，河床变化主要引起荆江中小流量条件下河道水位下降，对大洪水水位的影响并不显著。

监利河段四级典型流量分别为 5000m³/s、11400m³/s、28000m³/s、40000m³/s。由图 2.22 可知，在 2002 年、2008 年，$Q>12000$m³/s 的 Z-Q 数据点较散乱，拟合曲线此时的可靠性不高；$Q>25000$m³/s 的洪水发生频率很低，拟合曲线的可靠性更低。因而，对于监利断面，使用 Z-Q 曲线相减法推算的由河床变化引起的水位降低值，仅在较小流量下是可靠的，方法的准确性在较大流量下受 Z-Q 数据点散乱程度的直接影响。监利断面 2002 年在四级流量下水位分别为 22.63m、26.17m、32.76m、36.08m。借助 Z-Q 曲线相减和综合分析，经过 2002—2008 年河床冲刷

后在四级流量下监利水位的降低值分别为 0.572m、0.415m、0.127m、0.039m。

螺山河段四级典型流量分别为 8180m³/s、16500m³/s、40800m³/s、65400m³/s，其中 3180m³/s、5100m³/s、12800m³/s、25400m³/s 分别来自洞庭湖入汇。螺山断面 2002 年在四级典型流量下的水位分别为 17.45m、23.15m、27.88m、32.35m。使用 Z-Q 曲线相减计算和综合分析可知，经过 2002—2008 年河床变化后，螺山水位在四级流量下的降低值分别为 0.25m、0.18m、0.08m、0.03m。

所述水文过程重构的实例如下。考虑三峡水库影响进行减沙重构之后，监利断面 1998 年的含沙量逐日过程如图 2.23（a）所示。以三峡工程运用前（1998 年）、后（2016 年）螺山水文站的实测数据为基础，采用 Z-Q 曲线相减法建立经 1998—2016 年河床冲淤变化后河道水位的降低值（ΔZ）与河道流量的解析关系，进而使用 1998 年实测水位及 ΔZ 算出降水位重构后的螺山的逐日水位过程，见图 2.23（b）。

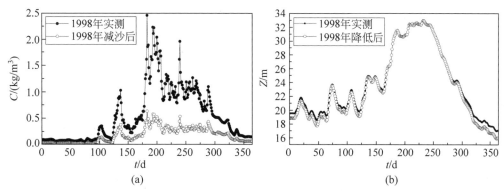

图 2.23　长江中游水文站断面水文过程在实施减沙与降水位重构后的变化
(a)减沙重构后监利的含沙量过程；(b)降水位重构后螺山的水位过程

参考文献

[1]　KNIGHT D W. Flow mechanisms and sediment transport in compound channels[J]. International Journal of Sediment Research, 1999, 14(2): 217-236.

[2]　YEN B C. Open channel flow resistance[J]. Journal of Hydraulic Engineering, 2002, 128(1): 20-39.

[3]　CAO Z X, MENG J, PENDER G, et al. Flow resistance and momentum flux in compound open channels[J]. Journal of Hydraulic Engineering, 2006, 132(12): 1272-1282.

[4]　胡德超. 大时空河流数值模拟理论[M]. 北京: 科学出版社, 2023.

[5] YOUSIF M Z, YU L, HOYAS S, et al. A deep-learning approach for reconstructing 3D turbulent flows from 2D observation data[J]. Scientific Reports, 2023, 13: 2529.

[6] VINUESA R, BRUNTON S L. Enhancing computational fluid dynamics with machine learning[J]. Nature Computational Science, 2022, 2: 358-366.

[7] HUANG S, XIA J, WANG Y, et al. Coupling machine learning into hydrodynamic models to improve river modeling with complex boundary conditions[J]. Water Resources Research, 2022, 58:10.

[8] ROZOVSKII L. Flow of water in bends of open channels[R]. Jerusalem: Israel Program for Scientific Translation, 1961.

[9] 张红武, 吕昕. 弯道水力学[M]. 北京: 水利电力出版社, 1993.

[10] DENG S, XIA J, ZHOU M, et al. Secondary flow and flow redistribution in two sharp bends on the middle Yangtze River[J]. Water Resources Research, 2021, 57: e2020WR028534.

[11] HU D C. A zero-flux principle for extracting secondary flows in arbitrary vertical planes of natural rivers[J]. Journal of Hydrodynamics, 2022, 34(4): 744-755.

[12] VRIEND H J. Flow measurements in cured rectangular channel. Part 2: Rough bottom[R]. Delft: University of Delft, 1981.

[13] TERMINI D, PIRAINO M. Experimental analysis of cross-sectional flow motion in a large amplitude meandering bend[J]. Earth Surface Processes and Landforms, 2011, 36(2): 244-256.

[14] JAMIESON E C, RENNIE C D, TOWNSEND R D. 3D flow and sediment dynamics in a laboratory channel bend with and without stream barbs[J]. Journal of Hydraulic Engineering, 2013, 139(2): 154-166.

[15] PARK I, SEO I W, SHIN J, et al. Experimental and numerical investigations of spatially-varying dispersion tensors based on vertical velocity profile and depth-averaged flow field[J]. Advances in Water Resources, 2020, 142: 103606.

[16] LEE J W, TEUBNER M D, NIXON J B, et al. A 3D non-hydrostatic pressure model for small amplitude free surface flows[J]. International Journal for Numerical Methods in Fluids, 2006, 50: 649-672.

[17] SONG C G, SEO I W, KIM Y D. Analysis of secondary current effect in the modeling of shallow flow in open channels[J]. Advances in Water Resources, 2012, 41: 29-48.

[18] KASVI E, ALHO P, LOTSARI E, et al. Two-dimensional and three-dimensional computational models in hydrodynamic and morphodynamic reconstructions of a river bend: Sensitivity and functionality[J]. Hydrological Processes, 2015, 29: 1604-1629.

[19] HU D C, YAO S M, WANG G Q, et al. Three-dimensional simulation of scalar transport in large shallow water systems using flux-form Eulerian-Lagrangian method [J]. Journal of Hydraulic Engineering, 2021, 147(2): 04020092.

[20] BATHURST J, THORNE C, HEY R. Direct measurements of secondary currents in river bends [J]. Nature, 1977, 269 (5628): 504-506.

[21] RUSSELL P, VENNELL R. Distribution of vertical velocity inferred from secondary flow in a curved tidal channel[J]. Journal of Geophysical Research: Oceans, 2014, 119 (9): 6010-6023.

[22] KONSOER K M, RHOADS B L, BEST J L, et al. Three-dimensional flow structure and bed morphology in large elongate meander loops with different outer bank roughness characteristics[J]. Water Resource Research, 2016, 52: 9621-9641.

[23] RUSSELL P, VENNELL R. High resolution observations of an outer-bank cell of secondary circulation in a natural river bend[J]. Journal of Hydraulic Engineering, 2019, 145(5): 04019012.

[24] PAPANICOLAOU A T N. Aspects of secondary flow in open channels: A critical literature review (Gravel-bed rivers: Processes, tools, environments)[M]. Chichester: Wiley, 2012: 31-35.

[25] NIKORA V, ROY A G. Secondary flows in rivers: Theoretical framework, recent advances, and current challenges (Gravel-bed rivers: Processes, tools, environments)[M]. Chichester: Wiley, 2012, 3-22.

[26] YALIN M S. River mechanics[M]. London:Pergamon Press, 1992.

[27] DIETRICH W E, SMITH D. Influence of the point bar on flow through curved channels[J]. Water Resource Research, 1983, 19(5): 1173-1192.

[28] RHOADS B L, KENWORTHY S T. On secondary circulation, helical motion, and Rozovskii-based analysis of time-averaged 2D velocity fields at confluences[J]. Earth Surface Processes and Landforms, 1999, 24: 369-375.

[29] BRADSHAW P. Turbulent secondary flows[J]. Annual Review of Fluid Mechanics, 1987, 19: 53-74.

[30] BLANCKAERT K. Saturation of curvature-induced secondary flow, energy losses, and turbulence in sharp open-channel bends: Laboratory experiments, analysis, and modeling [J]. Journal of Geophysical Research, 2009, 114: F03015.

各种维度河流数学模型试验(包括率定、验证、预测等)方法类似,但内容有所不同。低维模型试验聚焦纵向水面线、断面水沙过程及河段冲淤量等宏观特征,高维模型试验还分析压力场、流场、浓度场等的时空变化细节。高维模型试验涵盖了较低维模型试验的内容,且在宏观方面可延用后者的方法。本章将系统介绍河流数值试验,并讨论一维、二维、三维模型的模拟效果及精度水平。

3.1   河流数学模型试验概述

本节介绍河流数学模型的参数与数值试验种类,并选用较为常见的大范围地表水流系统洪水演进计算作为代表,介绍河流数值试验的基本方法。

▶ 3.1.1   河流数学模型的参数与数值试验种类

河流数学模型的参数分为两类:①时空离散参数,包括计算网格尺度 Δx、时间步长 Δt;②计算参数,又分为物理参数和算法参数,前者有糙率 n_{m}、涡黏性系数 υ_{τ}、水流挟沙力系数 K 等,后者有临界水深 h_0、迭代收敛精度 ε 等。河流数学模型应用前的数值试验主要针对上述两类参数开展,试验种类包括时空离散参数无关性测试、计算参数率定与敏感性分析、模型精度验证计算等。

1. 时空离散参数的无关性测试

河流数学模型在一定的 Δx、Δt 水平下对控制方程进行离散,在本质上是对时空连续的水流及物质输运物理过程的一种近似描述。模型计算精度一般随 Δx、Δt 的减小而升高;而当 Δx、Δt 减小到一定程度后,计算结果通常将趋于稳定并取得与 Δx、Δt 尺度无关的数值解,称之为建立了数值解对时空离散参数的无关性。对于新算法,在应用之前均应将其置于某模型框架中并选取典型算例,开展变化时空离散参数条件下的性能测试。通过观察模型计算结果(例如流场、压力场、浓度场等)随 Δx、Δt 的变化规律，阐明算法的特性。例如，网格无关性测试一般选用一系列逐步减小的 Δx 开展数值试验，找到模型计算结果对 Δx 的尺度变化不再敏感的网格尺度，以帮助模型在保证准确性的前提下实现高效计算。

一般只有满足时空离散参数无关性的数值解才具有科学和工程实用价值。对于简单的水流和物质输运问题，获得满足时空离散参数无关性的数值解较为容易。但对具有复杂地形和开边界的真实河流问题，获得满足离散参数无关性的数值解往往十分困难。此外，还需考虑由单元数量过大引起的模型效率降低问题。因而，真实河流动床计算通常不再强制要求模型结果满足网格无关性。

2. 河流数学模型的率定与验证

虽然河流数学模型拥有坚实的流体力学理论作为基础，但因真实河流的物理过程太过复杂，描述其中的水沙运动仍需借助不少半理论半经验公式(同时引入多个待定的物理参数)。例如由曼宁公式引入糙率 n_m，由张瑞瑾公式和 van Rijn 公式引入输沙能力系数 K、ξ，另外还需引入 α、L_s 等描述不平衡输沙。由于河流特性的空间差异，这些物理参数也在平面上呈现出非均匀的分布。此外，目前工程界在描述紊流时一般采用涡黏模式来计算雷诺应力，而用于确定涡黏性系数的紊流闭合模式(俗称紊流模型)也都是半理论半经验性的，其中许多参系数都是由前人在特定条件下通过试验或分析给定的。在实际应用中，通过调整紊流模型参系数来优化涡黏性系数空间分布进而改进模拟效果和精度已是常态。因而，在使用数学模型研究河流问题前，首先就需要针对具体应用通过率定计算确定模型的各种物理参数，其次通过验证计算检验模型的计算精度，以确保模型结果的可靠性。

率定计算是通过在各种拟定的参数条件下开展模型试算、观察计算结果与实测数据的符合程度，以找到合适的计算参数；验证计算是使用已选定的计算参数开展模拟，检验模型的精度。这二者均需使用大量实测资料，地形水文资料时常可能只够支撑率定计算而无法再支撑验证计算。只率定不验证并不影响模型应用，仅会在一定程度上降低模型预测的可靠性。实测资料有时十分匮乏，例如在山区修建水库时往往缺乏库区干支流实测水文数据，使得率定或验证计算难以开展，只能凭经验设定模型的计算参数。此时，一般应补充开展模型参数的敏感性分析，以便了解计算参数的代表性，帮助模型取得可靠的计算结果。

在一维模型的率定与验证计算中，需进行对照分析的内容包括沿程水面线，断面水位、流量、含沙量等随时间变化的过程，河段冲淤量等。二维模型试验需增加对断面流速分布、平面流场、汊道分流比、冲淤平面分布等的分析。三维模型试验还需分析流速和压力的垂线分布、三维流动结构等。本章将结合真实地表水流系统实例，分别介绍各种维度模型的数值试验方法。

▶ 3.1.2　大范围模拟中模型参数的率定方法

大型地表浅水流动系统常常同时包含江河干流、河网和大面积开阔水域(湖泊、蓄滞洪区、海湾等)，具有水域庞大、连通复杂、耦合性强等特点，需对其进行整体模拟来开展研究。考虑到模型参数的空间差异性，一般对大型系统采用分区设定、分别率定的方法来确定模型参数。流域大范围洪水演进计算是河流数学模型最常见的应用，所涉及的主要模型参数为糙率 n_m。本节就以该问题为例，介绍率定大型系统糙率的"流量-水位交替对照及相向推进"率定法。该方法适用于所有维度的水动力模型，同时可供在率定其他参数时参考。

1. 率定计算的水流条件与结果准确性的检验标准

一般可先采用恒定流(开边界)条件开展率定计算，它具有耗时短、试算工作量小、容易开展计算结果与实测数据比较等优点。之后，选用非恒定流条件开展验证计算，检验模型的精度并进一步优化参数。在使用恒定流条件开展率定计算时，所选用的水流条件通常应满足代表性、恒定性、平衡性等要求。

①一般认为水流满槽时的糙率最具代表性，因而可选用平滩流量水流条件开展率定计算。②在真实地表水流系统中并不存在绝对恒定的水流，因而通常只能选用较接近恒定的水流条件开展数值试验，其判别标准为，连续多日计算区域内大多数水文站点的流量和水位变化均很小。③在所选取的时段中，研究区域实测的总入流与总出流应相差不大。考虑到洪水传播耗时，大型流动系统的入流时常需要数日才能运动到出口。当区域出流来不及响应入流变化时，实测的总入流和总出流之间就会产生较大差别；此外，区间降雨、沿程取水等也会引起系统水量的变化。这些因素均会导致实测水文数据显示出系统水量不平衡的假象。在挑选率定计算水流条件时，应尽量选用总入流和总出流相差较小的时段。

大型系统各分区的糙率率定需同时兼顾 n_m 对系统不同地点流量和水位的影

响，因而比局部单一河段的糙率率定复杂不少。若河流滩地与河槽在河床条件上的差异较大，还需使用不同水流条件分别率定滩地与河槽的 n_m。

检验模型计算结果好坏的标准主要包括两个方面。①模型算出的河湖断面流量和水位须同时与实测数据相符合。对于水域庞大、连通复杂、耦合性强的大型地表水流系统，为各分区试算出满足上述标准的 n_m 并不容易。因为水位在单一河道中随 n_m 单调变化，而在复杂水系中不是这样。以荆江-洞庭湖（JDT）系统为例，其中三口分流道是连接长江与洞庭湖的纽带。当减小分流道的 n_m 时，三口从长江引流增加，分流道的水位不降反升。分流道的水位同时受三口分流流量与下游水位顶托的影响，随 n_m 的变化十分复杂。②相邻分区的 n_m 一般应满足渐变特征，各分区不出现物理失真的 n_m。检验模型计算结果的上述两方面的标准一般是可以同时满足的。在实际中难以同时满足的主要原因包括，计算网格或地形分辨率过低、所采用的地形与水文条件年份不匹配、未合理考虑区间增减水（主要为降雨产流）的影响等，此时需针对具体问题开展分析和寻求解决方案。

2. 率定各分区糙率的流程

在完成计算区域分割及水流条件选定后，即可通过调整各分区糙率开展模型试算，率定各分区糙率。以 JDT 系统为例（附录 A）率定计算的步骤如下。

第 1 步，调整最下游（城陵矶、洞庭湖等区域）分区的 n_m 开展模型试算，使这些区域水位的计算值与实测值一致，为进一步率定提供可靠的下游条件。第 2 步，调整较上游分区的 n_m 开展试算，直到关键站点（如三口分流道的 5 个水文站）流量的计算值与实测值一致。第 3 步，调整较下游分区的 n_m 开展试算，直到附近站点的水位的计算值与实测值一致。第 4 步，反复交替执行第 2、3 步，使流量校准（上游→下游）、水位校准（下游→上游）交替相向推进，不断改进沿程的流量和水位计算结果，直到整个研究区域内模型的计算值均与实测值达到一致。经过水位和流量双重校准的率定计算，最终得到合适的 n_m 分布。

在不同年份，河床糙率是可能发生变化的。对于 JDT 系统，在 2002 年江湖地形上选用 2005 年平滩流量水流条件开展率定计算，得到 n_m 的分布为，荆江、荆南河网、洞庭湖从上游到下游各分区糙率分别为 0.027～0.018、0.026～0.022 和 0.022～0.020。若改用 2018 年地形和 2018 年水流条件开展率定计算，可发现荆江沿程的糙率已变为 0.032～0.020。这是由于随着三峡工程运用历时增加，水库下游河道冲刷粗化、植被条件变化等增加了河床阻力。

在大范围洪水演进计算中，区间降雨产流时常会产生重要影响，例如在 JDT 系统中区间降雨产流可占到洞庭湖出口（七里山）的 15%～20%。巨大的水量增量将引起显著的水位与流量误差。为此，需在水动力计算中合理考虑区间降雨的影响以消除误差来源。另外，所选用的地形与水文条件年份不匹配也会引起计算误差，此时可考虑对地形变化较大的局部区域进行填高、挖低等修正。

▶ 3.1.3　平原河网的一维数学模型试验

平原河网通常具有环状连通、汊道（部分）季节性过流、往复流、强耦合性等特点，水动力特性复杂。这里采用前述参数率定方法，以长江中游荆南河网（松滋-虎渡河部分）和一维水动力模型为例，介绍河流数值试验的基础方法。

1. 计算区域概况与一维河网建模

荆南河网汊道具有环状连通、季节性通流（频繁干湿转换）等特征。在汛期，河网全线过流；在枯季，有些分流道的进口河床高程高于附近外江水位，使得该分流道及其下游河道断流，例如沙道观（SDG）、弥陀寺（MTS）河段。此外，年内长江分流与洞庭湖澧水来流相互消长，还会使河网的某些汊道例如官垸（GY）河段在某些时段中出现流向变化的水流（往复流）。

选用宜都—沙市长约 106.5km 的荆江河段、津市—肖家湾约 77km 的澧水尾闾河段及二者所夹的河网作为计算区域（图 3.1）。根据河网平面结构将其划分为 28 个河段（分区）。荆江与河网的河宽分别为 2～3km 和 0.3～0.8km。在荆江、河网、澧水尾闾，分别使用尺度为 1～2km、0.2～0.5km、1～2km（断面纵向间距）的一维计算网格剖分计算区域，得到 662 个单元。对单元进行编号，建立各河段首末单元之间的连接关系（拓扑关系），将各河段连成为一个整体形成河网。

采用 2012 年实测 1/5000 地形图，插值得到位于单元中心的河道断面的地形。所述松滋—虎渡河河网水动力模型的默认参数为，隐式因子（θ）取 0.6，时间步长（Δt）取 900s，用于进行 ELM 类算法逆向追踪的分步时间步长（$\Delta \tau$）取 100s。

2. 一维水动力模型的率定与验证计算

计算区域附近有 7 个水文站和 3 个水位站（水文站开展水位、流量、含沙量等的逐日观测，水位站只进行水位观测），为开展数值试验提供了丰富的资料。

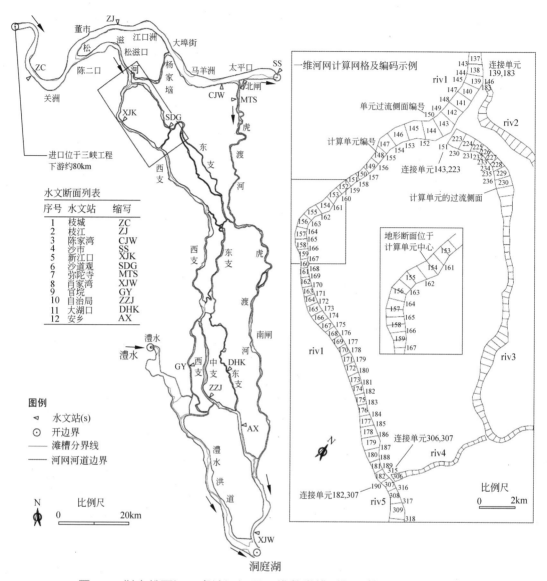

图 3.1　荆南松西河—虎渡河河网一维数学模型的计算区域及计算网格

　　首先选用平滩流量水流条件开展率定计算，得到荆江、荆南河网、澧水尾闾自上而下 n_m 分别为 0.030～0.024、0.027～0.022、0.022～0.020。其次，选用 2013 年水文过程开展验证计算 (图 3.2) 并对糙率进行微调优化。模型算出的水位 (Z_{cs}) 和流量 (Q_{cs}) 过程与实测数据的比较见图 3.2 (仅列出部分断面)。由图可知，模型较好地复演了河网水动力过程：①算出的流量与水位过程相对于实测过程未出现相位偏移；②准确模拟了河网内季节性通流河段在枯季断流、洪季过流的动态；③准确模拟了往复流河段 (官垸河段) 流向与流量随时间的变化过程 (图 3.2 (c))。此外，模型在 $\Delta t = 900s$ 的超大时间步长下仍可稳定计算并给出准确的结果。

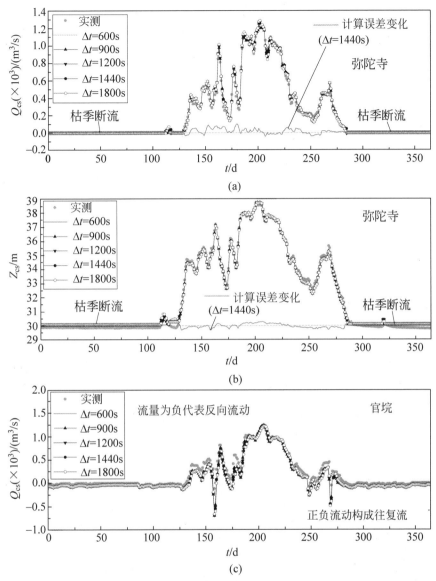

图 3.2　松西河—虎渡河河网数值试验结果

(a) 和 (b) 弥陀寺的 Q 过程和 Z 过程；(c) 官垸往复流

　　基于模型算出的断面水位 (Z_{cs}) 和流量 (Q_{cs}) 的逐日变化过程定义 3 个指标，以量化模型计算精度：①逐日水位的计算值相对于实测数据的平均绝对误差 (E_Z)；②断面年径流量的相对误差 (E_Q)，某些季节性通流河段在枯季流量为 0 或极小，这给计算断面流量的相对误差带来困难，因而定义 E_Q 来反映断面流量过程计算的准确性；③模型计算的水量守恒误差 (E_m)，其定义为在指定的时段内 (如 1 年) 实测的总入流和模型算出的总出流的相对误差。本例中 10 个水尺的 $E_Z = 6.8 \sim 23.3\text{cm}$，7 个水文测流断面的 $E_Q = 0.33\% \sim 4.94\%$，$E_m = 2.7 \times 10^{-4}$。

3. 时空离散参数的无关性测试

借用荆南河网开展一维水动力模型时空离散参数(以 Δt 为例)的无关性测试。数值试验方案:使用 5 种 Δt(600s、900s、1200s、1440s、1800s)开展河网 2013 年非恒定流模拟,观察模型稳定性、精度、效率随 Δt 的变化并分析其中规律。

为了便于定量描述水动力模型的数值稳定性,定义了如下两种 CFL 指标:

$$CFL1 = u\Delta t/\Delta x, \tag{3.1a}$$

$$CFL2 = (u + \sqrt{gh})\Delta t/\Delta x \tag{3.1b}$$

式中,u、h 分别为计算网格的代表性流速、水深,对于一维模型分别是指断面平均流速、水深。在未做说明时,本书所提及的 CFL 默认是指 CFL1。此外,为了量化水动力模拟场景或工况的 CFL 水平,定义 $R_{CFL1>1}$ 为满足 CFL1>1 的网格边的数量占网格边总数的百分比,$R_{CFL2>10}$ 的含义依此类推。

在 $\Delta t = 600s \rightarrow 1800s$ 的数值试验中,水动力模拟场景的 CFL 水平见表 3.1。模型在 CFL1>1、CFL2>10 的大 Δt 条件下仍可稳定计算并给出合理的结果。

表 3.1   荆南河网一维非恒定流模型参数敏感性测试的结果

Δt/s	稳定性		计算精度			计算效率(耗时)	
	$R_{CFL1>1}$/%	$R_{CFL2>10}$/%	E_Q/%	E_Z/m	E_m	$t_{I3\text{-}3220}$/s	$t_{E5\text{-}2697}$/s
600	5.5	1.0	0.13~4.92	0.065~0.234	2.2×10^{-4}	51.78	40.71
900	40.5	10.5	0.33~4.94	0.068~0.233	2.7×10^{-4}	38.13	28.71
1200	69.8	49.6	0.46~4.83	0.073~0.237	2.8×10^{-4}	30.31	23.07
1440	80.9	70.3	0.52~4.76	0.077~0.247	4.6×10^{-4}	26.58	20.26
1800	89.1	88.6	0.64~4.60	0.083~0.262	3.3×10^{-3}	23.31	17.14

注:根据洪峰流量水流条件模拟结果计算稳定性指标,使用计算耗时来描述模型计算效率。

当 $\Delta t \geqslant 1440s$ 后,模型运算记录显示在一些网格边处出现了异常流速(>4m/s),即非物理振荡。这些异常边均位于干湿动边界前沿(地形较急剧变化常会导致形成很大的局部水位梯度),且异常边的数量随 Δt 增大而增加。分析其形成原因为,当 Δt 过大时,模型因时间离散精度不足将无法及时有效地解析由非恒定流传播引起的过流断面及其子断面的干湿转换,从而产生异常流速或负水深单元。当 Δt 进一步增大时,这种潜在的不稳定因素还可能引起模型计算失稳。

试验结果表明，模型在不同 Δt 条件下算出的 Z_{cs} 或 Q_{cs} 随时间的变化过程几乎完全重合(图 3.2)。在不同 Δt 条件下($\Delta t \leqslant 1200s$)，以实测数据为参照，模型的 $E_Z = 0.07 \sim 0.24m$，$E_Q = 0.5\% \sim 4.9\%$，$E_m = 2 \times 10^{-4} \sim 3 \times 10^{-4}$，且模型精度对 Δt 不敏感。此外，使用 I3-3220 和 E5-2697 两种 CPU 测试了模型的效率。在 E5-2697 条件下($\Delta t=1200s$)，模型完成年非恒定流过程模拟的耗时为 23.1s。模型计算参数的敏感性研究与模型时空离散参数无关性测试的方法类似，均是使用一组逐步变化的参数开展数值试验，分析模型的稳定性、精度、效率及其变化规律。

本例数值试验证实，一维水动力模型能稳定、准确、高效地模拟具有环状结构、季节性通流、往复流等特征的复杂平原河网的水流运动。一维泥沙模型的数值试验方法较简单，可参考 3.2 节即将介绍的二维模型试验方法。

3.2 二维数学模型的数值试验

二维水沙数学模型被广泛用于研究河道、湖泊、河口海岸等地表水流系统中水流、物质输运、河床冲淤演变等。以荆江局部河段为例，介绍二维模型的数值试验方法，主要包括二维模型建模、水沙数值试验、计算结果分析等。

▶ 3.2.1 天然河道的精细二维建模

选取盐船套—螺山长江干流(78km)和七里山—城陵矶湖区入汇段(4.5km)河段(图 3.3)作为计算区域，其附近有监利、七里山、螺山水文站和盐船套、城陵矶水位站，为开展数值试验提供了丰富的水文资料。计算区域有 2 个入流(分别位于长江干流盐船套、洞庭湖七里山)和 1 个出流(长江干流螺山)开边界。

研究区域河道具有滩槽复式断面，并含有熊家洲、南洋洲(位于道仁矶下游附近)等江心洲。采用滩槽优化的非结构网格剖分计算区域，以精确刻画不规则水域与复杂河势。考虑到河道纵向、横向对网格空间分辨率的不同要求，河槽顺、垂直水流方向的网格尺度分别选定为 100m、30~50m；滩地网格尺度为 100m×100m。得到的网格包含 27231 节点和 26653 单元(图 3.4)，网格在地形变化较剧烈的河槽内较密集以提高网格分辨率，在不经常上水的滩地、江心洲上较稀疏以节约单元数量。之后，使用实测散点地形插值网格节点高程。

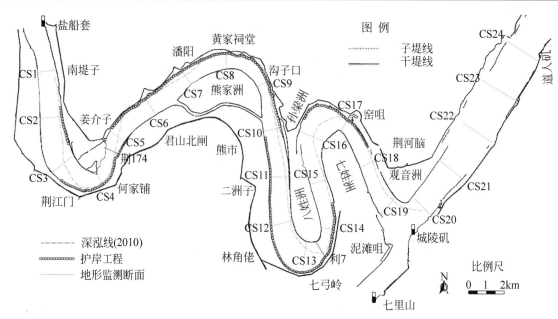

图 3.3　下荆江盐船套—螺山河段的河道范围

限于篇幅，道仁矶至螺山河段未绘出

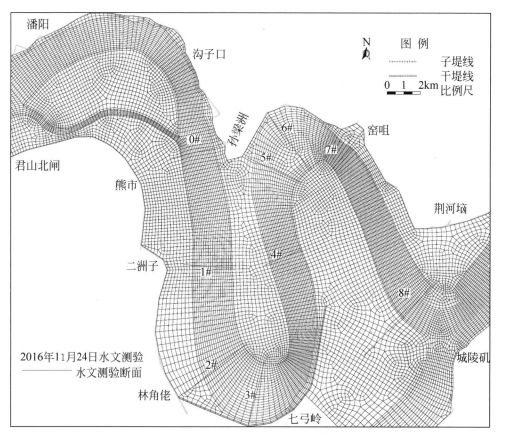

图 3.4　下荆江盐船套—螺山河段的高分辨率滩槽优化的计算网格

▶ 3.2.2　二维水流模型的率定与验证

二维模型率定计算与一维模型相比，不同之处在于：①待定参数除了糙率，还有水平涡黏性系数；②需用到的基础资料除水文站数据外，还包括专项水文测验资料(含断面流速分布等)；③需分析的项目除了纵向水面线、断面水文过程还包括断面流速分布、水域平面流场等，对于分汊型河道还需分析汊道分流比。高维水动力模型的率定计算遵循先宏观、后细节的原则。对于二维水动力模型，首先率定糙率，使河道沿程水位计算值与实测数据相符合(宏观层面)；其次通过调整涡黏性系数进行模型试算，直到算出的断面流速分布与实测数据相符合(细节层面)。以前述荆江河段为例，介绍二维水动力模型的率定与验证方法。

使用 2016 年 10 月实测地形塑制模型，并选用 2016 年 11 月 24 日(监利、七里山流量分别为 8360m³/s、6060m³/s，螺山水位 20.23m)专项水文测验资料开展数值试验。地形与水文资料在时间上匹配性较好。水文测验自上而下布置 0#～8# 共计 9 个测流断面(图 3.4)，观测河道左右岸的水位、断面的流速分布等。

1. 水动力模型参数的率定

单一河段(非河网)沿程的水位随 n_m 单调变化。通过调整各分区 n_m 开展模型试算，率定得到研究河段的 n_m 为 0.021～0.024，此时模型的水位计算误差在 5cm 以内(表 3.2)。通过调整 v_t 计算式中的参系数开展模型试算，直到算出的断面流速分布与实测数据相符合，如图 3.5 所示(流场图略)。

表 3.2　盐船套—螺山河段二维水动力模型率定计算的水位计算结果(8360m³/s)

断面	实测/m	计算/m	误差/m	断面	实测/m	计算/m	误差/m
0#	21.67	21.72	0.05	5#	21.30	21.29	−0.01
1#	21.60	21.64	0.04	6#	21.28	21.27	−0.01
2#	21.54	21.50	−0.03	7#	21.24	21.23	0.00
3#	21.49	21.44	−0.04	8#	21.11	21.11	0.00
4#	21.37	21.37	0.00				

由图可知，模型算出的与实测的断面流速分布符合较好、主流位置一致，各测流垂线处水深平均流速的计算值与实测值的误差一般在 0.1m/s 以内。水位及流速误差满足二维数学模型率定计算的精度要求。

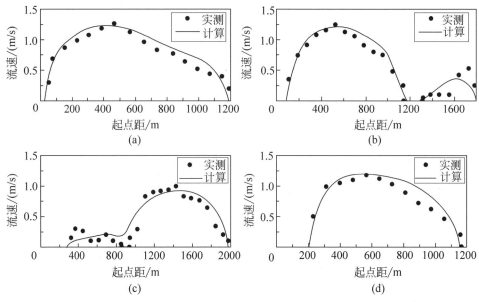

图 3.5 盐船套—螺山河段二维模型算出的断面流速分布(8360m³/s)

(a) 1#; (b) 3#; (c) 6#; (d) 8#

2. 水动力模型参数的优化

专项水文测验的水流条件的代表性有时并不强,例如上述水文测验施测时间是在枯季(11 月)。基于枯季实测资料率定得到的糙率主要反映枯水河槽的河床阻力特性。在这种情况下,可进一步选用接近平滩流量的水流条件或具有代表性的非恒定流过程开展验证计算,并根据试验结果对河道糙率进行微调改进。

这里选用 2016 年实测水文过程开展非恒定流数值试验(验证计算)。对照盐船套水位站 2016 年逐日实测数据所开展的模型试算表明,研究河段各分区的糙率需整体降低约 0.002。使用改进后的糙率,模型可兼顾大流量、中流量、小流量水流的模拟并取得较准确的结果:算出的盐船套水位和螺山流量过程相对于实测过程未出现相位偏移,水位误差一般在 15cm 以内,流量相对误差一般在 5%以内。

▶ 3.2.3 二维泥沙模型的率定与验证

泥沙模型率定计算的目的是获得合理的输沙能力系数(K、ξ)、不平衡输沙系数(α、L_s)、泥沙扩散系数等。α、L_s 一般采用推荐值,需率定的参数主要为 K、ξ 等。数值试验之前,需先定义检验模拟结果好坏的标准,一般可参照断面实测水沙过程定义计算区域出口总输沙量的相对误差(E_S)、断面逐日输沙率的平均绝对相对误差(E_{QS})分别作为检验 K 与 ξ 合理性的宏观、细观标准。

泥沙模型率定计算的流程为，选取代表性水文条件，按照先宏观、后细节的原则开展模型试算，得到合理的输沙能力系数。以悬移质模型为例，率定计算的步骤为，①调整 K 开展模型试算，直到模型算出的 E_S 接近于 0；②微调 K 及泥沙扩散系数，直到模型能较好地模拟断面输沙率的最低值、最高值及变化过程。在第一步宏观控制下，通常模型算出的断面输沙率过程已能与实测值较好符合。仍以前述荆江局部河段为例，介绍二维泥沙模型率定和验证的流程。

1. 悬移质水流挟沙力系数 K 的率定计算

2012 年是三峡水库运用后荆江的丰水年，水文过程涵盖了大、中、小流量等各种水流条件，监利(平滩流量 28000m³/s)实测流量峰值达 35000m³/s，具有代表性。2012 年实测数据表明，长江监利、洞庭湖七里山、长江螺山断面输沙量分别为 7440.98 万 t、2486.53 万 t、9812.19 万 t。在 2013 年实测地形上，采用 2012 年实测水文数据设定开边界条件(包括使用实测悬移质级配设定各组来沙的比例)开展模型率定计算。先将开边界水沙过程整理成以天为间隔的连续系列，再开展河段水沙过程的逐时步(Δt=1min)推进(求解冲淤源项但不计算河床变形)。

由率定计算获得的各分区的 K 约为 0.1。分析在该参数条件下模型算出的出口断面的输沙率过程可知，2012 年螺山断面输沙量的计算值为 9964.43 万 t，E_S = 1.55%；模型算出的螺山断面水沙过程相对于实测过程未出现相位偏移(图 3.6)，E_{QS} = 22.1%。E_S 和 E_{QS} 满足二维泥沙模型率定计算的精度要求。

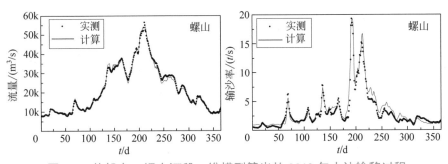

图 3.6　盐船套—螺山河段二维模型算出的 2012 年水沙输移过程

2. 河床冲淤变形的验证计算

河床冲淤验证计算需收集两次实测地形及其施测时刻之间的水沙过程，以及相近年份的实测床沙级配。已收集到下荆江 2013 年 10 月、2016 年 10 月两次 1/10000 实测地形图，因而可通过模拟这两个时刻之间的(1096 天)水沙输移及河床冲淤过程开展泥沙模型验证计算。2013—2016 年研究区域水沙因子年特征值见表 3.3。在计算时段内，研究区域实测的输出沙量（1.983 亿 m³）大于输入沙量（1.879 亿 m³），表明在该时段内研究区域处于冲刷状态，总冲刷量为 1040 万 t。

表 3.3　盐船套—螺山河段 2013—2016 年入流和出流开边界的水沙特征

时间	年径流量(亿)/m³				年输沙量(亿)/t			
	监利	七里山	总来流	螺山	监利	七里山	总来沙	螺山
2013	3467.0	2258.6	5725.6	5697.6	0.564	0.290	0.853	0.838
2014	3989.9	2725.4	6715.3	6717.0	0.527	0.225	0.752	0.735
2015	3590.0	2610.4	6200.4	6111.1	0.331	0.245	0.576	0.595
2016	3846.9	3119.4	6966.3	6908.7	0.330	0.246	0.576	0.662
2013.11—2016.11	11323.0	8394.0	19717.0	19581.4	1.176	0.703	1.879	1.983

冲淤验证计算需分析的内容通常包括冲淤量及其随时间的变化过程、冲淤厚度平面分布、断面冲淤变形等。模型计算结果表明，经 2013—2016 年水沙过程作用后，河段在总体上表现为冲刷，河床变形主要集中在河槽，冲淤量与冲淤厚度的分河段（断面位置见图 3.3）统计见表 3.4。CS4～CS21 河段冲刷量的计算值比实测值偏小约 17.1%，基本满足泥沙模型计算的精度要求。图 3.7 给出了计算时段中 CS4～CS21 河段冲淤量随时间的变化过程。在年内冲刷量在枯季变化缓慢、在洪季快速增加，从年际看冲刷量处于持续增加之中并在 2014 年增加最多。

表 3.4　盐船套—螺山二维模型冲淤验证计算中河槽冲淤量/厚度计算结果的分段统计

河段	面积(万)/m²	冲淤量(万)/m³			冲淤厚度/cm			相对误差/%
		实测	计算	差值	实测	计算	差值	
CS4～CS6	635	−218.4	−177.4	41	−34.4	−27.9	6.5	18.8
CS6～CS10	1039.8	−296.9	−284	12.9	−28.5	−27.3	1.2	4.3
CS10～CS12	708.5	40.5	29.8	−10.7	5.7	4.2	−1.5	26.3
CS12～CS15	595.5	−287.2	−206.1	81.1	−48.2	−34.6	13.6	28.2
CS15～CS18	1415.6	−285.3	−270.6	14.7	−20.2	−19.1	1	5.2
CS18～CS21	1615.2	−351.5	−251.9	99.6	−21.8	−15.6	6.2	28.3
全河段	6009.6	−1398.9	−1160.3	238.6	−23.3	−19.3	4	17.1

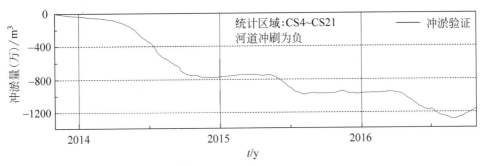

图 3.7 盐船套—螺山河段二维模型冲淤验证计算中河道冲淤量随时间的变化过程

研究河段自上而下依次为荆江门、熊家洲、七弓岭、七姓洲、观音洲弯道。实测地形表明，后三个弯道在三峡工程运用后 10 年中均在河槽内发生了切滩撇弯。例如在七弓岭弯道河槽内，2009 年前深槽紧贴弯道右岸(凹岸)，2010 年秋汛期间水流贴左岸切出一条深槽(与右岸原有深槽并列)，即发生撇滩切弯，使该河段河槽具有分汊型流路。以 2013 年的地形为基准，基于实测的和模型算出的 2016 年地形分别绘出冲淤厚度分布，如图 3.8 所示。模型算出的河床冲淤主要发生在河槽中，其冲淤分布在总体上与实测数据符合，分河段冲淤分析如下。

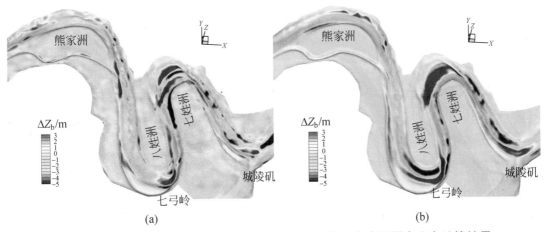

图 3.8 盐船套—螺山二维模型冲淤验证计算中的河床冲淤厚度分布计算结果
(a)实测的冲淤分布; (b)计算的河床冲淤分布

在熊家洲弯道，计算结果显示河槽凹岸(沟子口—孙梁洲段)冲刷、熊家洲左缘低滩微淤，与实测冲淤分布一致；算出的河槽冲淤厚度为-5.5～2.5m，与实测值(-4.6～1.8m)亦较接近。在七弓岭、七姓洲、观音洲弯道，计算结果显示前期撇滩切弯所形成的新槽继续冲刷发展、新槽外侧(靠近凹岸一侧)的浅滩继续淤积，与实测冲淤分布一致；算出的河槽冲淤厚度分别为-5.5～7.5m、-4.0～6.0m、-5.5～4.0m，与实测值(-5.5～6.5m、-3.0～6.0m、-5.3～3.0m)接近。需指出，模型算出的冲淤部位等细节与实测资料仍存在一定差别，这主要与水沙基本理论不足、床沙级配资料空间分辨率较低、人类活动等因素有关。

将监测断面(图 3.3 中的 CS1～CS30，由于河床冲淤主要发生在河槽，监测断面主要覆盖河槽范围)的实测地形及由模型算出的地形进行套绘，如图 3.9 所示。从河段总体来看，断面冲淤变幅不大，但某些局部河段的断面表现出较为显著的变形，例如七姓洲弯道的 CS16、观音洲弯道的 CS19、CS20 等。在七姓洲弯道进口段河槽，实测地形显示：在 2011—2013 年，贴凸岸有一宽约 400m 的纵向条带整体下切约 12m，深化了 2011 年前该河段切滩撇弯的结果；在 2013—2016 年，七姓洲弯道进口段(CS16)以回淤为主，计算结果与实测资料是一致的。本例证实，二维模型可较好地模拟真实河流的水沙输移、冲淤演变等物理过程。

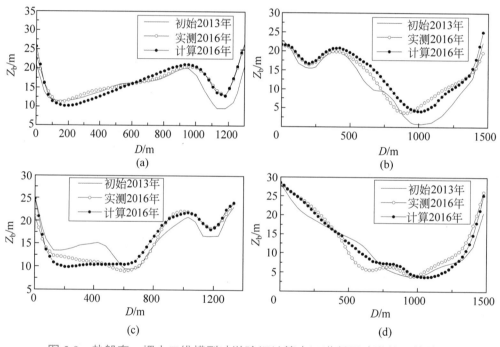

图 3.9　盐船套—螺山二维模型冲淤验证计算中河道断面冲淤的计算结果
(a) CS12；(b) CS16；(c) CS19；(d) CS20

3.3　三维数学模型的数值试验

三维模型相对二维模型增加了一个垂向空间维度。与之对应，三维水沙数值试验的分析内容增加了水沙因子的垂线分布、立面环流等。为了便于与前述二维模型试验进行比较，本节仍选用下荆江为例介绍三维模型的数值试验方法。

▶ 3.3.1　河道多层流动的三维数值模拟

三维水动力模型参数率定亦遵循先宏观、后细节的原则。先调整河床阻力系数（C_d 或 k_s）进行模型试算，使算出的河道纵向水面线与实测值相符合；再通过调整涡黏性系数，使算出的流速空间分布与实测数据相符合。三维水动力模型包含水平和垂向两种涡黏性系数（影响模型算出的流速的水平、垂线分布），且后者的复杂程度及影响通常均远高于前者。因而，率定计算第二步的重点是确定垂向涡黏性系数。当使用双方程紊流模型计算垂向涡黏性系数时，工作转化为，确定紊流模型中的某些特定参系数，例如 $K\text{-}\varepsilon$ 双方程模型中的壁函数 F_w。

以荆江盐船套—螺山河段为例，介绍三维水动力模型的率定与验证方法。三维建模概况为，①在水平方向上使用与前述二维模型相同的网格；②在垂向上使用 10 个 σ 分层以保证模型在垂向具有足够的分辨率；③采用 $K\text{-}\varepsilon$ 模型计算垂向涡黏性系数。水文部门分别在 2014 年 8 月、12 月开展了熊家洲—城陵矶河段的水文测验，盐船套流量分别为 20000m³/s、7120m³/s，七里山流量分别为 10900m³/s、1805m³/s，螺山水位分别为 25.9m、17.91m。测流断面的布置见图 3.4。在测流断面上，除了观测水位，还采用 5 点法（测点距河底的相对水深分别为 0.0H、0.2H、0.4H、0.8H、1.0H）测量了水平流速的垂线分布。

首先，使用 2013 年 10 月的地形和上述水文测验资料，率定河段各分区的 k_s。在此基础上，通过模拟 2012 年非恒定流过程开展验证计算，检验模型的精度并对各分区 k_s 进行微调改进，使模型在大、中、小流量等水流条件下均能取得较准确的结果。率定结果，研究河段 $k_s = 0.005 \sim 0.01$m，枯水期较大、洪水期较小。

其次，率定壁函数 F_w。通过不断调整 F_w（改变涡黏性系数的空间分布）开展模型试算，直到算出的水平流速垂线分布与实测数据符合较好。使用表、底层水平流速的比值（例如 $U_{1.0H}/U_{0.0H}$）作为判断水平流速垂线分布计算结果好坏的定量指标。试算表明，对于上述的两组水文测验水流条件，当 F_w 分别为 0.78、0.80 时 $U_{1.0H}/U_{0.0H}$ 和 $U_{0.8H}/U_{0.2H}$ 的计算值与实测值符合较好，表 3.5 列出了各测流断面所有垂线的表、底层水平流速之比的平均值。为了兼顾代表性较强的中等流量水流的模拟，取 $F_w = 0.78$。此时，模型算出的河道底层与表层流场如图 3.10 所示。

选取 2014 年 8 月水流条件的计算结果，绘制断面内各测流垂线的水平流速垂线分布（图 3.11）。由图可知，模型计算结果与实测数据符合较好，流速误差一般在 0.05m/s 以内，最大为 0.12m/s。由图 3.10 可知，模型较好地模拟了河段的流

表 3.5 盐船套—螺山河段三维水流模型试验中水平流速垂线分布指标的计算结果

流速比例	2014 年 8 月 16—17 日			2014 年 12 月 24—25 日		
	实测值	计算值	误差	实测值	计算值	误差
$V_{1.0H}/V_{0.0H}$	1.71	1.69	−0.02	1.65	1.63	−0.02
$V_{0.8H}/V_{0.2H}$	1.24	1.27	+0.03	1.27	1.29	+0.02

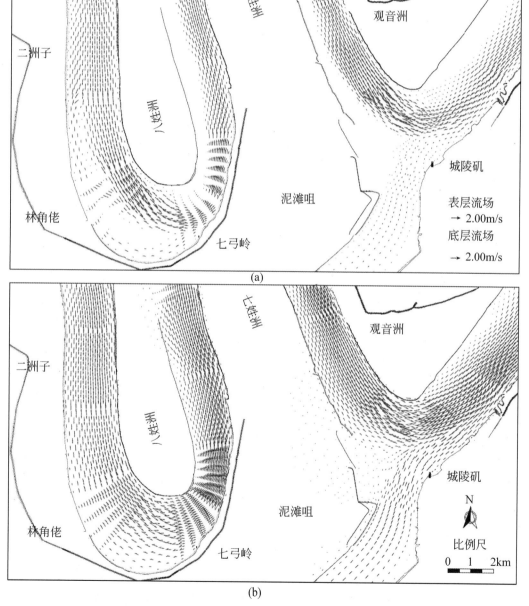

图 3.10 盐船套—螺山河段三维模型算出的底层与表层流场套绘

(a) $Q = 7120$；(b) $Q = 20000$

场形态及变化。大水漫滩、小水归槽，河道缩窄处水流集中，河道放宽处水流分散。河槽内沙洲在枯季纷纷出露，例如七弓岭弯道内的心滩(将来流分为两股)。分析各层流场可知，表层流速显著大于底层；在弯道处，表流向凹岸偏转、底流朝凸岸偏转，表层、底层水流流向的差异预示着该位置存在横向环流。

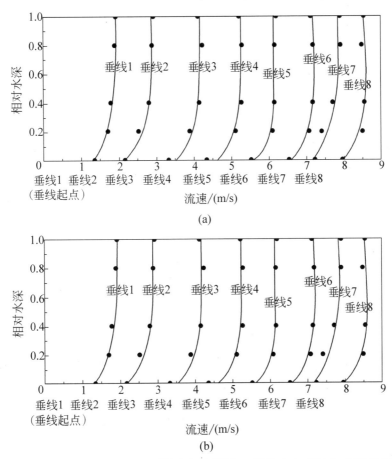

图 3.11　盐船套—螺山河段三维模型算出的水平流速垂线分布(线)与实测值(点)的比较
(a) 3#断面；(b) 7#断面

▶ 3.3.2　河道立面环流的提取与分析

　　能否准确模拟河道立面环流是检验三维水动力模型性能的重要标准。盐船套—螺山河段含有多种典型连续弯道，如荆江门弯道与下游弯道以短过渡段衔接，熊家洲—七弓岭连续弯道具有较长的过渡段且七弓岭弯道为急弯道。它们在曲率半径、过渡段长度等方面的差异，导致上下游弯道环流的过渡特性也不同。这里以盐船套—螺山河段为例，基于模型算出的三维空间流场提取和分析河道横断面环流。环流监测断面纵向间隔约 100m，断面内垂线间距 30m。

图 3.12、图 3.13 分别给出了荆江门、熊家洲—七弓岭连续弯道沿程各横断面的环流提取结果。环流形态与断面在弯道中的纵向位置密切相关，并随流线弯曲方向、程度等变化。在荆江门弯道中上段，断面内只存在单个顺时针旋转的环流；在上下游弯道衔接段，断面(CS38、CS39)存在两个反向环流；在进入下一弯道后，横向环流变为逆时针旋转。在熊家洲—七弓岭上下弯道过渡段，受复杂河势、上下游水流情势等的共同影响，横向环流具有多涡特征(图 3.13)，该特点与连续弯道过渡段越长则过渡段河床越不稳定(深泓频繁摆动)是相对应的。需指出，河道立面环流实测资料一般较为稀缺，使得定量检验环流计算结果的准确性常常受到限制。尽管如此，模型算出的环流流场平顺、连续，涡团随沿程河道变化而相应变化，这些特征表明三维模型能提供至少定性合理的环流模拟结果。

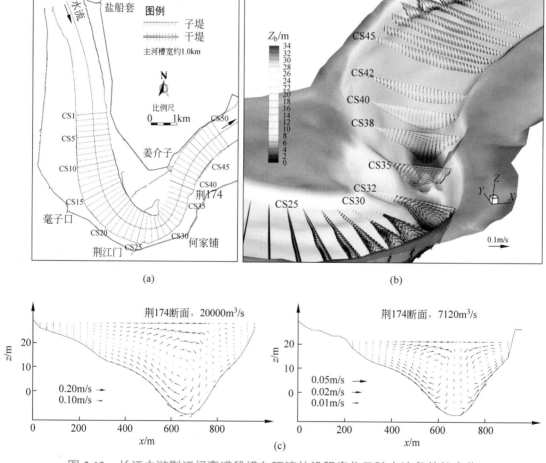

图 3.12　长江中游荆江门弯道段横向环流的沿程变化及随水流条件的变化
(a)荆江门河段横断面布置；(b)荆江门弯道横向环流流场的沿程变化；
(c)断面环流流场随着水流条件的变化

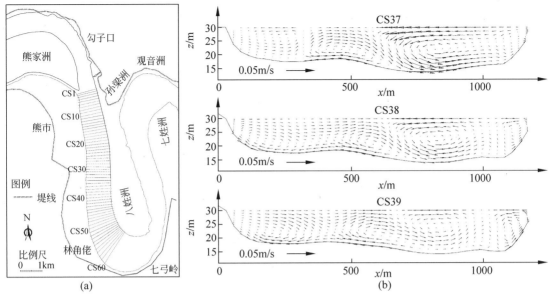

图 3.13　长江中游盐船套—螺山典型连续弯道的过渡段的横断面环流结构

(a)熊家洲—七弓岭横断面布置；(b)断面环流流场的沿程变化

　　此外，图 3.14 套绘了荆江门弯道断面的纵向流速分布与环流流场，可观察到弯道的纵向水流常常在横断面内形成一个流核。

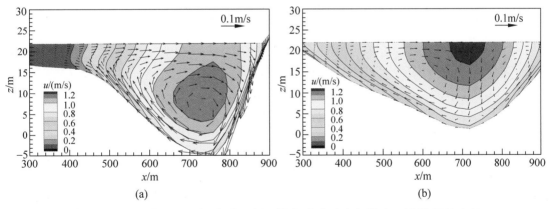

图 3.14　长江中游荆江门弯道段断面纵向流速分布与横向环流流场的套绘

(a)CS32；(b)CS39

▶ 3.3.3　河流水沙输移的三维数值模拟

　　与二维模型类似，三维泥沙模型也可使用计算区域出口的总输沙量的相对误差(E_S)、断面逐日输沙率的平均绝对相对误差(E_{QS})等作为判定计算结果好坏的定量标准。三维泥沙模型的参数率定亦遵循先宏观后细节的原则。先调整输沙能力系数(ξ)开展模型试算，使算出的断面输沙过程与实测数据相符合；再通过调整泥沙扩散系数，使算出的泥沙浓度空间分布与实测数据相符。与三维水动力模型类似，三维泥沙模型中垂向泥沙扩散系数(K_{sv})的复杂程度及影响通常均高于水平扩散系数(K_{hv})，因而率定计算的重点在于确定 K_{sv}。三维模型通常使用 K_{mv}(由三维紊流模型提供其空间分布)算出 K_{sv}，即 $K_{sv}=K_{mv}/\sigma_c$。因而，确定 K_{sv} 的工作通常转变为，通过调整 σ_c 改变 K_{sv} 的空间分布进而开展模型试算。

以悬移质为例，率定计算的步骤为，①调整 ξ 进行模型试算，直到 E_S 接近 0；②微调 ξ，使模型能较好地模拟断面输沙率的最低值、最高值及变化过程；③调整 σ_c，使算出的泥沙浓度垂线分布与实测数据相符。合理的 ξ 可对模型计算结果起到宏观控制作用，为进一步调整其他参数、让模型算出准确的泥沙浓度空间分布奠定基础。下面以盐船套—螺山河段为例介绍三维泥沙模型的数值试验方法。

1. 三维泥沙模型的率定计算

首先，选用 2012 年水文过程开展模型率定计算。对照螺山实测逐日输沙率过程开展模型试算，发现当各分区的 ξ 取值在 1.0 左右时，E_S 接近 0。此时，模型算出的出口的总输沙量为 9915.46 万 t，较实测值大 103.27 万 t，E_S =1.05%；螺山断面的 E_{QS}=17.9%。模型在宏观层面取得了较高的计算精度。在确定了 ξ 之后，通过调整 σ_c 来优化 K_{sv} 的分布，进一步改进模型算出的泥沙浓度垂线分布。需指出，天然河流泥沙浓度垂线分布资料十分稀缺，σ_c 常常只能凭经验选取。

其次，使用 2013 年 11 月—2016 年 11 月实测水沙过程(同 3.2.3 节)开展数值试验(求解泥沙冲淤源项但不计算河床变形)，比较二维、三维模型的精度。总体上，两种模型在宏观层面的计算结果差别不大(图 3.15)，分析如下。

其一，两种模型均表现出很强的水流模拟能力，可较好地模拟长江与洞庭湖来流的交汇过程；因为研究河段不长，所以可忽略区间产流影响。这些条件使两种模型算出的螺山断面(位于交汇区下游)的流量过程几乎与实测数据重合(图 3.15(a))，精度十分接近。二维、三维模型的 E_Q(螺山)分别为 2.64%、2.65%，E_Z(盐船套)分别为 0.243m、0.239m。水位误差的主要原因为，在水沙过程模拟中，地形与水文过程不能时刻匹配，使算出的水位相对实测发生一定偏离。

其二，两种模型均表现出很强的泥沙输运模拟能力，例如均准确模拟了研究区域出口输沙率的最低值、最高值及逐日变化过程(图 3.15(b))。二维、三维模型的 E_S 均在 1.0% 左右，E_{QS} 分别为 22.1%、17.9%，二者处于同一精度水平。

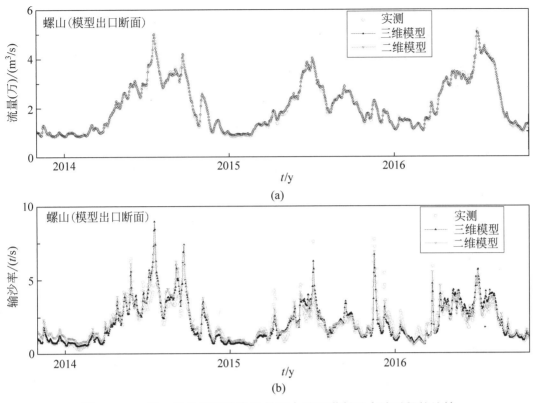

图 3.15　二维、三维模型算出的长江中游河道断面水沙过程的比较
(a)流量；(b)输沙率

2. 河床冲淤的验证计算

在 2013 年的实测地形上，通过模拟 2013 年 11 月—2016 年 11 月水沙输移与河床冲淤过程，开展三维泥沙模型验证计算。计算结果显示，经水沙过程作用后，研究河段总体上呈冲刷状态且河床变形主要发生在河槽。模型算出的 CS4～CS21 河段的冲刷量为 1222.8 万 m³，比实测值（1398.9 万 m³）小 12.6%，满足泥沙模型验证的精度要求。由三维模型算出的冲淤厚度分布与前述二维模型计算结果较接近（图 3.16）。在熊家洲弯道，三维模型算出的河槽冲淤厚度为 −4.7～2.0m，二维模型计算值为 −5.5～2.5m；在七弓岭、七姓洲、观音洲弯道，三维模型算出的河槽冲淤厚度分别为 −5.5～7.5m、−4.0～6.0m、−5.8～5.0m，二维模型计算值分别为 −5.5～7.5m、−4.0～6.0m、−5.5～4.0m。两种模型在冲淤部位与幅度上存在一定差别，可能的原因为，三维模型相对于二维模型额外模拟了弯道中横向环流、水沙因子重分布等三维水沙运动，它们对河床冲淤产生了影响。

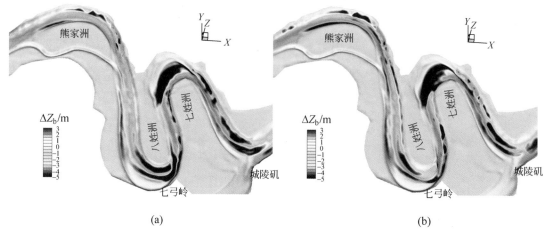

图 3.16　二维、三维模型算出的长江中游河道的河床冲淤厚度分布的比较
(a)二维模型计算；　(b)三维模型计算

综合比较可知，二维、三维模型算出的 E_{QS}(螺山)分别为 22.1%、17.9%，河段总冲淤量的计算误差分别为 17.1%、12.6%。但这些事实并不代表三维模型的精度比二维模型更高，在很大程度上只能说明前者的参数调校更好。因为泥沙数学模型的精度取决于水沙运动基本理论、床沙级配资料、模型参数等多个方面，这些因素的影响常常可以超过模型维度提升所带来的计算精度改善。

需指出，从模拟河流宏观水沙输移过程(断面水位、流量、含沙量、输沙率等)的角度看，高维模型相对于低维模型在计算精度上并不一定会有明显提升。相对于较低维模型，较高维模型的主要优势是可增加模拟和提供更多的水流及泥沙运动细节。相对于一维模型，二维模型可增加提供平面流场、冲淤平面分布等；相对于二维模型，三维模型可增加提供流速、含沙量的垂线分布等。

3.4　感潮河段水动力数值试验

河流潮区界至入海口的河段称为感潮河段，河道水位及流量均受到口外潮汐的影响：水位呈周期性涨落，在潮流界以下河道还具有双向流特征。相比于内陆河段，感潮河段在水沙输移特性与数值试验上均存在一定差别。本节以长江下游河段为例，介绍感潮河段二维、三维水动力数值试验方法及模拟效果。

▶ 3.4.1　潮流宏观水动力过程的模拟

长江下游落成洲河段(图 3.17)位于长江潮区界(大通)与潮流界(江阴)之间，

属感潮河段,其中三江营潮位站上距大通 354km、下距江阴 75km。潮型为非规则半日浅海潮,每日两涨两落。河段在枯季具有双向流特征,在洪季受长江来流控制。河段拥有落成洲等沙洲,在平面上呈弯曲分汊形态。收集到 2010 年 3 月 17—19 日落成洲河段(实测流量 3789~32064m³/s)水文测验资料(测流断面见图 3.17)。水文测验布置了 2L、2R、3L、3R、4L、4R、5L、5R 共 8 个水尺(L、R 分别表示左、右岸),测量河道沿程潮位变化。在落成洲左、右汊分别布设测流断面 DM4L 和 DM4R,在断面内各测验垂线上,采用 ADV 记录不同水深处(0.0H、0.2H、0.4H、0.6H、0.8H、1.0H)流速随时间的变化过程。

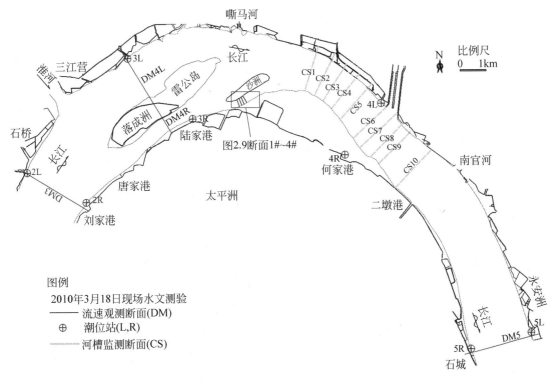

图 3.17　长江下游落成洲河段(感潮)水文测验布置与监测断面布置

选取长江下游太平洲左汊刘家港—石城长约 27km 的河段作为研究区域。在水平方向上,采用滩槽优化的四边形无结构网格剖分研究区域,顺、垂直水流方向的网格尺度分别为 100m、20~50m,得到 15330 个单元,该网格可通用于二维、三维模型。对于三维模型,采用 10 个 σ 分层以保证模型在垂向具有足够的分辨率。潮流仍属长波运动,使用浅水方程模型已能较好模拟它们的周期性宏观水动力过程。下面先来介绍感潮河段的二维水动力数值试验方法。

1. 基于落急水流条件的率定计算

在一个潮周期中,河道在落急时刻具有水位最低、流量最大等特征。此时,水流受下游潮位顶托的影响达到最小,河道纵向水面线可基本反映河道的阻力状况。因此,通常选用落急时刻的水流条件并将其用作一种恒定流条件来率定感潮河段的河床阻力系数,相关数值试验方法与内陆河段恒定流数值试验类似。

上述水文测验中 3 月 18 日 3:00(流量 32661m³/s,石城水位 0.962m)是落成洲河段的落急时刻。在该水流条件下,对照各水尺所形成的纵向水面线,调整各分区糙率进行模型试算,直到计算结果与实测值相符,得到河段 $n_m = 0.020 \sim 0.022$。此时模型算出的河道沿程水位的误差很小,一般在 4cm 以内(表 3.6)。

表 3.6 长江下游落成洲河段 2010 年 3 月 18 日落急时刻的纵向水面线计算结果

水尺	实测/m	计算/m	误差/cm	水尺	实测/m	计算/m	误差/cm
2L	1.315	1.291	−0.024	2R	1.247	1.270	0.023
3L	1.233	1.239	0.006	3R	1.186	1.208	0.022
4L	1.071	1.066	−0.005	4R	1.054	1.091	0.037
5L	0.966	0.965	−0.001	5R	0.962	0.964	0.002

二维模型算出的落成洲河段落急时刻的流场见图 3.18。由图可见,落急时刻的潮位较低,河道内洲滩纷纷出露。来流先被落成洲分为两汊(左汊为主汊),落成洲右汊水流下行至沙洲时又被分成两股,三股水流在嘶马弯道弯顶附近汇合进入下游。河宽缩窄处水流集中,河道放宽处水流分散。

模型较好地模拟了落成洲河段的流场,基于该流场可插值得到流速(水深平均纵向流速)沿 DM4L、DM4R 的分布(图略)。分析可知,模型算出的断面流速分布与实测数据符合较好,主流位置一致,误差一般在 0.05m/s 以内,最大误差为 0.12m/s。分别将断面流速分布沿 DM4L、DM4R 进行积分,得到这两个断面的流量,进而可算出落成洲左、右汊的分流比。在落急时刻(来流 32661m³/s),落成洲右汊分流比的实测值为 15.83%,模型计算值为 16.32%,分流比计算误差为 0.49%。

2. 基于潮流过程模拟的验证计算

采用 2010 年 3 月 17 日 0:00—19 日 4:00(52h)实测潮位资料设定研究河段的上、下游开边界条件(图 3.19(a)和(b)),开展二维水动力模型的验证计算。

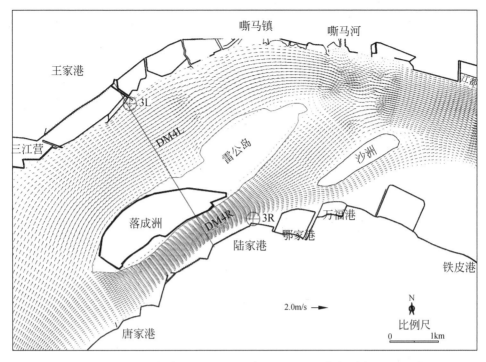

图 3.18　长江下游落成洲河段 2010 年 3 月 18 日落急时刻的平面流场

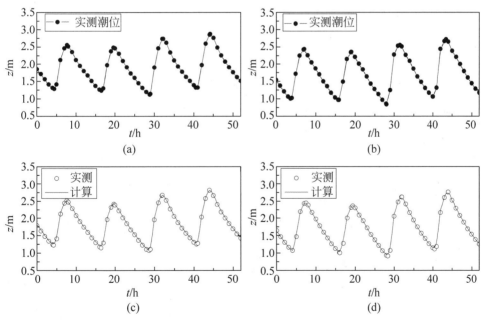

图 3.19　长江下游落成洲河段非恒定潮流的计算条件与模拟结果

计算条件：(a) 2L 水尺（入流）；(b) 5L 水尺（出流）

模拟结果：(c) 3L 水尺；(d) 4L 水尺

　　在模拟感潮河段非恒定潮流过程时，初始条件十分重要，获得它的一般方法为，先使用潮位较低时刻（如落急）的水流条件，开展恒定开边界条件下的预备计算直至河道水流达到稳定；再将这个稳定的水流状态作为初始条件，开展非恒定潮流过程的模拟。本例数值试验结果表明，二维模型算出的潮位过程与实测数据符合较好、相位变化一致，潮位计算误差一般在 5cm 以内（图 3.19（c）和（d））。

▶ 3.4.2 潮流三维水动力过程的模拟

以长江下游落成洲河段为例，开展潮流三维水动力计算，介绍感潮河段立面环流、流速垂线分布及其周期性变化等三维潮流特性的模拟研究方法。

1. 模型率定与河道断面环流分析

选用落急时刻水流条件，率定三维水动力模型的 k_s。落成洲河段河床物质中值粒径 $d_{50} \approx 0.175\text{mm}$。以 d_{50} 作为 k_s 的初值，调整 k_s 进行模型试算，直到算出的河道纵向水面线与实测数据相符，最终确定 $k_s \approx 0.2\text{mm}$。进一步调整紊流模型的参系数，使纵向水平流速垂线分布的计算值与实测数据相符。

横向环流分析。采用两种方式分别提取测流断面（以 DM4L 为例）的横向环流：①基于模型算出的落急时刻的三维流场提取断面横向环流，得到环流流速的计算值；②基于水平 x、y 方向流速分量的垂线分布的实测数据（落急时刻）提取断面横向环流，得到环流流速的实测值。基于两种方式提取的环流流速的垂线分布见图 3.20，总体上二者符合良好。从环流流速的垂线分布来看，实测值在近底水层发生缩减，但该现象在数值解中并不显著。偏差的可能原因为，实测数据在近底水层存在较大的测量误差；三维水动力模型使用了均匀的垂向网格并在床面应用滑移边界条件，未能充分解析近底的流动细节。

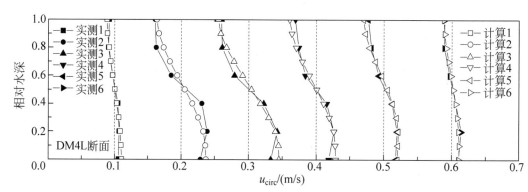

图 3.20　在河道断面（DM4L）各垂线处环流流速垂线分布的计算值与实测值的比较

在嘶马弯道下半段布置一组监测断面(图 3.17,采样垂线间隔 50m),提取和分析河道沿程的横向环流。由图 3.21 可知,沿河道纵向不断变化的地形将对横向环流形态产生影响,特别是当流路上存在被淹没的低边滩或心滩时。

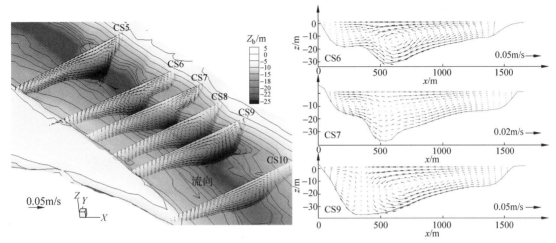

图 3.21　长江下游嘶马弯道出口河段沿程横断面内的环流演化

在简单河槽中(例如 CS5),横向环流较单一,流场呈椭圆。在滩槽复式明渠段(CS6～CS8),由于复杂的滩槽水流交换,在主槽和滩地范围可能出现多个环流。在 CS9,河底浅滩将主流分为两股,断面内相应形成了两个旋转方向相反的环流。从 CS7→CS9,伴随着河道地形变化,左岸环流旋转方向经历了由逆时针→顺时针的转变。在 CS8,左岸低滩区不存在明显的环流,它是 CS7 和 CS9 之间的过渡性流场。当水流再次进入较单一的河槽后(CS10),横向环流恢复为简单的椭圆形。模型算出的横向环流的沿程演化,与弯道水力学的基本认识是一致的。

2. 潮流过程三维水流特性的模拟与分析

采用 2010 年 3 月 17 日 0:00—3 月 19 日 4:00(52h)水文测验资料,开展落成洲河段潮流过程的三维水动力模型试验。提取 DM4L(垂线 1#～6#)和 DM4R(垂线 1#～3#)不同水深处纵向水平流速随时间的变化过程。以 DM4L 的 3#垂线为例,垂线不同水深处纵向水平流速变化过程的计算值与实测值的比较见图 3.22。由图可知,模型算出的不同水深处纵向水平流速的变化过程与实测过程相位一致,误差一般在 0.05m/s 内,最大误差为 0.11m/s,模型的计算精度较高。

断面的横向水面比降(transverse free-surface gradient, TFG)是弯道水流的一个代表性特征。模型能准确计算断面的 TFG 是它能准确模拟弯道横向环流的一个

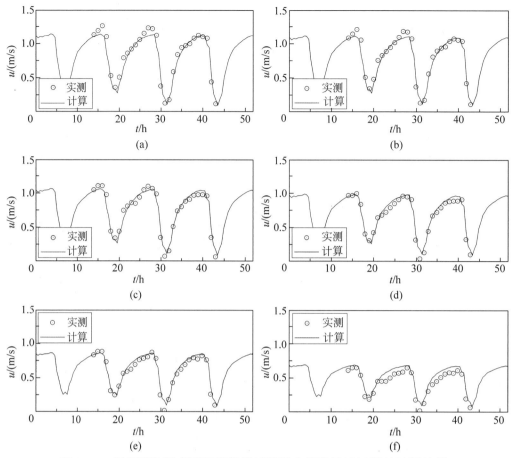

图 3.22　长江下游落成洲河段某垂线不同水深处流速过程的计算结果
(a) DM4L-3#-0.0H；　(b) DM4L-3#-0.2H；　(c) DM4L-3#-0.4H；　(d) DM4L-3#-0.6H；
(e) DM4L-3#-0.8H；　(f) DM4L-3#-1.0H

必要条件。图 3.23 给出了前述水文测验中 TFG 变化过程的计算值与实测值的比较(以 3L-3R、4L-4R 断面为例)。由图可知，TFG 的计算值与实测值符合较好，计算误差一般小于 2×10^{-6}。感潮河段泥沙模型的试验方法可参照入海河口模型的数值试验，将在 3.5 节介绍。

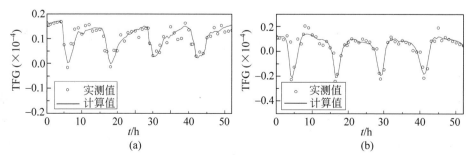

图 3.23　长江下游落成洲河段某断面横向水面梯度(TFG)变化过程的计算结果
(a) CS 3L-3R；　(b) CS 4L-4R

3.5　河口水沙输移数值试验

河口是河流与海洋的衔接区，其水沙数值模拟不仅需要考虑河道—海岸带—近海的强耦合性所提出的整体模拟要求，还需考虑柯氏力、复杂开边界及河势的影响。这使河口水沙数值模拟与内陆河流有较大不同。以长江口为例，建立感潮河段至外海整体的高分辨率二维模型，介绍河口水沙数值试验方法。

▶ 3.5.1　大型河口的建模与开边界条件

在大型河流入海口，感潮河段、海岸带与近海水域形成一个具有强耦合性的地表浅水流动系统。下文将以长江口(特点见 6.2 节)为例，介绍河口建模等内容。

1. 计算区域、计算网格与参数分区设置

选取长江潮区界(大通)作为研究区域的上边界，以便能直接使用大通水文站资料设置上边界条件。同时将海域开边界延伸到 −50m 等高线附近的深水区，以便全球潮汐模型[1](global tical model, GTM)能准确算出边界潮位过程。具体而言，海域东边界选在 124°E，海域南、北边界分别位于 28.7°N 和 33.9°N。选取点 (x_c, y_c) 作为参考位置(图 3.24)，计算河口坐标 (x, y) 处的柯氏力系数 f：

$$f = 2\Omega \sin\left(\frac{\pi}{180°}\phi + \frac{y - y_c}{6357.0 \times 1000}\right) \tag{3.2}$$

式中，$\Omega = 7.29 \times 10^{-5}$rad/s 为地球自转角速度；$\phi$ (=31.38724°) 为 (x_c, y_c) 的纬度。

除了具有三级分汊、四口入海等特征，长江口还分布着数十个洲滩[2]，河势复杂。基于粗尺度网格建模将导致河床过于坦化，使模型难以解析河口的各种中尺度水流结构[3]与物质输运过程[4]。这里使用滩槽优化的高分辨率非结构网格剖分计算区域，以精准刻画长江口的不规则水域边界和复杂河势。长江口地形测图分辨率与网格尺度见表 3.7，得到的网格包含 19.93 万个四边形单元。

河口包含感潮河段、海岸带和近海水域，它们在河床条件、水沙输移特性等方面均存在差异从而导致各区域水沙模型参数不同。可采用分区设定模型参数的方式加以考虑。这里先按各种区域的范围将长江口划分为 58 分区(图 3.25)；再为各分区设定独立的水沙模型参数。

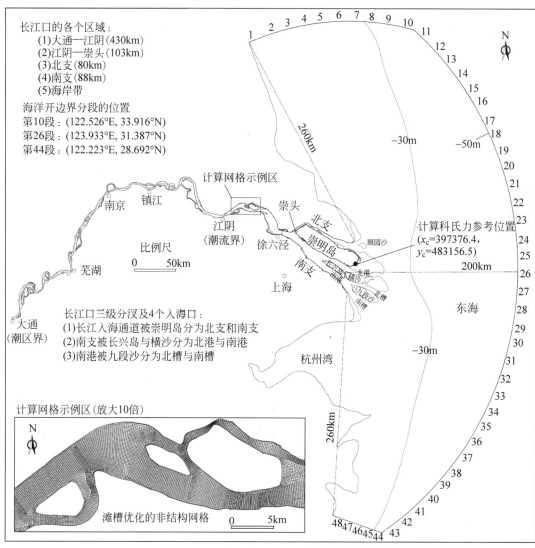

图 3.24 长江口(三级分汊、四口入海)二维模型的计算区域及计算网格

表 3.7 长江口二维模型在各个区域中计算网格的尺度

区域	长度/km	面积/km²	地形测图比例尺	计算网格尺度(m×m)
感潮河段	533	2066	1/10000	200×80
北支	80	366	1/10000	(200×80)～(400×200)
南支	88	1132	1/25000	400×200
海岸带	—	8746	—	500～2000
东海	—	105993	—	2000～5000

在入海河口水沙模拟中一般主要考虑悬移质运动。例如长江口徐六泾断面向外海输运推移质的数量约为 600 万 t/y,仅占总输沙量的 1.2%[5]。河口悬移质泥沙

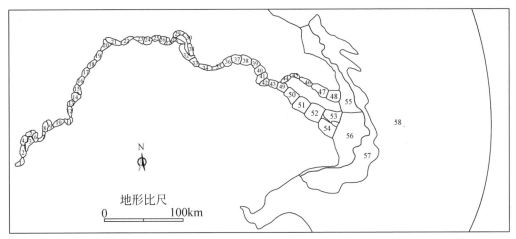

图 3.25　用于设定长江口二维模型计算参数的分区

一般较细，且其运动还会受到絮凝等物化作用的影响。分组法仍适用于描述河口的非均匀悬移质。以 4 分组为例，可将长江口各分组泥沙的粒径范围依次规定为 0~0.031mm、0.031~0.125mm、0.125~0.5mm 和>0.5mm。可根据实测资料、试验数据、沉速理论公式、实践经验等确定各分组泥沙的沉速 w_s。考虑到河口泥沙絮凝的可能影响，一般需要根据现场观测资料校正细颗粒的 w_s。

2. 河口数学模型的开边界条件

定义河口数学模型的海域开边界须注意事项如下。①近海岸水域的潮型为非规则浅海潮，因而一般需将海域开边界定义在远离海岸的深海水域，在那里潮型基本恢复为规则的天文潮(使用 GTM 可准确算出潮位过程)。而且，在深海区域，水体含沙量接近 0，如有需要可直接应用含沙量等于 0 的狄利克雷类开边界条件。②海域开边界潮汐参数具有不均匀性，为此须将开边界均分为若干小段(例如图 3.24，长江口海域开边界被划分为 48 个小段)，再基于全球潮汐参数数据库插值得到海域开边界各段中点的潮汐调和常数并使用 GTM 算出潮位过程。在使用 GTM 计算海域开边界潮位过程时，输出潮位数据的时间间隔不应大于 1h。

3. 河口数学模型计算的初始条件

初始条件对河口水沙输移模拟具有重要影响。在开展正式的河口短期或长时段模拟之前，一般需要为计算区域提供一个较为合理的潮流及泥沙浓度场作为初始条件。可采用如下预模拟方法获得初始条件。预模拟所采用的海域开边界基础潮位过程的历时应至少保证两涨两落(满足潮流闭合要求)，一般建议为 2 天(可选取待模拟时段前两天的海域边界潮位过程)。以长江口 2012 年 12 月 14—16 日大潮过程为例,使用 GTM 算出的海域开边界各段的 2 天潮位过程如图 3.26 所示。

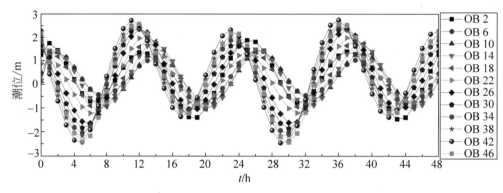

图 3.26　长江口外海 12 月 14 日 0:00—16 日 0:00 潮位
OB 2 代表第 2 段开边界,以此类推

预模拟的步骤如下。①使用假设的水面线(在感潮河段根据实测水位插值得到,在海岸与外海默认水位为 0)设置计算区域的初始水位,并将全水域初始流速及含沙量设为 0。②在计算区域上游开边界应用待模拟时段初始时刻的流量及含沙量并保持恒定,在海域开边界使用待模拟时段前两天的海域边界潮位过程进行循环。③在上述条件下进行预模拟,直到模型算出的周期性潮位(及含沙量)过程变化很小。保存预模拟的结果,将它作为正式数值试验的初始条件。

▶ 3.5.2　河口水沙数学模型的数值试验

1. 水动力模型的率定与验证

数值试验使用 2012 年 12 月 6—16 日(起始时刻为 2012 年第 340 天)水文测验资料。水文测验记录了 14 个水尺的潮位过程;并在 12 月 8 日 12:00—9 日 21:00 的小潮、12 月 14 日 7:00—15 日 13:00 的大潮期间,观测了 A、B 两组测点(图 3.27)的流速和含沙量变化过程(各断面同步观测,并持续两涨两落以满足潮流闭合要求)。测验期间,大通流量由 22000m^3/s 逐渐减少到 18700m^3/s。

先使用 12 月 14 日 0:00—16 日 0:00 大潮条件率定 n_m,期间上游来流 19000m^3/s。调整各分区 n_m 进行模型试算,直到算出的潮位过程与实测值相符;在此基础上微调各分区 n_m,使算出的测点流速变化过程与实测值一致。n_m 的率定结果:大通—江阴为 0.022~0.021,江阴—徐六泾为 0.021~0.015,南北支为 0.014~0.011。其中,南北支的 n_m 明显小于内陆河道,但与前人河口模拟经验[6-7]相近。此时,潮位平均绝对误差一般小于 0.15m，流速平均绝对相对误差小于 10%。之后，通过模拟 2012 年 12 月 6—16 日的潮流过程开展验证计算，结果如图 3.28 所示。

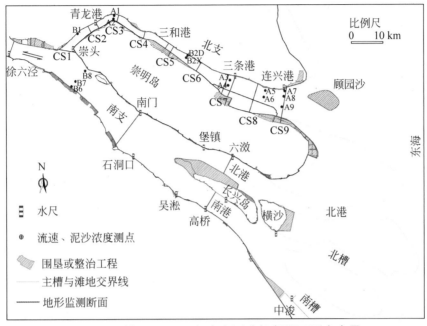

图 3.27 长江口 2012 年水文测验的断面及测点布置

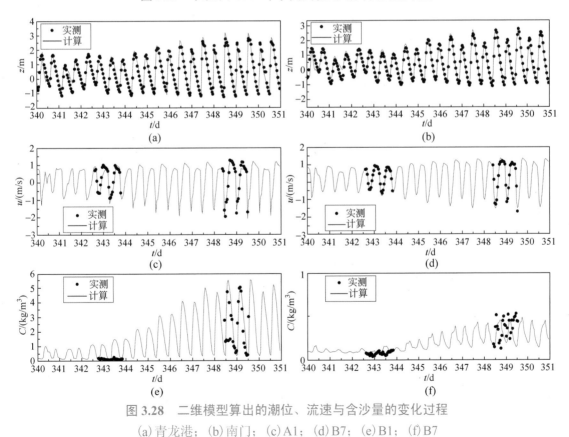

图 3.28 二维模型算出的潮位、流速与含沙量的变化过程

(a)青龙港；(b)南门；(c)A1；(d)B7；(e)B1；(f)B7

2. 泥沙模型的率定与验证计算

先使用 2012 年 12 月 14 日 0:00—16 日 0:00 大潮条件率定 K，期间上游来流流量、含沙量分别为 19000m³/s、0.112kg/m³。K 的率定结果：大通—江阴为 0.11～0.08、江阴—徐六泾为 0.07～0.04、南北支为 0.05～0.02。其中，南北支、海岸带等区域的 K（0.07～0.02）明显小于内河（0.1～0.2），但与前人河口模型参数取值（≈0.07）[7] 相近。之后，通过模拟 2012 年 12 月 6—16 日潮流输沙过程开展验证计算。模型算出的测点含沙量随时间的变化过程与实测数据符合较好（图 3.28），含沙量的平均绝对相对误差一般小于 20%，部分时段误差较大的原因分析如下。

①所采用的张瑞瑾公式不含泥沙起动流速因子但含有流速的三次方，因而由它算出的水流挟沙力对流速十分敏感，导致泥沙模型算出的含沙量紧密跟随潮流涨落而变化，如图 3.28(e)～(f) 所示。②现场水文测验分小潮和大潮工况。小潮期间，泥沙容易聚集在水流底层，含沙量的垂线分布极不均匀。受灵敏性、垂向定位精度等的限制，观测仪器在小潮期间较难准确测出底层水流的含沙量，使得在统计水深平均含沙量时产生较大误差。大潮期间，含沙量在垂线上分布相对较均匀，通过仪器测量容易获得较准确的垂线平均含沙量。这两个方面是小潮期间（第 343 天）计算值误差较大、大潮期间（第 349 天）复演较好的可能原因。

在 2011 年 12 月实测地形上，模拟 2011 年 12 月—2013 年 11 月（731 天）长江口非恒定水沙输移及河床冲淤过程，并使用 2013 年 11 月实测地形检验河床冲淤模拟的精度。在计算时段中，上游总来流量、来沙量分别为 17947 亿 m³、2.854 亿 t。计算时，将上游来水来沙、外海开边界潮位过程分别整理成以天、小时为间隔的时间序列；将已被围垦、修建工程的区域设置为具有不可冲刷属性，并按设计值设定这些区域的网格节点的高程。动床计算结果简述如下（以长江口北支为例）。经上述水沙过程作用后，北支河床经历了轻度冲刷，模型算出的冲刷量为 5128.1 万 t，较实测值偏大 11.1%；模型算出的断面（位置见图 3.27）的地形冲淤变化在总体上与实测地形数据符合较好，如图 3.29 所示。

▶ 3.5.3 河口水沙数学模型的参数敏感性分析

选用长江口二维模型及 2012 年 12 月 6—16 日的潮流过程，探究河口水沙数值模拟结果对时空离散参数（以 Δt 为例）和计算参数（n_m、K）的敏感性。

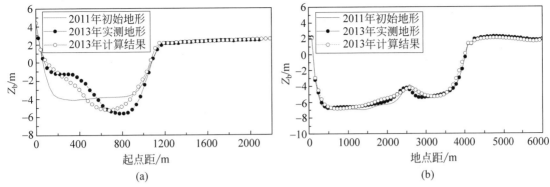

图 3.29　长江口北支典型横断面的冲淤计算结果与实测数据的比较

(a) CS2；(b) CS7

其一，Δt 的敏感性研究。使用大的 Δt 意味着在模型求解中单元更新计算的时间分辨率较低，这可能降低模型在模拟强非恒定性潮流时的精度；对于某些特定算法例如点式 ELM，Δt 过小又将引起数值黏性增强[8]。总而言之，模型的计算结果可能随着时间离散尺度 Δt 的变化而改变。鉴于此，选取逐渐增加的 Δt（60s、75s、90s、100s、120s）开展数值试验，以阐明 Δt 对模型计算精度的影响。基于在不同 Δt 条件下的数值试验，提取监测点的潮位、水平流速和含沙量过程。在大潮时段，在不同 Δt 条件下，潮位的平均绝对差别为 0.01～0.02m，流速的平均绝对差别为 0.019～0.035m/s（图 3.30(a)），含沙量的平均绝对相对差别为 2.8%～3.5%。所采用的水沙数学模型的计算结果对 Δt 的变化不敏感。

其二，n_{m} 的敏感性研究。研究方案为，以已率定好的各分区的 n_{m} 为基础，通过整体调整南北支的 n_{m} 开展数值试验，阐明数值解随 n_{m} 的变化规律。将糙率分别减少 0.001 和增加 0.001 的工况分别表示为"n_{m}-0.001"和"n_{m}+0.001"。比较各工况的计算结果发现：南北支的 n_{m} 越小，它们的陆向涨潮流越强（潮位更高、流速更大），即河口涨潮流的水力因子随 n_{m} 的变化规律与内陆局部河段正好相反。以青龙岗断面为例：当 n_{m} 分别减少 0.001、增加 0.001 时，水位峰值的变化分别为+0.15m、-0.15m。青龙岗附近的监测点 A1 在各工况下的流速变化过程见图 3.30(b)，流速峰值的变化规律为，当 n_{m} 分别减少 0.001、增加 0.001 时，流速峰值的变化分别为+0.12m/s、-0.25m/s。

其三，K 的敏感性研究。研究方案为，以前文已率定好的各分区的 K 为基础，通过整体调整南北支各分区的 K 开展数值试验，阐明数值解随 K 的变化规律。将 K 分别减少 0.002 和增加 0.002 的计算工况分别表示为"K-0.002"和"K+0.002"。

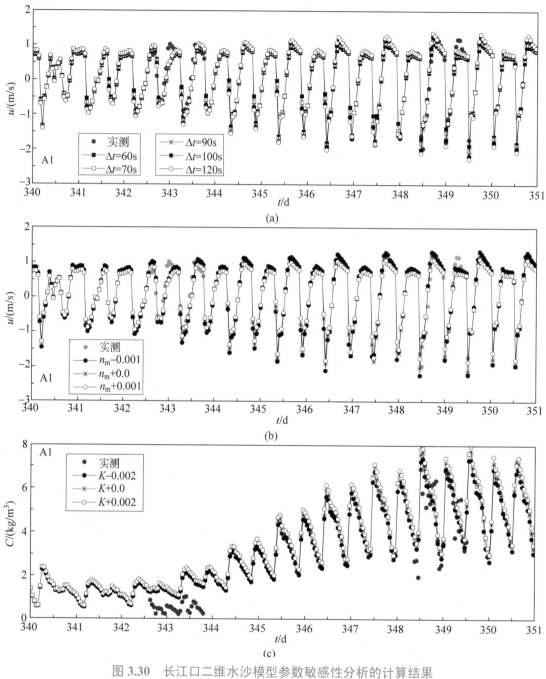

图 3.30　长江口二维水沙模型参数敏感性分析的计算结果

(a) Δt；　(b) n_{m}；　(c) K

比较各工况计算结果发现：各监测点含沙量与 K 值具有正相关关系。以测点 A1 为例(其垂线平均含沙量的变化过程见图 3.30(c))，含沙量峰值随 K 的变化规律为，当 K 分别减少 0.002 和增加 0.002 时，含沙量峰值的变化分别为–0.33kg/m^3、+0.25kg/m^3。

参考文献

[1] CHENG Y C, ANDERSEN O B, KNUDSEN P. Integrating non-tidal sea level data from altimetry and tide gauges for coastal sea level prediction[J]. Advances in Space Research, 2012, 50: 1099-1106.

[2] WU S H, CHENG H Q, XU Y J, et al. Riverbed micromorphology of the Yangtze River estuary, China[J]. Water 2016, 8: 1-13.

[3] CHEN C S, XUE P F, DING P X, et al. Physical mechanisms for the offshore detachment of the Changjiang Diluted Water in the East China Sea[J]. Journal of Geophysical Research, 2008, 113: C02002.

[4] XUE P F, CHEN C S, DING P X, et al. Saltwater intrusion into the Changjiang River, a model-guided mechanism study[J]. Journal of Geophysical Research, 2009, 114: C02006.

[5] 王大志. 长江口非均匀推移质输移及其数值模拟[D]. 杭州: 浙江大学, 2002.

[6] 曹振轶. 长江口平面二维非均匀全沙数学模型[D]. 上海: 华东师范大学, 2003.

[7] 史英标, 鲁海燕, 杨元平, 等. 钱塘江河口过江隧道河段极端洪水冲刷深度的预测[J]. 水科学进展, 2008, 19(5): 685-692.

[8] HU D C, ZHANG H W, ZHONG D Y. Properties of the Eulerian-Lagrangian method using linear interpolators in a three-dimensional shallow water model using z-level coordinates[J]. International Journal of Computational Fluid Dynamics, 2009, 23(3): 271-284.

　　常见的河道类型包括顺直、弯曲、分汊和辫状。各类河道的水沙数值模拟研究方法虽然具有相通性，但由于各类河道特点不同，在模型选用、研究关注点等方面均存在差别。弯曲型河道在各类河道中最常见也最具代表性，通常认为研究弯曲型河道是研究其他类型河道的基础。本章先介绍弯曲型河道的水沙运动现象和工程整治的数值模拟方法，再介绍其他类型河道的内容。

4.1　弯曲型河道的水沙运动规律与模拟

　　在简析弯曲型河道水沙运动特点的基础上，介绍该类河道重点关注的水沙运动问题(横向环流、弯道典型演变等)及其数值模拟研究方法。

▶ 4.1.1　弯曲型河道水沙运动的特点

　　自然界中的河流大多都是弯曲的[1-2]，如长江、黄河、亚马逊河、密西西比河等。长江(成都至河口)有河弯 148 个，其中弯曲系数(河道两点间曲线长度与直线长度之比)大于 1.3 的有 42 个[3]。弯道水沙运动及河床演变的规律简述如下。

1. 弯道水沙运动的基本规律

　　水流在进入弯道后因作曲线运动而受到离心力作用。离心力使水流向凹岸集中，造成凹岸水流强度较大；水体被离心力甩向凹岸后在那里堆积，形成水面横比降。在横向上，离心力沿垂线的非均匀分布(纵向流速大的表流受到的离心力也较大)与压差作用相叠加，使表流指向凹岸、底流指向凸岸，形成封闭的环流(弯道环流[4-8])。横向环流与纵向流动相叠加，形成呈螺旋式前进的弯道水流。鉴于此，水沙因子(流速、床面切应力、泥沙浓度等)在弯道内发生重新分布。

　　弯道输沙同时具有同岸和异岸输移特征。在横向环流影响下，小含沙量的表流不断涌向凹岸，凹岸底流(含沙量较大且泥沙颗粒较粗)折回凸岸并在凸岸边滩释放，形成横向环流输沙，并使弯道内底沙的运动轨迹显著异于顺直河道。向弯道凹岸集中的纵向水流将对凹岸形成顶冲，它与横向环流一起使弯道发生凹岸崩退、凸岸淤长，从而构建出弯曲型河道冲淤演变的一般情景。

弯曲型河流为了保持自上而下的延续性，不能只朝一个方向弯曲。相邻两弯道弯曲方向必然相反，形成以过渡段(上下游弯道之间的顺直段)相连接的连续弯道，它们是构成弯曲型河流的基本单元。在连续弯道中，上下游弯道的反向环流在过渡段发生衔接与转换，对沿程水沙输移和河床冲淤产生重要影响。不同弯曲程度、过渡段长度等条件下的连续弯道反向环流过渡特性(上游环流如何衰亡、下游环流如何形成、两者如何衔接)、水沙因子重分布特点、河床冲淤规律、过渡段河床不稳定机理等，均是连续弯道有待深入研究的问题。

无论是单弯道还是连续弯道，其水沙输移与河床冲淤均与横向环流直接有关。相对于常规二维模型，三维模型与考虑横向环流影响的增强型二维模型能更全面地模拟横向环流或其影响，是研究弯道水沙问题最适合的数学模型类型。

2. 弯曲型河道的冲淤演变规律

弯曲型河道广泛分布在流域中下游河谷较宽、两岸无对称约束、河岸和河底均具有可冲性的河段，它们在自然条件下的演变规律如下[1-2]。①凹冲凸淤使河湾在其沿程发生非均匀横向位移，河道呈现出拉伸或蠕动：前者在平面上表现为弯顶延伸、河环拉长(弯曲性河道)，后者表现为河湾整体向下游蠕动(蜿蜒性河道)。②当河湾极度弯曲后，弯道起点和终点相距很近并形成狭颈，在漫滩洪水条件下易发生裁弯取直：狭颈处具有大比降的漫流在滩面上拉出串沟，进而发展成新河，同时老河湾被逐渐淤死。③区别于裁弯取直，切滩撇弯发生在河槽中，且表现为凸岸冲刷、凹岸淤积。在较宽的急弯河槽中，漫过凸岸滩唇的水流常会切开滩唇并形成新的流路，同时将凹岸深槽遗弃。当河道来水来沙条件变化时，有些不太急剧的弯道也可能切滩撇弯，例如三峡工程运用后的下荆江。

流域中下游的河湾，由于其两岸通常是经济较发达的地区，经常受到人们的关注，也是河流工程的重点研究对象。一方面，人们常常沿河修建堤防、护岸护滩等(图 3.3)以抵御洪水、利用岸线、维护航道、保护和改善生态环境等。这些工程所形成的约束往往已控制了河湾的横向变形，使弯道的拉伸和蠕动、裁弯取直等均变困难，同时使弯道冲淤演变主要发生在河槽之内。另一方面，由气候变化、水土保持、建坝等引起的河道来水来沙条件变化是影响弯道冲淤演变的重要因素，由它们引起的岸滩冲刷与失稳、连续弯道过渡段深泓摆动等河势变动，已成为在横向上受到约束的河湾的冲淤演变的主要形式。

因而，目前弯曲型河流工程研究的主要内容是，人类活动影响下弯道河槽水沙运动及河床演变的变化规律及治理对策。在介绍弯道工程研究前，本节先探讨两个备受关注的弯道模拟问题：横向环流分析和弯道典型冲淤演变模拟。

▶ 4.1.2　弯道环流的模拟与分析

紧邻三峡工程下游的荆江以藕池口为界分为上、下荆江，其中下荆江为蜿蜒性河道，有"九曲回肠"之称[9]。在中洲子（1967）和上车湾（1969）被人工裁弯之后，荆江仍保存着多个弯道。在三峡工程运用后，荆江自上而下发生了持续性冲刷演变，环流特性随之改变。下面选取荆江典型弯曲河段开展三维水动力模型计算[10-11]，探讨横向环流对河床地形变化、河势单元变化等的响应规律。

1. 河床冲淤对环流强度的影响

盐船套—螺山河段自上而下有荆江门、熊家洲、七弓岭、七姓洲、观音洲 5 个弯道（图 3.3）。实测地形显示：相对于 2002 年，截至 2004 年、2006 年、2008 年、2010 年、2011 年该河段的河槽累计平均冲刷厚度分别为 0.25m、0.38m、0.44m、0.52m、0.53m。将弯道分为上、中、下三段，各弯道河槽的模型计算结果的分段分析如下。①弯道上、下段河槽以冲刷下切为主，到 2011 年局部冲幅可达 3～4m；②与之相反，由于原始河床较低、上游河床的粗沙向下转移等原因，弯道中段河槽不冲反淤，到 2011 年弯顶附近河槽的淤厚可达 2～3m（图 4.1（a））。

分别在 2002—2011 年地形上使用平滩流量条件开展三维水流计算，探究横向环流对河道地形变化的响应规律。计算条件为，盐船套、七里山的流量分别为 28000m³/s、12800m³/s；螺山 2002 年水位 27.88m，使用 Z-Q 曲线相减法推求此后各年的螺山水位（推算表明，在 2002—2011 年间螺山平滩流量所对应的水位变化不大）。在河段出口水位不变的条件下，受弯道沿程不均匀冲淤的影响，河道断面过流面积、纵向流速等在弯道各分段分别发生了不同的变化。模型计算结果表明，2011 年相对于 2002 年，纵向流速在弯道沿程的变化为，①在弯道上、下段，由于断面冲刷扩大，纵向流速减小 0.3～0.5m/s；②在弯道中段，由于断面淤积萎缩，纵向流速增加 0.4～0.5m/s（图 4.1（b））。

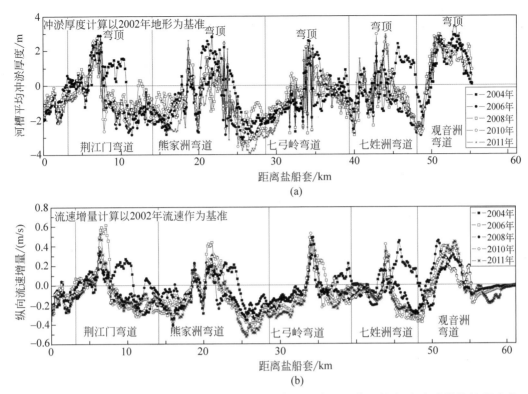

图 4.1 盐船套—螺山河段在 2002—2011 年河槽平均冲淤厚度及纵向流速增量的沿程变化

(a)河槽平均冲淤厚度的沿程变化; (b)纵向流速增量的沿程变化

基于三维流场提取河道沿程一组断面(间隔 100～120m)的纵向流速、环流流速及环流强度 I_{cs}。图 4.2 是基于 2002 年地形工况三维流场提取的环流要素的沿程变化。I_{cs} 与流线曲率半径有关,水流进入弯道后 I_{cs} 先增大(弯顶附近最大)后减小。在 2002 年地形上,荆江门、熊家洲、七弓岭、窑咀、观音洲弯道的最大 I_{cs} 分别为 0.170、0.179、0.191、0.195、0.155。将其他地形工况的横向环流提取结果减去 2002 年地形工况的结果,可得到对应年份的环流要素增量(图 4.3)。

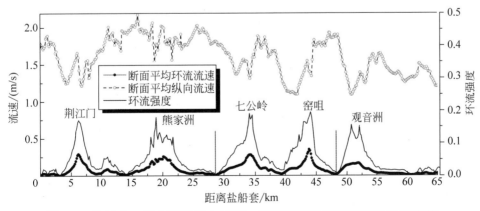

图 4.2 盐船套—螺山河段纵向流速、环流流速及环流强度的沿程变化

对于各弯道，环流流速在弯道上半段减小(减幅可达 0.06m/s)，在弯道下半段增加(增幅可达 0.1m/s)。综合分析环流流速和纵向流速在弯道沿程的变化，可知弯道内 I_{cs} 在纵向的变化为，弯顶及上游降低，弯顶下游增加，峰值向下游移动(图 4.3(c))；伴随荆江持续冲刷下切，各弯道的 I_{cs} 在总体上发生减小，例如 2011 年相对 2002 年，七弓岭弯道平均及最大 I_{cs} 分别减小了约 6.85% 和 5.20%。

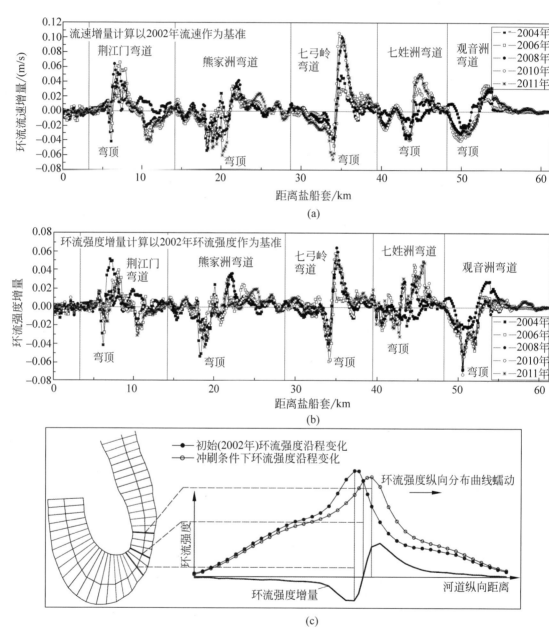

图 4.3　盐船套—螺山河段在 2002—2011 年横断面平均环流流速及环流强度的增量

(a)环流流速增量的沿程变化；(b)环流强度增量的沿程变化；

(c)典型弯道环流强度的纵向分布及沿程变化

2. 河势单元变化对河道横向环流的影响

　　以拥有三八滩和金成洲的沙市弯道为例，探讨河势单元变化对横向环流的影响。计算区域为上荆江太平口至邓家台长约 25km 的河段（荆 32～荆 53）。分别采用 2002 年、2008 年实测地形塑制模型地形。使用 *Z-Q* 曲线相减法，推算经过 2002—2008 年水沙过程后沙市水文断面及荆 53 断面（出口）在各级典型流量下的水位。使用 2002 年、2008 年地形及各级典型流量条件分别开展研究河道的三维水流计算，绘制河道表流的主流线（图 4.4），分析如下。

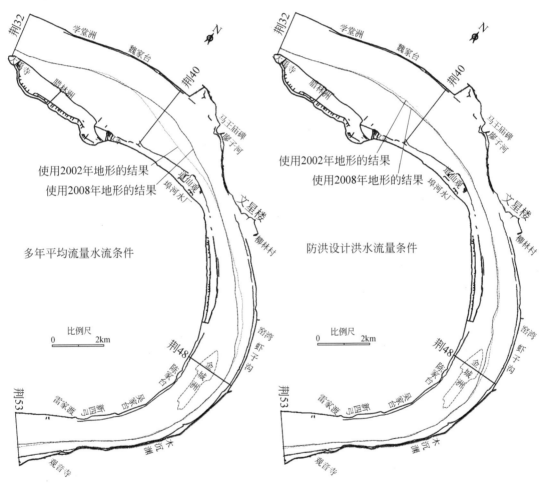

图 4.4　沙市弯道段的表流主流线在不同地形条件下的变化

　　在三八滩河段，河势在 2002—2008 年发生了大幅冲淤调整，并引起表流主流线横向摆动。在平滩以下流量下（5520m³/s、12500m³/s、32000m³/s），主流线左摆且摆幅较大，摆幅为 530～300m；在防洪设计流量下（50000m³/s），主流线右摆且摆幅很小（在 50m 以内）。在文星楼卡口及其下游河段，表流主流线的横向摆动不明显，仅在窑湾附近发生微幅右摆：在小流量下(12500m³/s、5520m³/s)摆幅约为50m，在较大流量下(50000m³/s、32000m³/s)摆幅在30m以内。

选取荆40(横跨三八滩)作为典型断面，分析三八滩河段横向环流随地形冲淤的变化(图4.5)。在2002年地形上，小流量时荆40附近河道被三八滩分为两汊，横向环流发育主要受局部河槽走向控制，十分微弱，左、右槽的环流均呈逆时针方向旋转；大流量时荆40的环流数量和形态不变但强度显著增加。在2008年地形上，小流量时荆40出现了左、右两个旋转方向相反的环流，环流强度均不大；大流量时荆40的环流合为一体(左环流被右环流同化)，环流强度增强。由此可见，河势单元冲淤变化会对横向环流的数量、分布等产生直接影响。

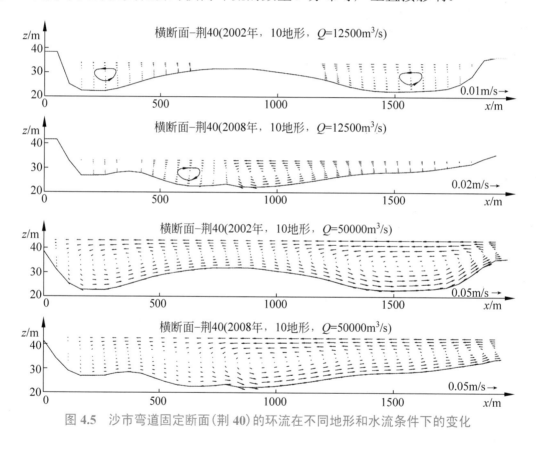

图4.5 沙市弯道固定断面(荆40)的环流在不同地形和水流条件下的变化

选取荆48(横跨金成洲)作为典型断面，分析金成洲河段横向环流随地形的变化(图4.6)。荆48位于金成洲弯道中段，流线曲率半径较小、横向环流十分显著。在2002年地形上，小流量时金成洲右汊过流甚微，横向环流仅在左槽发育；大流量时左、右汊连通，形成一个整体的逆时针环流。2002—2008年，金成洲下游河道及洲体右汊发生下切，使同流量下金成洲河段水位降低。在2008年地形上，

小流量时荆 48 被分隔为两汊，在左、右槽分别出现逆、顺时针环流；大流量时
左、右槽连通，形成一个具有两个涡核的整体逆时针横向环流。

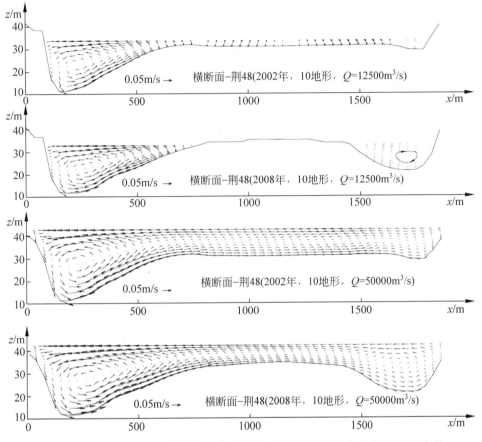

图 4.6　沙市弯道固定断面(荆 48)的环流在不同地形和水流条件下的变化

在平滩流量条件下，2002 年金成洲弯道荆 44～荆 52 的环流强度 I_{cs}，及 2008
年的 I_{cs} 相对于 2002 年的 I_{cs} 的变化量见表 4.1。以三峡工程运用前(2002 年)的 I_{cs}
为参照，2008 年金成洲弯道的最大 I_{cs} 减小了 3.17%。

表 4.1　荆江沙市河段大断面的环流强度在 2002—2008 年的变化

断面	$u_{s,2002}$/(m/s)	$I_{cs,2002}$	$\Delta I_{cs(2008-2002)}$/%	断面	$u_{s,2002}$/(m/s)	$I_{cs,2002}$	$\Delta I_{cs(2008-2002)}$/%
荆 44	1.50	0.021	0.77	荆 49	1.66	0.0373	−3.58
荆 45	1.57	0.0249	−3.07	荆 50	1.57	0.0539	−3.17
荆 46	1.24	0.0243	−2.25	荆 51	1.58	0.0479	−5.31
荆 47	1.45	0.0368	−4.91	荆 52	1.32	0.0047	0.86
荆 48	1.58	0.0389	−0.83				

▶ 4.1.3 弯曲型河道切滩撇弯的模拟

分析长江中游荆江 2013 年 10 月、2016 年 10 月两次实测地形可知，2013—2016 年，天字一号河段河槽发生了切滩撇弯。以天字一号河段为例[12]，通过数值试验，讨论二维水沙数学模型复演天然弯道河槽切滩撇弯现象的能力。

1. 河道二维建模与计算条件

荆江天字一号河段为单槽连续弯道，在河槽沿程两侧分布着宽度不一的边滩。选取铺子湾至盐船套长 25km 的河段作为计算区域，采用滩槽优化的四边形无结构网格进行剖分（图 4.7）。河槽顺、垂直水流方向网格尺度分别为 100m、30～50m，滩地区域网格尺度为 100m×100m。计算条件为，在 2013 年 10 月地形上，模拟

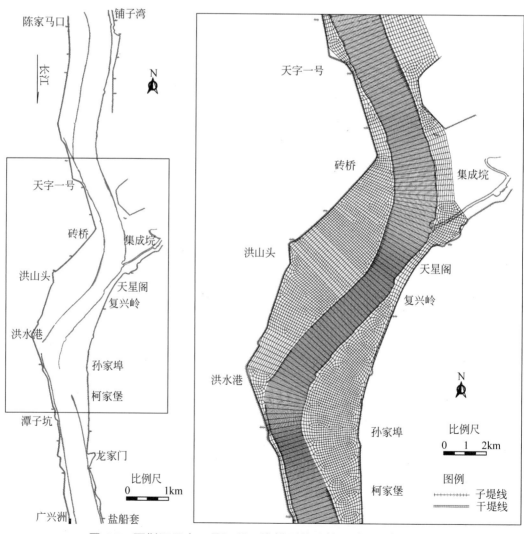

图 4.7　下荆江天字一号河段二维模型的计算区域及计算网格

2013 年 10 月—2016 年 9 月的真实水沙过程。在长达 1096 天的计算时段内,河道总径流量、输沙量分别为 11300.4 亿 m³、11677.0 万 t。采用监利水文站实测流量、含沙量设定入流开边界,并采用盐船套水位站实测水位设定出流开边界。

2. 河床冲淤模拟及分析

分析 2013 年、2016 年的实测地形可知,研究河段在总体上处于冲刷状态,河槽总冲刷量为 506.5 万 m³。模型算出的河槽冲刷量为 463.0 万 m³,比实测值小 8.6%。模型算出的河槽平均冲刷深度为 0.194m,略小于实测值 0.212m。

图 4.8 比较了天字一号连续弯道河槽的实测冲淤厚度平面分布与模型计算结果。实测地形显示,经 2013—2016 年水沙过程作用后,天字一号河段河槽呈现出凸冲凹淤"切滩撇弯"冲淤演变,这可能与河道水沙条件变异有关。实测数据显示,三峡工程运用前监利站 1975—2002 年的年均输沙量为 3.784 亿 t;2013—2016 年的年均输沙量为 0.438 亿 t,较三峡水库运用前减少 88.4%。另外,三峡水

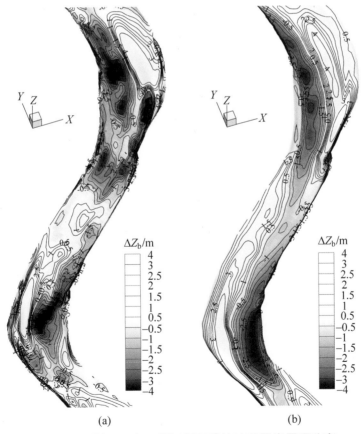

图 4.8 下荆江天字一号河段河槽的冲淤厚度平面分布

(a)实测; (b)计算

库调平了荆江的径流过程，极小流量和上滩洪水出现的频率均大幅减少。这些因素造成了下荆江水沙过程的根本性变化，是天字一号连续弯道河槽发生切滩撇弯的可能原因。模型算出的河床冲淤分布，较好地再现了天字一号连续弯道河槽的冲淤演变特点。模型算出的河槽内凸岸冲刷幅度约为 4m，与实测资料也是一致的。本例表明，常规二维模型具备模拟天然弯道切滩撇弯冲淤演变的能力。

4.2　弯曲型河道整治的模拟研究

在横向上受约束的平原河湾与连续弯道过渡段是当前弯道治理关注的重点，认识它们在典型及变异水沙条件下的冲淤演变规律，是规划河道防洪、航运、取水等工程及设计弯道整治工程的前置工作。本节选取下荆江典型弯道为例，介绍使用二维、三维模型研究天然弯道冲淤演变趋势与应对策略的方法。

▶ 4.2.1　变异水沙条件下的弯道冲淤预测

下荆江是较典型的受人类活动影响的平原弯曲型河道：①弯道种类多，包含普通、急弯等多种弯道类型；②河槽岸线大多已被工程守护，横向变形受到约束；③受三峡工程等的影响，河道水沙条件变化很大；④在新水沙过程作用下，七弓岭、七姓洲等弯道在 2011 年前后均已发生切滩撇弯。以盐船套—螺山河段为例，采用三维模型开展变异水沙边界条件下天然弯道的冲淤演变预测[13]。

一般选用含有特大洪水年(在塑造河势方面往往起决定性作用)的水文系列开展河道冲淤预测。根据已收集的资料情况，选用三峡水库运用后 2008—2016 年水沙过程作为基础水文系列。因为在 2008—2016 年未发生特大洪水，所以在其中插入 1998 年水沙过程(使用 2.6 节方法重构监利站含沙量与螺山站水位过程)，构建冲淤预测所需的"2008—2012 年+1998 年+2013—2016 年"水沙系列。

在所构建的水沙系列中，监利站的总径流量为 37813.4 亿 m³，总输沙量为 6.181 亿 t，其中粒径大于 0.125mm 的悬移质粒输沙量占 2.216 亿 t(表 2.2)；七里山站的总径流量为 26123.7 亿 m³，总输沙量为 2.315 亿 t，其中粒径大于 0.125mm 的悬移质输沙量仅占 0.051 亿 t，远少于荆江较粗颗粒的来沙量。在 2008—2016 年实测的进出计算区域的沙量见表 4.2。2008—2014 年，盐船套—螺山河段均处于淤积状态，这并不符合水库下游河道应发生冲刷的一般性规律，可能与水流将上游河段冲起的粗沙带到下游并发生淤积有关。盐船套—螺山河段在 2015—2016 年由淤转冲，可能与从上游河段被带到下游的粗沙减少有关。

表 4.2　下荆江水文站点的实测输沙量及计算区域的输沙平衡分析(淤积为正，亿 t)

年份	2008	2009	2010	2011	2012	1998	2013	2014	2015	2016
监利来沙	0.76	0.706	0.602	0.448	0.744	1.17	0.564	0.527	0.331	0.33
七里山来沙	0.174	0.167	0.262	0.146	0.249	0.312	0.29	0.225	0.245	0.246
螺山输沙	0.915	0.772	0.837	0.45	0.981	—	0.838	0.735	0.595	0.662
区域冲淤	0.019	0.101	0.027	0.144	0.012	—	0.016	0.017	−0.019	−0.086

在 2016 年地形上，使用"2008—2012 年+1998 年+2013—2016 年"水沙条件，开展盐船套—螺山河段的系列年河床冲淤演变预测，计算结果分析如下。

1. 冲淤量及其随时间的变化过程

计算时段中河段的累积冲淤量随时间的变化如图 4.9 所示。从年际变化来看，河段冲淤与来沙的数量和级配关系密切，在来沙量较大、粗颗粒(粒径≥0.125mm)占比较多的年份河床易发生淤积。在冲淤预测的前两年(对应三峡工程正式运用后前两年)，研究河段较粗颗粒泥沙来量分别为 0.356 亿 t、0.309 亿 t，甚至大于 1998 年的 0.278 亿 t，这是河段在这两年中发生淤积的主要原因。随着较粗颗粒来沙减少，河段在第 3 年发生"淤→冲"转换并在最终处于微冲状态。研究河段最终的累计冲刷量为 1404.83 万 t，分河段冲淤量统计见表 4.3。

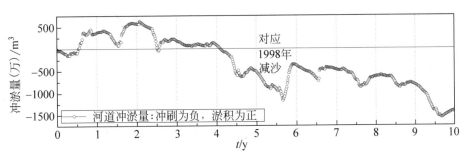

图 4.9　长江中游盐船套—螺山河段在系列年动床预测中累积冲淤量随时间的变化过程

2. 河床平面冲淤形态及演变趋势

图 4.10 给出了动床预测第 10 年末的冲淤厚度分布，研究河段主要表现为河槽冲刷和滩地微淤，河槽冲淤幅度在 −8～8m，最大冲深可达 −10m。各弯道段的

表 4.3　盐船套—螺山河段在未来 10 年中河道冲淤量的预测结果

河段	平滩河槽面积(万)/m²	5 年末冲淤量(万)/m³	10 年末冲淤量(万)/m³
荆江门河段	1824.34	−174.66	−255.23
熊家洲河段	1317.95	−236.32	107.61
七弓岭河段	1298.14	−198.57	−284.61
观音洲河段	1972.54	44.15	−289.49
城陵矶—道人矶	1939.80	149.37	−197.77
道人矶—螺山	3162.94	−99.99	−485.34
合计	11515.71	−516.02	−1404.83

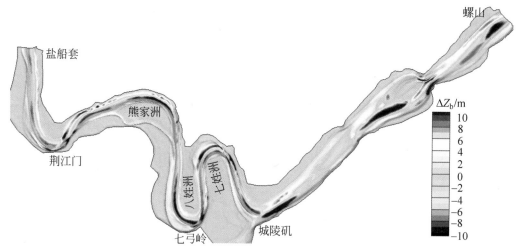

图 4.10　盐船套—城陵矶河段河床冲淤预测第 10 年末的冲淤厚度分布

河槽的冲淤变化分析如下。在荆江门弯道的河槽内，靠近凸岸发展出新深槽，凸岸下游回流区发生淤积，凹岸发生回流淤积，冲淤幅度为 −8～10m。熊家洲左汊为较规则弯道，河槽宽 750～850m 且沿程变化不大，经系列年水沙过程后，表现为主槽冲刷、两侧低滩淤积，冲淤幅度为 −10～10m。

实测资料表明，七弓岭弯道河槽在 2008—2011 年发生了切滩撇弯，靠近凸岸发育出宽 200～300m 的深槽，到 2013 年新槽展宽至 800～1000m 同时回淤 5m；2013—2016 年新槽冲淤变化不大，八姓洲洲头迎流侧发生冲刷。在动床预测第 10 年末，七弓岭弯道河槽靠近凸岸的深槽下切 8～10m，靠近凹岸的原深槽处于缓慢淤积之中。实测资料显示，七姓洲弯道入口段河槽在 2011—2013 年靠近凸岸有宽约 400m 的条带整体下切约 12m，深化了前期的切滩撇弯；在 2013—2016 年，七姓洲弯道入口段凸岸深槽以回淤为主。在动床预测第 10 年末，七姓洲弯道河槽在总体上处于冲刷状态，靠近凸岸的深槽冲深 5～8m；靠近凹岸的浅滩持续淤长，淤积厚度为 2～10m。城陵矶汇流段河槽冲淤规律较复杂，在动床预测第 10 年末，表现为主槽冲刷和两侧浅滩淤积，冲淤幅度为 −8～8m。

冲淤预测表明：河槽内将发育二级深槽(使用枯季流量下 6m 等水深线标识)，它将在第 10 年末贯穿整个河段，其宽度在盐船套—城陵矶段、城陵矶—螺山段分别约为 550m、850m(图 4.11)。下荆江河槽内形成二级深槽的可能原因为，①三峡工程调节径流、拦截泥沙，使得中等流量持续时间加长、漫滩水流大幅减少，挟沙不饱和的水流优先冲刷中低水河槽；②各弯道前期已发生或即将发生的切滩撇弯所开辟的局部深槽，为形成贯穿全河段的二级深槽奠定了基础；③深槽两侧浅滩缓流区的淤积，帮助约束中小流量水流归深槽，促进二级深槽的形成和发展。

下荆江冲淤演变趋势可归纳为，①冲淤主要发生平滩河槽范围，河槽在总体上呈冲刷状态，尤其是凸岸迎流侧水域发生冲刷及崩岸的风险较大，凸岸下游回流区浅滩将淤长；②切滩撇弯所形成的新深槽将继续冲刷发展，新深槽两侧浅滩淤长，位于凹岸的原深槽缓慢淤积；③中小流量水流被约束在深槽流路范围内，促进深槽冲刷发展及向上下游延伸，挟沙不饱和的水流将在河槽内冲出一条贯穿上下游的二级深槽，河道在总体上向窄深和多级河槽方向发展。

3. 盐船套—螺山河段易淤难冲的原因

在水库运用初期紧邻大坝下游的河道通常发生较强冲刷。早期预测[14]表明，下荆江藕池口—城陵矶河段在 2007—2012 年将冲刷 6.15 亿 t。实测数据表明，2007—2014 年，盐船套—螺山河段一直处于微淤状态，2015 年后才转为冲刷。本节动床预测表明，该河段在未来 10 年的累计冲刷量为 1404.83 万 t(在某些年份甚至发生淤积，图 4.9)。本节预测的河道冲刷规模(与实际情况接近)远低于早期预测结果，并与以往对水库下游河道冲淤规律的一般性认识相矛盾。

盐船套—螺山河段的易淤难冲现象与弯道水沙输移特征紧密相关，分析如下。伴随下荆江河槽近期发生的切滩撇弯、河槽窄深化等一系列河势演变，河段沿程形成了一系列的浅滩缓流区，包括各个弯道凸岸下游的回流区、急宽弯道(如七弓岭、七姓洲弯道)凹岸的回流区、宽弯道(如熊家洲弯道)两侧的浅滩区域等。来流的挟沙在这些浅滩缓流区大量淤积，淤沙数量有时能抵消或超过水流从河槽中

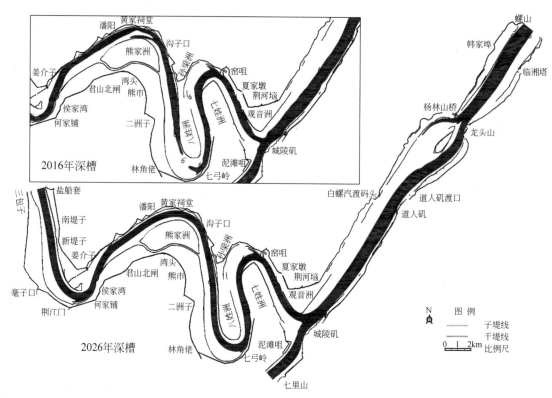

图 4.11　盐船套—螺山河段冲淤预测中河槽内发育的二级深槽(枯季 6m 等水深线)

冲走的泥沙的数量，使河段出口的输沙率常常只是略大于或小于来流的输沙率，从而促成了河道的易淤难冲。此外，河段总冲淤量很小并不意味着河床冲淤幅度不大。在本节动床预测中，盐船套—螺山河槽局部冲深可达 8～10m，同时浅滩缓流区的淤厚可达 5～10m，由于冲淤在很大程度上相互抵消，因而河段在宏观上呈现出总冲淤量不大的表象。

▶ 4.2.2　弯道整治工程的模拟研究

基于对弯道冲淤趋势的前置研究，可采取在河槽沿线进行护岸、修建涉水工程等措施，促进弯道向有利方向演变。弯道整治的一般原则为，在不影响防洪的前提下，守滩稳槽、稳定总体河势、调整不利的局部滩槽格局。下面以下荆江七弓岭及其下游弯道为例，介绍河湾整治的二维数值模拟研究方法。

1. 整治方案、工程建模及动床预测的开边界条件

方案一[15]建设内容为，①在八姓洲洲头布置 3 道宽 200m 的护滩带，长分别为 215m、255m、310m，工程高度为 1m；②在七姓洲凸岸布置 3 道宽 200m 的护滩带，长度分别为 210m、270m、300m，工程高度为 1m；③对弯道凸岸的高滩岸线进行护岸。该弯道整治方案工程建模的计算网格及效果见图 4.12（a）。

　　方案二[16]为，①在八姓洲洲头修建 3 道潜丁坝，分别长 123m、200m、277m，坝顶高程为设计低水位；②在七弓岭弯道河槽内凹岸低滩上修建一纵四横的梳齿型护滩带，纵向条带长 3234m（宽 180m），4 道齿带分别长 287m、292m、387m、270m（宽 140m），高度为 1m；③对弯道凸岸的高滩岸线进行护岸（图 4.12（b））。

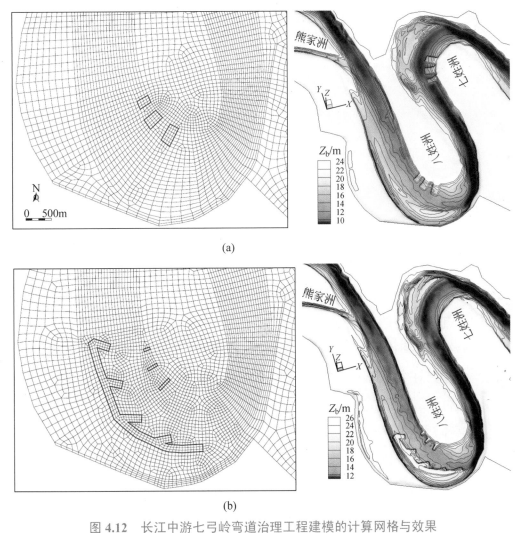

(a)

(b)

图 4.12　长江中游七弓岭弯道治理工程建模的计算网格与效果

（a）方案一，并排护滩带建模及其效果（工程附近网格尺度 50m）；（b）方案二，梳齿型护滩带建模及其效果（工程附近网格尺度 40m）

　　以方案一为例，采用 2016 年 10 月实测地形作为初始地形，开展盐船套—螺山河段系列年动床预测，阐明弯道整治工程的效果及其对河势的影响。

在考虑三峡及其上游向家坝、溪洛渡等控制性水库运用影响的前提下，使用长江上游水库群一维水沙数学模型开展计算，算出三峡水库的出库水沙过程；使用长江中下游江湖河网整体的一维模型开展计算，得到长江中下游目标断面的水沙过程，为盐船套—螺山河段二维模型提供边界条件。由一维模型提供的 2017—2032 年水沙过程可知，盐船套径流量为 64848.2 亿 m³，输沙量为 90467.2 万 t；洞庭湖出口径流量 42981.5 亿 m³，输沙量 29327.6 万 t。将泥沙按粒径由小到大分为细（0～0.031mm）、较细（0.031～0.125mm）、较粗（0.125～0.25mm）、粗（≥0.25mm）4 组。分析来沙组成可发现，长江干流的细、较细、较粗、粗 4 组来沙的质量分别为 30395.5 万 t、13388.8 万 t、31771.4 万 t、14911.4 万 t，洞庭湖 4 组来沙的质量分别为 25576.0 万 t、3170.8 万 t、341.7 万 t、239.1 万 t。

2. 整治工程的效果分析

图 4.13 给出了有、无工程条件下动床预测第 16 年末的冲淤厚度平面分布。在无工程时，计算区域冲淤幅度在 −10～10m，河床冲淤主要发生在河槽。在七弓岭急弯道宽河槽中，原切滩撇弯形成的深槽继续冲刷，下切幅度 8～10m；凹岸低滩持续淤高，河床抬升 2～10m；八姓洲洲头附近水域处于迎流冲刷状态。

在有工程时，七弓岭弯道河槽的冲淤特点的变化为，八姓洲洲头迎流侧近岸水域的冲刷受到抑制，护滩带及其上下游附近河床的冲刷幅度显著减小；水流被挑向凹岸，并使河槽的冲刷区向凹岸移动。冲淤厚度 0m 等值线（冲淤分界线）在 1#、2#、3#护滩带轴线上分别向凹岸移动了 110m、200m、220m。

由此可知，在急宽弯道凸岸洲头迎流侧近岸水域修建护滩工程，不仅可抑制凸岸的迎流冲刷，对稳定河势具有积极意义，还可挑开（使原本紧贴凸岸洲头的水流远离河岸）和约束水流，并使靠近凸岸的冲刷区向凹岸移动。此外，关于护滩带的作用需说明的是：①护滩带的工程高度一般最多 1～2m，它与潜丁坝等均属于低水整治建筑物，挑流作用有限；②在模型计算中通常假设护滩带永久不被破坏，而在现实漫长的河床演变过程中，护滩带经常会随着周围河床被淘刷而出现整体或局部损毁，因而工程的实际效果一般弱于模型研究所得到的效果。

3. 工程对附近河势的影响

在盐船套—城陵矶河段布置一组断面（CS1～CS30，见图 3.3），用于监测在动床预测中河道断面变形及分析各分河段的冲淤情况（重点关注河槽范围）。

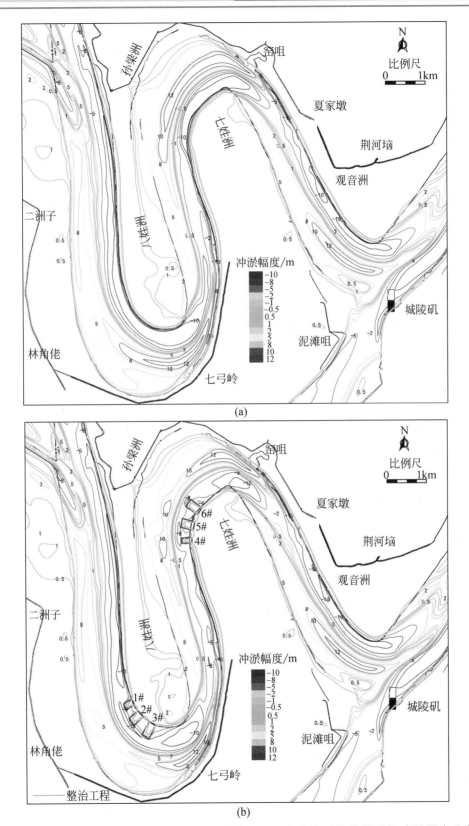

图 4.13 在有、无工程条件下熊家洲—城陵矶河段在水沙过程作用后的冲淤厚度分布

(a) 无工程；(b) 有工程

图 4.14 给出了在有、无工程条件下熊家洲—城陵矶(CS6～CS21)河段累积冲淤量随时间的变化。从年际变化看，冲淤量与长江来水来沙直接相关。例如，2020 年监利径流量为 4637.2 亿 m^3、输沙量为 15751.9 万 t，来沙量较大，当年河床就由之前的冲刷转为淤积；之后的 2021 年、2022 年均为大沙年，因而河床在 2020—2022 年表现为持续性淤积；2023 年后，随着来沙减少河段又转为冲刷，研究区域最终处于冲刷状态。CS6～CS21 河段在无、有工程时的冲刷量分别为 4066.37 万 m^3、4507.34 万 m^3，后者较前者多 10.8%。在工程所在的七弓岭弯道段(CS11～CS15)，在无、有工程时的冲刷量分别为 989.53 万 m^3、1390.22 万 m^3，后者较前者多 40.5%；在工程上游的熊家洲河段(CS6～CS11)，两种工况下的冲刷量分别为 784.53 万 m^3、753.44 万 m^3，二者相差 4.0%；在工程下游的观音洲河段(CS18～CS21)，两种工况下的冲刷量分别为 903.63 万 m^3、934.87 万 m^3，二者相差 3.5%。

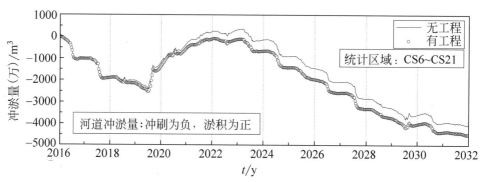

图 4.14　在有、无工程条件下熊家洲—城陵矶河段(CS6～CS21)冲淤量随时间的变化过程

在有、无工程条件下研究河段监测断面的过流面积(参考水位 30m)在系列年水沙过程作用后的变化见表 4.4。在无工程条件下，七弓岭弯道段监测断面的过流面积的变化率为 −15%～+15%，平均水深变化 −1.5～+1.5m。将监测断面的初始地形和在有、无工程条件下开展动床预测所得到的第 16 年末的地形进行套绘，如图 4.15 所示。由图可知，CS13、CS14 等紧邻工程的河道断面的冲淤变形受工程的影响较大，距离工程较远的上下游河道断面的冲淤变形受工程影响很小。受护滩带挑流与束流影响，八姓洲护滩带附近的主槽向凹岸偏移 50～200m(CS12、CS13)，且断面由无工程条件下的淤积状态转化为有工程条件下的冲刷状态。比较有、无工程条件下研究河段的冲淤量、冲淤分布、断面变形等可知，工程对河床冲淤的扰动主要集中在工程局部河段，对河道总体冲淤格局的影响不大。

表 4.4 在有、无工程条件下熊家洲—城陵矶河段在水沙过程后的断面面积变化

断面	河宽 B/m	初始	无工程		有工程	
		面积 A/m²	面积 A/m²	ΔA/%	面积 A/m²	ΔA/%
CS11	1848.6	19184.9	19031.6	−0.8	18992.2	−1.0
CS12	1624.9	19154.1	19021.5	−0.7	19848.6	3.6
CS13	2120.4	22963.1	21973.0	−4.3	24563.8	7.0
CS14	2991.3	15919.7	19025.3	19.5	18941.1	19.0
CS15	1574.1	15711.4	16385.0	4.3	16112.3	2.6

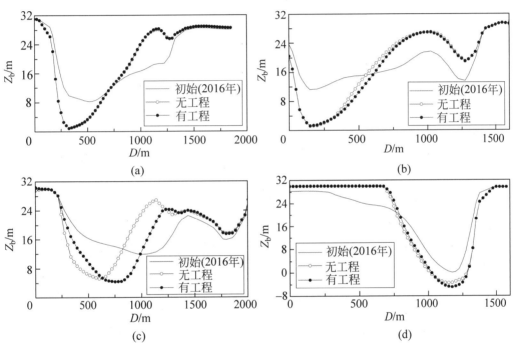

图 4.15 在有、无工程条件下熊家洲—城陵矶河段在水沙过程作用后的断面冲淤变形
(a) CS11; (b) CS12; (c) CS13; (d) CS15

4.3 分汊型河道的水沙运动规律与模拟

在简析分汊型河道水沙运动特点的基础上,介绍该类河道重点关注的水沙运动问题(洲滩运动、主支汊转换等)及其数值模拟研究方法。

▶ 4.3.1 分汊型河道水沙运动的特点

分汊型河道主要分布在流域中下游[1-2],其形成的主要原因为,泥沙在较宽阔

的河道中部落淤形成潜洲，逐步淤长为江心洲；弯曲型河道发生裁弯取直。分汊型河道可拥有一个或多个江心洲，后者将来流分成两股或多股，使河道在平面上呈现出多汊过流形态。此外，在分汊型河道的上游分流区和下游汇流区，还常常伴生有各种大小和形状不一的二级潜洲，使河势更加复杂。

以最常见的两汊河道为例，分析分汊型河道的水流特性。洲头分流点是随来流变化的，具有低水上提、高水下移特征，类似于弯道内顶冲点的"上提下挫"；在洲头分流区，支汊侧的水位总高于主汊侧(支汊因过流断面小具有滞流效应)，水位在横向上呈中间高两边低的马鞍形。在左、右两汊，流线的弯曲方向通常是相反的，与之对应的是旋转方向相反的横向环流。在洲尾汇流区，仍是支汊侧的水位高于主汊侧，使河道水面在横向上形成较明显的横比降。

分汊型河道河床演变具有如下特点。①洲体运动与洲滩分合。洲体运动的形式为，洲头在水流顶冲下蚀退，同时洲尾淤长，洲体缓慢向下游移动。江心洲在运动过程中，时常并入一些较小的小岛或潜洲而形成一个更大的江心洲；当有靠河岸的汊道衰亡时，江心洲将被并入河岸和转化为河漫滩。②汊道兴衰交替。有些汊道由于流路长、阻力大等原因易淤难冲，其分流比不断减小而最终衰亡，使分汊型河道转化为单一河道。在某些特殊的地质和地形条件下或急剧变化的水沙条件下，也可能出现原支汊由淤转冲并发展成主汊、同时原主汊由冲转淤并衰退为支汊的现象，即主支汊转换。③汊道崩岸。江心洲的存在使其两侧汊道通常具有弯曲的平面形态。弯曲汊道的河床演变也服从凹冲凸淤的规律。当河道一侧为广阔的河漫滩时，随着该侧河岸的崩退，还可能发展成鹅头型分汊河道。

分汊型河道介于单一河道和辫状河道之间，相对前者具有多汊过流特征，相对后者又具有相对稳定的汊道。分汊型河道水流虽然在局部区域(分、汇流区及弯曲段)三维水动力特性较显著，但总体常较宽浅且更接近浅水流动。出于聚焦宏观规律及简化研究手段的考虑，一般可采用二维模型开展分汊型河道研究。

▶ 4.3.2 河道中洲滩运动的模拟

以位于长江下游马鞍山河段(图4.16)的分汊型河道为例，通过数值试验[17]讨论二维水沙数学模型复演平原分汊型河道洲滩运动情景的能力。

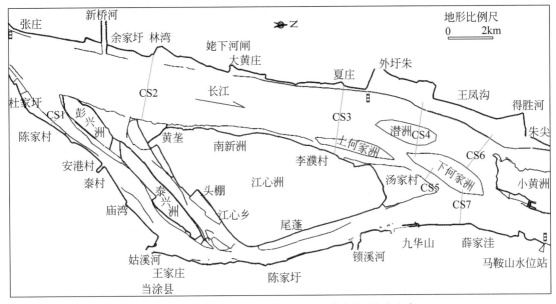

图 4.16 长江下游马鞍山河段河道内的洲滩分布

1. 河道概况与建模

马鞍山河段进口受东、西梁山节点控制(河宽 1.1km),出口受猫子山和斗山节点控制(河宽 2.2km),中部展宽段具有多级分汊特征(河宽可达 8.5km),自上而下有江心洲、小黄洲等,是一个两头窄、中间宽的顺直分汊型河道。江心洲左汊为主汊,外形顺直,河槽长 22km、宽 2km,在左汊下段存在上何家洲、下何家洲、潜洲等多个洲滩,由它们构造二级分汊河势。江心洲右汊外形弯曲,河槽长 24km、宽 0.6km,右汊入口左岸存在彭兴洲、泰兴洲等河床较高的洲滩。

马鞍山河段位于长江潮区界下游,河段内有马鞍山潮位站(其上游 186km、下游 32.5km 处分别有大通水文站、南京大胜关潮位站)。2010 年 8—9 月实测数据表明,江心洲右汊的分流比为 10.2%,小黄洲左汊的分流比为 25.3%。

综合考虑河势及水文站点分布,选取芜湖下沟(东西梁山上游 16.5km)至南京水位站长约 78km 的河段作为计算区域。采用四边形无结构网格(200m×60m)进行河道建模,在河槽等地形变化较急剧的区域适当加密网格。

水文部门于 2008 年在马鞍山河段开展了两次水文测验,分别为 2 月 19 日—24 日的枯季测验(流量 14200~14500m³/s)和 7 月 31 日—8 月 3 日的汛期测验(流量 36200~41100m³/s)。在两次水文测验中,自上而下布置了东梁山、太阳河口、马鞍山水位站、慈湖河口、南京水位站等水尺及若干测流断面,观测了河道沿程水面线、潮位过程、断面流速分布及各分汊型河段的汊道分流比。

首先，选用枯季落急、汛期落急时刻的实测水面线分别率定枯水河槽、平滩河槽的糙率。率定得到 n_m= 0.021～0.023。其次，分别采用实测的枯季、汛期潮位过程数据开展水流模型的验证计算。在此基础上，使用 2010 年 4 月、2012 年 5 月实测地形，通过模拟 2010 年 4 月—2012 年 5 月(共 730 天)的水沙过程来率定泥沙模型的水流挟沙力系数 K。率定得到 K=0.1～0.14。在使用此参数时，模型算出的河段整体冲淤量(冲刷)较实测值偏大仅 10.8%，且算出的分河段冲淤量、冲淤厚度分布等均与实测数据符合较好，满足冲淤验证计算的精度要求。

2. 河道冲刷数值试验水沙条件

可构建冲刷不利、淤积不利、常规等典型年组合水沙条件，开展河道演变模拟研究。大水年组合通常为冲刷不利组合，适用于研究冲刷问题；丰沙年组合通常为淤积不利组合，适用于研究淤积问题。此外，对于水库下游受水库影响的河道，在开展冲淤演变预测时一般应选用水库蓄水后的水文年。

长江下游 2004 年、2005 年、2010 年分别为小水、中水、大水典型年。这三年大通的年径流量分别为 7883.9 亿 m³、9011.0 亿 m³、10251.5 亿 m³，年输沙量分别为 1.47 亿 t、2.12 亿 t、1.82 亿 t。在三峡工程运用后的新水沙系列中暂缺少特大洪水年[*]，此时只能采用参照洪峰放大法、C-Q 下包线法等开展水文过程重构，以获得符合水库运用后大坝下游河道水沙特征的大水年水沙过程。另外，根据长江水文特性，一般连续 2 年发生大洪水是可能的。这里选用考虑减沙重构的 1954 年和百年一遇洪水典型年来共同构建冲刷不利组合，作为动床预测的水沙条件。

以大通水文站 1998 年水文过程为原型，推求长江下游的百年一遇流量过程。①将大通百年一遇洪峰流量(91200m³/s)、1998 年洪峰流量(81200m³/s)相除，得到流量放大系数 1.123。②将大通 1998 年多年平均流量之上的时段(或汛期)的流量过程乘以流量放大系数，同时令年内其他时段的流量保持不变。

将三峡水库运用前(1990—2003 年)和运用后(2004—2011 年)的大通 C-Q 数据点绘在同一图上，拟合得到 C-Q 散点的下包线(用它反映上游水库拦沙的影响)：

$$C = 5.3726310^{-11}Q^2 - 1.5788\times10^{-7}Q + 0.02062 \tag{4.1}$$

大通水文断面 1954 年、百年一遇洪水典型年的径流量分别为 13593.5 亿 m³、13839.5 亿 m³(1998 年放大后)，输沙量分别为 4.60 亿 t、3.99 亿 t(1998 年实测)。

---

[*] 本节内容源于 2012 年马鞍山河道整治工程研究，当时收集到的水沙资料截至 2011 年。

根据逐日流量，采用式 (4.1) 分别算出减沙后各年份的逐日含沙量。统计逐日水沙数据，可得 1954 年、百年一遇洪水典型年在减沙后的年输沙量剩余比例分别为 0.493、0.566。按照年输沙量剩余比例，分别对两个典型年原始的逐日含沙量过程进行同比缩小，得到减沙重构后各典型年的逐日含沙量过程。

3. 潜洲运动的模拟及分析

在 2012 年 5 月的实测地形上，分别使用常规水沙组合 (2004 年 + 2005 年 + 2010 年)、冲刷不利组合 (1954 年减沙重构 + 百年一遇减沙重构) 开展马鞍山河段水沙过程及河床冲淤计算。

将东西梁山—猫子山长约 36 km 的河道按纵向里程均匀分为 8 段，分别统计冲淤量、冲淤厚度 (表 4.5)。在常规组合条件下，河段处于微冲微淤状态，共计淤积 124.7 万 m^3，河槽平均淤厚 1.46cm。在冲刷不利组合条件下，河段处于显著的冲刷状态，共计冲刷 6313.8 万 m^3，河槽平均刷深 74.09cm。

表 4.5　长江下游马鞍山河段在两种水沙条件下冲淤量计算结果的分河段统计

河道分段	分段面积(万)/m^2	常规来水来沙条件		冲刷不利条件	
		冲淤量(万)/m^3	冲淤厚度/cm	冲淤量(万)/m^3	冲淤厚度/cm
东梁山—安港村	1233.5	7.9	0.64	−1629.3	−132.09
安港村—姑溪河	848.7	−204.9	−24.14	−918.4	−108.21
姑溪河—陈家圩	981.8	−6.3	−0.64	−758.7	−77.28
陈家圩—锁溪河	1184	−61.0	−5.15	−787.6	−66.52
锁溪河—王凤沟	1319.2	2.7	0.20	−789.3	−59.83
王凤沟—朱尖	764.8	−111.3	−14.55	−247.1	−32.31
朱尖—海事局	766.6	139.0	18.13	−671.8	−87.63
海事局—猫子山	1422.8	358.6	25.20	−511.6	−35.96
合计	8521.4	124.7	1.46	−6313.8	−74.09

由预测的冲淤厚度平面分布可知，在常规组合条件下，河道内河势基本没有变化。第 3 年年末 (图 4.17)，江心洲左汊内的潜洲仅在头部发生微幅冲刷，潜洲的中下段还发生了 1~3m 的淤积 (自上而下逐渐增加)，洲体缓慢淤长。相比之下，在冲刷不利组合条件下潜洲将显著下移和削低。经第 1 个大水年作用后，潜洲头

与上半洲体被削平(图 4.18(a))。在第 2 个大水年末(图 4.18(b)),潜洲完成了自上而下的整体移动和高程降低。此时,潜洲头最大冲深达 6m,冲幅从洲头向洲尾逐渐减小(6m→1m);紧邻潜洲下游的下何家洲下段左缘,发生了大幅的淤积,即潜洲及其上游河床冲起的泥沙搬运到此处时由于流速放缓而发生落淤。

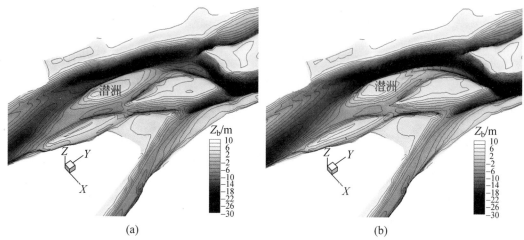

图 4.17　长江马鞍山河段在常规水沙组合条件下的洲滩演变
(a)初始洲滩分布与地形形态;　(b)常规来水来沙条件,第 3 年年末地形

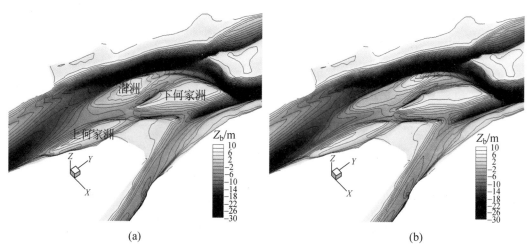

图 4.18　长江马鞍山河段在冲刷不利水沙组合条件下的洲滩演变
(a)冲刷不利条件,第 1 年年末地形;　(b)冲刷不利条件,第 2 年年末地形

在经历冲刷不利组合作用后,潜洲轮廓线(0m 和 5m 等高程线)及附近深泓的变化如下。①洲头的 0m、5m 等高线分别后退 540m、2300m。潜洲 0m 等高线所圈围的面积由现状的 222.3 万 m^2 减小到 162.6 万 m^2,减小 26.8%;5m 等高线所圈围的面积由现状的 51.4 万 m^2 减小到 17.9 万 m^2,减小 65.2%。②潜洲左汊河槽

的深泓发生了右摆和下挫：深泓线在潜洲头附近右摆和下挫的幅度分别为 610m
和 1800m，在潜洲左汊中段摆幅在 40m 以内，在潜洲洲尾变化不大。

　　比较常规组合、冲刷不利组合条件下的二维水沙数学模型计算结果可知，大
流量过程的造床作用是引起分汊型河道重大河势调整的主因。

▶ 4.3.3　主支汊道转换的模拟

　　选用钱塘江南岸陶家路挡潮闸下游的分汊型潮沟为例，通过数值试验[18-19]讨
论三维水沙数学模型复演分汊型河道主支汊转换过程的能力。

1. 挡潮闸下游潮沟的现场冲刷试验

　　陶家路闸（图 4.19）下游潮沟长约 2km，河槽宽 65～150m，其两侧为高滩。潮
沟床沙 d_{50}=0.028mm（粉砂）。管理部门每 15～20 天开闸放水一次冲刷潮沟，以防
止闸被海域来沙淤塞。浙江河口所[20]于 2002 年 4—6 月进行了闸下潮沟现场冲刷
试验（图 4.20），以探明人造洪水对入海河口挡潮闸下游潮沟的冲刷作用。

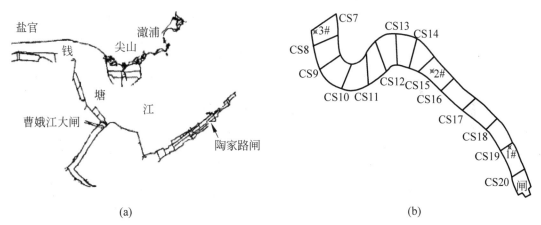

图 4.19　钱塘江河口南岸陶家路闸现场试验的测站与断面布置
(a)陶家路闸的地理位置；(b)地形测量的断面布设

　　现场冲淤试验包括 4 场，分别是 5 月 30 上午和下午、5 月 31 上午、6 月 1 上
午，放水总历时 10.7h。开闸形成的场次洪水流量变幅在 40～52.5m³/s，所对应的
潮沟出口潮位变化范围为 −1～+2m。为了便于深入分析潮沟冲刷过程，在现场试
验中开展了全面的数据观测，主要包括放水冲刷前、后的潮沟地形；试验期间闸
下潮沟沿程的水位及关键位置流速随时间的变化过程。图 4.19(b)给出了施测断
面(CS7～CS20)和水位测站(1#～3#，3#为最下游测站)的位置。

由试验前实测地形(图 4.20(a))可知,本例潮沟具有弯曲分汊特征:CS7～CS16 为一个连续弯道;在 CS11～CS14 之间存在一个狭长的心滩,它将潮沟分为两汊。左汊为主汊(较宽),床面高程在 0.6～0.8m;右汊为支汊,床面高程在 0.9～1.0m,过流能力相对较小。由现场试验后的实测地形可知(图 4.20(b)),放水冲刷的结果为,①潮沟河床受到了显著冲刷,冲深在 2～3m;②触发了 CS11～CS14 之间弯曲分汊河道的主次汊道转换,使右汊成为主汊。

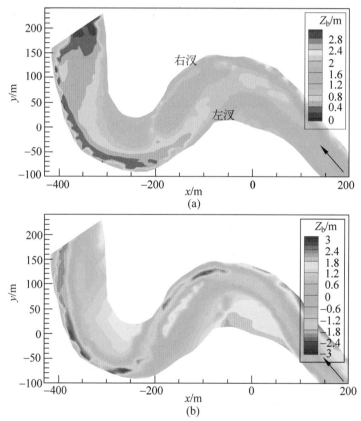

图 4.20 钱塘江陶家路闸现场试验前后分汊型河道(潮沟)的地形
(a)现场冲刷试验前的地形平面分布; (b)现场冲刷试验后的地形平面分布

2. 分汊型潮沟演变的模拟

选取水闸至 3#水位站之间的潮沟(CS7～CS20)作为计算区域,建立三维数学模型。在水平方向上采用尺度为 4m 的四边形无结构网格,在垂向上采用 10 个 σ 分层。三维水动力模型采用静压计算模式以加快模型的求解速度,Δt=5s。垂向涡黏性系数取 $0.2 \times 10^{-3}\text{m}^2/\text{s}$,$k_s$=0.075mm。泥沙输运模型采用均匀沙计算模式,代表粒径取 0.028mm,恢复饱和系数 $\alpha_{冲}$=1.0、$\alpha_{淤}$=0.25。

使用实测的流量和水位过程设定开边界开展模型计算。各场次洪水作用后的地形模拟结果见图 4.21。图 4.22 套绘了模型算出的河道断面与实测断面。第 1 场洪水后(图 4.21(a)和(b)),左汊冲刷 0.6m,右汊下切 1.0～1.2m 并形成窄深河槽。此时,左汊已变得比右汊宽浅(左汊河床较右汊高出约 0.3m),右汊分流已逐渐占

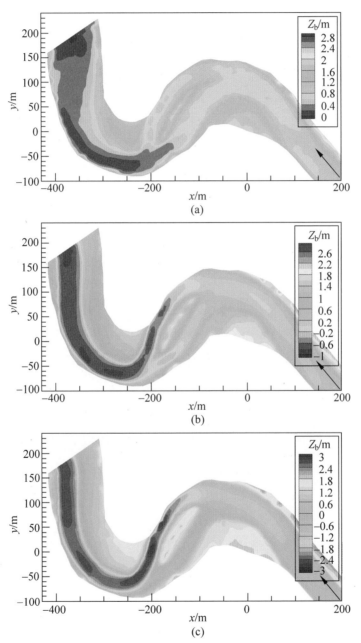

图 4.21　模型算出的钱塘江河口陶家路闸下潮沟在不同时刻的地形
(a)5 月 30 日上午开闸放水 1h 后的潮沟平面形态;　(b)5 月 30 日上午场次洪水后的潮沟平面形态;
(c)最终的潮沟平面形态

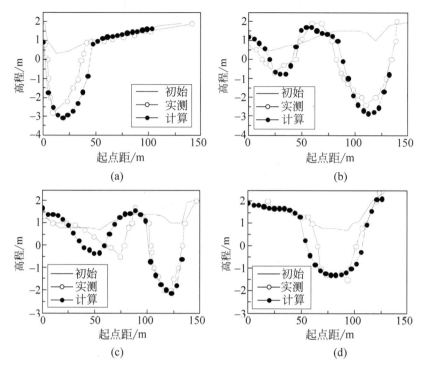

图 4.22　模型算出的钱塘江河口陶家路闸下潮沟的断面地形形态
(a) CS10；　(b) CS11；　(c) CS12；　(d) CS14

据优势。第 2 场放水历时较短且出口受下游高潮位顶托，因而潮沟受到的冲刷并不明显，两个汊道的河床高差未进一步扩大。在第 3、4 个场次洪水中，右汊进一步刷深，同时左汊发生淤积，最终完成了主支汊互换 (图 4.21 (c))。

主支汊转换机理分析。①人造洪水往往水量较集中、流速 (惯性) 较大，这使得水流在第一个弯道入口附近向凹岸 (右汊) 聚集，引起右汊水流增强 (左汊减弱)。②横向环流对两汊冲淤也产生影响。左汊入口位于第一个弯道的凸岸，顺时针的横向环流使含沙量较大的底流流向左汊，使左汊水流含沙量较高从而抑制左汊入口及其下游河床冲刷。弯道上游河段冲起的泥沙在向下输运时，大量到达左汊入口并进入左汊下游，最终导致左汊冲幅较小、沦为支汊。

由此可知，高维水沙数学模型具备模拟分汊型河道洲滩运动、主次汊转换等典型河势演变的能力，模型算出的河道形态与实测数据符合较好。

4.4　分汊型河道整治的模拟研究

分汊型河道的汊道常常处于变动之中，这给区域防洪、取水、航运等带来不利影响。分汊型河道整治的一般思路为，促进形成较稳定的双汊河道，使汊道分流比能够满足各汊对流量的功能性需求。以长江下游河道为例，介绍使用数学模型研究分汊型河道分流比调节、洲滩守护等常见整治工程的方法。

▶ 4.4.1　汊道分流比的工程调节

常使用疏浚、丁坝、潜锁坝等来调节汊道的分流比。建在洲头的丁坝可借助自身的挑流作用调节洲体两侧汊道的分流比。汊道疏浚可增加该汊道的分流比，同时减小与之并行的汊道的分流比。潜锁坝的作用与疏浚相反。下文以长江下游安庆河段为例[21]，介绍汊道分流比工程调节的二维数值模拟研究方法。

1. 分汊型河道及工程建模

安庆江心洲河段具有江心洲、潜洲等洲滩。江心洲因围圈建有大堤而不过流，其左侧堤外已并岸的鹅眉洲高程为 13～15m；潜洲高程为 10～12m。为了控制或减小中汊（潜洲右汊）的分流比并遏制该汊的发展，拟定了 3 种工程方案：①在潜洲头部修建导流丁坝；②在潜洲左汊实施疏浚；③在潜洲右汊修建潜锁坝。

选取安庆水位站～宁安铁路桥长 25.3km 的河段作为计算区域。采用滩槽优化的无结构网格剖分计算区域，顺、垂直水流方向网格尺度分别为 200m、30～100m。在工程附近采用尺度为 20～50m 的网格进行局部加密，并开展工程建模。分流比调节工程建模的计算网格与效果如图 4.23 所示（2011 年 10 月实测地形）。

长江安庆河段防洪设计、平滩、多年平均、枯季流量 4 级典型水流条件的流量分别为 83500m³/s、45000m³/s、28700m³/s、14000m³/s，与之对应的模型出口水位分别为 16.77m、12.21m、8.87m、5.35m（黄海）。由无工程条件下的二维水流计算可知，在 4 级水流条件下潜洲右汊中段的水位分别为 17.45m、12.45m、9.05m、5.42m，流速分别为 1.5～1.55m/s、1.1～1.2m/s、0.9～1.0m/s、0.5～0.6m/s。这些信息为工程设计提供了基础参考数据。

2. 分流比工程调节的效果

在无工程和有工程（导流坝、疏浚、潜锁坝）条件下分别开展二维水流模型计算，比较有、无工程条件下汊道分流比的变化，阐明工程的调节效果。

（1）导流坝的调节效果。修建在潜洲头的导流坝，坝顶高程由坝头的 6m 逐步增加到坝根的 10m，属低水整治建筑物，其平面布置见图 4.23。工程后，原先

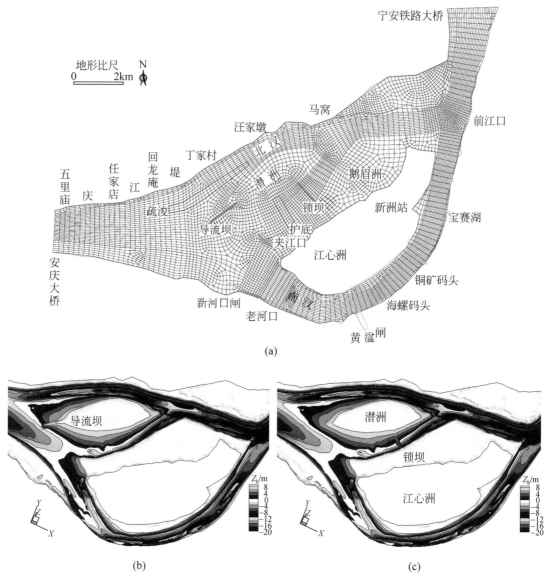

图 4.23　长江下游安庆分汊型河道分流比调节工程建模的计算网格与效果

(a)分流比调节工程附近的计算网格；(b)导流坝方案建模；(c)锁坝方案建模

从潜洲右汊、江心洲右汊通过的部分水流被挑向潜洲左汊，从而减小潜洲右汊的分流比。工程后潜洲和江心洲各汊分流比的变化见表 4.6。在多年平均及以上流量下，导流坝大部分被淹没、挑流作用微弱，这使得类似于导流坝的低水整治建筑物仅在小流量条件下才能发挥较显著的作用。在枯季流量下，工程后潜洲左汊分流比增加 0.84%，同时潜洲右汊分流比减小 0.38%。因而，在洲滩头部修建低矮的导流或挑流丁坝，对调节汊道分流比的作用通常并不显著。

表 4.6　长江安庆河段潜洲洲头导流坝修建后各汉道分流比的变化(%)

计算水流条件	潜洲左汉分流比		潜洲右汉分流比		江心洲右汉分流比	
	工程前	工程后变化	工程前	工程后变化	工程前	工程后变化
防洪设计洪水	33.75	0.07	38.25	−0.05	28.00	−0.02
平滩流量	44.71	0.08	28.18	−0.06	27.10	−0.02
多年平均流量	49.69	0.28	22.58	−0.22	27.74	−0.06
枯季流量	60.00	0.84	19.65	−0.38	20.35	−0.46

(2)疏浚的调节效果。所设计的潜洲左汉疏浚深度为 2m，平面范围见图 4.23。疏浚引导原先从潜洲右汉、江心洲右汉通过的部分水流改走潜洲左汉，使潜洲左汉分流比增加。工程后潜洲、江心洲各汉分流比的变化见表 4.7。在平滩流量条件下，潜洲左汉分流比增加了 1.23%，同时潜洲右汉分流比减小了 0.73%。在多年平均及以下流量条件下，疏浚的作用更显著。例如在枯季流量水流条件下，潜洲左汉分流比的增量可达 3.38%，与之对应的潜洲右汉分流比减小了 1.46%。

(3)潜锁坝的调节效果。横跨潜洲右汉的潜锁坝包括 0m、3m 坝顶高程两种方案，平面布置见图 4.23。工程后原先从潜洲右汉通过的部分水流改走其他与之并行的汉道。工程后潜洲、江心洲各汉分流比的变化见表 4.8。潜锁坝高程远低于多年平均流量所对应的水位，为低水整治建筑物，因而只在小流量低水位条件下才能发挥较显著的作用。以 0m 潜锁坝为例，在平滩流量下，潜洲右汉分流比减小了 0.85%；在枯季流量下，潜洲右汉分流比减小了 3.06%。

相比于导流或挑流丁坝，疏浚、潜锁坝等对汉道分流比的影响是直接的，能有效调节汉道的分流比。因而，分汉型河道整治一般不推荐使用丁坝。

表 4.7　长江安庆河段潜洲左汉疏浚后各个汉道分流比的变化(%)

计算水流条件	潜洲左汉		潜洲右汉		江心洲右汉	
	工程前	工程后变化	工程前	工程后变化	工程前	工程后变化
防洪设计洪水	33.75	0.30	38.25	−0.24	28.00	−0.06
平滩流量	44.71	1.23	28.18	−0.73	27.10	−0.50
多年平均流量	49.69	2.19	22.58	−1.13	27.74	−1.05
枯季流量	60	3.38	19.65	−1.46	20.35	−1.93

表 4.8　长江安庆河段潜洲右汊潜锁坝修建后各个汊道分流比的变化(%)

计算水流条件	潜洲左汊		潜洲右汊		江心洲右汊	
	0m 潜锁坝	3m 潜锁坝	0m 潜锁坝	3m 潜锁坝	0m 潜锁坝	3m 潜锁坝
防洪设计洪水	0.13	0.16	−0.15	−0.18	0.02	0.02
平滩流量	0.70	0.95	−0.85	−1.15	0.15	0.20
多年平均流量	1.13	1.59	−1.56	−2.19	0.43	0.60
枯季流量	2.23	3.96	−3.06	−5.44	0.83	1.48

▶ 4.4.2　江心洲滩的工程守护

常通过守护洲头、封堵弱势汊道等工程措施来稳定分汊性河道中可能运动的洲滩。洲头守护可直接对抗迎流顶冲、阻止洲头被侵退；弱势汊道封堵可防止洲体从侧边被侵蚀，并促进洲滩合并以形成大且稳定的河势单元。这里以长江下游的马鞍山河段为例[17]，介绍洲滩工程守护的数值模拟研究方法。

1. 洲滩稳固工程的设计与建模

由 4.3.2 节可知，马鞍山河段江心洲左汊潜洲在大洪水作用下将发生运动并引起河势变动。针对潜在的河势失稳，拟定的工程应对方案为，在潜洲头修建守护工程，平面布置见图 4.24；在潜洲右汊(潜洲与下何家洲之间)修建顶高程为 5m 的锁坝，对汊道进行部分封堵；在小黄洲左汊进口段修建护底(这里暂不考虑)。在工程附近采用尺度为 20～50m 的计算网格进行局部加密，开展涉水工程建模。洲头守护采用抛石和衬砌，由于工程所引起的高程增量较小，可以忽略它们引起的河床变形；对于锁坝，根据设计高程直接修改相应网格节点高程，以反映工程实体。同时，设置洲头守护、锁坝工程区域内的河床(网格单元)具有不可冲刷属性。洲头守护、堵汊锁坝及其附近的网格与工程建模效果见图 4.24。

2. 洲滩守护工程的整治效果

使用冲刷不利组合水沙条件(见 4.3.2 节)开展有工程条件下的河道冲淤二维模型预测。图 4.25 比较了在有、无工程条件下水沙过程作用后的河道地形。如前所述，若无工程保护，在大洪水作用下潜洲将发生下移和萎缩。在修建工程后，潜洲头守护工程可有效抑制迎流顶冲，防止洲头被破坏及洲体蚀退；潜洲与下何家

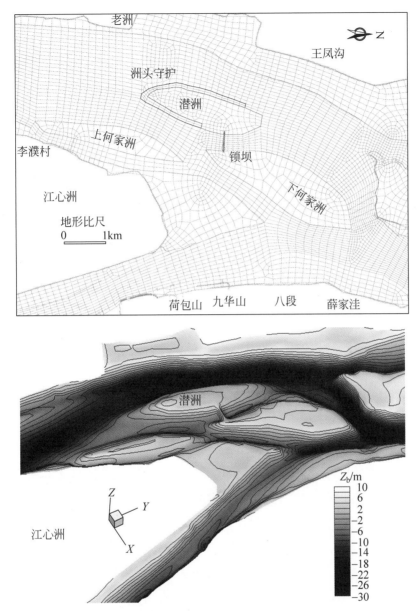

图 4.24 长江下游马鞍山河段潜洲守护及堵汊锁坝附近的网格与工程建模效果

洲之间的锁坝可起到促淤作用，防止潜洲从侧向被侵蚀。在有工程保护时，水沙过程作用后，潜洲的平面形态和位置均未发生明显变化且洲体淤高 1~2m，潜洲下游、下何家洲左缘发生了 1~5m 的淤积。潜洲 0m 等高线所圈围的面积由现状的 222.3 万 m² 变化到 226.6 万 m²，增大了 1.9%；5m 等高线所圈围的面积由现状的 51.4 万 m² 变化到 107.2 万 m²，增大了 108.5%。潜洲左汊上中下各段的深泓线变化甚微，未观察到明显的左右摆动或上提下挫。由此可见，拟定的工程整治方案可有效守护当前分汊型河道中的可动洲滩并保证河势稳定。

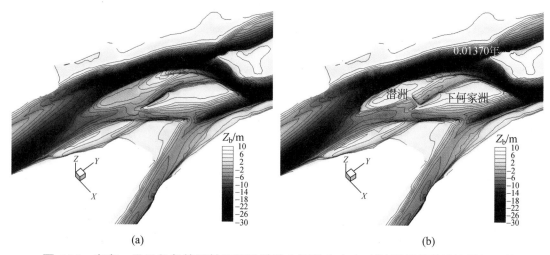

图 4.25 在有、无工程条件下长江下游马鞍山河段在大水冲刷后潜洲附近的局部河势
(a) 无工程，第 2 年末地形；(b) 有工程，第 2 年末地形

3. 整治工程对附近河道冲淤的影响

可通过比较有、无工程条件下河段的冲淤量、冲淤厚度平面分布、断面形态等，定量评估工程对附近河道冲淤的影响。由东西梁山—猫子山河段冲淤量随时间的变化过程可知（图略），有、无工程时河段累积冲淤量的变化过程几乎相同。有工程时该河段在第 2 年末的冲刷量为 6295.9 万 m^3，较无工程时减少了 0.28%。在工程所在河段（陈家圩—朱尖，见图 4.16），有工程相对于无工程，河段冲刷量由 1823.96 万 m^3 减小到 1538.72 万 m^3，减小了 15.6%。由此可见，工程对河道冲淤量的影响主要集中在工程所在的局部河段，对距离较远的上下游河道影响很小。同时，工程对距离较远的上下游河道的冲淤平面分布的影响也很小（图略）。

选取河道监测断面（图 4.16），分析在有、无工程条件下断面水力要素（参考水位 10.05m）在水沙过程作用后的差异，其中部分断面形态的比较见图 4.26。

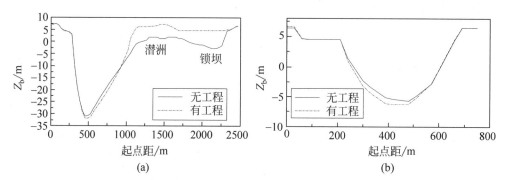

图 4.26 在有、无工程条件下长江下游马鞍山河段在水沙过程作用后潜洲附近的断面形态
(a) CS4；(b) CS5

CS4 与锁坝轴线共线，横跨潜洲及其左右汊。在有工程时，CS4 的潜洲左汊部分的冲刷得到增强(面积增量较大)；同时，锁坝自身占用的断面面积及洲头守护所促进的洲体淤积，使 CS4 面积减小。在水沙过程作用后，CS4 的平均水深在有工程时较无工程时小 4.2m。工程在促进潜洲左汊冲刷的同时，也加强了下何家洲—江心洲中汊 CS5 的冲刷。CS5 的平均水深在有工程时较无工程时大 0.27m。此外，工程使下何家洲左、右汊冲刷均微幅减弱，CS6、CS7 的平均水深在有工程时较无工程时分别减小 0.24m、0.06m。总体上，工程对河道断面冲淤的影响主要集中在工程附近的 CS4～CS6，对距离较远的上下游断面影响甚微。

4.5　辫状河道的模拟与整治

在各种类型河道中，辫状河道的水流、河势及其冲淤演变最为复杂，其数值模拟难度也最大。尤其是，辫状河道的高维水沙数值模拟技术还不成熟，相关工程计算也鲜有文献报道。本节在简析辫状河道水沙运动特点的基础上，仅限于讨论真实辫状河道水流的高维精细模拟方法及工程应用[22]。

▶ 4.5.1　辫状河道水沙运动与模拟概述

1. 辫状河道冲淤演变的特点

辫状河道广泛分布在流域中下游、三角洲等区域，如黄河下游、汉江中游、雅鲁藏布江中游、永定河下游等，在塔里木河上游也有分布。辫状河道具有宽浅多汊(交织如辫)的河床特征及交错散乱的水流形态，与之对应，河床冲淤演变具有河槽摆动不定、河势变化迅速等特点，也被称为游荡型河道。

辫状河道的形成原因[1-2]主要包括如下 4 个方面。①宽浅的河道可为沙洲与河槽运动提供广阔的横向空间。②河道来沙量大，泥沙沉积所形成的单向抬升的、由松散物质组成的河床，为快速剧烈的河势演变提供了易动的下垫面。③河道纵比降大(流速大)，为沙洲与河槽运动提供了动力。辫状河道纵比降通常大于弯曲型河道，例如黄河游荡型河段为 0.15‰～0.4‰，而同尺度弯曲型河段在 0.1‰以下。④特殊水文过程，例如猛涨猛落的洪水容易拉滩淤槽，同流量下含沙量大幅变化易造成河床发生频繁的冲淤转换。上述原因使得辫状河道内沙洲消长与河槽摆动，造成河势变化频繁、主流摇摆不定的游荡状态。

与弯曲河道相比，辫状河道在平面上的弯曲程度一般较小，例如黄河高村以上河段弯曲系数仅 1.05。虽然辫状河道与分汊型河道同样具有多汊的平面形态，但前者河道内沙洲的数量远大于后者且滩槽高差较小（时常在 2m 左右）。由于高频的洲滩运动和汊道迁徙，辫状河道远不如分汊型河道稳定。辫状河道的河势演变具有季节性变化特征，汛期的冲淤强度和主流摆动幅度均远大于非汛期。例如黄河下游某些河段，在汛期昼夜之间主槽就能横向摆动数千米之多。

辫状河道的河床演变形式。①在深槽与串沟交错的河道中，挟沙水流在流经深槽时发生泥沙落淤导致深槽河床和水位逐渐抬升，使原来从深槽穿行的水流逐步被分配到周围的串沟。随着时间推移，原深槽被淤塞消亡，同时串沟发展为新的深槽，从而完成强槽弱沟的转化或移位。②当发生漫滩洪水时，水流切割滩面形成新的串沟或汊道，进而构建出新河势。③河道内星罗密布的沙洲在洪水作用下较缓慢地移动和消长，从而引起河势变动。

2. 辫状河道的治理与数值模拟

辫状河道流态复杂、河势多变，常冲毁两岸大堤、严重威胁沿岸城镇的人民生命财产并制约区域经济发展。一般期盼将辫状河道整治成较窄深稳定的河道，以满足防洪、取水、航运等的要求。除水土保持和建库外，河床整治是治理辫状河道的主要措施，其指导思想是控制河势以减弱河道的游荡程度[2]。控制河势主要包括两方面措施：①护岸护滩，可直接保护岸滩尤其是险工险段免受冲刷，从而达到控制河势、引导主流的目的，也被称为控导工程；②堤防，是实施河道约束整治（限制滩槽横向摆动、使河道向窄深化方向发展）的主要途径。

一般选用二维模型模拟辫状河道。精准描述和模拟辫状河道多汊、散乱、交织如辫的水流形态已属不易，模拟其河床演变则更加困难。前人曾经在常规二维模型中插入崩岸计算模块，使模型具备计算河道横向变形的能力，进而模拟理想条件下或水槽均匀河床条件下辫状河道的形成与演变[23-29]。在这些研究中，模拟结果通常对模型参数（例如网格尺度、时间步长、涡黏性系数等）十分敏感，参数的微小变化常可导致辫状河道冲淤演变的模拟结果面目全非。这使得辫状河道二维水沙数学模型在结果可靠性方面有待大幅提升，其作为一种工程计算工具远未发展成熟。因此，在实际工程中，研究辫状河道冲淤演变仍建议采用实体模型方法，同时本书也仅限于讨论辫状河道的水流的二维模拟方法。

3. 辫状河道水流二维精细模拟的困难与解决思路

辫状河道精细建模的困难。①天然辫状河道宽度通常可达数千米，而其中许多沟槽宽度常常只有 50m 或更小。河宽大意味着模拟的区域大，准确描述洲滩、狭窄沟槽分布等又要求使用小尺度网格，因而兼顾考虑辫状河道全域覆盖与河势精准刻画十分困难。若使用普通尺度均匀二维网格，因辫状河道流路复杂且沟槽尺度很小，可能出现单个单元跨过整条沟槽(使流路被忽略)、网格边穿过沟槽的水岸交界线(使网格描述的水域边界呈锯齿状)等情况。若全域使用小尺度网格，将产生巨大的单元数量，同时可能对计算时间步长产生限制。②宽河道的常规实测地形图比例尺多在 1:10000 左右(测点间距在 50m 以上)，这意味着辫状河道在其很多沟槽的横向上常常只存在单个或没有地形测点，地形分辨率难以支撑二维网格地形的准确插值。即便二维网格已平顺贴合沟槽，若采用常规的地形插值方法，位于水岸交界线附近的水域和陆域网格点的实得高程就可能分别被抬高和拉低，形成锯齿状沟槽水域边界。这两方面建模问题将对辫状河道水流模拟造成致命影响，可借助分区剖分网格及分组插值地形来解决。

具体而言，可首先在地形图上勾画辫状河道内的滩槽轮廓，再进行网格分区剖分，该方法的优点是可使二维网格平顺贴合沟槽的水岸边界、准确反映复杂流路与河势。三角形无结构网格(相对四边形网格)具有更强的适应能力，是用于剖分辫状河道的推荐网格类型。同时，选定辫状河道沟槽区域网格尺度的标准是，保证主要沟槽在横向上具有至少 2~3 个单元。其次，借助地形图中的等高线构建更精细的散点地形，在此基础上采用水下和水上网格点分开的方式插值网格地形。对于水域网格点，使用水下地形散点进行插值；对于陆域网格点，使用水上地形进行插值。这样即可保证插值得到的网格地形能形成平顺的水岸边界。

辫状河道水流模拟需克服如下困难。①辫状河道缓急流交替出现、水流散乱等特征将增加模型计算失稳的风险，这给模型数值解法提出了高要求。②在流路复杂、流态多变的背景下辫状河道中干湿状态转换十分频繁，对模型处理干湿动边界的能力也提出了苛刻要求。本书水动力模型所采用的 θ 半隐方法、ELM 等适用于模拟各种缓、急流流态且允许使用 CFL≫1 的大时间步长，它们在模拟辫状河道水流上具有优势。同时，2.2.2 节的记忆补偿法可较好地处理复杂河道水流的干湿动边界问题。本节将系统介绍辫状河道流场的二维精细模拟流程。

▶ **4.5.2 辫状河道流场的精细模拟方法**

以雅鲁藏布江一级支流尼洋河为例[21]，介绍辫状河道水流的二维精细模拟方法。尼洋河全长 286km，平均坡降 7.27‰，多年平均水资源量 170 亿 m³，在雅鲁藏布江五大支流中水量居第二位。尼洋河八一镇至河口长 32km（图 4.27），落差 80m，平均坡降 2.5‰。河道地势低平、河谷宽大，平均河宽约 2.4km，最大河宽 4.2km。河床是由漂石、卵石夹砂堆积而成的推移质河床，在平面上呈辫状形态。河段内洲滩错落无序，中小流量下出露的沙洲（心滩）达 130 多个，水流最终分成 5～6 股汇入雅鲁藏布江。选取尼洋河八一镇至入汇口长 32km 及雅鲁藏布江长约 6km 的河段（面积 90.2km²）作为模型计算区域。

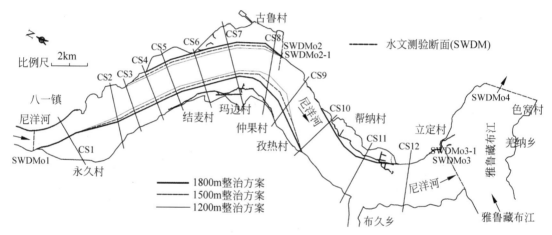

图 4.27 雅鲁藏布江支流尼洋河河口的水文测验布置与束窄工程整治方案

1. 辫状河道的二维精细建模

实测地形图（1:10000）中的水边线及滩缘线，将辫状河道分为 3 类区域（图 4.28）：①边滩，河道左右内侧边滩的滩缘线与河道外边界之间的区域（包括边滩、高地等），它们高程较大、在中小流量下不过流，使用 –1 标识；②河道内的沙洲，它们只在流量较大时被淹没，将它们使用不重复的数字进行标识，如 1，2，3，…，N（N 为沙洲总数）；③界于边滩与沙洲之间的沟槽流道，使用 0 标识。

制作计算网格。首先，按照设定的网格尺度（这里用 50m）对 3 类区域分别进行网格剖分并在沟槽范围适当加密。得到的三角形无结构网格（图 4.29）包含 91396 个单元和 46433 个节点，网格中最小单元尺度（最小三角形的内切圆半径）

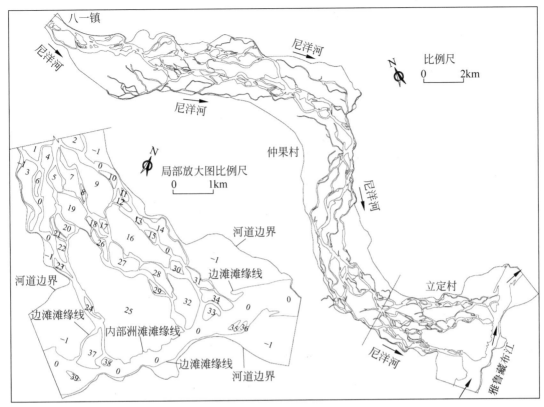

图 4.28　尼洋河河口段小流量条件下实测河势及用于剖分计算网格的分区

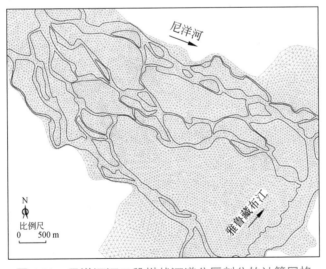

图 4.29　尼洋河河口段辫状河道分区剖分的计算网格

约为 4m。其次，选用单元中心代替节点作为"控制地形"的网格点，将各分区内的单元中心使用相应分区的标志标识，为分组插值做准备。

插值网格地形。首先，使用上述区域分类，将位于边滩、沟槽、沙洲分区内的实测地形散点分别使用 −1、0 和正整数进行标识。其次，通过标识将网格点与地形散点进行配对，形成若干"网格点—地形散点"分组。最后，在各分组内部，基于地形散点的高程数据插值得到网格点的地形。

图 4.30 比较了使用常规方法与"分区剖分网格与分组插值"方法得到的辫状河道二维模型建模效果。在采用常规方法时（使用均匀网格，混用水上与水下地形散点插值网格地形），由于二维网格未能平顺贴合水域边界、水上水下地形散点在用于插值网格地形时互相干扰等原因，得到的沟槽边界十分破碎、难以准确刻画辫状河道的流路。当采用分区剖分网格与分组插值方法时，得到的沟槽边界平顺、简单，能清晰刻画辫状河道的流路及河势，建模效果有明显改善。

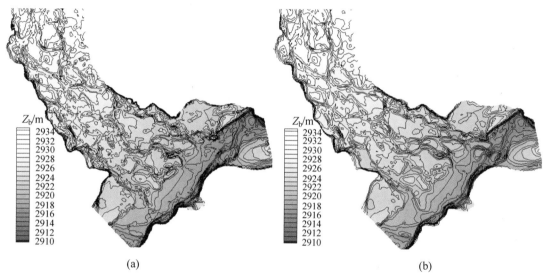

图 4.30　常规方法与分区剖分网格分组插值方法的建模效果的比较
(a)传统常规建模方法；(b)使用分区剖分网格与分组地形插值方法

2. 辫状河道水流的数值试验

使用 2009 年 10 月尼洋河现场水文测验资料率定河道糙率。测验当日尼洋河流量约为 248m³/s，雅鲁藏布江的流量约为 627m³/s，雅鲁藏布江的出口水位为 2916.39m。率定结果为 n_m = 0.045～0.05，此时模型的水位计算误差在 5cm 以内。

分别使用传统临界水深法与记忆补偿法（处理干湿动边界）开展尼洋河的二维水流计算（Δt=5s），分析流场的模拟效果与模型的水量守恒误差（E_m）。试验的水流条件分为两种：枯季水流，选用上述水文测验条件；洪季水流，采用尼洋河 20 年一遇的洪峰流量（3540m³/s）与雅鲁藏布江 2 年一遇的洪峰流量（6000m³/s）组合，计算区域出口水位为 2923.33m。试算表明，辫状河道枯季水流的模拟较具有挑战性。在使用记忆补偿法(令负水深修正步长 $\Delta h = h_0$)的初步试算中,当 $h_0 = 0.01\mathrm{m}$ 时,模型的 E_m 可达 87.43%,当 $h_0 \leqslant 0.001\mathrm{m}$ 后,E_m 方才减小到可接受的水平。据此,设计 2 种基于传统临界水深法的工况(受单元影响不返出、返出负水深单元被透支的水量)和 4 种基于记忆补偿法的工况(表 4.9,使用 4 种不同的 Δh)。图 4.31 给出了基于不同干湿动边界处理方法算出的尼洋河的枯季流场与水边线轮廓。

表 4.9　尼洋河二维模型采用不同干湿动边界处理方法($h_0 = 0.001$)算出的区域出口的流量

方法	方法说明与参数	枯季流量条件		洪季水流条件	
		计算值/$(\mathrm{m}^3/\mathrm{s})$	$E_m/\%$	计算值/$(\mathrm{m}^3/\mathrm{s})$	$E_m/\%$
传统的临界水深法	不返出透支水量	1700.2	94.31	9767.66	2.39
	考虑返出透支水量	1049.34	19.92	9633.07	0.98
记忆补偿法	$\Delta h = 10h_0$	1198.75	37.00	9691.08	1.58
	$\Delta h = h_0$	1003.21	14.65	9621.35	0.85
	$\Delta h = 0.1h_0$	891.59	1.90	9582.27	0.44
	$\Delta h = 0.01h_0$	880.21	0.60	9575.83	0.38

在枯季水流条件下,辫状河道内沙洲大量出露,流路复杂,沟槽水边线长且曲折。试验表明,传统临界水深法由于缺乏处理水动力计算负水深问题的机制,模型的 E_m 十分显著,例如 $E_m = 94.31\%$ 意味着研究区域出口的流量相对于入流总流量几乎翻了一倍。当考虑返出负水深单元被透支的水量后,可将 E_m 降低至约 20%,但该水平的 E_m 仍不满足实用的精度要求。记忆补偿法通过及时妥善地处理水动力计算的负水深问题,可显著改善辫状河道枯季水流的模拟精度和效果。当采用记忆补偿法时,模型的 E_m 随 Δh 减小而减小。需指出,Δh 的取值应满足 $\Delta h \leqslant h_0$,否则 Δh 可能已大于某些单元的负水深导致错误的返出,使 E_m 较大。当 Δh 足够小时($\Delta h \leqslant 0.1h_0$),记忆补偿法可将模型的 E_m 降低到 1% 以下。

比较发现,采用记忆补偿法($\Delta h = 0.1h_0$)算出的枯季流路(图 4.31(b))与实测的枯季流路(图 4.28)符合很好,而使用传统临界水深法算出的过流范围比实测的枯季水边线轮廓大很多。在所研究的尼洋河上段,两种方法算出的水域和流场还十分接近。然而,当水流穿过存在纵多沙洲的区域后,使用传统临界水深法算出的流场逐步表现出明显的增强。当这种水流增强现象向下发展到河口时,许多在现场观测中并未通流的沟槽也成为过流通道,流路与实测场景差异显著。

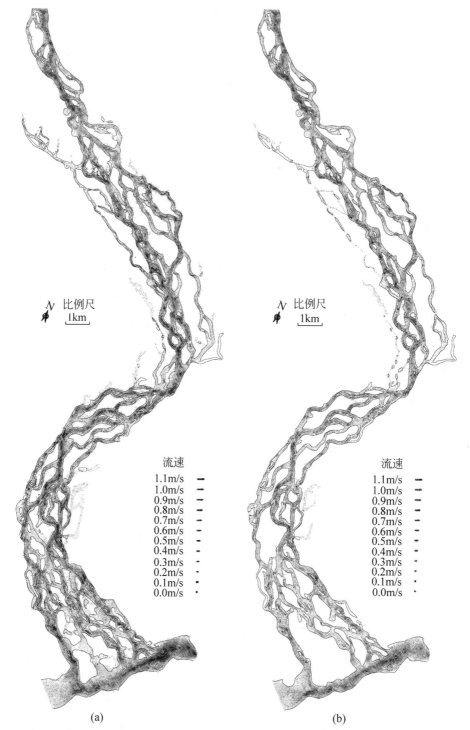

图 4.31　基于不同干湿动边界处理方法算出的尼洋河枯季流场与水边线轮廓
(a)使用传统临界水深法；(b)使用记忆补偿法

　　在洪季水流条件下(沙洲多被淹没)，辫状河道水域边界变得相对简单和平顺，模拟难度大幅降低。不管采用哪种干湿动边界模拟方法，模型均可较好模拟辫状河道中急缓流交迭、复杂、散乱的流态，将 E_m 控制在 1%以下并不困难(微小的误差通常由插值或统计引起)，满足复杂水流模拟的精度要求。此外，洪季流场中沟槽的最大流速为 2.2m/s，CFL 可达 2.8，表明模型具有良好的稳定性。

▶ 4.5.3 辫状河道的约束整治

以尼洋河为例，介绍辫状河道约束整治的二维数值模拟研究方法。尼洋河下段目前存在的主要问题为，防洪工程没有统一规划，缺乏控制性的骨干工程，多段河堤高度未达到防洪标准；近年来洪水对堤脚冲刷破坏严重，病险河段增多。规划在尼洋河八一镇—布久乡河段实行河道约束整治，以达到缩窄河宽、控制洪水期主流路径、稳定河势等目的。初拟了 1800m、1500m、1200m 河宽 3 种整治方案，图 4.27 中使用具有不同线宽的 3 条实线分别标识了新的河道堤线。

数值试验包括 4 种工况：现状和 3 种整治方案。3 种整治工况的建模方法为，以现状工况河道形态(图 4.32(a))为基础，对新堤线以外区域通过抬高河床(网格点)高程将它们转变为不过流区域，建模效果如图 4.32(b)所示。数值试验水流条

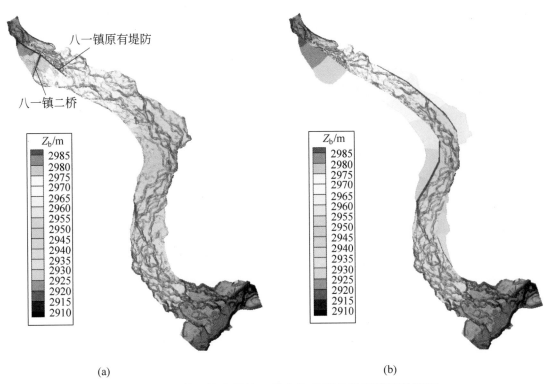

图 4.32　尼洋河约束整治工程实施前后的数模建模效果图
(a)现状河道形态；(b)1500m 整治方案下河道形态

件为，尼洋河 20 年一遇的洪峰流量与雅鲁藏布江 2 年的一遇洪峰流量遭遇。在有、无工程条件下开展水流模拟，分析各工程方案下河道水位与流速相对于无工程时的变化。

河道束窄后，水位发生抬升。在河宽为 1800m、1500m、1200m 的 3 种方案下，断面平均水位抬升的最大值分别为 0.11m、0.58m、0.99m，水位抬升范围主要位于断面 CS2～CS8。工程对河道局部水位影响最大的区域位于 CS5、CS6（图 4.27）左岸附近，在 3 种方案下最大抬升值分别为 0.9m、1.1m、1.5m。

有无工程条件下河道监测断面流速分布与流场分别如图 4.33、图 4.34。河道被束窄后，水流变得集中，CS4～CS6 的流速增大最显著。在 3 种整治方案下，断面平均流速的最大增量分别为 0.11m/s、0.29m/s、0.43m/s。在 1200m 河宽方案下，河道束窄过多，工程附近河道水位升幅及流速增幅均很大，给堤防及主流贴岸段均带来较大的冲刷风险；1800m 河宽方案堤线约束和稳定主流的作用较弱。1500m 河宽方案在稳定主流、控制河势、防洪影响等方面综合处于最优。

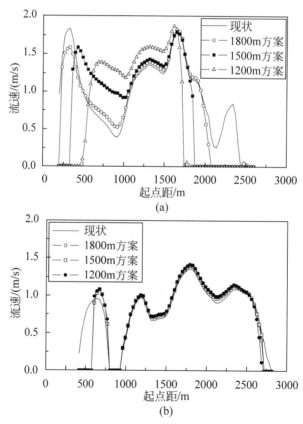

图 4.33　尼洋河工程整治河段在缩窄前后的断面流速分布
(a) 流 6 断面；(b) 流 10 断面

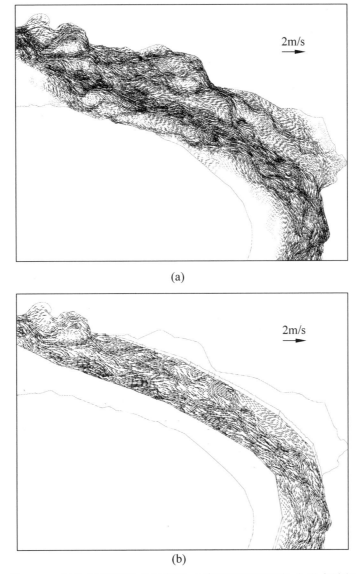

图 **4.34**　尼洋河现状及各种整治方案下工程河段的大洪水流场
(a)现状条件下研究河段的流场；(b)1500m 河宽整治方案下研究河段的流场

参考文献

[1]　钱宁, 张仁, 周志德. 河床演变学[M]. 北京: 科学出版社, 1987.

[2]　谢鉴衡. 河床演变及整治[M]. 2 版. 北京: 水利水电出版社, 1997.

[3]　许栋. 蜿蜒河流演变动力过程的研究[D]. 天津: 天津大学, 2008.

[4]　ROZOVSKII. Flow of water in bends of open channels[R]. Israel Program for Scientific Translations, 1957.

[5] VRIEND H J. Flow measurements in cured rectangular channel. Part 2: Rough bottom[R]. Delft: University of Delft, 1981.

[6] 张红武, 吕昕. 弯道水力学[M]. 北京: 水利电力出版社, 1993.

[7] 王韦, 许唯临, 蔡金德. 弯道水沙运动理论及应用[M]. 成都: 成都科学技术大学出版社, 1994.

[8] 王平义. 弯曲河道动力学[M]. 成都: 成都科技大学出版社, 1995.

[9] 余文畴. 长江河道演变与治理[M]. 北京: 水利水电出版社, 2005.

[10] HU D C, ZHONG D Y, WANG G Q, et al. Circulation extraction at arbitrary cross-sections of natural rivers I Scheme and validation[C]//Proceedings of the 35th IAHR World Congress, 2013, Chengdu, China. [S.l.:s.n.]: 4600-4609.

[11] HU D C, ZHANG J, CUI Z F, et al. Circulation extraction at arbitrary cross-sections of natural rivers II Application in the Three Gorges Project (TGP)[C]//Proceedings of the 35th IAHR World Congress, 2013, Chengdu, China. [S.l.:s.n.]: 4600-4609.

[12] 胡德超. 基于三维数学模型的新水沙条件下监利河段演变规律与趋势预测研究[D]. 武汉: 华中科技大学, 2018.

[13] 胡德超. 天然河道非均匀沙不平衡输移计算模式研究与盐船套—螺山段河床演变趋势预测[R]. 武汉: 华中科技大学, 2019.

[14] 朱勇辉, 张细兵. 三峡工程运用初期荆江河道演变与治理研究[R]. 武汉: 长江科学院, 2010.

[15] 胡德超. 三峡工程运用后熊家洲至城陵矶段河势变化趋势的平面二维水沙数学模型预测[R]. 武汉: 华中科技大学水电与数字化工程学院, 2019.

[16] 胡德超. 三峡工程运用后重点河段河势变化及治理对策研究-冲刷条件下不同河型河道演变与治理措施及方案研究[R]. 武汉: 华中科技大学水电与数字化工程学院, 2018.

[17] 胡德超. 长江马鞍山河段二期整治工程二维水沙数学模型计算分析报告[R]. 武汉: 长江科学院, 2013.

[18] 胡德超, 张红武, 钟德钰, 等. 三维悬沙模型及河岸边界追踪方法 I-泥沙模型[J]. 水力发电学报, 2010, 29(6):102-108.

[19] 胡德超, 钟德钰, 张红武, 等. 三维悬沙模型及河岸边界追踪方法 II-河岸边界追踪[J]. 水力发电学报, 2010, 29(6):109-116.

[20] 俞月阳, 唐子文, 卢祥兴, 等. 曹娥江船闸引航道冲淤研究[J]. 泥沙研究, 2007, 03, 17-23.

[21] 胡德超. 长江安庆河段治理工程二维泥沙数学模型计算分析报告[R]. 武汉: 长江科学院, 2015.

[22] 胡德超. 尼洋河八一镇以下游荡型河段河道整治平面二维数学模型计算报告[R]. 武汉: 长江科学院, 2010.

[23] NAGATA N, HOSODA T, MURAMOTO Y. Numerical analysis of river channel processes with bank erosion[J]. Journal of Hydraulic Engineering, 2000, 126(4): 243-252.

[24] 夏军强, 王光谦, 吴保生. 游荡型河流演变及其数值模拟[M]. 北京: 中国水利水电出版社, 2005, 121-135.

[25] 周刚. 河型转化机理及其数值模拟研究[D]. 北京: 清华大学, 2009.

[26] 钟德钰, 张红武, 张俊华, 等. 游荡型河流的平面二维水沙数学模型[J]. 水利学报, 2009, 40(9): 1040-1047.

[27] DUAN G J, JULIEN P Y. Numerical simulation of meandering evolution[J]. Journal of Hydrology, 2010, 391:34-46.

[28] XIAO Y, SHAO X J, WANG H, et al. Formation process of meandering channel by a 2D numerical simulation[J]. International Journal of Sediment Research, 2012, 27: 306-322.

[29] SUN J, LIN B L, YANG H Y. Development and application of a braided river model with non-uniform sediment transport[J]. Advances in Water Resources, 2015, 81: 62-74.

涉及防洪、水资源利用、航运、环保等的河网水沙调控是河流工程领域中一个经久不衰的研究方向。以往，常使用一维模型研究河网水沙问题，但基于断面地形和间距的计算模式很难准确刻画涉水工程及其对河网水沙输移的影响；采用二维模型研究河网又存在计算量巨大的限制。随着 21 世纪计算机、计算数学等的快速发展，高分辨率网格二维模型已逐渐能够支撑河网水沙计算。本章就来讨论平原河网与调控工程的一体化二维水沙精细模拟方法及其应用。

5.1 平原河网的特点与数值模拟概述

平原河网一般十分庞大，数学模型是目前研究它们的主要手段。本节在简述平原河网水沙运动特点的基础上，概述它们的一维和二维数值试验方法。

▶ 5.1.1 平原河网水沙运动的特点

我国有许多平原河网，例如荆南河网、太湖河网、珠江河网等。荆南河网位于长江中游荆江南岸，是连接长江与洞庭湖的纽带，具有代表性。下面以荆南河网（松滋河—虎渡河部分）为例，分析平原河网及其水沙运动的特点。

①规模庞大、进出口多，松滋河—虎渡河河网（图 5.1）水域面积 611.5km²，其中宜都—沙市河段长 106.5km，津市—肖家湾河段长 77km，二者所夹的河网河段总长 569.4km。②串河遍布，连通关系和流路复杂。长江在其南岸陈二口分流进入松滋河，松滋河经大口分为松东河与松西河；虎渡河从长江太平口分流，流路较单一。松西、松东、虎渡河之间有串河连接，如松西河与松东河之间的莲支河（长 6km，东侧已封堵）和苏支河（长 10.6km），及松东河与虎渡河之间的中河（长 2km）。串河给松西、松东、虎渡河进行水沙交换创造了条件，使河道在平面上时分时合、呈环状交织形态。③耦合性强。当河网中某河段的水力条件变化时，与之相连的河道均将受到影响，"牵一发动全身"。④流向多变。河网进出口多，其开边界条件变化将引起河网内各汊道水位的不均衡涨落及串河流向变化。例如，随着长江

来流变化松滋河与虎渡河水位相互消长会导致中河发生流向转换；松滋河与澧水来流的季节性消长使官垸河段发生往复流。⑤季节性通流。由于不均衡发展，河网各汊道的河床高低不同。随着河网开边界条件的季节性变化，许多汊道具有洪季过流、枯季干涸(断流)的季节性通流特征。⑥床沙组成、植被覆盖等河床条件的空间变化复杂。上述各方面特点给准确和快速模拟河网水沙输移及冲淤演变带来了挑战，也使河网水沙计算与单一河道存在显著的差别。

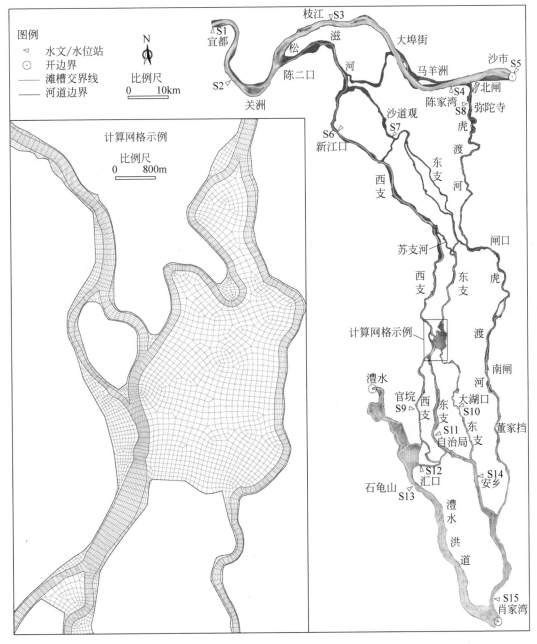

图 5.1 荆南河网的平面形态及其高分辨率网格二维建模

▶ 5.1.2　河网的数值模拟方法概述

1. 河网的一维数值模拟方法

关于河网数值模拟方法的研究，可追溯到 20 世纪 70 年代并一直持续至今。河网与单一河道一维模型的不同主要在于水动力求解。河网一维水动力模型具有显式、隐式之分，由于具有可使用大时间步长的优势，隐式模型在已有的河网一维水动力模型中占统治地位。文献[1]从结构特点、汉点处理方法、代数方程系统及其解法等多个方面对隐式一维河网水动力计算进行了详细剖析与综述，有兴趣的读者可以自行查阅。

本书一维河网水动力模型的原理为，先以汉点为界将河网划分为若干个单一河段，再借助预测-校正分块解法将河网水动力问题转化为单一河段问题进行求解。具体而言，①借助扩展的连续性方程代替传统"汉点连接水力条件"进行汉点处的 u-p 耦合，在理论上更完善，同时摆脱了汉点连接水力条件中各种简化和假设所带来的不利影响；②得益于预测-校正分块解法，模型无需求解河网所对应的全局代数方程系统，只需求解各河段所对应的子代数方程系统(通过预测和校正两步耦合在一起)，模型结构简单；③得益于控制方程的局部线性化，河段所对应的局部子代数方程系统为三对角线性方程组，可直接求解。

上述河网模型的特点和优势为，①θ 半隐算法、ELM、预测-校正分块解法的联合使用，使模型可使用 CFL≫1 的大时间步长并具有极高的效率；②由于无需任何层面的循环迭代，模型可被高度并行化；③适用于具有任意连接河段数量的汉点，不仅适用于枝状河网，也适用于连接关系复杂的环状河网。

河网一维模型的建模要点在于理清各汉道的连接关系，相关的数值试验方法见 3.1.3 节。河网一维模型采用基于断面地形和间距的计算模式，仅能算出水沙因子与河床冲淤的断面平均值等有限信息。在研究河网水沙调控问题时，一维模型还存在难以刻画工程建筑物(丁坝、溢流坝、护滩等)或不能准确反映工程对河网水沙运动的影响等困难，此时建议采用二维模型开展研究。

2. 河网的二维数值模拟方法

河网及其中涉水工程的二维建模可沿用 2.2 节与 2.5 节的方法。河网与局部河段二维模型的主要差别在于，前者计算网格所包含的单元数量通常比后者高出一个数量级以上，因而前者的计算量巨大。随着 21 世纪计算机与计算数学[1]等的快速进步，二维模型的计算效率获得了本质性提升，目前高分辨率网格二维模型在用于开展大范围河网水沙计算时已能基本满足时效性要求。下面以松西河—虎渡河河网为例，简述河网二维模型数值试验的具体流程。

(1) 建模。松西河—虎渡河河网二维模型的计算区域如图 5.1，其中荆江干流、荆南河网及澧水入湖河段均具有复式过流断面。采用分区变尺度滩槽优化的高分辨率非结构网格剖分计算区域，在准确刻画各区域滩槽形态与复杂河势的同时，最大限度地节省了单元。图 5.1 给出了河网区域二维网格的示例(顺、垂直水流方向的网格尺度分别为 100m 和 30m)。所得到的计算网格包含 111409 个节点、104398 个单元。采用 2011 年 8 月实测 1/5000 地形图插值得到网格节点地形。

(2) 数值试验。计算区域及附近的水文站点，如长江干流宜都、枝城、枝江、陈家湾、沙市等，荆江三口分流道新江口、沙道观、弥陀寺等，湖区肖家湾、石龟山、官垸、自治局、大湖口、安乡等，可为开展数值试验提供丰富的水文资料。分别选取 1998 年洪峰、平滩、多年平均、枯季流量 4 组水流条件开展模型率定与验证计算。首先，将计算区域分成 47 个分区并让它们均拥有独立的糙率；其次，采用水位和流量双重校准试算法(见 3.1.2 节)率定河网的糙率(n_m)。

由平滩流量条件下的率定结果可知，荆江、荆南河网、入湖尾闾自上而下的 n_m 分别为 0.029~0.024、0.026~0.020、0.021~0.020。在此基础上，通过模拟河网 2013 年的非恒定流过程检验模型的精度并进一步优化 n_m。模型算出的水位(或流量)过程与实测数据符合较好，并较好地模拟了河网内(例如官垸河段)的往复流。模型的精度水平为，在长江干流、荆南河网、入湖尾闾，水位的平均绝对误差依次为 0.11m、0.12m、0.15m，流量的平均绝对相对误差依次为 4.3%、4.9%、8.5%。

从算出的断面流量、水位等宏观水文数据来看，二维模型的精度相对一维模型(见 3.1.3 节)并无明显提升。这是因为，①一维模型所采用的基于断面地形及间距的计算方式及汊点连接描述方法，通常已能较充分地描述河网的基本特征，这保证了它在模拟河网宏观水流过程时能取得准确的结果；②二维模型虽然较一维模型增加了一个维度，但这在改善河网宏观水文过程模拟上并无额外益处。二维模型的优势在于，能描述平面水域、河势并精确刻画涉水工程，可算出水沙因子及冲淤平面分布等细观水沙运动场景，这都是一维模型所不具备的功能。

5.2 河网分流分沙的数值试验

在河网水沙运动现象中，较复杂的当属环状河网的分流分沙。同时，平原河网河床条件的空间差异常常十分显著，这给原本已较复杂的环状河网水沙输移的模拟增添了新的影响变量和难度。以长江中游松滋口附近的环状河网为例，讨论平原河网分流分沙的二维数值试验方法及模型可达到的精度水平。

▶ 5.2.1 河网分流的二维数值模拟

建立松滋口附近环状河网的高分辨率网格二维模型，开展恒定与非恒定开边界条件下的水动力数值试验，讨论二维模型计算河网分流的能力。

1. 二维模型的计算区域与建模

松滋口附近河道在平面上呈现环状连接且河道内洲滩颇多(图 5.2)。长江宜都—陈家湾河段自上而下依次有关州、柳条洲、火箭洲、马羊洲等江心洲($I_1 \sim I_4$)，松溪河陈二口—大口河段有杨家洲和 3 个无名江心洲($I_5 \sim I_8$)，松东河有江洲和毛家尖洲($I_9 \sim I_{10}$)。河网内洲滩(滩地高程 42～43m)仅在很大流量下才被淹没。选取长江枝城—陈家湾(90km)、松溪河陈二口—大口(24.5km)、采穴河(19.5km)、松西河大口—新江口(12.5km)、松东河大口—沙道观(18.5km)河段作为计算区域。计算区域有 1 个入口(宜都)和 3 个出口(新江口、沙道观、陈家湾)。

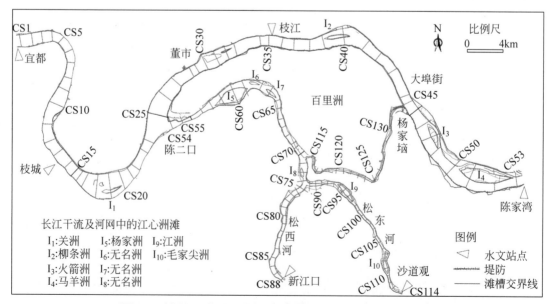

图 5.2 松滋口附近环状河网的平面形态及监测断面布置

收集到荆江 2021 年 3 月 1/10000、松滋口分流道 2020 年 7—9 月 1/2000 实测地形图。采用分区变尺度滩槽优化的四边形无结构网格剖分计算区域。为了满足精细刻画河势、模拟冲淤分布等要求，在 5.1 节二维水流模型网格的基础上，将分流道内的网格尺度减半(河槽网格尺度减至 50m×15m，与 1/2000 地形散点间距相一致)。得到的计算网格包含 55723 个单元。建模效果显示，基于该计算网格的模型地形可精细刻画松滋口附近河道的滩槽复式断面及复杂河势。

2. 二维水流模型参数的率定

使用 2022 年 7 月 6 日水文测验资料(枝城流量 19500m³/s，新江口、沙道观、陈家湾水位分别为 37.41m、37.40m、35.62m)开展率定计算。率定结果为，长江干流自上而下 $n_m = 0.031 \sim 0.027$，松西河、松东河、采穴河 $n_m = 0.028 \sim 0.026$。在该参数条件下，模型算出的水面线、断面流速分布与实测数据的差别分别在 5cm、0.1m/s 以下。由算出的流场图(略)可知，在上述水流条件下，松滋口附近河道处于全线通流状态。在长江干流关州、柳条洲、火箭洲、马羊洲等河段，河道水流被分为两股；在松溪河陈二口—大口河段，杨家洲及其下游的两个无名江心洲亦将来流分为两股。松西河呈单一流路，水流强度较大；在松东河，江洲、毛家尖洲纷纷出露。模型准确模拟了松滋口附近的多级分汊流路和流场细节。

实测松滋口(新江口+沙道观)分流流量为 2470m³/s，占长江枝城来流的 12.67%。模型算出的松滋口分流流量为 2465.5m³/s，分流比为 12.64%，满足率定计算的精度要求。基于模型计算结果，统计长江干流和松滋河中各分汊型河段的汊道分流比，并将它们与实测值进行比较(表 5.1)，汊道分流比的计算误差均在 0.5% 以下。计算结果表明，模型准确模拟了松滋口附近河道的多级分流特征。

表 5.1　松滋口附近各分汊型河段汊道分流比的二维模型计算结果

汊道名称与位置	实测/%	计算/%	汊道名称与位置	实测/%	计算/%
关州(I_1)左汊	51.69	52.18	无名洲(I_6)左汊	33.98	34.41
柳条洲(I_2)左汊	44.67	44.32	江洲(I_9)左汊	59.70	60.24
杨家洲(I_5)左汊	96.44	96.83	毛家尖洲(I_{10})左汊	92.80	93.25

3. 恒定流条件下松滋口分流模拟

在防洪设计(三峡水库控制下泄流量)及平滩、多年平均、枯季流量共计 4 种水流条件下(表 5.2)开展数值试验,阐明河网分流二维计算的精度水平。

表 5.2　松滋口河网二维模型恒定开边界数值试验的条件(水位为黄海高程基面)

计算工况	枝城流量/(m³/s)	模型出口水位/m			备注
		新江口	沙道观	陈家湾	
防洪设计流量($Q1$)	56700	43.15	42.95	41.40	参照 1998 年实测数据
平滩流量($Q2$)	29000	38.63	38.38	37.08	参照 2020/6/28(29000)
多年平均流量($Q3$)	14100	35.08	33.83	32.45	参照 2020/6/12(14400)
枯季流量($Q4$)	6000	33.32	31.5	28.07	参照 2019/11/29(6080)

在 $Q1$ 条件下,实测的大口分流为 7350m³/s,其中松西河(新江口)占 5280m³/s,松东河(沙道观)占 2070m³/s。模型算出的大口分流为 7308m³/s,其中松西河为 5241m³/s,松东河为 2067m³/s。在 $Q2$ 条件下,实测的大口分流为 3098m³/s,其中松西河为 2330m³/s,松东河为 768m³/s。模型算出的大口分流为 3112m³/s,其中松西河为 2358m³/s,松东河为 754m³/s。在 $Q3$ 条件下,实测的大口分流为 723m³/s,其中松西河为 637m³/s,松东河为 86m³/s。模型算出的大口分流为 719m³/s,其中松西河为 638m³/s,松东河为 81m³/s。在 $Q4$ 条件下,近期实测的大口分流为 50m³/s,其中松西河分走了全部流量,松东河断流。模型计算结果为,松西河分流为 50m³/s,松东河断流。数值试验结果表明,模型可准确计算松滋口在枝城不同来流条件下的分流。

需指出,前述率定计算得到的糙率分布主要适用于 $Q2$—$Q3$ 水流条件,在大洪水条件下应适当减小糙率,在枯季水流条件下应适当增大糙率。

4. 非恒定流条件下松滋口分流过程的模拟

2020 年是三峡工程运用后迄今遇到的最大洪水年份(枝城洪峰 51800m³/s),具有代表性。选取 2020—2021 年(时长 731 天)实测逐日流量和水位数据,开展非恒定流过程模拟,分析二维模型模拟江河分流过程的能力。在计算完成后,将算出的和实测的各断面的流量过程进行套绘,如图 5.3 所示。计算的和实测的松滋口分流过程符合较好,未出现相位偏移,流量相对误差一般在 5% 以内。

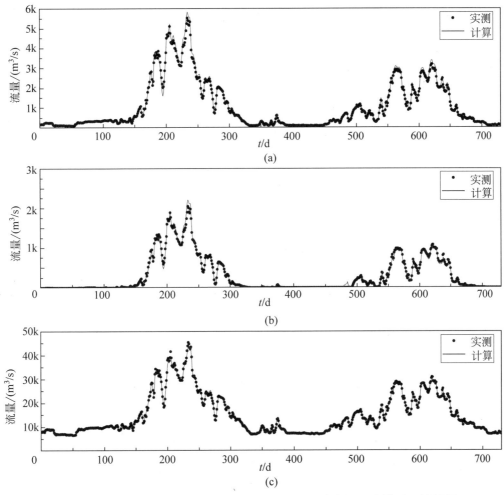

图 5.3　松滋口附近各河段分流过程(2020—2021 年)的二维模型计算结果
(a)新江口；(b)沙道观；(c)陈家湾，实测数据使用"沙市+弥陀寺"

2020—2021 年，新江口、沙道观、沙市+弥陀寺断面的实测总径流量分别为 666.67 亿 m³、186.82 亿 m³、9479.05 亿 m³，模型计算值分别为 691.65 亿 m³、180.50 亿 m³、9566.02 亿 m³，后者相对于前者的误差分别为 3.75%、−3.39%、0.92%。表明所建立的二维水流模型能准确模拟长江向松滋口分流的水量。

▶ 5.2.2　河网分沙的二维数值模拟

松滋口附近河道床沙级配在平面上差异较大，采用机器学习方法构造精细的床沙级配分布(见 2.3.4 节)。在该床沙级配分布及前述二维水动力模型基础上，建立松滋口环状河网的泥沙输运模型，进而开展非恒定水沙输移及河床冲淤的二维模型计算，讨论二维模型计算河网分沙的能力及模型可达到的精度水平。

1. 泥沙模型率定及分沙过程模拟

选用 2020 年实测水沙过程开展率定计算。调整各分区挟沙力系数 K，直到模型算出的输沙过程与实测数据符合，得到长江干流 $K= 0.16\sim0.14$（自上而下），松西河、松东河、采穴河 $K= 0.12\sim0.11$。在此参数条件下，模型可较好地模拟断面含沙量的最大值、最小值及逐日变化过程（图 5.4 "重构级配"结果）。模型算出的和实测的水沙过程相位一致，含沙量误差一般在 20% 以内。另外，通过增加两组试验来阐明床沙级配的影响：①分片均匀工况，使用原始的分片均匀床沙级配分布作为床沙条件；②K 减半工况，在①基础上将各分区 K 减半。

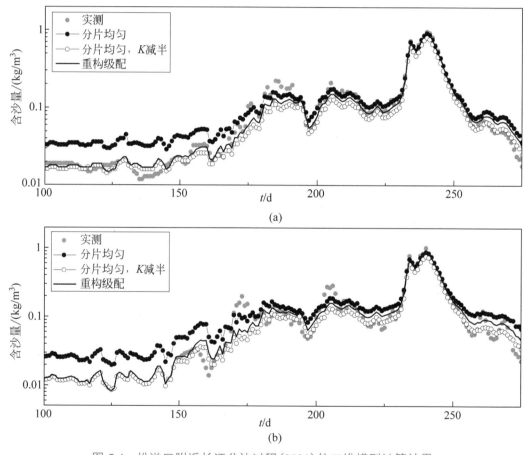

图 5.4　松滋口附近长江分沙过程（2020）的二维模型计算结果
（a）陈家湾；　（b）新江口

在分片均匀工况①中，模型可准确模拟大流量下的河道输沙过程，但算出的中小流量下的含沙量明显大于实测值。将 K 减半后，模型虽可准确模拟中小流量下的河道输沙过程，但会显著低估含沙量峰值。由此可见，当采用分片均匀床沙级配分布时，无论 K 如何取值，模型都很难兼顾大、小流量下河道输沙过程的准确模拟。采用重构的床沙级配分布可在本质上改善模拟效果。

计算区域在荆江上的出口(陈家湾)未精确定位到水文站位置，因而只能使用出口下游附近的沙市和弥陀寺水文站资料近似合成陈家湾的实测水沙过程，以供在分析河道宏观输沙过程时参考。新江口、沙道观、陈家湾断面在 2020 年的实测输沙量分别为 661.1 万 t、210.2 万 t、6017.8 万 t(表 5.3)。上述各组试验中各出口年输沙量的计算误差如下：在分片均匀工况①中，模型算出的断面年输沙量显著偏大，误差为 −1.02%～16.91%；在 K 减半工况中，断面年输沙量的计算值显著偏小，误差为 −12.41%～−4.43%；在重构级配工况中，断面年输沙量的计算误差降至水文观测的误差水平。上述陈家湾断面的合成输沙量包含了陈家湾—沙市 16.5km、太平口—弥陀寺 8.5km 河段冲刷所引起的增量，而计算区域并不包含两个河段。若扣除这两个河段冲刷所引起的输沙量增量，模型算出的陈家湾的输沙量应略小于陈家湾断面的合成输沙量，表 5.3 中的模型结果符合这一宏观判定。

表 5.3　松滋口附近各出流开边界 2020 年输沙量的二维模型计算结果

水文断面	实测输沙量(万)/t	分片均匀工况		K 减半工况		重构级配工况	
		输沙量(万)/t	误差/%	输沙量(万)/t	误差/%	输沙量(万)/t	误差/%
新江口	661.1	772.96	16.91	631.88	−4.43	671.83	1.62
沙道观	210.2	208.07	−1.02	184.11	−12.41	206.96	−1.54
陈家湾	5870.0+147.8	6604.38	9.75	5623.29	−6.56	5825.82	−3.19

2. 基于冲淤试验的泥沙模型参数校正

在 2016 年 10 月实测地形上，通过模拟松滋口附近河道 2016 年 11 月—2020 年 7 月实测水沙过程，将模型算出的最终地形与实测 2020—2021 年地形进行比较，以检验模型计算河床冲淤的精度并进一步优化模型参数。在计算时段内，计算区域输入的总径流量为 17062.6 亿 m³，总输沙量为 0.697 亿 t；输出的总径流量为 16824.4 亿 m³，输沙量为 1.35 亿 t。由此推知，时段内计算区域处于冲刷状态，冲刷量为 0.653 亿 t。分析实测地形可知，研究区域在 2016 年 11 月—2020 年 7 月总体上处于冲刷状态且冲淤主要发生在河槽，冲刷量为 4769.59 万 m³。

试算表明，当将松西河与松东河的 K 优化为 0.10～0.12 时，可得到与实测地形符合更好的计算结果。表 5.4 给出了计算区域各河段河槽的冲淤量。模型算出的计算区域总冲刷量为 4549.38 万 m³，比实测值小 4.6%。长江干流的冲刷量主要集中在杨家垴—陈家湾长 16km 的河段，约占枝城—陈家湾河段(约 90km)的 2/3。长江干流、松滋河陈二口—大口、松西河大口—新江口河槽平均冲深的实测值分别为 0.40m、0.31m、0.16m，计算值分别为 0.38m、0.27m、0.15m，计算误差满足泥沙模型验证的精度要求。河网二维模型试验中的冲淤量变化过程、冲淤分布、断面冲淤变形的分析方法与局部河段二维模型类似(可参考 3.2 节)。

表 5.4　松滋口河网冲淤验证计算中河段(河槽)平均冲淤厚度的二维模型计算结果

河段	面积(万)/m²	冲淤量(万)/m³			冲淤厚度/cm		
		实测	计算	差值	实测	计算	差值
长江枝城—陈家湾	10678.43	−4262.65	−4096.72	165.93	−0.40	−0.38	0.02
松溪河陈二口—大口	1387.75	−430.01	−380.30	49.71	−0.31	−0.27	0.04
采穴河全段	278.9	无	1.99	—	无	0.01	—
松西河大口—新江口	479.93	−76.93	−72.37	4.56	−0.16	−0.15	0.01
松东河大口—沙道观	330.5	无	−39.80	—	无	−0.12	—
全河段	12546.12	−4769.59	−4549.38	220.21	−0.38	−0.36	0.02

5.3　河网局部流路调控计算

河网汊道不均衡发展常对区域防洪、水资源利用、环保等产生影响。本节以荆南河网苏支河整治[2]为例，介绍河网局部流路调控的二维数值模拟研究方法。

▶ 5.3.1　河网内局部流路调控工程的建模

1. 荆南河网苏支河调控工程的背景

苏支河是松西河与松东河之间的串河(图 5.5)。在三峡工程运用前，荆南河网处在持续性淤积萎缩之中。荆江三口分流道 1952—1995 年的实测淤积量为 5.69 亿 m³。20 世纪中后期，松西河狮子口附近河势变动，使苏支河(进口)处于正面进水侧面排沙的有利位置，进而使该串河得到冲刷发展。苏支河从松西河分流的最大流量由 20 世纪 50 年代的 400m³/s 增加到 20 世纪 90 年代的 2330m³/s(约占新江口流量的 35%)。苏支河的冲刷加剧了河网不均衡发展：①苏支河下游松东河河段洪水位抬高及河床冲刷、岸滩崩塌；②苏支河进口右侧的松西河中下游流量减少、河道淤积萎缩，使原先全年过流的河道退化为枯季断流的季节性通流河道，并使同流量下水位抬升、汛期高水位持续时间加长。例如在松西河郑公渡河段，流量在 2000m³/s 时的水位由 38.5m（1988 年）抬升到 40.0m（1991 年），每年超警戒水位持续 15～20 天，增加了松西河下游河段的防洪压力。2003 年后，三峡水库调节径流、拦蓄泥沙，给长江中下游带来了新水沙边界条件。实测资料显示，当低含沙量水流进入荆南河网之后，汊道的不均衡发展仍在持续和加深。

20 世纪 90 年代水利部门曾在苏支河入口处修筑潜丁坝，以减小苏支河分流并抑制附近汊道的不均衡发展。由于工程附近的河势变动，该潜丁坝被部分冲毁（残余部分见图 5.5）并失去调控作用。在三峡水库运用后的新水沙条件下，急需重新开展苏支河治理策略研究，并据此采用合适的工程措施来减小苏支河的分流比，以抑制河网的不均衡发展、使洪水各行其道。

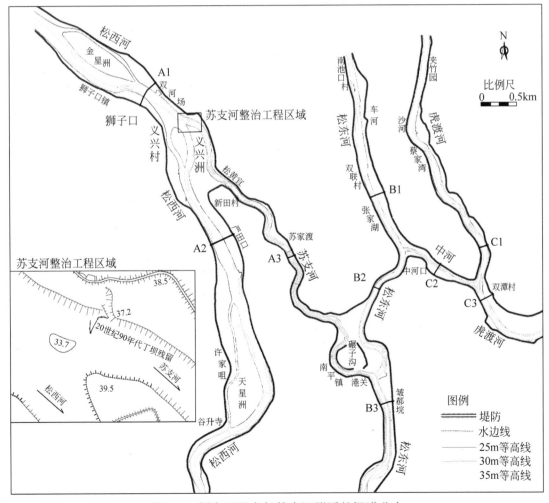

图 5.5　荆南河网内部苏支河附近的汊道分布

2. 苏支河调控工程的二维建模

在苏支河入口处,松西河来流被义兴洲及心滩分成三股,其中最左边一股进入苏支河。义兴洲上游约 900m 处存在一高程为 33.7m 的小沙洲(大水时被淹没)。在苏支河进口左岸的残余潜丁坝头部,存在一高程为 21m(附近河床约 29m)的局部冲坑。显然,原潜丁坝不仅未实现预期目的,反而使局部河势变得复杂。苏支河整治旨在不影响防洪的前提下,调节造床作用较强的中水流量条件下的苏支河的分流比,扭转苏支河进一步冲刷发展的趋势。初拟了如下 2 种方案。

方案 1:在苏支河进口处新建折线型溢流坝,坝体以小沙洲为转折点分为两段。第一段为左岸高滩—小沙洲,位于残余潜丁坝上游约 100m 处,溢流坝底部预留泄流底孔(底高程 28.0m),以保证苏支河枯季流量;第二段为小沙洲—义兴洲大堤。根据局部地形条件,初拟溢流坝坝顶高程为 34~36m,坝顶宽 3m。

方案 2:在苏支河进口残余潜丁坝下游约 400m 处新建直线型溢流坝,在坝体中部预留枯季过流缺口(溢流口)。拟定溢流坝顶高程为 38.5m(接近两侧滩面),坝顶宽 3m;坝体中部溢流口具有梯形断面,其底部横向宽度为 3m、两侧横坡为1:2,初拟溢流口底高程 31~35m。以 5.1.2 节的二维网格为基础,采用 3~6m 尺度的网格对工程局部进行加密,进行各种方案的工程建模(图 5.6)。

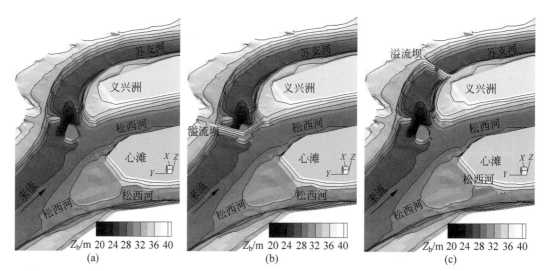

图 5.6 荆南河网苏支河(入口段)调控工程的二维模型建模
(a)无工程;(b)方案 1;(c)方案 2

▶ 5.3.2 河网流路调控工程的效果与影响计算

选取枝城 1998 年洪峰($Q1$)、平滩($Q2$)、多年平均($Q3$)、枯季($Q4$)流量 4 组水流条件，开展有无工程条件下松西河—虎渡河河网的二维水流计算，研究苏支河调控工程在各种水流条件下的调节效果及其对附近河网流路的影响。

1. 不同方案的分流比调节效果

整治目标重点关注工程在 Q_2、Q_3 水流条件下对苏支河分流能力的减小程度。计算结果表明，工程后苏支河分流比的减小率随来流减小而增大（表 5.5）。

表 5.5　荆南河网苏支河调控工程实施后苏支河分流比的变化（流量监测断面见图 5.5）

水流条件	无工程时苏支河流量及分流比		方案 1 下分流比变化/%			方案 2 下分流比变化/%		
	流量/(m³/s)	Q_{A3}/Q_{A1}/%	34m	35m	36m	31m	33m	35m
Q_1	2266.6	34.48	−0.00	−0.01	−0.01	−0.08	−0.09	−0.10
Q_2	1190.5	36.34	−0.04	−0.07	−0.20	−2.69	−3.45	−6.23
Q_3	465.0	54.95	−18.3	堵塞	堵塞	−8.74	−21.78	堵塞
Q_4	100	100	堵塞	堵塞	堵塞	−38.6	堵塞	堵塞

对于方案 1，溢流坝在 Q_1～Q_2 条件下作用较弱。同时，当坝顶高程达 35m 以上时，溢流坝可完全挡住 Q_3 及以下流量的来流（使来流全部通过松西河下泄），基本达到调控苏支河中等流量的整治目标。因而，35m 可作为方案 1 的推荐坝顶高程。对于方案 2，溢流坝在 Q_2～Q_4 条件下均具有调控作用，且调控效果与溢流口底高程有关。比较不同溢流口底高程时的工程作用发现，33m 为较优的溢流口底高程。总体上，方案 2 对苏支河分流比的调控效果优于方案 1。

Q_2 条件下两种方案工程附近的流场如图 5.7 所示。综合来看，方案 1 不仅可有效封堵苏支河进口处的低水河槽与串沟、形成分布较均匀的流场（流速在 2m/s 左右），而且可以充分利用紧邻溢流坝下游的残余潜丁坝头部的深坑进行消能。而在方案 2 中，水流集中从溢流口下泄，溢流口在 Q_2 条件下的最大流速可达 7m/s 以上。方案 2 中的高强度水流不利于工程稳定，还可能引起工程下游河道局部区域的剧烈冲刷，使河势往不可控的方向发展。

此外，方案 1 和方案 2 的坝高分别为 6m（35～29m）和 9.5m（38.5～29m）。相对于高坝，矮坝的设计建造难度及工程量均小很多。综合工程作用、工程安全和工程量可知，方案 1（35m 坝顶高程）为较优方案。虽然方案 1 在近期只能在 Q_3 及以下流量的来流条件下有效减小苏支河的分流比，但从长远来看，松西河中下游将因过流增加而使自身朝着冲刷方向发展，这将强化工程的调控效果。

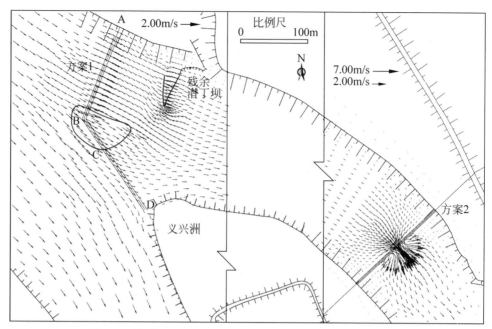

图 5.7　苏支河调控工程两种方案条件下工程附近的流场

2. 工程对附近河网流路的影响

枝城来流大小直接决定荆江沿线水位的高低，进而决定荆江向松滋河与虎渡河分流的流量，以及荆南河网内各汊的水力状况。松东河与虎渡河在流量、水位等方面的差异及其季节性变化，使它们之间的串河(中河，C2)在枝城不同来流条件下具有不同的流向。中河在枝城较小流量下流向由东向西(图 5.8(a))，在枝城较大流量下由西向东流(图 5.8(b))。这种双向流串河使苏支河调控工程对其附近汊道水流的影响较复杂。为了便于分析，在工程附近汊道上布置了 9 个监测断面：松西河及苏支河 A1～A3，松东河 B1～B3，虎渡河 C1～C3，如图 5.8 所示。

在工程运用后，溢流坝附近汊道的流量变化见表 5.6。工程将通过减小苏支河(A3)的分流比，降低苏支河下游松东河(B3)的流量和水位(降低河段 B2 的下边界水位)，这将引起河段 B1、B2 的流量增加，并引起串河(C2)的流量在枝城不同来流条件下发生不同变化。如在平滩流量($Q2$)条件下，串河(C2)的流向为由西向东，在工程运用后，河段 C2 西侧水位的降低将使 C2 河段流量减小；在多年平均流量($Q3$)条件下，串河(C2)的流向为由东向西，在工程运用后，河段 C2 西侧水位的降低将使 C2 河段的流量增加。从影响幅度来看，工程影响主要限于与苏支河直接相连的汊道等局部范围。

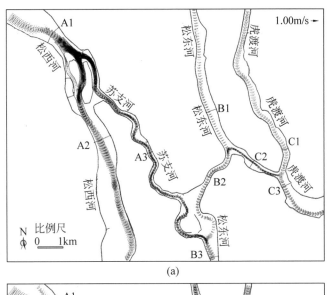

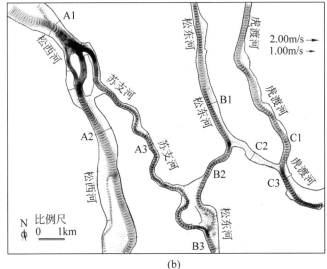

图 5.8 荆南河网在不同水流条件下的流场

(a) 多年平均流量水流条件(C2 由东向西)；(b) 平滩流量水流条件(C2 由西向东)

表 5.6 苏支河调控工程修建后附近汊道流量的变化率(流量监测断面见图 5.5)

水流条件	监测断面	工程前流量/ (m³/s)	流量变化/%		
			34m	35m	36m
平滩流量 (Q2)	B1	1108.19	0.01	0.02	0.03
	B2	1073.74	0.01	0.07	0.13
	B3	2264.98	−0.06	−0.07	−0.23
	C1	1663.32	0.00	0.01	0.02
	C2	34.97	−0.30	−0.88	−1.82
	C3	1697.57	−0.01	−0.02	−0.04

续表

水流条件	监测断面	工程前流量/ (m^3/s)	流量变化/%		
			34m	35m	36m
多年平均流量 ($Q3$)	B1	57.83	1.18	1.81	1.81
	B2	150.59	5.65	16.42	16.42
	B3	615.42	−23.78	−71.54	−71.54
	C1	261.41	0.78	2.58	2.58
	C2	92.79	8.42	25.51	25.52
	C3	168.61	−3.42	−10.04	−10.04

5.4   河网水利枢纽泥沙的精细模拟

人们常常在河网关键位置修建水利枢纽以达到对洪水、水资源、航运等的综合调控目的。本节以荆南河网松滋口建闸[3]为例,开展河网水利枢纽的精细建模及工程泥沙计算实践,并讨论水利枢纽对河网冲淤及分流等的影响。

▶ 5.4.1   松滋口闸的概况及枢纽精细建模

拟建的松滋口闸为 I 等大(1)型工程,设计洪水重现期为 100 年。推荐的大口闸址位于松滋河大口河段。闸址处河道具有宽阔的 U 形河谷,流向由北向南,河宽约 950m,河槽占 730m,河槽高程为 34～37m、滩地高程为 40～43m。大口闸的设计洪水流量为 8690m^3/s,设计水位为 46.29m。松滋口闸的运行方式为,当澧水流域发生大水且长江干流来流不大时,关闸控制松滋口分流。

枢纽布置为,左岸连接段+20 孔左区泄水闸+纵向围堰+24 孔右区泄水闸+船闸+右岸连接段。左、右区闸室顺水流方向长为 35m,闸底板顶高程均为 32m。泄水闸单孔净宽 14m,两孔一联(中墩宽为 2.5m,边墩宽为 2m),单联宽度为 34.5m;左区闸室 20 孔,闸孔总净宽为 280m,闸室宽度为 345m。右区闸室 24 孔,闸孔总净宽为 336m,闸室宽度为 414m。闸室上游设 25m 的混凝土铺盖;闸室下游分别设长 30m、50m 的消力池及海漫。左、右区闸室之间用宽 25m 的纵向围堰隔开。右岸引航道船闸闸室的有效宽度为 23m,两侧边墩各宽 12m,船闸总宽为 47m。在 5.2 节二维计算网格的基础上,采用 3～8m 尺度的四边形网格对闸址附近进行局部加密,开展工程建模。得到的计算网格包含 63520 节点和 60896 单元(图 5.9)。

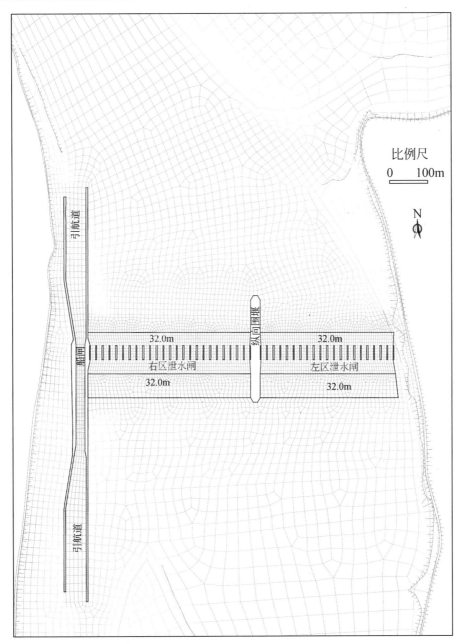

图 5.9 荆南河网内松滋口闸（大口闸址）工程建模的计算网格

　　对于闸墩、纵向围堰、引航道导墙等不过流区域，采用挖空法将它们排除在计算区域之外。对于闸室、工程削坡等区域，通过修改网格节点高程来刻画工程形态。在消力池和海曼区域，通过增加网格元素的糙率来反映工程对水流的影响。适度加密闸室上下游的网格，使其与较远端的河道大尺度网格平顺衔接。在一般应用场景中，右岸船闸被视作处于关闭状态，可通过抬高闸室内网格高程使之"阻塞"。工程建模效果见图 5.10，模型能准确描述工程实体的边界与形态。

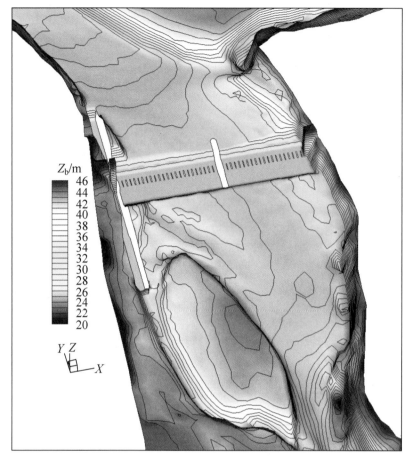

图 5.10　荆南河网内松滋口闸(大口闸址)实体精细建模的效果

▶ 5.4.2　闸址附近流场的精细模拟与分析

选用典型恒定流条件(表 5.2)开展计算，分析有、无工程时大口闸附近的水位变化与流场形态。闸墩、纵向围堰、导流墙等工程实体占用过流断面面积并产生阻水作用，使闸址上游附近河道水位壅高。在多年平均流量下，闸址上游附近水位由无工程时的 36.70m 升高到有工程时的 36.74~36.80m；在平滩流量下，闸址上游附近水位由无工程时的 39.95m 升高到有工程时的 40.00~40.02m。

来流被纵向围堰分开，分别进入左、右区闸室。纵向围堰(与来流交角约 30°)对来流的扰动为，①将原本从左区闸室通过的部分水流约束到从右区闸室下泄；②在纵向围堰头部形成顶冲区，在围堰中下部背水侧形成回流区。

以平滩流量条件为例，闸址附近流场(图 5.11)分析如下。左、右区闸室流速分别为 0.02~1.1m/s、0.02~0.9m/s，纵向围堰头部顶冲区流速达 1.65m/s。闸址附近形成 4 个平面回流：纵向围堰背水侧及下游的回流，流速为 0.02~0.4m/s；

左区闸室左岸及右区闸室右岸回流（由特定的地形与来流组合导致），流速分别为 0.02～0.2m/s、0.02～0.1m/s；引航道出口导墙末端回流。

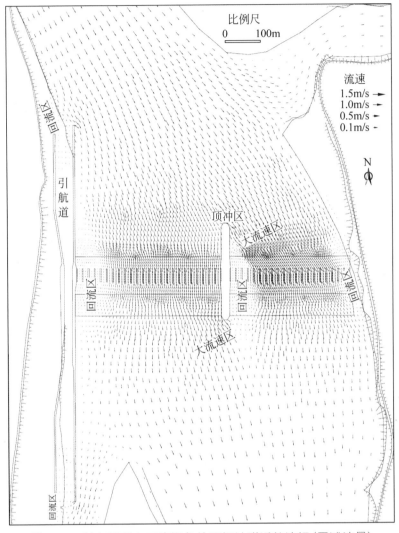

图 5.11 荆南河网大口建闸条件下闸址附近的流场（平滩流量）

▶ 5.4.3 闸址附近的河床冲淤规律

分别在有、无工程条件下开展松滋口附近河道的系列年二维模型动床预测，研究大口闸址附近的河床极限冲深及泥沙冲淤厚度平面分布规律。

二维模型动床预测选用 2020—2021 年实测地形作为初始地形，借助长江中下游江湖河网整体的一维模型计算提供二维模型动床预测所需的开边界条件，主要包括宜都流量、含沙量及陈家湾、新江口、沙道观水位的逐日数据。选用三峡水库正式运用后 2008—2017 年作为基础水文系列，一维模型（在长江进口使用实测资料)通过循环两次输出一个 20 年的水沙系列。对一维模型提供的水沙系列进行统计可知,在第一个 10 年中,长江干流入口径流量为 42197.77 亿 m^3,来沙量为 19549.47 万 t；在第二个 10 年中,长江干流入口径流量为 42198.36 亿 m^3,来沙量为 19422.85 万 t。总体上,在这两个 10 年中,长江干流来水来沙变化不大。二维模型动床预测的计算时间步长取 1min,在 28 核工作站上模型完成 20 年非恒定水沙输移与河床变形计算耗时约 70h。由前述松滋口闸运行方式可知,该闸仅起调洪作用。在模型中为每个闸孔均定义一个开闭标志,根据长江与澧水水情预先确定各闸孔的开闭状态并形成一个时间序列。模型在运行过程中读入各闸孔在当天的开闭状态并据其动态升降闸室地形,以考虑闸的调控动作和作用。

1. 闸址附近的河床极限冲深

将模拟时段增加到 40 年(上述 20 年系列循环两次),开展无工程条件下的动床预测,以阐明闸址附近的河床极限冲深,为设计闸底板高程提供依据。松滋河地勘资料显示,松滋河大口附近的松散沉积物覆盖层(可冲层)厚度约为 6m (图 5.12)。无工程条件下的模型预测结果表明,在第 40 年末,大口闸址附近的河床最大冲刷深度约为 4.5m,闸址附近的最低河床高程为 29.5～30m(图 5.13)。

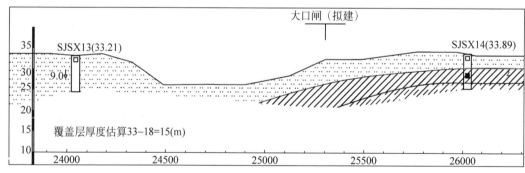

图 5.12　荆南河网松滋河河床可冲层厚度的地勘资料

横轴为松滋河纵向里程,其 0 点位于陈二口,竖轴为高程

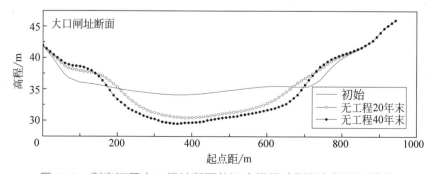

图 5.13　荆南河网大口闸址断面的河床极限冲刷形态的预测结果

2. 建闸后闸址附近的冲淤分布

闸址附近河槽较宽浅（最低处约 34m），其上下游 2km 范围均存在高程低于 28m 的深槽。图 5.14 给出了无、有工程条件下动床预测第 20 年末闸址附近的冲淤厚度平面分布，闸址附近河床处于总体冲刷、局部淤积状态。无工程时，经系列年水沙过程作用后，闸址附近河槽被刷深，以促进上下游深槽在纵向上的连通。

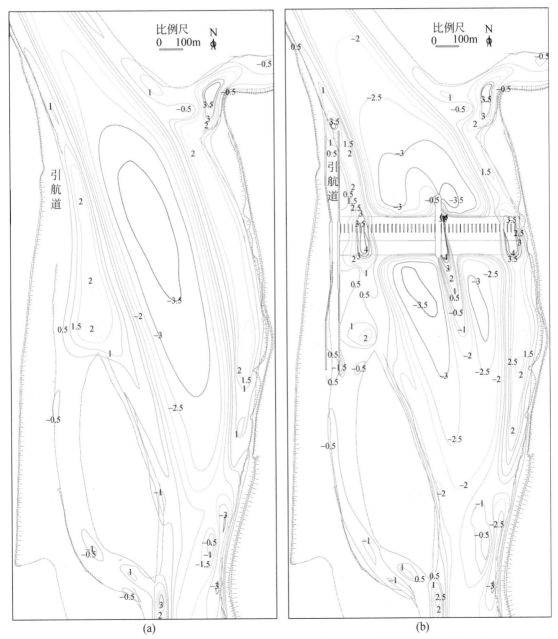

图 5.14　荆南河网大口建闸条件下冲淤预测第 20 年末闸址附近的冲淤分布

(a) 无工程；(b) 有工程

闸址及其上下游附近在第 10、20 年末的冲刷深度(冲深)分别为 0.5～2.5m、0.5～3.5m(最大 3.8m)。伴随河槽冲刷,两侧滩地发生小幅淤积,在第 10、20 年末淤厚分别为 0.5～1m、0.5～1.5m。图 5.15(a)给出了无工程条件下动床预测第 20 年末闸址附近的河道地形。在第 10、20 年末,31.5m、30.5m 等高线先后在纵向上贯穿了闸址河段,闸址上下游深槽的连通性得到增强。

有工程时,闸址附近水沙输移将受到枢纽建筑物的影响,主要冲淤特征为,原本贯穿闸室的河床冲刷被水闸截为两段;受纵向围堰、闸墩等的影响,左区与右区闸室的冲淤规律有所不同。左区闸室上游附近较右区闸室上游附近冲刷强烈,前者的冲深在第 10、20 年末分别为 1.5～2.5m、3～3.5m,后者分别为 1.5～2m、2～3m。在纵向围堰头部顶冲区,局部冲深在第 10、20 年末分别达到 3m、4m。左区闸室下游附近比右区闸室下游附近冲刷弱,前者的冲深在第 10、20 年末分别为 1.5～2m、2.5m～3m,后者分别为 2～2.5m、3～3.5m。图 5.15(b)给出了有工程条件下动床预测第 20 年末闸址附近的河道地形。第 20 年末闸址上游、下游附近的河床最低高程分别在 30～30.5m、30.5～31m。

3. 闸址附近回流区的淤积

依据图 5.14(b)分析回流区的淤积。①纵向围堰背水侧及下游的回流区,在第 10、20 年末最大淤积厚度(淤厚)分别为 4m、5m,淤积范围(淤厚大于 0.2m)在 20 年末延伸到围堰下游 225m 处。②左区闸室的左岸回流区,在第 10、20 年末最大淤厚分别为 2.5m、4m,淤积主要发生在 1#～6#(左起)闸墩之间及其上下游附近。③右区闸室的右岸回流区:在第 10、20 年末最大淤厚分别为 2.5m、4m,淤积主要发生在 1#～9#(右起)闸墩之间及其上下游附近。④引航道导墙末端回流区,在第 10、20 年末淤厚分别在 0.5m、2m 以下,淤积范围很小。

依据图 5.15(b)分析回流区淤积后的地形。在第 20 年末,纵向围堰背水侧及下游回流区集中淤积体高程达到 37m,左区闸室的 1#～6#闸墩之间淤积体的高程为 33.5～36.5m;右区闸室的 1#～9#闸墩之间淤积体的高程为 32.5～36m;引航道出口在淤积后的河床高程为 28.5～31m。

▶ 5.4.4 建闸对河网冲淤及分流的影响

基于前述有、无工程条件下松滋口附近河道的系列年(20 年)动床预测结果,分析大口建闸对松滋口环状河网冲淤、松滋口从长江分流等的影响。

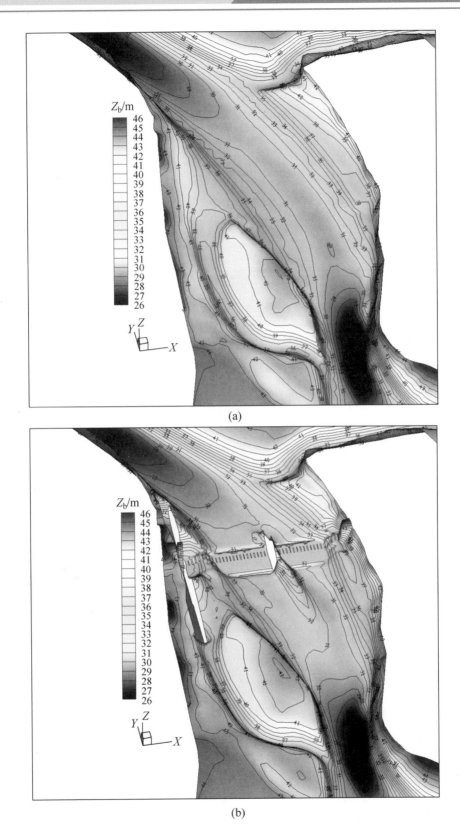

图 5.15　荆南河网冲淤预测第 20 年末大口闸址附近地形

(a)无工程；(b)有工程

1. 建闸对环状河网冲淤的影响

在有、无工程条件下的 20 年动床预测中，长江干流与分流道均处于持续性冲刷状态，大口建闸对长江干流与分流道的冲淤量随时间的变化过程的影响很小。各河段的河槽冲淤量及平均冲淤厚度见表 5.7。大口建闸将微幅减弱松滋口的分流能力并减小分流道的冲刷，同时微幅增加长江干流冲刷。第 20 年末，长江干流的冲刷量在无工程时为 4171.90 万 m³，在有工程时增加 1.1%；分流道的冲刷量在无工程时为 2427.04 万 m³，在有工程时减少 0.4%，变化甚微。

表 5.7 松滋口附近河道在冲淤预测中各河段河槽的冲淤量与平均冲淤厚度(冲刷为负)

河段	面积(万)/m²	冲淤量(万)/m³			冲淤厚度/m		
		无工程	有工程	差值	无工程	有工程	差值
长江枝城—陈家湾	10678.4	−4171.90	−4216.57	−44.67	−0.391	−0.395	0.004
松溪河陈二口—大口	1387.8	−1531.37	−1506.61	24.76	−1.103	−1.086	0.018
采穴河全段	278.9	−98.57	−87.96	10.61	−0.353	−0.315	0.038
松西河大口—新江口	479.9	−655.75	−701.65	−45.90	−1.366	−1.462	−0.096
松东河大口—沙道观	330.5	−141.35	−122.32	19.03	−0.428	−0.370	0.058
分流道合计	2477.1	−2427.04	−2418.55	8.50	−0.980	−0.976	0.003

长江干流河槽的平均冲刷深度(冲深)在无工程时为 39.1cm，在有工程时增加 0.4cm；分流道河槽平均冲深在无工程时为 98.0cm，在有工程时减少 0.3cm。工程通过改变大口局部流场对闸址下游松西河、松东河的冲淤也产生微小扰动。总体上，工程对河道冲淤的影响主要集中在工程局部河段，对其他河段影响很小。

2. 建闸对松滋口河道断面冲淤的影响

对有、无工程条件下河道监测断面 CS1～CS133(位置见图 5.2)的系列年冲淤预测结果进行比较，断面面积变化见表 5.8，断面形态变化见图 5.16。由图表可知，系列年水沙过程作用后，松滋口附近河道断面在总体上处于冲刷状态。

经系列年水沙过程作用后，闸址上游附近的 CS71 在无工程时处于冲刷状态，在有工程时过流面积的增加率基本没有变化。闸址下游附近的 CS73、CS74 在有无工程时均处于冲刷状态，有工程时面积的增加率分别由无工程时的 11.52%、15.02% 增加到 12.37%、15.72%。闸下局部区域冲刷加剧，冲起的泥沙被带到下

表 5.8　荆南河网大口建闸对河道断面冲淤的影响：断面过流面积变化（m²）

断面	河宽/m	初始面积/m²	无工程工况 20 年末		大口建闸 20 年末	
			变化量/m²	变化率/%	变化量/m²	变化率/%
CS24	1281.9	22878.9	308.20	1.35	307.35	1.34
CS25	2461.9	24845.5	532.00	2.14	556.42	2.24
CS57	469.5	9169.6	−305.37	−3.33	−318.37	−3.47
CS71	647.5	4399.3	356.04	8.09	355.22	8.07
CS73	919.7	5097.2	587.20	11.52	630.42	12.37
CS74	672.3	4433.0	665.83	15.02	696.98	15.72
CS75	837.5	3986.8	813.94	20.42	804.76	20.19
CS79	863.4	5549.8	386.08	6.96	391.22	7.05
CS89	670.5	2346.2	1.31	0.06	−29.24	−1.25
CS95	558.4	2290.6	280.16	12.23	275.04	12.01

注：表中统计数据参考水位为 43.0m；统计断面过流面积时包含工程影响（淤积减小为负）。

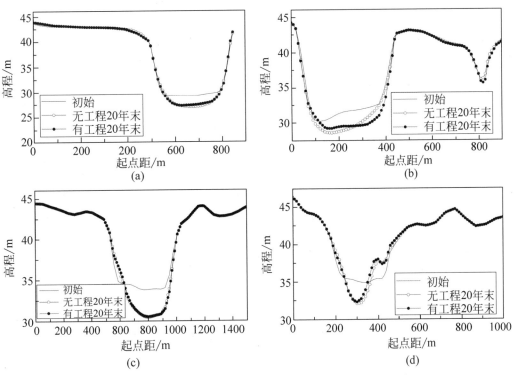

图 5.16　荆南河网大口建闸对河道断面冲淤变化的影响

(a) CS71；(b) CS73；(c) CS75；(d) CS89

游，使下游的松西河、松东河断面的冲刷微幅减小，同时这种影响自上而下随着距离增加而逐渐减弱。在松西河，CS75、CS79 在有无工程时均处于冲刷状态，面积的增加率由无工程时的 20.42%、6.96%分别变化到有工程时的 20.19%、7.05%。在松东河，CS89、CS95 过流面积的增加率由无工程条件下的 0.06%、12.23%分别减小到有工程条件下的 −1.25%、12.01%。从河网总体看，工程对河道断面冲淤的影响主要集中在工程局部，对距离较远的上下游断面影响很小。

3. 建闸对松滋口分流比的影响

在大口建闸后，松滋口分流比将受到多方面因素影响。①闸墩、纵向围堰、导流墙等建筑物占用断面过流面积、形成阻水，使松滋口分流比减小；②闸址及其附近开挖、滩地削坡等配套工程将增加断面过流面积，使松滋口分流比增加；③长江干流与荆南河网在未来的不均衡冲淤也将对松滋口分流能力产生影响。

选用典型恒定流条件(表 5.2)开展定床计算，分别在现状和未来地形上分析建闸对松滋口分流比的影响。需指出，随着长江中下游江湖河网的冲淤变化，在枝城同流量下新江口、沙道观、陈家湾的水位是变化的，并对松滋口分流产生影响。由于江湖冲淤与水文情势变化非常复杂，这里暂且回避开边界变化的影响。

无工程时，在动床预测第 20 年末地形上的模型计算结果与在现状地形上的结果相比，松滋口分流比在枝城来流分别为 6000m³/s、14100m³/s、29000m³/s、56700m³/s 时分别由 0.8%、5.1%、10.7%、12.9%增加到 9.6%、10.9%、14.1%、14.5%(表 5.9)。建闸相对于不建闸，在现状地形上，松滋口在枝城上述 4 级来流下的分流比的变化分别为 0.032%、−0.052%、−0.075%、−0.144%；在冲淤预测第 20 年末地形上，松滋口在枝城上述 4 级来流下的分流比的变化分别为 −0.482%、

表 5.9 荆南河网大口建闸对松滋口分流比的影响

长江来流（枝城）	现状地形上			20 年末地形上		
	无工程/(m³/s)	有工程/(m³/s)	分流比变化/%	无工程/(m³/s)	有工程/(m³/s)	分流比变化/%
Q_1=6000	50.0	52.0	+0.032	573.2	544.4	−0.482
Q_2=14100	718.7	711.3	−0.052	1543.3	1515.7	−0.196
Q_3=29000	3112.1	3090.4	−0.075	4077.2	4043.7	−0.116
Q_4=56700	7308.3	7226.4	−0.144	8197.4	8115.5	−0.144

−0.196%、−0.116%、−0.144%。总体上，大口建闸将使松滋口分流比减小，减小值一般在 0.2%以内，工程对松滋口分流比的影响非常微弱。

5.5 河网大范围整治工程的水沙计算

相对于河网局部调控，河网大范围整治通常需要开展河网与大量、多种涉水工程的一体化水沙计算，比较复杂。本节以松西河航道整治、松东河长距离疏浚为例，介绍使用二维水沙数学模型研究河网大范围工程整治的方法。

▶ 5.5.1 河网大范围整治数值模拟研究概述

河网大范围整治具有跨越汊道多、涉水建筑物种类多且数量大等特点，主要服务于防洪、水资源利用、航运等。例如松西河航道整治，其工程内容除了包括跨越河网多个汊道长达 102km 的全线挖槽外，还有沿程大量的丁坝、护滩等辅助性工程。河网大范围整治数值模拟研究的特点与方法简析如下。

1. 河网大范围整治数值模拟的特点

①除了需要厘清单个工程的作用及影响，还需考虑各工程的相互作用和累积影响；②河网汊道的水力条件(如河段流量、水位等)常常随工程内容与规模不同而变化，这给确定河网控制性断面水力参数和开展工程设计都带来了困难；③采用一维或传统粗网格二维模型均难以精确刻画挖槽、丁坝、护滩等涉水工程。鉴于此，河网大范围整治研究不仅要求将河网作为一个整体进行二维模拟，还需采用高分辨率网格精细刻画各类涉水工程，最终实现河网与工程的一体化计算。

从工程建模来看，河网局部工程与大范围整治并无本质差别，但后者建模的工作量与复杂程度远高于前者。通常需要统一规划挖槽、丁坝、护滩等不同类型工程的网格剖分，克服河道与涉水建筑物在网格尺度上的差异并实现各区域网格的平顺衔接，实现精确刻画工程而又不会导致单元数量过大。

2. 河网大范围整治工程设计研究的两步法

以平原河网中的航道整治为例，介绍河网大范围整治的两步设计法。航道设计主要关心通航流量(重点关注枯季)、航槽河床纵剖面、通航保证水深等条件。在单一河道上建设航道时，通航流量及其对应的航道末端水位均是确定的，可使用它们直接推算河道纵向的水面线与水深分布，再针对局部碍航河段设计工程措施即可得到整治方案。而对于河网(汉道相互连通)，在某一汉道上建设航道时，该河段实得的枯季通航流量常常与工程建设内容(主要是河槽疏浚)密切关联。这是因为通航河段河槽扩挖规模决定了该汉道的引流能力，这给航道设计增加了"通航流量随工程规模变化"这一不确定因素。例如松西河航道(图 5.17)，通航河段的实得枯季流量就取决于该河段河槽的扩挖规模。因此，在河网内开展航道设计，一般需要经过反复试算和调整设计规模才能得到较为合理的方案。

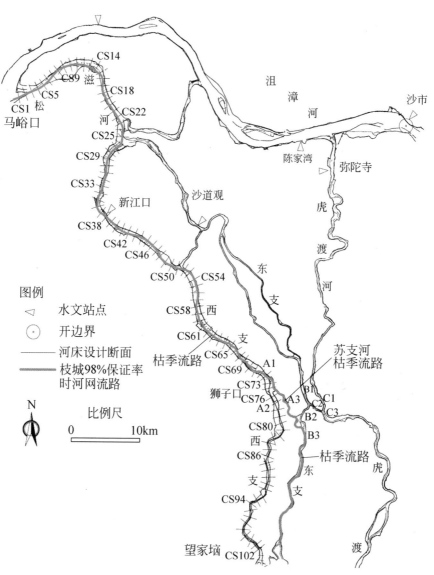

图 5.17　荆南河网松西河马峪口—望家垴段航道整治的工程范围

在已明确航槽宽度的条件下，通航河段的开挖规模可由航槽开挖深度的纵向分布(或航槽纵剖面)代表。可在各种初拟的航槽纵剖面下开展模型试算，观察通航河段流量、航深等的变化，确定最优的航槽纵剖面。若工程后通航河段在枯季河网中呈单一流路，可采用"单一河道模型试算与河网模型复核"两步法开展河网内航道设计，以减小大范围河网与工程一体化模型试算的工作量。两步法假设工程后航槽引流达标，在设定的流量下使用通航河段(单一河道)模型开展试算，修改航槽纵剖面直到沿程航深均满足通航要求；然后使用河网模型和初定的航槽纵剖面进行复核计算，检验通航河段引流已达标的前置条件是否得到满足。

两步法第一步的流程为：①为通航河段单独建立一个二维模型；②在设定的流量下，对拟定的航槽纵剖面开展二维模型试算得到航槽沿程的水面线；③对照航深标准，检验通航河段沿程的航深是否能满足标准，若总体上航深有较大富余则减小航槽开挖，若出现航深不足则根据具体情况增加航槽整体或局部的开挖；④反复执行②～③，直到得到对引流要求低、河槽开挖少的航槽纵剖面。如果在第一步中，通过试算很难获得满足要求的航槽纵剖面或开挖方量远超预期，则表明设定的通航流量不足，需调整预期后重新进行试算。

▶ 5.5.2　河网大范围航道整治设计的模拟研究

本节以松西河航道整治为例[4]，开展河网与大范围航道整治建筑物的一体化计算，介绍使用二维水流模型开展河网航道整治设计的两步法研究流程。

1. 松西河航道整治工程及建模

松西河马峪口—望家垴航道整治工程起于长江右岸马峪口(陈二口)，沿松西河布置，向南途经新江口、狮子口、汪家岔、郑公渡等，直至湖南安乡县的张九台入澧水。在工程建成后，松西河将成为长江中游连接长江与洞庭湖的水运通道。近几十年来，松西河与松东河之间的串河(苏支河)持续冲刷下切、过流能力不断增加。当前，苏支河河床高程(26～29m)已大幅低于其右侧的松西河(29～31m)，引起苏支河附近河网汊道的不均衡冲淤发展。苏支河下游的松东河河段还在冲刷发展，苏支河分流口以下的松西河河段仍在淤积萎缩。

本例航道整治拟通过疏浚枯水河槽的碍航河段来畅通航线。根据荆南河网河道条件，确定松西河马峪口—望家垴航道为Ⅲ(3)1000t 级航道，航道尺度为 2.4m×

60m×480m（水深×双线航宽×弯曲半径）。工程建设内容：进行 102km 全线挖槽；修建航槽维持性工程，包括丁坝 25 道、锁坝 5 道和护滩带若干。

以 5.1.2 节的二维网格为基础，在含有工程的汊道中将原有网格的尺度减半，再开展松西河航道整治的工程建模。采用 50m×12m（纵向×横向）的四边形网格覆盖航槽区域，采用尺度为 10m 的四边形网格加密各涉水建筑物及其附近区域。本例中护滩带高度仅为 0.2m，因而这里通过增加工程区域糙率的方法近似反映护滩带的影响。以工程较密集的松西河狮子口河段（天星小洲—苏支河入口）为例简述工程建模情况。该河段含有挖槽、7 道潜丁坝（19#～25#）和 1 道锁坝（29#），工程建模网格见图 5.18。在此基础上，使用设计的航槽床面高程、涉水建筑物高程（31.0～32.4m）设定工程区域的网格节点高程。由图 5.19 可知，所采用的工程建模方法可以准确反映航道整治工程的平面布置与形态。

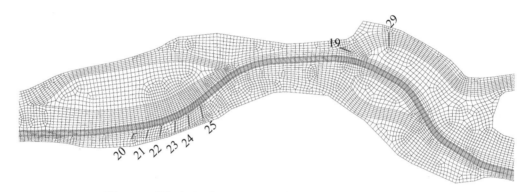

图 5.18　荆江河网内天星小洲—苏支河入口河段计算网格

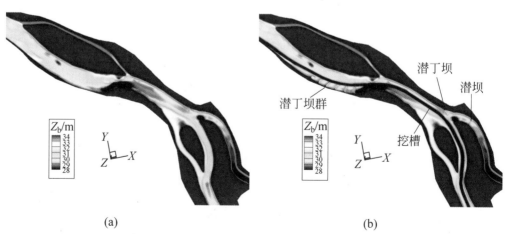

(a)　　　　　　　　　　　　　　　(b)

图 5.19　荆江河网天星小洲—苏支河入口河段工程建模前后河床形态变化

(a)工程前；(b)工程后

　　下面将使用上述荆南河网整体的高分辨率网格二维模型，开展河网与大范围涉水工程的一体化计算，为设计航槽开挖高程、工程布置等提供依据。

2. 河网航道设计的控制性水力参数研究

　　通航流量及其所对应的航道末端水位是开展航道设计的必需参数。这里通过建立望家垴断面(CS102，图 5.17)在枯季的水位-流量关系(Z-Q 曲线)来推算航道末端的最低通航水位。在枝城 98%保证率流量下(5660m^3/s)，荆南河网呈现出松西河→苏支河→松东河的单一流路，即苏支河分走了新江口的所有来流并使松西河下段(CS74~CS102)断流，导致 CS102 的水位仅受下游湖区水位控制，随之涨落。因而，在现状河床条件下无法通过二维模型为 CS102 算出一组与枯季水位相匹配的流量数据，也无法建立 CS102 的枯季 Z-Q 曲线。解决方案为，在苏支河入口设一堵坝(高程为 35m)挡住松西河枯季来流，使之全部进入松西河下段，从而形成一种假想的松西河枯季全线过流场景。在该堵坝工况下，使用荆南河网整体二维模型模拟 2013 年非恒定流过程，逐日输出 CS102 在枯季的水位与流量数据对。基于这些数据对，建立 CS102 在枯季的 Z-Q 曲线(图 5.20)。

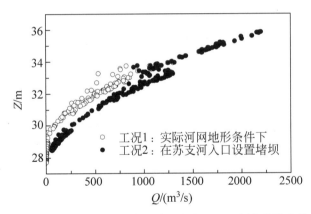

图 5.20　荆江河网内松西河航道末端(望家垴 CS102)枯季的水位–流量关系

　　在枝城 98%保证率流量下，航槽开挖后松滋口的预期分流流量为 120m^3/s，将它初定为松西河的设计最小通航流量。根据 CS102 的 Z-Q 关系，设计最小通航流量所对应的 CS102 的水位为 28.9m。考虑到同步实施的下游航道整治可能引起的水位下降(预估 0.3m)，于是将 CS102 的最低通航水位确定为 28.6m。

3. 河网内航槽开挖方案研究

　　松西河航段的设计最小通航水深为 2.4m。松西河航槽的不同开挖规模将使松滋河引流流量发生不同程度的增加。同时,松西河在工程实施后在枯季具有流路单一的特点(CS1→CS102)。据此,可采用前述的两步法开展航槽开挖设计。

第一步的单一河道模型试算表明,在松滋口分流为100m³/s及图5.21的设计航槽纵剖面条件下,松西河各段最小航深为 2.4~2.5m,均满足通航要求。考虑到松西河沿程的灌溉取水(枯季约 9m³/s)等,为了保证航槽流量充足,设计最低通航流量不应小于 109m³/s。当枯季流量增加 9m³/s 时,松西河上段的航深增加约0.1m,同时流量的增加对松西河下段航深的影响很小。图 5.21 给出了现状、工程实施后河床的纵剖面及 100m³/s、109m³/s 流量条件下的纵向水面线。在现状河床及无工程条件下,枯季由长江分入松西河的流量仅 14.5~19.4m³/s(枝城 98%保证率流量下新江口 2014—2015 年实测流量)。因而,由第一步取得的航槽纵剖面设计方案可行的必要条件是,工程实施后松西河在枯季从长江的引流大于初定的通航流量(109m³/s)。这也是河网内航道两步法设计研究必须回答的问题。

第二步使用预测的三峡运用第 20 年末的 98%保证率流量水流条件(枝城、澧水流量分别为 5660m³/s、53m³/s,沙市、肖家湾水位分别为 27.87m、26.22m),开展河网模型复核计算。河网模型算出的松滋口分流为 114.4m³/s,这表明在第一步中预期的在工程实施后松西河枯季引流流量(109m³/s)是可以得到满足的。

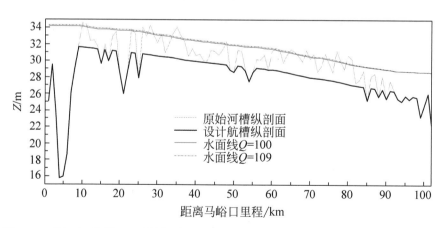

图 5.21　荆江河网松西河航槽原始河床、工程后河床高程及水面线的沿程变化

4. 大范围工程对河网水流的影响研究

河网自身复杂的流路与水动力特性,再加上涉水建筑物的相互作用和累积效应,通常使河网大范围整治工程对河网水流的扰动十分复杂。选用典型恒定流条件开展荆南河网二维模型计算,分析工程对河网各汊道流量和水位的影响。计算结

果表明，松西河和松东河受到工程的直接影响，虎渡河由于距离较远仅受间接影响。在工程实施后，松西河和松东河在工程附近及下游的河段中发生流量重新分布。随着工程扰动在下游河网内的混合与衰减，工程对下游距离较远的汊道的流量的影响较小。如在最高通航流量下，苏支河附近汊道的流量变化为，在工程实施后，A1～A3 断面的流量变化率为 1.8%～3.4%；B1～B3、C1～C3 断面的流量变化率均为 −2.0%～8.8%；距离工程下游较远的汊道的流量变化率仅为 0.9%～1.7%。

对于单一河道的航道整治，当卡点被清除后，卡点上游河道的水位一般是下降的。然而，本例中航槽开挖后松西河新江口河段及附近河道的水位却是升高的。这种反常现象的原因为，在河网内开挖河槽，一方面使本河段在同流量下水位降低，另一方面导致本河段引流增加及水位升高，当后者的影响大于前者的影响时就会导致河道在经历扩挖后水位不降反升。该现象是由于航道位于河网内的这种位置特殊性导致的。本例中，工程实施将导致在枯季流量下松滋河分流显著增加，新江口水位升高 11.7cm，工程下游河道水位升高 0.2～21.8cm。

▶ 5.5.3　长距离疏浚对河网不均衡发展的调节计算

以松东河长距离河槽疏浚工程[3]为例，本节开展河网与工程的一体化二维水沙精细模拟，研究长距离疏浚对河网汊道不平衡发展的调节作用。

工程及其模拟研究概述。拟在松东河河槽内开挖新槽，以解决由河网发展不平衡所导致的松东河枯季断流、生态流量难以保证等问题。新槽起于松东河入口，终点位于沙道观水文站。新槽设计河底高程自上而下为 32.87～31.4m，在上、下游分别与河道的原有深槽衔接。新槽横断面设计底宽、顶宽分别为 45m、60m，设计横坡为 1∶4。计算区域为松滋口附近的环状河网（图 5.2）。在 5.2 节二维网格基础上，根据新槽的平面走向与河底设计高程修改对应网格节点的高程，建模效果如图 5.22 所示。动床预测选用 2020—2021 年实测地形作为初始地形，同时开边界条件与 5.4.3 节相同。有、无工程条件下的模型计算结果分析如下。

1. 长距离疏浚对松西河、松东河分流格局的调节作用

对冲淤预测 20 年中各汊道的断面逐日水沙数据进行统计，并基于此分析松东河长距离疏浚对松西河与松东河分流格局的调节作用。在无、有工程条件下，陈二口 20 年分流总量分别为 9230.49 亿 m³、9259.20 亿 m³，后者较前者增加 0.31%。

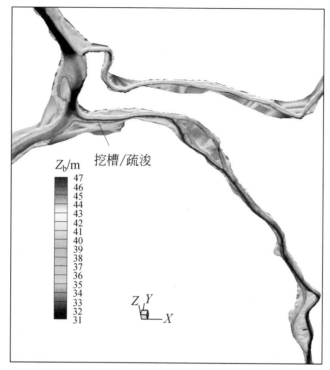

图 5.22　荆南河网松东河长距离挖槽后的河道地形(建模效果)

受松东河疏浚影响，松西河(新江口)、松东河(沙道观)的流量过程均发生了变化，如图 5.23 所示。松西河分流过程萎缩，20 年总过流量减少 8.46%(以陈二口分流量为基准，下同)；松东河分流过程增强，20 年总过流量增加 8.77%。

无工程时松西河 20 年总径流量为松东河的 5.1 倍，有工程时前者降为后者的 2.9 倍。在两河分流格局调整后，松西河仍为松滋口的主分流道，保持着强劲的冲刷能力(20 年中河槽发生 2～2.5m 冲刷)。二维动床预测结果表明，松西河的河床冲刷，有工程时相对于无工程时，仅河槽冲刷幅度发生了一定减小，减小值一般在 0.5m 以内(例如 CS75、CS79)。松东河在有工程时由于引流大幅增加(相对自身增加 57%)，其河槽水流的输沙能力显著增强。在松东河，开挖的新槽不仅没有出现回淤，而且新槽河床还进一步冲刷下切了 1～2m(例如 CS89～CS113)，即松东河的淤积萎缩得到了有效遏制。因而，松东河长距离疏浚能有效调整松东河与松西河的分流比，促进松滋口河网汊道向均衡方向发展。

2. 长距离疏浚对松西河、松东河河槽冲淤的影响

动床预测显示，松滋口附近河道在总体上将处于冲刷状态。有、无工程条件下系列年水沙过程作用后河道监测断面的冲淤变化见图 5.24，对应的断面面积变

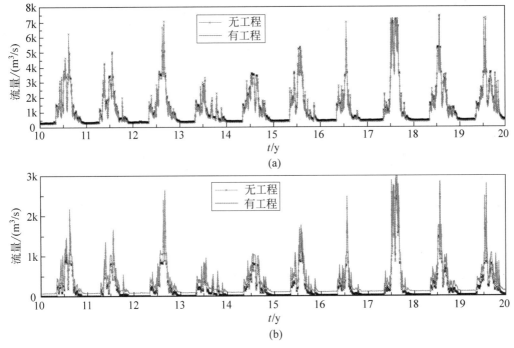

图 5.23 荆南河网松东河长距离疏浚对松西河与松东河分流过程的影响

(a) 新江口；(b) 沙道观

化见表 5.10。分析有、无工程条件下的断面变形可知，受松东河疏浚影响，松西河分流减小、断面冲刷微幅减弱，松东河分流比增大、断面冲刷增强。在松西河，CS75、CS79 过流面积的增加率分别由无工程时的 19.83%、3.22%减小到有工程时的 16.54%、0.94%；在松东河，CS89、CS95 过流面积的增加率分别由无工程时的 −9.06%、1.26%增加到有工程时的 1.58%(由淤转冲)、16.53%。

表 5.10　荆南河网松东河长距离疏浚对河道断面冲淤影响(过流面积变化)

断面	河宽/m	初始面积/m²	无工程 20 年末		有工程 20 年末	
			变化量/m²	变化率/%	变化量/m²	变化率/%
CS24	1281.9	22878.9	240.49	1.05	236.40	1.03
CS25	2461.9	24845.5	626.09	2.52	423.41	1.70
CS57	469.5	9169.6	−636.89	−6.95	−631.78	−6.89
CS71	647.5	4399.3	592.88	13.48	641.20	14.58
CS73	919.7	5097.2	576.95	11.32	659.85	12.95
CS74	672.3	4433.0	742.66	16.75	750.23	16.92
CS75	837.5	3986.8	790.77	19.83	659.53	16.54

续表

断面	河宽/m	初始面积/m²	无工程 20 年末		有工程 20 年末	
			变化量/m²	变化率/%	变化量/m²	变化率/%
CS79	863.4	5549.8	178.92	3.22	51.98	0.94
CS89	670.5	2346.2	−212.62	−9.06	37.03	1.58
CS95	558.4	2290.6	28.97	1.26	358.08	15.63

注：表中统计数据参考水位为 43.0m；统计断面宽度、面积包含工程影响（淤积为负）。

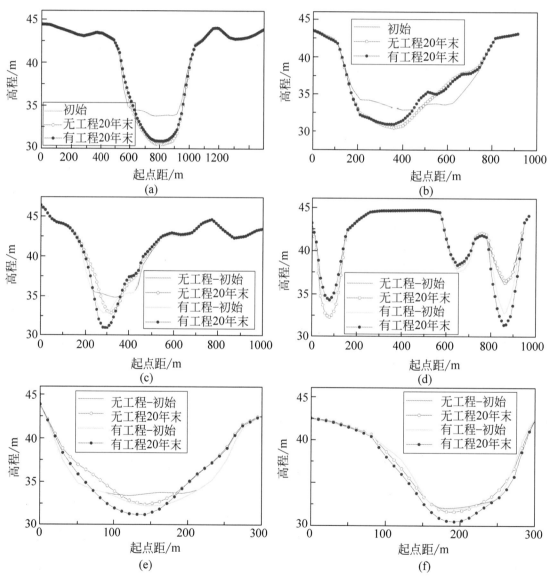

图 5.24　荆南河网松东河长距离疏浚对松西河与松东河断面冲淤的影响

（a）CS75；（b）CS79；（c）CS89；（d）CS95；（e）CS100；（f）CS105

本章通过在河网二维模型中对各种涉水工程进行精细建模，实现了河网与大范围工程的一体化二维水沙精细模拟，进而开展了河网水沙调控研究实践。这些工作标志着河网水沙调控计算已由一维时代跨越到二维时代。另需指出，在开展河网与工程一体化水沙计算时，如何全面真实地考虑河网内各种工程的调度运行方式还有待进一步研究。以节制闸为例，工程在进行洪枯调控时常使用闸前水位、枢纽下泄流量等作为控制指标。目前的研究(5.4 节)虽可在模型中考虑各闸孔的开、关状态，但只适合处理仅包含全开(敞泄)或全关这些简单工况的调控。这是因为通过操控水利枢纽来保持特定的闸前水位或下泄流量并不容易，这与枢纽孔洞的泄流能力、上游来流、下游水情、枢纽及其附近的泥沙冲淤等都有关系。确定开多少孔、开哪些孔才能达到期待的控制指标，可能是一个需要试算的复杂过程，在河流数学模型中考虑这些调度动作的方法尚需进一步研究。

参考文献

[1] 胡德超. 大时空河流数值模拟理论[M]. 北京: 科学出版社, 2023.

[2] 胡德超. 苏支河综合控导工程局部二维数值模拟研究[R]. 武汉: 长江科学院, 2013.

[3] 胡德超. 松滋口建闸二维水沙数学模型研究报告[R]. 武汉: 长江科学院, 2022.

[4] 胡德超. 松西河马峪口—望家垴段航道整治工程平面二维水流数学模型研究报告[R]. 武汉: 华中科技大学, 2018.

平原湖泊在调蓄洪水、存储水资源、提供动植物栖息地、改善生态环境等方面均具有重要的作用。它们常常通过水网与大江大河相连，因而是一个开放性的浅水流动系统，其冲淤演变因同时受内外部因素的影响而十分复杂。本章以被誉为"长江双肾"的洞庭湖与鄱阳湖为例，开展大型平原湖泊冲淤演变的二维精细模拟实践，研究与之有关的容积、湿地变化规律及工程整治等问题，并讨论开展大型江湖河网系统整体二维水沙精细数值模拟的可行性。

6.1　平原湖泊水沙数值模拟概述

我国拥有许多大型平原湖泊，例如洞庭湖、鄱阳湖、太湖、洪泽湖、巢湖等。它们一般具有面积大、入汇多、河势与流路复杂且随季节变化等特征。以较具代表性的洞庭湖为例，其特征为，①面积庞大（2650km²）；②入汇多，湖区北面承接荆江松滋、太平、藕池三口分流，南面和西面承接湘、资、沅、澧四水入汇，三口与四水来流在湖区异步加载，经调蓄后在城陵矶注入长江；③滩槽复式过流通道在湖区广泛分布，湖区具有"洪水一个面、枯水一条线"的河湖转换特征；④岛屿沙洲众多、枯季流路错综复杂。这些特征再加上滩槽床沙、植被等的差异，使湖区水沙输移随季节而变，河床冲淤演变十分复杂。在汛期高水位时，洞庭湖呈湖泊形态，滩槽同步输水输沙。河槽流速大、挟沙能力强，是水沙输移的主通道；滩地有植被覆盖，水流较缓、泥沙容易淤积。在枯季低水位时，洞庭湖呈河道形态，岛屿、滩地纷纷出露，水沙输移被约束在狭窄的河槽之中。

平原湖泊不仅面积庞大，其内部的复杂河势与连通性、各区域的强耦合性又要求对湖泊进行整体和精细模拟（计算量巨大），这使得平原湖泊的数值模拟研究十分具有挑战性。本节以洞庭湖为例，介绍湖区水动力、物质输运、泥沙输移等的精细二维模拟方法，以及大型平原湖泊整体二维模型的性能。

▶ 6.1.1 大型平原湖泊的一维与二维建模

以洞庭湖为例，讨论大型平原湖泊的一维与二维数学模型建模问题。洞庭湖模拟研究，通常选取图6.1范围作为计算区域。目前该区域的茅草街入口已建闸封堵，可将其设为固壁边界。另外，资水入湖尾闾常被处理成东、中、西三支（它们的流量分配比例分别为0.508、0.352、0.14）。这样一来，洞庭湖计算区域共有10个开边界：9个入口分别对应湘江、资水（东支、中支、西支）、沅水、澧水（石龟山）、肖家湾、三岔河、注滋口；1个出口位于七里山。

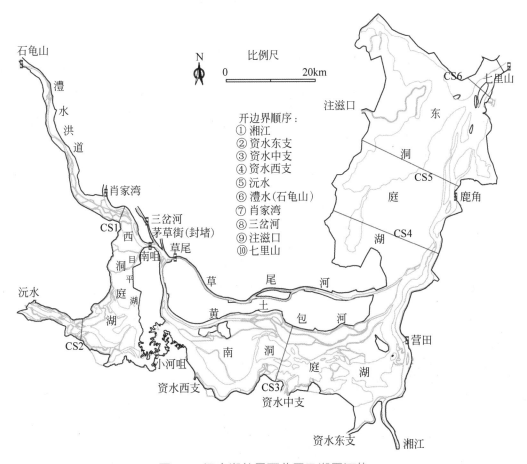

图6.1 洞庭湖的平面范围及湖区河势

在20世纪计算机运算能力不足时，前人常将湖泊视作河道并采用一维模型来研究其水沙运动。用于洞庭湖一维建模的断面布置示例如图6.2所示。由于采用了简化的控制方程、基于断面地形和间距的计算模式等原因，一维模型在用于模拟湖泊时的缺点为，①不能描述湖区不规则的水域及复杂河势，难以充分反映水沙运动特性；②仅能算出水沙因子与河床冲淤的断面平均值等宏观信息。

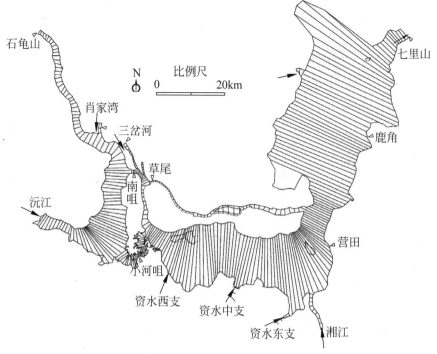

图 6.2　洞庭湖一维数学模型建模的断面布置图

　　高分辨率网格二维模型能克服一维模型的缺点。用于洞庭湖二维建模的滩槽优化无结构网格的示例见图 6.3。在河槽区域，顺、垂直水流方向的网格尺度分别为 200m、30～60m；在滩地区域，网格尺度为 200m。采用 2003 年 3—9 月、2012 年 7 月—2013 年 1 月的 1/10000 实测散点地形插值得到网格节点的高程，建模效果

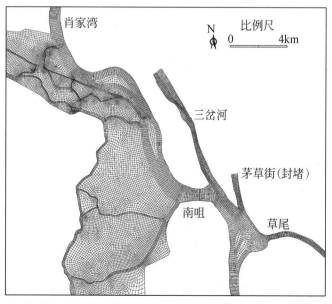

图 6.3　洞庭湖二维模型建模(使用滩槽优化的高分辨率无结构网格)

如图 6.4 所示。由图可知，所建立的二维模型能很好贴合湖区的不规则水域边界并精准刻画流路及复杂河势，为洞庭湖冲淤演变精细模拟奠定了基础。

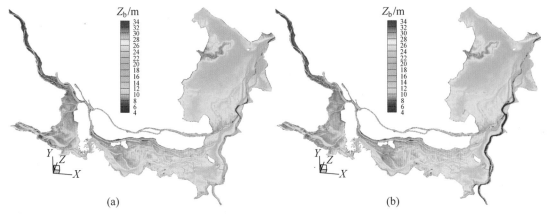

图 6.4　洞庭湖高分辨率二维网格建模的效果图

(a)洞庭湖 2003 年地形；(b)洞庭湖 2012 年地形

▶ 6.1.2　湖区水、物质、泥沙输移的二维数值试验

本节基于高分辨率网格洞庭湖二维数学模型开展数值试验，阐明平原湖泊水动力、物质输运、泥沙输运的数值试验流程及模型可达到的精度水平。

1. 湖区二维水动力模型的率定验证

洞庭湖范围有肖家湾、营田、鹿角水位站及三岔河、石龟山、南咀、小河咀、草尾、七里山等水文站(图 6.1)，它们为开展洞庭湖数值试验提供了丰富的实测数据。松滋口和太平口的分流在穿过河网后，一部分进入澧水尾闾并伙同澧水来流在石龟山入湖，另一部分在肖家湾入湖；藕池口的分流分别在三岔河和茅草街(已建闸封堵)入西洞庭湖、在注滋口入东洞庭湖。湖区各入口开边界条件配置为，在肖家湾近似使用安乡和弥陀寺两站的数据，在注滋口近似使用南县水文站的数据，在其他入口(例如三岔河、石龟山等)使用附近水文站数据。作为数值试验的预备工作，将洞庭湖分为 32 个分区，并让各分区都拥有独立的糙率。

首先，在 2003 年地形上选用实测平滩流量水流条件(2005 年 8 月 1—3 日，枝城流量 29000～29900m³/s)开展率定计算，确定各分区河槽的糙率。经过水位和流量双重校准，得到洞庭湖 n_m= 0.020～0.021，各分区糙率相差不多。在此参数条件下，模型的水位计算误差一般低于 0.1m，流量相对误差在 4%以内。

其次，通过在 2013 年地形上模拟 2013 年非恒定流过程，检验洞庭湖二维模型的精度并进一步优化各分区的 n_{m}。结果表明,所建立的模型较好地模拟了湖区的非恒定流过程,水位计算误差一般低于 0.1m,流量相对误差在 8.5% 以内,部分站点(例如七里山)计算误差较大主要是因为未考虑区间产流影响所致。

2. 湖区物质(保守物质)输运的模拟与分析

物质输运模拟是泥沙计算的基础。这里在多年平均流量水流条件下开展二维模型试验,认识洞庭湖内的物质输运规律。具体试验方法为,①在恒定的开边界条件下进行湖区水流计算,直到算出的水位、流场等不再发生变化;②使用前一步的计算结果作为初始条件(并设全水域的初始物质浓度为 0),将各入流开边界的物质浓度均设为 1kg/m³,进而在恒定开边界条件下开展湖区水流与物质输运的同步模拟。试验表明,高分辨率网格二维模型较好地模拟了洞庭湖的复杂流路及其中的物质输运过程,有关模拟结果简述如下。

洞庭湖物质输运过程如图 6.5 所示。①从石龟山入湖的物质在澧水尾闾河槽中快速下行,在第 1 天末同来自三岔河、肖家湾的物质汇合;②从沅江入湖的物质,分别在第 2、3 天末贯穿西、南洞庭湖;③从西、南洞庭湖输运过来的物质,在第 2~3 天与从湘江入湖的物质在东洞庭湖汇合;④从注滋口入湖的物质,先是在细窄的河槽中快速下行,在进入宽阔的东洞庭湖后行进速度急剧放缓、以扩散为主,在第 4 天才汇入东洞庭湖的南北向河槽。物质从湖区各入口被输运到出口所需的耗时由水流强度、输运距离等共同决定。在所选水流条件下,从湘江入湖的物质历经 90 多千米到达七里山需要 4 天,其他入口的物质贯穿湖区的耗时略长。

3. 湖区水沙数学模型的率定

平原湖泊(泥沙运动多为悬移质)泥沙模型率定验证方法与河道类似(见 3.2.3 节)。可参照湖区出口的实测水沙过程,定义湖区出口总输沙量的相对误差(E_S)作为检验 K 值(水流挟沙力系数)合理性的宏观标准,同时定义湖区出口逐日输沙率的平均绝对相对误差(E_{QS})作为检验 K 是否准确的细观标准。湖区出口输沙过程的计算精度,亦可作为检验湖区冲淤量计算结果准确性的参考。

通过在 2013 年地形上模拟 2013 年非恒定水沙输移过程(计算泥沙输运方程源项但不计算河床变形)率定水流挟沙力系数 K。简便起见,泥沙模型采用与水流模型相同的参数分区(32 分区)。实测水文数据表明,2013 年湖区所有入流开边界的总入湖沙量为 1203.8 万 t,在七里山出湖的总沙量为 2895.8 万 t,据此可判断洞庭湖在 2013 年处于冲刷状态,冲刷量为 1692.0 万 t。

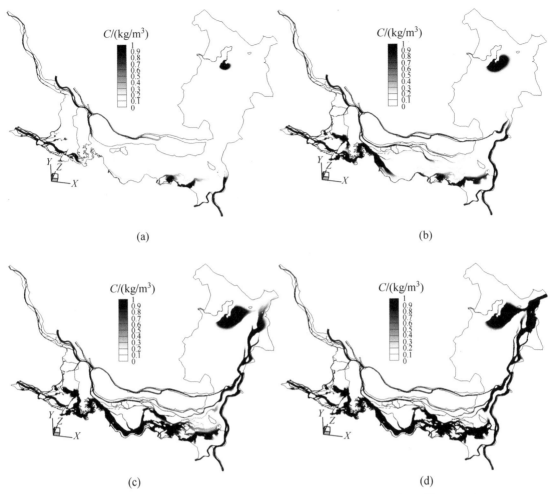

图 6.5　洞庭湖二维模型模拟的保守物质输运过程与场景
(a)第 1 天末湖区浓度分布；(b)第 2 天末湖区浓度分布；(c)第 3 天末湖区浓度分布；
(d)第 4 天末湖区浓度分布

　　对照实测的年输沙量及输沙过程，调整各分区的 K 直到模型计算结果与实测数据符合较好。试验表明，洞庭湖区域的 K 略小于 0.1，各分区差异很小。此时，基于模型算出的 2013 年七里山断面逐日输沙率进行统计，出湖总沙量为 2946.2 万 t，仅较实测值偏大 1.75%。这在宏观上反映模型较好地模拟了洞庭湖的水沙输移过程。而且在该参数条件下，模型亦较好地模拟了各水文站断面含沙量的最小值、最大值及逐日变化过程。需指出，在紧邻江湖交汇口的七里山断面，由于水流与泥沙掺混均十分复杂，模型结果与实测数据存在一定差别。

4. 湖区水沙数学模型的验证

　　通过模拟 2004—2012 年(共 3288 天)洞庭湖非恒定水沙输移过程(计算水流

与河床的泥沙交换但不更新河床地形)来检验模型的精度。将模型算出的湖区断面水沙因子随时间的变化过程与实测数据进行套绘，如图 6.6 所示。

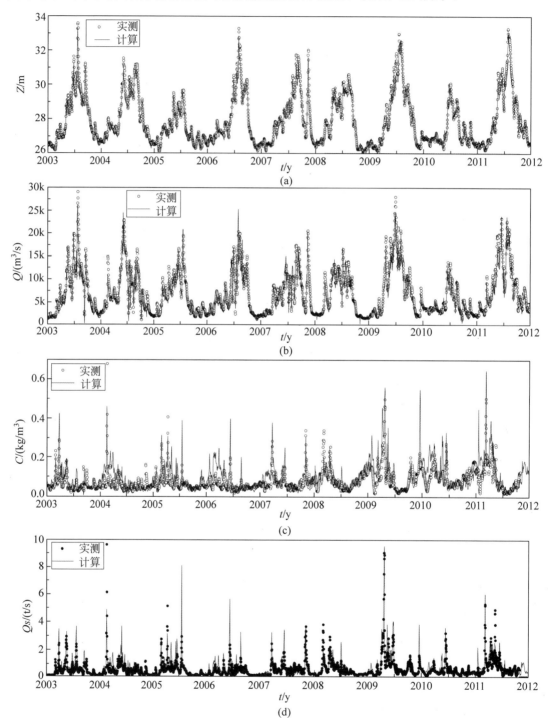

图 6.6　洞庭湖二维模型算出的湖区典型断面在 2004—2012 年的水沙过程

(a)三岔河(水位过程)；(b)七里山(流量过程)；(c)七里山(含沙量过程)；

(d)七里山(输沙率变化过程)

模型算出的水位、流量、含沙量、输沙率等随时间的变化过程均与实测水沙过程符合较好。水位计算误差一般小于 10cm，流量相对误差在 8.5% 以下，含沙量相对误差在 20% 以内，输沙率的相对误差在 15% 以内。验证结果表明，所建立的二维模型较好地模拟了洞庭湖的非恒定水沙输移过程。在洞庭湖出口七里山断面，实测的与模型算出的 2004—2012 年总出湖沙量分别为 15542.1 万 t、15765.6 万 t，后者较前者的相对误差为 1.4%，验证计算精度较高。

▶ 6.1.3　湖区河床冲淤演变的数值试验

由于平原湖泊水沙运动的复杂性，再加上床沙级配资料匮乏、人类活动影响等原因，准确模拟平原湖泊水沙输移过程已不容易，模拟其冲淤演变则更加困难。这里以洞庭湖为例，通过在 2003 年实测地形上模拟 2004—2012 年湖区水沙输移及河床冲淤过程，阐明平原湖泊高分辨率网格二维模型的精度水平。

洞庭湖二维模型(网格含 12.3 万四边形单元)效率测试表明：在 16 核并行条件下模型(Δt=1min)计算 1 年非恒定水沙输移及河床冲淤过程的耗时约 6.5h。为了便于分析，分别对西、南、东洞庭湖三部分的河槽(包括经常过流的主槽、低地等)和非河槽(这里指不经常过流的区域)进行冲淤量统计。此外，在湖区布置 6 个断面用以监测在动床预测中湖区地形的变化，标识为 CS1～CS6(见图 6.1)。

1. 基于实测数据的出入湖沙量平衡性分析

洞庭湖 2004—2012 年实测入、出湖径流量分别为 18399.3 亿 m³、20232.8 亿 m³，二者的差值源于区间产流补给；入、出湖输沙量分别为 14543.1 万 t、15542.1 万 t，湖区净冲刷 999.0 万 t，按 1.2t/m³ 干密度可近似换算为 832.5 万 m³。在三峡工程不同运用期，以三口入洞庭湖水沙条件变化较大，湖区冲淤状态也随之改变。洞庭湖 2004—2012 年实测入、出湖水沙过程的年特征值见表 6.1 和表 6.2。由实测的逐年入、出湖沙量可知，在 2006—2008 年洞庭湖发生了由淤转冲。

水文部门基于实测资料分析发现[1-2]：洞庭湖在 2003—2011 年由淤转冲(仅少量淤积发生在南洞庭湖西部和东洞庭湖南部)，河床平均下切 10.9 cm，东洞庭湖下切最多(19cm)；东洞庭湖滩地也发生了冲刷(与冲积型河湖淤滩刷槽的一般性认识存在差异)，可能与未知人类活动、地形测量误差等有关。

表 6.1　洞庭湖 2004—2012 年实测出入湖的年径流量统计（亿 m³）

年份	湘江	资水	沅水	石龟山	肖家湾	三岔河	注滋口	入湖水量	出湖水量
2004	530.9	181.3	650.5	231.4	403.0	29.8	84.1	2111.0	2329.0
2005	658.2	230.3	519.5	218.5	445.5	40.3	102.4	2214.7	2415.2
2006	779.6	240.1	448.8	101.4	163.9	6.1	22.8	1762.7	1989.6
2007	517.0	168.0	574.8	234.8	378.5	38.9	89.5	2001.6	2093.5
2008	578.9	180.2	594.6	271.7	403.3	29.7	83.3	2141.5	2256.1
2009	492.2	194.9	546.8	205.0	331.5	26.8	67.9	1865.2	2018.3
2010	768.7	225.8	666.1	258.3	397.2	42.5	100.1	2458.7	2798.6
2011	394.0	149.2	379.4	148.8	206.2	9.0	33.8	1320.3	1475.4
2012	725.5	234.7	692.1	265.2	451.7	43.8	110.7	2523.7	2857.1
合计	5444.9	1804.5	5072.7	1935.1	3180.7	266.8	694.6	18399.3	20232.8

表 6.2　洞庭湖 2004—2012 年实测出入的年输沙量统计（万 t）

年份	湘江	资水	沅水	石龟山	肖家湾	三岔河	注滋口	入湖沙量	出湖沙量
2004	256.2	80.4	384.5	382.8	729.1	83.8	312.4	2229.1	1429.3
2005	480.6	87.0	49.0	378.5	1218.0	119.9	437.5	2770.7	1593.5
2006	974.6	25.2	10.3	52.4	139.5	4.5	33.8	1240.4	1517.2
2007	558.8	10.3	70.1	281.2	647.9	55.5	254.7	1878.5	1118.2
2008	508.0	37.3	52.3	264.3	424.8	25.3	146.8	1458.8	1742.5
2009	313.9	2.5	14.9	205.1	412.5	38.9	139.3	1127.0	1665.9
2010	853.3	51.3	145.8	283.3	450.4	38.8	163.7	1986.6	2616.6
2011	127.4	14.2	14.3	106.2	117.7	4.0	22.7	406.5	1455.5
2012	394.4	48.3	109.6	238.3	538.5	38.2	78.3	1445.6	2403.4
合计	4467.3	356.5	850.9	2192.1	4678.2	408.9	1589.3	14543.1	15542.1

笔者通过比较 2003 年、2012 年实测地形得知，洞庭湖总体呈冲刷状态，河床平均下切 12.1cm 并以东洞庭湖下切最多（20.6cm）。洞庭湖河槽与非河槽区域冲淤的真实情况如下。湖区河槽下切并非完全由水流冲刷所致，与采砂等人类活动也有关系。根据湖南省洞庭湖采砂规划报告，湖区年度控制采砂量为 2820 万 m³。因为平原湖泊采砂一般集中在粗砂较丰富的河槽，所以在洞庭湖 2003—2012 年实测

的河槽冲刷中(30846.5 万 m³，见表 6.3)有 2820×9 万 m³ 是采砂所致。据此可推算出 2003—2012 年由水流作用所引起的湖区河槽冲刷仅为 5466.5 万 m³。

表 6.3　洞庭湖实测的各部分的河床冲淤量及冲淤厚度

分区	分区面积/km²		冲淤量(万)/m³				冲淤厚度/cm	
	河槽	非河槽	河槽 (实测)	非河槽 (实测)	河槽 (计算)	非河槽 (计算)	平均 (实测)	平均 (计算)
西洞庭湖	101	244.3	−575.9	58.3	−206.8	601.6	−1.5	1.1
南洞庭湖	298.2	429.6	−1815.8	2737.7	−1502.1	1463.6	1.3	−0.1
东洞庭湖	278.4	1301.9	−28454.8	−4059.5	−2485.8	1151.7	−20.6	−0.8
合计	677.6	1975.7	−30846.5	−1263.5	−4194.7	3216.8	—	—

2. 洞庭湖二维水沙数学模型的计算结果

模型算出的 2003—2012 年湖区河槽冲刷量为 4194.7 万 m³，比基于实测地形测算出的河槽冲刷量小 1271.8 万 m³，误差为 23.2%。由于使用地形法测算微变形区域冲淤量时的精度一般不高，因而模型的上述误差水平是可接受的。

模型算出的湖区累积冲淤量随时间的变化见图 6.7。从冲淤量年内变化来看，洞庭湖在汛期冲刷、非汛期淤积。从年际变化看，洞庭湖在 2006 年前缓慢淤积，在 2006—2008 年由淤转冲，这与实测的逐年出、入湖沙量(在 2006—2008 年由负转正)是一致的。模型算出的湖区冲淤量的变化过程，较好地反映了洞庭湖冲淤对变化水沙边界条件的响应规律。从最终结果来看，模型算出的湖区冲刷量为 977.9 万 m³，与按输沙量法推算出的实测冲刷量(832.5 万 m³)相差 17.5%。

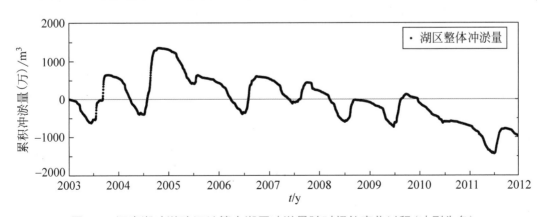

图 6.7　洞庭湖冲淤验证计算中湖区冲淤量随时间的变化过程(冲刷为负)

将实测的 2012 年地形断面与模型算出的最终地形断面进行套绘(图 6.8)。在西、南洞庭湖(冲淤幅度很小),模型结果与实测数据符合较好。在东洞庭湖,模型算出的河槽最大冲深一般在 3~4m,明显小于实测的河槽变形幅度(部分断面下切达 10m 以上)。这一偏差是因为在模型计算中未考虑河槽采砂等人类活动影响,因而模型在东洞庭湖河槽的冲淤计算误差并不代表它的真实误差水平。由模型算出的冲淤厚度平面分布(图略)可知,湖区在总体上处于冲刷状态,冲淤幅度在河槽较大、在非河槽区域较小,计算结果与实测资料基本一致。由本例可知,高分辨率网格二维模型能较好地刻画平原湖泊内的滩槽复式过流通道及复杂河势,具备开展湖区非恒定水沙输移及河床冲淤精细模拟的能力。

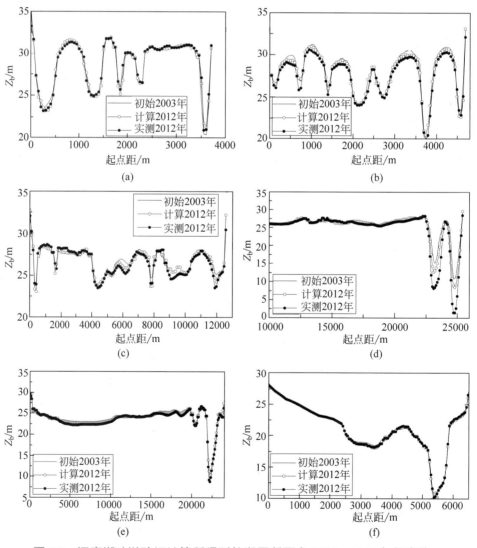

图 6.8　洞庭湖冲淤验证计算所得到的湖区断面在 2003—2012 年的变化

(a)CS1;　(b)CS2;　(c)CS3;　(d)CS4;　(e)CS5;　(f)CS6

6.2 湖泊容积与湿地变化预测——以洞庭湖为例

平原湖泊河床冲淤演变趋势预测与规律分析，常常是开展区域防洪、水资源利用、生态环境保护等的基础。以洞庭湖为例，采用高分辨率网格二维模型进行湖区未来冲淤演变预测[3]，并基于此分析湖区容积及湿地的变化规律。

▶ 6.2.1 洞庭湖冲淤演变趋势的二维模型预测

1. 动床预测的计算条件

在 2012 年实测地形上，开展洞庭湖 20 年(7306 天)水沙输移及河床冲淤过程的二维数学模型预测。采用一维数学模型计算，提供二维数学模型所需的开边界逐日水沙(包括流量、水位、各分组悬移质泥沙浓度等)过程。

一维模型计算选用实测 90 系列作为基础水文系列(将其循环两次)，并包括两个方面：①基于入库水沙过程、水库运用方式等，采用长江上游水库群一维模型开展 20 年水沙输移计算，得到三峡水库出库的逐日水沙过程；②以三峡水库出库水沙过程等作为开边界条件，采用长江中游江湖河网整体的一维模型开展 20 年水沙输移计算，得到洞庭湖各入口(四水除外)的水沙过程及出口的水位过程。

在长江上游水库群调控背景下，长江中游河床冲刷、荆江三口分流分沙规律变化等，使通过荆南河网进入洞庭湖的水沙数量减小。一维模型的计算结果表明，从肖家湾、三岔河、注滋口入湖的径流量在第一、第二个 10 年分别为 5125.4 亿 m^3、3799.9 亿 m^3，后者较前者减小 25.86%；从它们入湖的沙量在第一、第二个 10 年分别为 14789.8 万 t、9386.5 万 t，减小 36.53%。假设在第一、第二个 10 年中洞庭湖四水的来水来沙条件不变。从所有入湖开边界来看，在第一个 10 年中入湖总径流量、总沙量分别为 24944.6 亿 m^3、36728.1 万 t；在第二个 10 年中入湖径流量减小为 24160.1 亿 m^3，入湖沙量减小为 33045.3 万 t。洞庭湖四水来流具有泥沙浓度小、颗粒细等特点。相比于四水来流，通过荆南河网入湖的水流的含沙量高 1 倍以上，且其中较粗颗粒(0.031～0.125mm)占比较高。上述水沙系列中湖区各入口的平均含沙量及来沙中较粗颗粒的占比见表 6.4。

2. 湖区的冲淤演变发展趋势

由动床预测第 20 年末洞庭湖各部分的冲淤量(表 6.5)可知，西洞庭湖在整体

表 6.4　90 系列 20 年循环时段内洞庭湖各入流开边界的平均含沙量的特征值

水沙特征因子	湘江	资水	沅水	石龟山	肖家湾	三岔河	注滋口
水量(亿)/m^3	15036.6	5211.8	13848.9	6082.3	6476.6	431.5	2017.0
沙量(万)/t	15965.4	6171.6	14590.8	8869.1	18592.5	721.1	4862.6
含沙量/(kg/m^3)	0.106	0.118	0.105	0.146	0.287	0.167	0.241
较细颗粒占比/%	63.4	67.4	67.7	67.8	46.1	91.9	44.4
较粗颗粒占比/%	20.3	22.7	18.0	19.6	44.6	5.5	27.7

注：表中较细颗粒指粒径在 0.031mm 以下，较粗颗粒指粒径在 0.031~0.125mm。

表 6.5　洞庭湖在未来 20 年中各部分的冲淤量与冲淤厚度的预测结果

湖区部分	分区面积/km^2		冲淤量(万)/m^3		冲淤厚度/cm		
	河槽	非河槽	河槽	非河槽	河槽	非河槽	平均
西洞庭湖	101	244.3	3887.1	8975.0	38.5	36.7	37.2
南洞庭湖	298.2	429.6	−15206.8	11608.8	−51.0	27.0	−4.9
东洞庭湖	278.4	1301.9	−1001.3	11223.9	−3.6	8.6	6.5
合计	677.6	1975.7	−12321.0	31807.6	—	—	—

上处于淤积状态；南洞庭湖与东洞庭湖河槽发生冲刷，非河槽区域则在淤积。总体上，湖区河槽表现为冲刷(12321.0 万 m^3)，平均冲刷深度为 18.2cm；非河槽区域变现为淤积(31807.6 万 m^3)，平均淤厚为 16.1cm。洞庭湖在未来 20 年的总淤积量为 19486.6 万 m^3，平均淤厚为 7.3cm。洞庭湖在未来 20 年的累积冲淤量随时间的变化过程见图 6.9。从年际变化看，在第 8、16 年(均对应 1998 大水大沙年)淤积量急剧拉升，年淤积量分别为 5241.1 万 m^3、3926.9 万 m^3。在第一个 10 年中，入湖沙量较大，湖区淤积 10998.0×1.2 万 t，占来沙的 35.9%；在第二个 10 年中，通过荆南河网入湖的沙量减小，湖区淤积量减小为 8488.6×1.2 万 t，占来沙的 30.8%。在洞庭湖未来 20 年的 6.98 亿 t 来沙中，有 33.5%淤积在湖区。

3. 湖区未来的冲淤分布

图 6.10 是二维模型算出的第 20 年末的湖区冲淤厚度分布。由图可知，湖区有冲有淤，河槽冲淤幅度较大，非河槽区域冲淤幅度很小。在入流河段或水域，河床冲淤与开边界的来沙数量及粗细程度密切相关。一方面，四水的小含沙量水流，

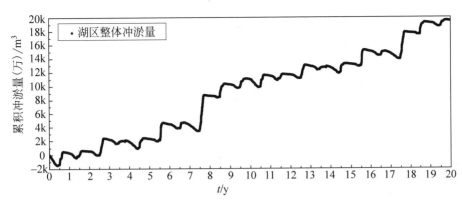

图 6.9 洞庭湖 20 年冲淤预测中冲淤量随时间的变化过程(淤积为正)

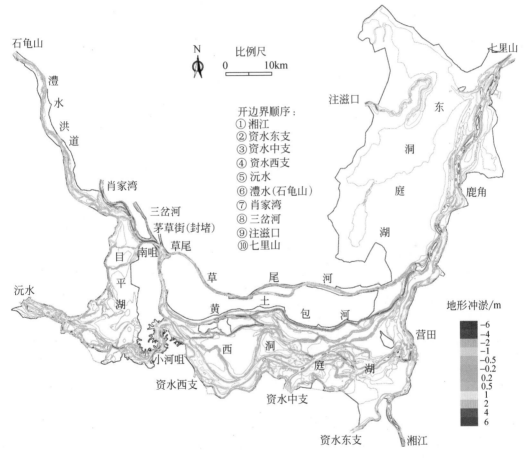

图 6.10 洞庭湖 20 年二维冲淤预测得到的河床冲淤厚度分布

对其所流经的入湖尾闾、西洞庭湖、南洞庭湖等的河槽区域造成 4~6m 幅度的冲刷,同时在非河槽区域产生小幅淤积(0.2~2m)。另一方面,挟带较多粗颗粒的入流(主要是荆南河网入流)在入湖后随着流速迅速放缓,其中的粗颗粒在入湖河段及其下游几十千米范围内落淤下来,形成显著淤积。

荆江三口的分沙大部分在肖家湾入湖，并引起肖家湾—南咀河段的显著淤积，淤厚达 6m。挟沙水流在穿过南咀后分为两股：①第一股沿南北向通道进入南洞庭湖西侧，由于该通道(位于湖内)水面比降很小，泥沙继续沿程淤积，河槽和滩地淤厚达 2m；②第二股走草尾河汇入东洞庭湖，沿程水流较集中、输沙能力较强，因而水流所挟泥沙大部分均顺利穿过草尾河，之后这股水流在东洞庭湖入汇点及下游(存在水深大、流速缓的深槽)引起显著淤积。事实上，这种深槽淤积在东洞庭湖普遍存在，原因为，前期采砂所形成的深槽与预测计算所采用的水沙条件并不适配。因而，在动床预测中东洞庭湖河槽较低段、较高段分别发生淤积和冲刷(冲淤幅度 −6～6m)，从而引起东洞庭湖深泓纵剖面调整。此外，东洞庭湖的河床冲淤还与入湖水沙、湖区出口水位、湖区河势形态等有关。

将模型算出的第 10、20 年末的断面与初始断面进行套绘，如图 6.11 所示。由图可知，肖家湾入湖段滩槽显著淤积(CS1)，沅江入湖段河槽有冲有淤(CS2)，南洞庭湖具有槽冲滩淤特征(CS3)，东洞庭湖河槽有冲有淤(CS4～CS5)。断面冲淤变形的模型计算结果与前述冲淤厚度平面分布的模拟结果是一致的。

▶ 6.2.2　洞庭湖未来调蓄能力变化分析

使用实测的 2012 年地形和预测的 2022 年、2032 年地形(6.2.1 节)，分别开展洞庭湖典型年非恒定流的二维模型计算，通过统计湖区在不同水位下所承载的水量并分析其随地形的变化，研究洞庭湖调蓄能力(容积)的未来变化规律。为了能全面分析湖区在高、低水位下的容积变化，选取 1998 年作为典型年。

在洪水过程模拟时，模型根据算出的逐日水流信息统计当日的湖区水体体积(V_T)，并记录当日的七里山水位(Z)作为参照。V_T 的计算式为

$$V_T = \sum_{i=1}^{N} P_i h_i \tag{6.1}$$

式中，P_i、h_i 分别为单元 i 的面积、水深(干单元 $h_i=0$)；N 为网格的单元数量。

将在 2012 年地形工况下模型算出的 V_T-Z 相关点绘制在同一图上(图略)，分析发现 V_T 与 Z 均具有良好的正相关性，进而可建立 V_T 与 Z 的拟合关系式：

$$V_{T,2012} = 1.0851Z^2 - 42.83606Z + 440.2667 \tag{6.2}$$

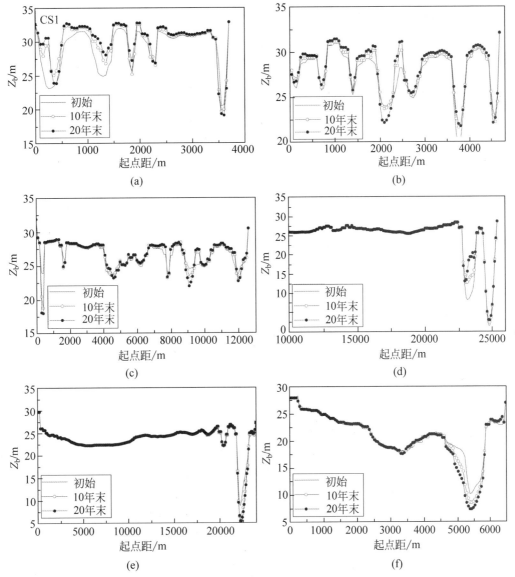

图 6.11　洞庭湖 20 年冲淤预测得到的湖区监测断面的地形变化

(a) CS1；(b) CS2；(c) CS3；(d) CS4；(e) CS5；(f) CS6

同理，可建立 2022 年、2032 年地形工况下 V_T-Z 的拟合关系式：

$$V_{\mathrm{T},2022} = 1.1049Z^2 - 43.8919Z + 452.43667 \tag{6.3}$$

$$V_{\mathrm{T},2032} = 1.10477Z^2 - 43.90385Z + 452.17392 \tag{6.4}$$

在式(6.2)～式(6.4)中，V_T 与 Z 的相关系数分别为 0.99736、0.99757、0.99782。一方面，使用 2012 年、2022 年、2032 年地形上的 V_T-Z 关系式可分别算出 3 种地形条件下洞庭湖在七里山不同水位时的容积(表 6.6)。由表可知，洞庭湖在低水位时的容积萎缩较显著，在高水位时的容积变化很小。例如七里山 20m 水位所对应的湖泊容积在第 20 年末减小 8.99%；32m 水位所对应的容积在第 20 年末仅减小 1.17%。另一方面，前述动床预测表明，在经历 2012—2032 年水沙过程作用后，洞庭湖发生了约 1.95 亿 m^3 的泥沙淤积，即七里山水位 32m 所对应的湖泊容积在第 20 年末将减小 1.08%。由此可见，这里使用 V_T-Z 拟合关系式分析所得的结果与前述洞庭湖动床预测的结果是一致的。总体来看，在未来 20 年中，洞庭湖的泥沙淤积主要分布在低水淹没区域，湖区容积在高水位时的变化不大。

表 6.6　洞庭湖槽蓄容积在不同年份地形及不同湖水位条件下的变化

七里山水位/m	$V_{T,2012}$ (亿)/m^3	$V_{T,2022}$ (亿)/m^3	$\Delta V_{T,2022}$/%	$V_{T,2032}$ (亿)/m^3	$\Delta V_{T,2032}$/%
20.0	17.6	16.6	−5.84	16.0	−8.99
22.0	23.1	21.6	−6.40	21.0	−8.95
24.0	37.2	35.5	−4.74	34.8	−6.42
26.0	60.1	58.2	−3.16	57.5	−4.26
28.0	91.6	89.7	−2.04	89.0	−2.81
30.0	131.8	130.1	−1.28	129.4	−1.84
32.0	180.7	179.3	−0.74	178.5	−1.17

注：表中七里山水位使用 1985 年黄海高程基面作为参照；ΔV_T 表示容积变化率。

▶ 6.2.3　洞庭湖湿地面积的变化分析

一维模型与低分辨率网格二维模型均难以精确描述江湖湿地的分布或模拟它们随河床冲淤演变所发生的变化；而将高分辨率网格二维模型用于江湖湿地冲淤演变大时空模拟，又存在计算量过大的困难。因此，江湖湿地演变模拟研究至今少有文献报导。本书通过使用新理论与算法来克服高分辨率网格二维模型效率不足等困难，进而开展了洞庭湖河床演变的精细模拟(6.2.1 节)，其计算结果为研究洞庭湖湿地的未来变化趋势提供了所必需的地形数据。本节分别在洞庭湖 2012 年、2022 年、2032 年地形条件下，开展典型年(选用 1998 年)非恒定流过程模拟，通过统计湖区在不同水位时所拥有的湿地面积并分析其随地形的变化，研究新水沙条件下洞庭湖湿地的未来变化规律。

湿地泛指暂时或长期覆盖水深不超过 H(2～6m) 的低地[4]。因而，湖泊水域不全是湿地，水深过大的水域不是湿地。可基于二维模型算出的单元水深(h_i)来筛选湿地单元进而统计湖区的湿地面积。首先，将满足 $h_i \leqslant H$ 的湿单元规定为湿地单元，本例中令 $H=5m$；其次，对所有湿地单元的面积进行求和，即可得到湖区湿地的面积。在洪水过程模拟中，模型根据算出的逐日水流信息统计当日的湖区湿地面积(A_T)，并记录当日的七里山水位(Z)作为参照。A_T 的计算式为

$$A_T = \sum_{i=1}^{N} P_i \tag{6.5}$$

式中，P_i 为单元 i 的湿地面积，它在 $h_0 < h_i \leqslant H$ 时等于单元 i 的面积，否则为 0。

将模型使用 2012 年、2022 年、2032 年地形算出的 A_T-Z 相关点绘制在同一图上(图 6.12)。由图可知，在 3 种地形工况下，A_T 随 Z 的变化规律相同：当 Z 低于 27m 时，A_T 随 Z 增加而增加；当 Z 高于 29m 后，A_T 随 Z 的增加而减小。当湖水位较低时，湖区呈现为"枯水一条线"的河道形态，A_T 因水域边界较短而较小，且随着湖水位升高逐步增大。当湖水位升至高位时，湖区转而呈现"洪水一条面"的湖泊形态。若水位继续升高，湿地单元($h_0 < h_i \leqslant H$)向深水单元($h_i > H$)的转化将越来越多，当新增的湿地单元少于减小的湿地单元时，A_T 将变小。因而洞庭湖 A_T 并非在最低或最高水位时达到最大，而是在七里山水位约等于 28m 时最大。在 2012 年、2022 年、2032 年地形上，洞庭湖 A_T 的最大值分别为 1729.1km²、1673.2km²、1642.30km²。洞庭湖湿地面积的最大值在第 10、20 年末分别减小 3.2%、5.0%。

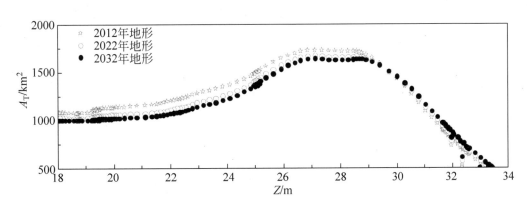

图 6.12　洞庭湖湿地面积(A_T)在不同地形条件下与七里山水位(Z)的对应关系

6.3　入湖尾闾整治的工程计算——以鄱阳湖为例

河流入湖段也被称为入湖尾闾，它也是平原湖泊治理与保护的重点关注对象。由于入湖尾闾位置特殊，其工程整治不仅需要阐明工程效果，还需讨论工程

对邻近水域及广大湖区的可能影响。以抚河尾闾改道工程为例[5]，建立鄱阳湖及其支流入湖尾闾整体的二维模型，介绍入湖尾闾整治的模拟研究方法。

▶ 6.3.1 鄱阳湖及其支流入湖尾闾整体的二维模型

1. 鄱阳湖及其支流入湖尾闾水沙运动的特点

鄱阳湖与洞庭湖有多个相似之处，其特点简述如下。①面积庞大($4070km^2$)。②进出口多，拥有五河(饶、信、抚、赣、修)入湖，并在湖口与长江连通。③部分入湖河道呈网状，例如赣江入湖河道。④滩槽复式断面过流通道在湖区广泛分布，湖区流路随季节变化，具有"洪水一个面、枯水一条线"的河湖转换特征。在枯季，洲滩大量出露、河势复杂，湖区呈河道形态(水域面积可低至$500km^2$)。为了保证鄱阳湖枯季水沙输移的模拟精度，需精确刻画湖区的枯季流路和洲滩分布，这对数学模型建模提出了较高的要求。

对于平原湖泊，入湖尾闾在向湖区延伸的过程中，由于过流断面不断增大、流速放缓，泥沙将在沿程逐步淤积并在紧邻入湖口下游的开阔水域形成三角洲。入湖尾闾同时受上游来流来沙及下游湖区水位消长的影响，通常具有洲滩多、河势及冲淤演变复杂等特点。在某些极端条件下，入湖尾闾的急冲猛淤可能造成流路堵塞、上游河道水位抬升(洪水风险增加)等不利影响。鄱阳湖入湖尾闾的水沙运动基本符合平原湖泊入湖尾闾的一般规律。人们目前对平原湖泊尾闾的认识还比较有限，湖泊尾闾河床演变分析大多借鉴入江、入海河口的有关理论。因而，研究入湖尾闾的冲淤演变规律及治理策略具有重要的科学及工程意义。

2. 鄱阳湖及其尾闾的高分辨率网格二维模型

鄱阳湖及其支流入湖尾闾二维模型的计算区域如图6.13所示，包括九江—彭泽长约62km的长江干流河段、鄱阳湖及其五河入湖河段，具有7个入流和1个出流开边界。采用滩槽优化的四边形无结构网格剖分计算区域(图6.14)。在长江干流、五河尾闾及鄱阳湖的河槽，顺、垂直水流方向的网格尺度分别取200m、60~80m；湖区滩地的网格尺度取200m。考虑到拟开展的抚河尾闾整治研究，对青岚湖及附近采用尺度为100m×100m的网格进行加密。得到的网格含有24.7万个单元。采用2010年的DEM数据(高程点间距20~50m)塑制模型地形。

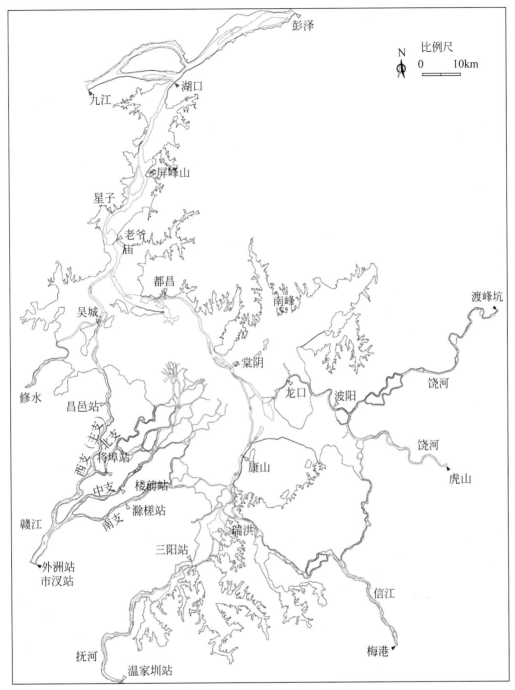

图 6.13　鄱阳湖的平面范围及湖区在枯季的流路与河势

选用 2010 年 6 月 24 日实测水文资料，率定湖泊各分区在大流量条件下的糙率。当日五河流量之和（25428m³/s）为 2010 年鄱阳湖最大单日入汇，其中饶河（峰渡坑）、饶河（虎山）、信江、抚河、赣江、修水流量分别为 120m³/s、318m³/s、3290m³/s、5290m³/s、16100m³/s、310m³/s；长江干流九江站流量为 37000m³/s，彭泽水位为

16.22m。调整各分区糙率开展模型试算，直到算出的湖区各水文站点的水位、赣江各汊的分流比等与实测数据相符合。率定结果为，长江干流、湖区、五河尾闾的糙率分别为 0.021～0.024、0.020～0.022、0.026～0.032。此时，湖区各站点的水位计算误差一般在 0.25m 以内（表 6.7）。模型算出的赣江入湖各汊（南支、中支、北支、西支）分流比的误差在-0.63%～0.70%（表 6.8）。模型算出的平面流场（图略）能较好地再现五河入湖、鄱阳湖入汇长江等水流场景。

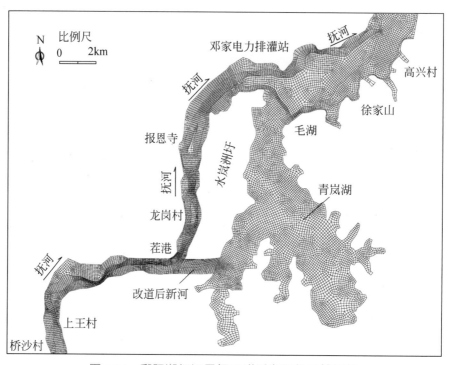

图 6.14　鄱阳湖抚河尾闾及附近湖区的计算网格

表 6.7　鄱阳湖及尾闾二维模型率定计算的水位计算结果（m）

水位站	实测	计算	误差	水位站	实测	计算	误差
九江	17.56	17.56	0.01	龙口	17.79	18.01	0.22
湖口	17.27	17.31	0.04	波阳	17.96	18.01	0.06
彭泽	16.22	16.22	0.00	康山	17.97	18.02	0.05
星子	17.63	17.71	0.08	昌邑	18.18	18.35	0.17
吴城	17.78	17.61	−0.17	滁槎	19.30	19.13	−0.17
都昌	17.77	17.98	0.21	三阳	18.45	18.38	−0.07
棠荫	17.81	18.01	0.20				

表 6.8 鄱阳湖及尾闾二维模型率定计算的分流比计算结果(%)

赣江入湖分支	2010 年 6 月 23 实测数据	计算值	误差
南支	24.58	24.56	−0.02
中支	28.43	28.37	−0.05
北支	14.19	14.89	0.70
西支	32.81	32.18	−0.63

对于入湖尾闾及其上游河道,若缺乏实测水文资料,可采用洪水调查资料对河道糙率进行近似率定。以抚河为例,洪水调查发现:历史上抚河曾发生 5% 洪水($11000\text{m}^3/\text{s}$),洪水在李家渡断面(温家圳上游约 20km)所造成的洪痕的高程为 31.62m。同时,水文分析表明,当发生 5% 洪水时抚河末端(三阳站)水位为 19.14m。据此,即可采用 5% 洪水条件率定抚河尾闾及其上游河段的糙率。

▶ 6.3.2 鄱阳湖入湖尾闾改道对湖区的扰动分析

以鄱阳湖抚河尾闾改道工程为例,介绍使用二维模型分析入湖尾闾整治工程扰动的方法,同时讨论入湖尾闾整治对湖区水流的影响。

1. 抚河尾闾改道工程的二维建模

抚河尾闾目前存在多处滩地和沙洲,河势较复杂。近年来,河床具有淤积抬升的趋势,局部冲淤并存,河槽在来流作用下频繁左右摆动。抚河尾闾复杂的河床演变,不利于洪水下泄与通航(航线不畅、航槽不定、枯水期基本断航)。为了从根本上解决这些问题,拟在茬港(下距三阳水位站约 28.5km)实施抚河改道工程。改道后,抚河就近东出青岚湖进而在三阳注入鄱阳湖。在前述鄱阳湖及其支流入湖尾闾整体二维模型的基础上,进行抚河尾闾改道工程建模。依据规划的新河线路与宽度绘制辅助边界,生成新河范围的计算网格($100\text{m}\times50\text{m}$)。按照设计值设定新河范围的网格节点河床高程,建模效果如图 6.15 所示。

2. 工程对鄱阳湖水流的扰动分析

在进行抚河尾闾改道对湖区水流的扰动计算时,计算条件需考虑河洪与湖洪遭遇的问题。为了避免较繁琐的水文分析,可采用在实测水文条件基础上放大入湖河道洪水的方法来构造数值试验所需的水流条件。具体做法为,在实测入湖水文过程中寻找与目标频率湖洪较接近的水文条件作为基础,再将所关注的入湖河

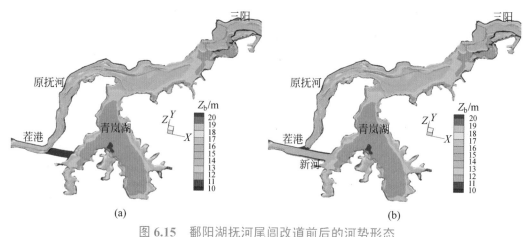

图 6.15　鄱阳湖抚河尾闾改道前后的河势形态

(a) 工程前；(b) 工程后

道的流量放大到目标频率河洪的流量。这里以 2010 年 6 月 24 日的鄱阳湖水流条件为基础，同时将抚河流量放大到 5% 河洪所对应的流量(11000m³/s)。

图 6.16 给出了工程前后新河附近水位、流速变化的等值线。在新河上下游布设 3 个监测断面(温家圳、荏港、三阳)，以便分析工程前后抚河及邻近水域的流

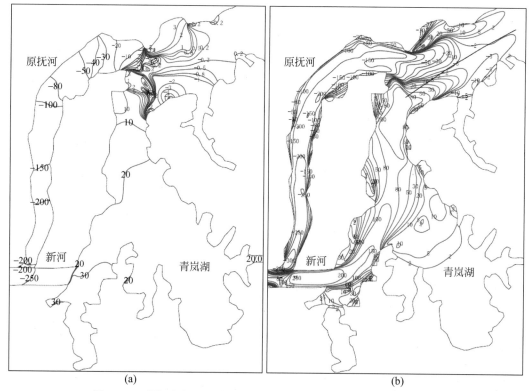

图 6.16　鄱阳湖抚河尾闾改道前后的水位、流速变化等值线图

(a)工程前后水位变化图，图中正值表示水位升高，负值表示水位降低，单位为 cm；

(b)工程前后流速变化图，图中正值表示流速增大，负值表示流速减小，单位为 cm/s

速及水位变化(表 6.9)。工程对水位的影响主要集中在工程上下游局部:①荏港上游的河道和被堵塞的原抚河河道水位降低,降低最大值为 2.5m,位于新河入口上游附近,水位降低范围(变化值大于 0.1m)一直延伸到抚河温家圳断面;②青岚湖水位升高,最大升高值 0.3m,位于新河出口下游约 1km 范围内,水位升高范围延伸到青岚湖出口下游约 3km 处(新河出口下游约 13.4km)。

表 6.9　鄱阳湖抚河尾闾改道工程前后各监测断面的水位变化(m)

监测断面	抚河 5%频率洪水		
	工程前	工程后	变化值
三阳(新河下游 25.6km)	18.95	18.95	0.00
新河进口处	23.26	20.40	−2.52
温家圳(新河上游 21.8km)	28.69	28.50	−0.19

抚河尾闾改道对流场的影响主要集中在工程上下游局部水域(图 6.16),表现为荏港上游的河段和青岚湖流速增加,被堵塞的原抚河河道流速降低为 0。工程后,流速增加值一般在 0.5~1.0m/s,最大增加 2.5m/s,位于新河入口附近;流速减小值一般在 0.5~1.5m/s,最大减小 3.0m/s,位于原抚河河道。工程对流场的影响范围(变化值大于 0.05m/s)在荏港上游 21.8km、青岚湖出口下游 6km 的范围内。由此可见,在湖区大水与抚河 5% 河洪遭遇的水流条件下,抚河尾闾改道对水位、流速的影响分别在三阳水位站上游约 12km、9km 处趋于消失,不会对三阳水位站下游的湖区水域或工程(例如湖口枢纽等)等产生影响。

3. 工程对邻近水域冲淤的扰动分析

抚河下游(李家渡水文站)的年径流量、输沙量分别为 123.70 亿 m³、139.56 万 t。改道工程不改变抚河来水来沙特性,它对附近水沙输移的影响分析如下。

新河及其上游河道的冲淤。改道前,抚河温家圳—荏港河段处于缓慢淤积状态;在荏港以下随着水面变宽、流速放缓,泥沙淤积逐步增强。改道前抚河从荏港到入湖口门(三阳)的流路为 13.5km,改道后抚河(顺新河而下至青岚湖)入湖流路大幅缩短至约 2.5km,使荏港上游河段的水面纵比降和流速显著增加。改道后,新河上游河道流速增加 0.05~1.0m/s,水流的输沙能力显著增强,可能导致该河段由缓慢淤积转为冲刷;同时新河由于流速较大将处于冲刷发展之中。

青岚湖的冲淤。改道后，青岚湖成为抚河来水来沙的直接接受区。由于湖区水流挟沙能力很弱，来流在穿过青岚湖的过程中其挟沙将在沿程逐步淤积。青岚湖水域面积 48.39km²，河底高程在 11.0～11.5m。三阳站多年平均水位(14.8m)时青岚湖的容积为 1.8 亿 m³，约是抚河年来沙量的 130 倍。因而，改道后青岚湖自上而下的淤积将是一个百年尺度的漫长过程。抚河来流在经历青岚湖沿程泥沙落淤之后含沙量将显著减少，而改道又导致青岚湖出口附近流速增加。因而，青岚湖出口附近在工程后的一定时期中可能表现为冲刷状态。

6.4 湖滨民垸溃堤洪水过程的复演

历史上围湖造田导致我国许多大型平原湖泊周围都分布着民垸、蓄滞洪区。当湖区发生大洪水、长时段持续处于高水位时，民垸、蓄滞洪区的围堤常常由于渗漏、管涌等发生溃决并引起洪水淹没灾害。复演溃堤洪水，对于认识溃堤洪水发生发展过程、评估洪水情势与风险、抢护险情、防御洪水等都具有重要的意义。本节以洞庭湖团洲垸 2024 年"7·5"溃堤洪水为例，介绍从宏观过程、细部水流结构等方面全方位复盘溃堤洪水的方法，以及溃堤洪水危险性的分析方法。

▶ 6.4.1 洞庭湖 2024 年溃堤洪水及模拟方法概述

钱粮湖垸是洞庭湖区 24 个蓄滞洪区之一，东临洞庭湖，南靠藕池河，内有华容河(过华容县城后分南北两支)自西向东穿垸而过，北边为墨山山麓。钱粮湖垸由团洲垸、新生垸、新华垸、新太垸、钱粮湖南垸(钱南垸)、钱粮湖北垸(钱北垸)、小团洲垸等组成，以间堤隔开。总面积 454.06km²，设计蓄洪水位 33.06m(1985 年国家黄海高程基准)，设计蓄洪量为 22.2 亿 m³。团洲垸与钱南垸联系紧密。

1. 洞庭湖团洲垸 2024 年"7·5"溃堤洪水基本情况

2024 年 7 月 5 日 17:48，团洲垸临洞庭湖的一线堤防(桩号 19+480，图 6.17)由于管涌封堵失败决堤，初始溃口宽度约 10m；5 日 19:00、5 日 22:00、6 日 9:00、6 日 11:00 溃口宽度分别扩大至 100m、150m、220m、226m[6]。溃口内外水位于 6 日 12:00 达平衡，溃堤洪水入流团洲垸持续 0.75 天，期间实测流量峰值为 5182m³/s。7 月 6 日 10:00 实测地形表明，溃口及其下游附近河床下切至 20～22m 高程。团洲垸临洞庭湖的一线堤防决口后，钱南垸与团洲垸之间的隔堤(钱团间堤)成为一线临洪大堤，使钱南垸防洪压力陡增。7 月 6 日 14:00 开始封堵溃口工作，7 月 8 日 17:00、7 月 8 日 21:00 封堵累计进占 180.5m、212m，7 月 8 日 22:30 实现合龙。

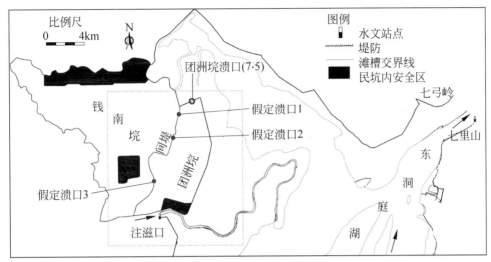

图 6.17　团洲垸及其附近湖区和民垸的分布格局

2. 溃堤洪水的模拟方法及复演建模方法

溃堤洪水复演或预测一般选用二维水动力模型作为研究工具，同时具体研究方法多为局部区域模拟法[7-8]，其特点为，①计算区域仅包含溃口背侧的受淹区（例如蓄滞洪区、民垸等）而不含与之连通的河湖；②将受淹区入口（溃口、分洪闸等）作为开边界并应用流量或水位边界条件，进而开展受淹区的洪水演进计算。该方法的不足在于，不能反映受淹区与溃口外河湖之间的水体交互，受淹区外部河湖水位变动所产生的影响不能在溃堤洪水模拟中得到考虑，降低了溃堤洪水模拟的准确性。同时，在受淹区入口，由于水位梯度大和影响因素多，还存在边界条件不易准确给定等困难。鉴于此，本书将采用河湖与民垸一体化二维数值模拟方法替代传统的局部区域模拟法，开展洞庭湖溃堤洪水复演及危险性计算。

河湖与民垸一体化模拟方法，即在建模时将湖区及湖滨民垸作为一个整体建立模型，可以准确反映湖区水位涨落对溃口处流向、进出流量等的作用。本例选取东洞庭湖、团洲垸和钱南垸作为模型的计算区域：东洞庭湖青港至七里山长约 58km 的湖段，面积为 1332.4km^2；钱南垸为 148.0km^2，其中两个安全区分别占 18.58km^2、5.65km^2；团洲垸为 50.45km^2，其中安全区占 3.06km^2。

采用滩槽优化的四边形无结构网格剖分计算区域（图 6.18）。考虑不同区域地形地物对网格空间分辨率的不同要求，建模网格尺度为，①东洞庭湖区域，河槽沿水流、垂直水流方向的网格尺度分别为 200m、50~60m,滩地网格尺度为 200m;②在团洲垸和钱南垸内,采用 100m 尺度的网格。网格在精细建模区域局部加密。民垸地物精细建模主要考虑堤防、安全区等。以堤防为例,先勾绘堤防的平面轮廓线,采用排列整齐的细长四边形网格(100m×20m,纵向×横向)覆盖堤防沿线区域。在已发生或可能形成溃口的堤段将网格纵向尺度减小至 20~50m,例如:在已溃口的团洲垸堤段采用 20m×20m 的网格,在假定溃决的钱团间堤堤段采用 50m×20m 网格。根据实际堤顶高程设定堤防区域网格节点高程。安全区可被视作一个被一圈围堤环绕的高地,建模重点在于围堤(方法类似)。

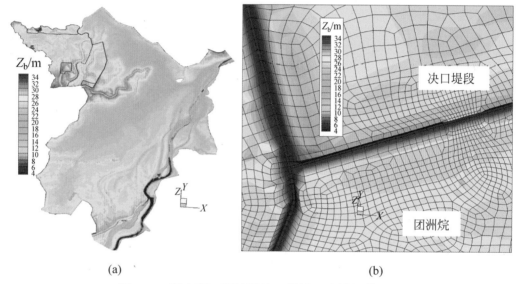

(a)   (b)

图 6.18   洞庭湖及湖滨民垸二维精细建模的效果图

(a)湖泊与圩垸建模效果;(b)堤防及其附近的计算网格及建模效果

需指出,出于减少单元数量、降低计算量等考虑,本节采用 20m 尺度的网格刻画团洲垸堤防溃口。真实溃堤情况是,团洲垸堤防溃口的初始宽度为 10m,1h 后迅速扩宽至 100m。团洲垸堤防溃决过程中 10m 溃口宽度的持续时间非常短。因而,采用 20m 尺度的网格来描述溃口形态,仅对堤防溃决初期极短时间内的溃堤洪水计算产生影响,影响范围和时段均十分有限。

所得到的计算网格包含 65875 个单元,其中东洞庭湖、团洲垸、钱南垸的单元数量分别为 39719 个、8450 个、17706 个。已收集到东洞庭湖 2012 年 7 月 1/10000 地形图及民垸 2010 年 9 月 DEM 地形。洞庭湖民垸堤顶高程一般为 34.5~36.0m(钱团间堤为 35.2~35.5m)。根据地形及工程设计资料,插值得到计算网格的地形。由

图 6.18 可知，计算网格与堤线、安全区等地物在平面上重合，所建立的模型能真实反映湖区滩槽形态及河势，能精准刻画湖滨民垸的堤防和安全区等地物。

3. 堤防溃口断面(地形)时间序列的生成方法

在使用单纯的水流模型开展溃堤洪水计算时，溃口断面地形随时间的变化过程(简称溃口断面时间序列)是必要且关键的基础资料。溃口断面偏小将使模型算出的溃口内外水位平衡时间延长、溃口峰值流量偏小。文献[8]在复演水槽溃堤洪水试验时，使用了实测的溃口断面时间序列。然而，在真实的堤防溃决洪水中，溃口处的水流条件通常极为恶劣，且溃口断面在大流速水流冲刷作用下的扩宽与下切十分迅速，这给有效观测溃口断面及附近的水下地形随时间的变化过程带来了很大的困难。因而，很难通过现场实时观测的方法来获取真实大堤溃口断面的时间序列。水文部门一般等待溃口内外水位接近平衡后才开展地形测量，而此时溃口断面冲刷通常已基本完成，只能测得溃口断面冲刷平衡的地形。

采用二维水沙数学模型或堤坝溃决经验参数模型计算，亦可获得溃堤洪水的溃口断面时间序列。前者的特点为，需使用大量的地形、水文、河床组成资料；在应用之前需经过繁杂、耗时的率定与验证；计算量较大，常常难以满足应急计算的时效性要求。后者[9-10]借助某些假设(如溃口尺寸呈线性发展)并选定某些特定参数(溃口最终宽度、发展历时等)计算溃口的发展过程，其特点为，较水沙数学模型简单和迅捷，但需要丰富的经验才能算得合理的结果。在有限时间的应急计算中，还可采用试算法生成溃口断面地形时间序列。试算法原理为，根据实测的溃口宽度数据初拟溃口断面时间序列，通过对照实测数据(例如溃口内外水位平衡时间、流量峰值等)等进行试算，不断改进直到获得较合理的溃口断面时间序列。

本节采用试算法，并将通过试算生成的溃口断面地形时间序列按时序赋值给沿溃口堤线布置的二维单元(图 6.18)。当模型读入溃口断面时间序列(地形对应时刻称为整点时刻)以便开展溃堤水流计算时，采用插值方法得到整点时刻之间时刻的溃口断面。在设定溃口断面地形时，同时修正溃口断面上下游网格的地形，使溃口断面与上下游河床平顺衔接。借助这些操作，二维模型即可在动态更新溃口断面的条件下开展溃堤洪水过程计算。经测试，所建立的东洞庭湖及湖滨民垸整体的二维模型，在保证溃堤洪水稳定计算的前提下所允许的时间步长可达 10s 以上。为了确保计算精度，本节时间步长取 10s。模型模拟 1 天的水动力过程耗时为 1.2～1.5min，实现了东洞庭湖及沿湖民垸的一体化实时精细模拟。

▶ 6.4.2 洞庭湖团洲垸溃堤洪水复演

选取 2024 年 7 月 1 日 00:00—7 月 7 日 00:00（共计 6 天）作为计算时段，使用实测水文数据设定开边界，开展团洲垸溃堤洪水复演。令计算时段初始时刻为第 0 天，则团洲垸溃决、溃口内外水位平衡的时刻分别为第 4.75、5.5 天。

1. 堤防溃口断面时间序列生成与溃口参数配置

由于在第 5.46 天时团洲垸堤溃口达最宽（226m），建模时使用 11 个宽为 20m 的四边形单元覆盖溃口堤段。在第 5.5 天时，溃口内外水位达到平衡，均为 31.93m。根据溃口宽度随时间的发展变化、溃口内外水位达平衡的时间、溃口峰值流量等实测数据，通过试算生成溃口断面时间序列。试算生成的溃口断面与实测冲刷平衡断面（施测时刻 7 月 6 日 10:00，第 5.42 天，此刻溃口内外水位相差 0.14m）的比较见图 6.19，二者的指标接近。实测溃口断面河底在 20~22m 高程起伏，试算得到的冲刷极限高程为 21m。实测溃口断面的过流面积为 2603.9m^2（参照水位 34.7m），试算生成的最终断面为 2528m^2，相对误差为 2.9%（略偏小）。

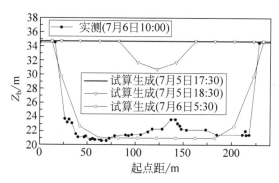

图 6.19　使用试算法确定的溃口地形断面与实测断面（平衡时刻）的比较

堤防溃口及其上下游通常具有如下特点：河床物质组成复杂，有普通砂石，还有抛石、堵口车辆等大型不易冲走的杂物，溃口上下游断面迅速窄缩和扩张。这使溃口附近水流常常受到较大的河床阻力作用。据经验，将溃口断面沿线单元的河床阻力系数 n_m 设为 0.04，并根据实测溃口峰值流量和计算结果进行微调。

2. 溃口分流与垸区淹没过程分析

水文部门于 7 月 5 日 21:30 进场，分别在 7 月 5 日 23:00（第 4.96 天）、7 月 6 日 0:30（第 5.02 天）报出第一份水位和流量测验数据。堤防溃决发生在第 4.75 天，即缺乏第 5 天之前的实测流量数据。结合模型算出的溃口流量过程（图 6.20）进行分析，现场水文测验捕获到了溃口峰值流量($5182m^3/s$)，它发生在第 5.06 天。模型较好地复演了团洲垸溃口的流量过程。模型算出的溃口峰值流量出现在第 5.06 天，与实测值吻合；模型算出的峰值流量为 $5309m^3/s$，与实测值相对误差 2.5%。

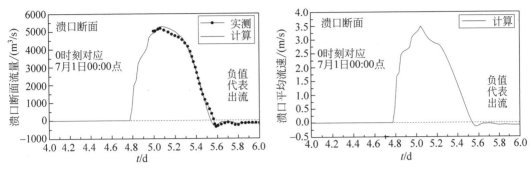

图 6.20　模型算出的溃口断面的流量和平均流速随时间的变化过程

模型算出的溃口内外水位平衡时刻为第 5.5 天，与实测数据吻合。当时，洞庭湖区水位正处于缓退趋势，再加上三峡水库在团洲垸溃堤后实施应急调度，使七里山水位在溃堤—溃口合龙时段中由 32.2m 降至 30.9m，是溃口内外水位平衡后溃口断面转为出流的原因。本例采用了湖区及沿湖民垸整体模拟方法，模型能充分反映湖区与民垸之间的水体交互，能及时反映垸外湖区水位降低对溃口附近水流的影响，克服了局部区域模拟法的不足。模型计算结果表明，在第 5.56 天之后，随着溃口外湖区水位下降，溃口断面转为出流（流量由正变负），模型算出的流量变化趋势与实测数据一致且流量误差很小。

在模型计算的每时步末，将选定区域中所有湿单元的面积累加起来可得淹没面积，将选定区域中所有湿单元的水柱体积（面积×水深）累加起来可得蓄洪量。模型算出的团洲垸的淹没面积和蓄洪量随时间的变化过程如图 6.21 所示。

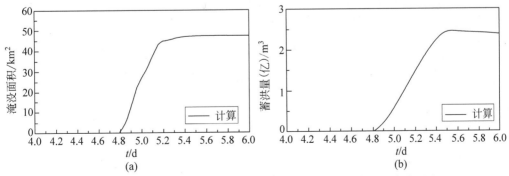

图 6.21　模型算出的团洲垸的淹没面积、蓄洪量随时间的变化过程

0 时刻对应 7 月 1 日 00:00 点

(a) 淹没面积随时间的变化过程；(b) 蓄洪量随时间的变化过程

水文部门根据团洲垸的蓄洪量–水位(V-Z)曲线和垸内实时水位进行查询，得到团洲垸蓄洪量在 7 月 6 日 13:00 时达到最大(2.63 亿 m^3)。模型算出的团洲垸蓄洪量也在 7 月 6 日 13:00 时达到最大，为 2.45 亿 m^3，与水文部门分析结果的相对误差为 –6.8%。一方面，考虑到 V-Z 曲线属于拟合曲线，本身存在一定的误差；另一方面，所采用的钱粮湖垸(1980 年被设立为蓄滞洪区)各垸区 V-Z 曲线偏老旧(基于旧地形拟合得到)，垸内近几十年来的生活与生产活动可能引起 V-Z 曲线的变化。鉴于此，模型算出的蓄洪量与水文分析结果之间的差别是可接受的。

将模型算出的 7 月 5 日 18:00—7 月 6 日 13:00(第 4.75—5.57 天)的溃口流量过程进行积分，可得通过溃口进入团洲垸的水量为 2.435 亿 m^3，与使用单元水柱统计出的蓄洪量相差仅 0.6%(可能由水深、流速等的插值计算所致)，表明模型具有很好的水量守恒性。比较模型计算结果和实测数据可知，模型准确复演了团洲垸溃口流量、淹没面积、蓄洪量的变化过程等溃堤洪水的宏观特征。此外，通过复演还补充了水文部门未施测时段(7 月 6 日 00:00 之前)的溃口流量过程。

3. 溃堤洪水的水流细部结构分析

洪峰时刻较典型，图 6.22 给出了该时刻(7 月 6 日 1:30，第 5.06 天)团洲垸溃口附近水位与流速的平面分布。图中起伏代表水面起伏(在未溃决堤段区域由于采用堤顶高程代替水位进行插值而未能反映真实情况，是无效显式区域)。据现场水文测验人员反馈，溃口处水流特别快、迅速钻入溃口，局部水面形成跌坎和很大的纵横比降。位于跌坎范围内的观测装置所记录的水位，在溃堤洪水过程中显著低于垸外湖区水位。如在第 4.96 天(5.06 天)溃口内、外实测水位分别为 29.53m、

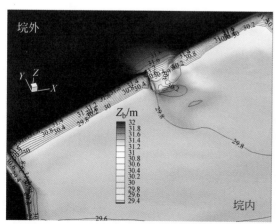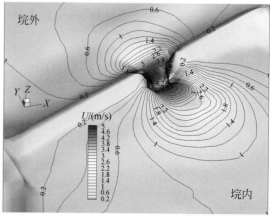

图 6.22　洪峰时刻(7 月 6 日 1:30，第 5.06 天)溃口附近水位与流速的平面分布

31.27m(29.73m、31.41m)，显著低于下游七里山同期水位 31.96～32.01m。由图 6.22 可知，模型很好地模拟了溃口附近的水面跌坎，计算结果符合溃堤水流的水面间断特征，也证实了所述模型具备准确模拟溃堤间断水流的能力；沿溃口顺水流轴线方向水流最集中，溃口及其外侧附近最大流速为 4.5～5m/s，溃口内侧附近最大流速约 4.2m/s，流速向周边迅速衰减，等值线呈均匀散开。

　　水文部门在溃口顺水流中轴线上(具体坐标不详)布置了 2 个水位监测器，用于记录溃口内、外的水位。为了便于比较模型计算结果与实测数据，在距堤线 40～90m 范围内布置若干监测点，记录模型计算过程中溃口附近的水位和流速过程。据前文分析，溃口附近存在水面跌坎，尤其在溃口及其外侧附近水面纵横比降很大。为了全面刻画溃口外侧水位特征，在溃口外侧布置较多的监测点($A1$～$A5$)。CC 监测点位于溃口中心，$B1$～$B3$ 监测点布置在溃口处堤线内侧，如图 6.23 所示。

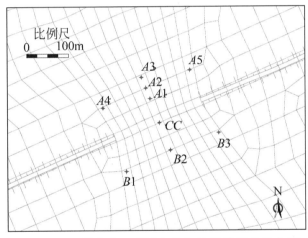

图 6.23　团洲垸溃口附近水位与流速监测点的布置

　　模型算出的溃口内外水位随时间的变化过程与实测值的比较如图 6.24 所示，二者基本符合，且据图可推断水文部门布设在溃口外的水文观测点位于 $A2$ 和 $A3$ 之间。选取 $A3$ 点，比较模型算出的水位与实测值之间的差别：在溃堤初期，受溃口急剧变化、抢险等难以在模型中考虑的因素的影响，溃口内外的水位计算误差在 0.3m 左右；在溃堤洪水发展过程中(第 5.02 天后)，水位计算误差一般在 0.1m 以下；在溃口内外水位达平衡后(第 5.5 天)，水位计算误差降至 0.05m 以下。模型算出的溃口附近监测点的流速随时间的变化过程如图 6.25 所示。

　　溃口附近水面具有"外凹内凸"特征，选取溃堤洪峰时刻(第 5.06 天)分析溃口附近的水面形态(纵横比降)。在溃口顺水流轴线上 $A3$、$A2$、$A1$、CC、$B2$ 的

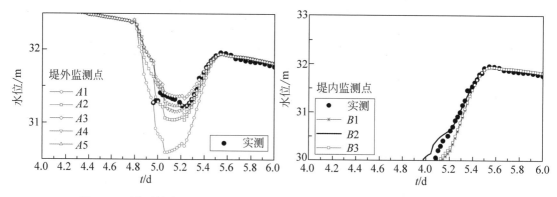

图 6.24 模型算出的溃口内外水位随时间的变化过程与实测数据的比较

0 时刻对应 7 月 1 日 00:00 点

水位分别为 31.408m、31.065m、30.594m、30.195m、30.327m。洪峰时刻的水面形态为，水面在纵向上呈现下凹状，溃口中心点水位最低；$A3 \rightarrow A2 \rightarrow A1 \rightarrow CC$ 水面下降，比降分别为 0.0129、0.0179、0.0067；$CC \rightarrow B2$ 水面抬升，比降为 0.0019。在溃口外侧横向上 $A4$、$A2$、$A5$ 的水位分别为 31.224m、31.065m、31.293m，即在溃口外侧横向上水面也呈下凹状，中心点 $A2$ 水位最低，由它向两侧抬升时的比降分别为 0.0014、0.002。在溃口内侧横向上 $B1$、$B2$、$B3$ 的水位分别为 29.704m、30.327m、29.775m，即在溃口内侧横向上水面呈上凸型，中心点 $B2$ 水位最高，水面由它向两侧下降时的比降分别为 0.0054、0.0046。简言之，水面在沿溃口顺水流轴线上、在溃口外侧横向上呈下凹状，在溃口内侧横向上呈上凸型分布，溃口附近最大水面比降达 0.018。

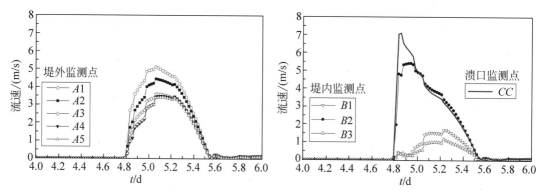

图 6.25 模型算出的溃口及其内外监测点流速随时间的变化过程

0 时刻对应 7 月 1 日 00:00 点

从流速分布来看，流速一般在溃口处最大并向上下游逐步衰减。溃口断面及其上下游附近的地形在溃口发展过程中会发生改变，溃口附近流速最大点的具体位置也随之向上下游微幅移动，可能出现单宽流量最大与流速最大位置在平面上不重合的情况。溃堤洪峰时刻(第 5.06 天)溃口附近流速分布为，在溃口顺水流轴线上 A3、A2、A1、CC、B2 的流速分别为 3.61m/s、4.45m/s、5.13m/s、4.16m/s、4.28m/s，溃口及其下游附近水深较大，其流速反而小于溃口上游附近；在溃口外侧横向上 A4、A2、A5 的流速分别为 3.46m/s、5.13m/s、3.40m/s，两侧流速显著小于中部。在溃口内侧横向上 B1、B2、B3 的流速分别为 1.42m/s、4.28m/s、0.91m/s，两侧流速显著小于中间点。

比较溃口断面的流量过程和溃口附近监测点的流速过程，可发现流量峰值滞后于流速峰值。监测点 CC 和 B2 的最大流速(7.11m/s、5.42m/s)分别发生在第 4.85、4.93 天，比溃口断面流量峰值的发生时刻(第 5.06 天)早 2.5~4h。这是因为，溃口附近流速主要由溃口附近水面梯度决定，溃口流量与溃口平均流速、溃口断面大小等均有关。在溃堤初期，溃口附近水面梯度最大，使溃口处流速很快达到最大。而溃口断面的发展扩大需要一个过程，这使得溃口流量达峰值较晚。

▶ 6.4.3 钱团间堤溃决洪水危险性计算

团洲垸溃堤进洪使钱团间堤成为一线挡水大堤。钱团间堤上一次挡水还需追溯到 1996 年洞庭湖大水期间，已多年未临洪。钱团间堤的堤身为土堤，堤基是沙基。随着溃堤后洪水不断涌入团洲垸，钱团间堤挡水面越来越大、堤身土体含水量不断升高，渗漏险情陆续出现。2024 年 7 月 8 日，钱团间堤发生多处管涌险情，虽然均已得到及时控制但危机并未完全消除，需及时开展溃堤洪水危险性分析。

沿钱团间堤自北向南假设了 3 个溃口(位置见图 6.17)，分别在封堵、不封堵已有团洲垸溃口的条件下，按最不利情况(溃口断面地形在初始时刻瞬间下切至极限冲刷高程)，开展钱团间堤的溃堤洪水计算(共 6 种工况)。选用 7 月 7 日 00:00—7 月 9 日 00:00(2 天)作为模拟时段。3 个溃口的断面设计为，底宽为 200m，河床高程为 21m。在所述 6 种工况下开展钱团间堤的溃堤洪水过程预测，基于模型计算结果绘出各工况下钱团间堤溃决 1h 后研究区域的流场，如图 6.26 所示。

模型算出的钱团间堤溃口的流量过程如图 6.27 所示。由图可知，团洲垸的已有溃口封堵与否，对钱团间堤溃决初期间堤溃口处的流量峰值影响不大。但封堵团洲垸已有溃口可直接切断团洲垸与垸外湖区的联系，从而压缩通过钱团间堤溃口涌入钱南垸的流量过程。相对于未封堵工况，封堵工况下钱团间堤溃口的

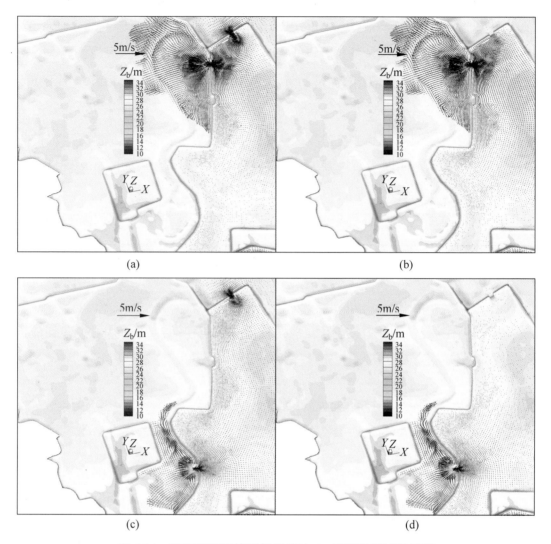

图 6.26 不同工况下钱团间堤溃决 1h 后研究区域的流场

(a)溃口 1+团洲垸溃口未封堵；(b)溃口 1+团洲垸溃口封堵；(c)溃口 3+团洲垸溃口未封堵；
(d)溃口 3+团洲垸溃口封堵

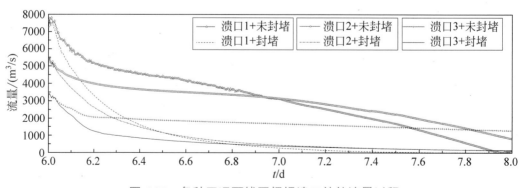

图 6.27 各种工况下钱团间堤溃口处的流量过程

封堵、不封堵是指针对团洲垸已形成的溃口

流量过程线大幅萎缩。封堵团洲垸的已有溃口可大幅减轻钱南垸的进洪量和淹没
程度。

模型算出的团洲垸和钱南垸在间堤溃决 2 天后的蓄洪量、淹没面积分别见
表 6.10、表 6.11。若不封堵团洲垸的已有溃口,钱南垸的进洪量和淹没面积均将
显著增加。相对于封堵工况,未封堵工况在间堤溃口 1、溃口 2、溃口 3 条件下,
团洲垸和钱南垸在钱团间堤溃决 2 天后的蓄洪量分别增加了 209.9%、199.2%、
117.4%,淹没面积分别增加了 26.95%、23.38%、14.86%,由此可见,不封堵团洲
垸溃口将使钱团间堤溃决所引起的洪灾加剧。

表 6.10　各工况下团洲垸和钱南垸在间堤溃决 2 天后的蓄洪量(亿 m^3)

民垸	溃口 1 条件			溃口 2 条件			溃口 3 条件		
	封堵	未封堵	增加率/%	封堵	未封堵	增加率/%	封堵	未封堵	增加率/%
团洲垸	0.63	2.06	227.3	0.69	2.02	193.2	1.18	2.00	69.8
钱南垸	1.76	5.33	203.7	1.70	5.12	201.5	1.21	3.19	163.9
两垸合计	2.38	7.39	209.9	2.39	7.14	199.2	2.39	5.19	117.4

表 6.11　各工况下团洲垸和钱南垸在间堤溃决 2 天后的淹没面积(km^2)

民垸	溃口 1 条件			溃口 2 条件			溃口 3 条件		
	封堵	未封堵	变化率/%	封堵	未封堵	变化率/%	封堵	未封堵	变化率/%
团洲垸	39.1	46.5	18.99	40.6	46.4	14.33	44.7	46.3	3.68
钱南垸	92.0	119.9	30.30	93.6	119.1	27.30	94.4	113.4	20.15
两垸合计	131.1	166.5	26.95	134.1	165.5	23.38	139.1	159.8	14.86

1996 年 7 月 19 日 12:05 团洲垸溃堤(溃口宽 295m)使钱团间堤成为一线临洪
大堤。钱团间堤因标准低、堤基防渗能力差,又多年未临洪,钱粮湖人民在坚守
8 天后终因堤基管涌无法抢住而溃口。在钱团间堤溃决后,团洲垸溃口增至 495m。
从 7 月 27 日 16:15 溃堤到洪水退出,钱南垸被淹 91 天。历史事件表明,①若对
团洲垸的已有溃口不进行封堵,钱团间堤溃决将引起团洲垸已有的溃口继续扩
大;②依靠洞庭湖水位下降,通过自流排走团洲垸洪水需相当长的时间。本节
研究表明,若不封堵团洲垸已有溃口,在钱南间堤溃口 1~溃口 3 条件下,团洲
垸溃口流量的最大值将分别达到 4121.1m^3/s、3361.97m^3/s、2146.3m^3/s,大流量产

生的强大的冲刷能力将进一步引起团洲垸已有溃口发展扩大，即第①点的科学解释。

钱南垸地势南高北低，钱团间堤不同位置溃决的洪水将具有不同的危险性。溃口 1 所处位置地势最低，溃口 2 次之。洪水在较低的下游地势条件下更容易向下游演进。以封堵团洲垸已有溃口的工况为例（目前实际中已封口），在间堤溃口 1、溃口 2、溃口 3 条件下，间堤溃口流量峰值分别为 $7697.5\text{m}^3/\text{s}$、$5465.3\text{m}^3/\text{s}$、$3405.2\text{m}^3/\text{s}$，溃口 1 洪水具有最强的冲击力，溃口 2 洪水次之；在钱团间堤溃决 2 天后钱南垸的蓄洪量分别为 1.76 亿 m^3、1.70 亿 m^3、1.21 亿 m^3，淹没面积分别为 92.03km^2、93.55km^2、94.42km^2。由此可见，钱团间堤北段的溃口将产生更大危险性的洪水，需重点关注和巡查。

6.5 平原江湖河网系统整体模拟的讨论

第 4、5 章及第 6 章前述分别介绍了河道、河网、湖泊的计算研究方法。在流域防洪、水资源利用、生态环保等工作中，经常需要将大范围江湖河网系统（简称江湖系统）作为一个整体进行模拟和研究。在该领域，一维模型是最常用的方法，近期高维模型也取得了进步，本节以长江中游为例介绍相关进展。

▶ 6.5.1 江湖河网系统整体数学模型的发展

江湖系统整体模拟，源于系统内各部分水沙运动耦合性的要求。在以往计算机能力不足时，研究者常常不得不借助一维模型来研究江湖系统及其工程问题，通过牺牲计算结果的细节和精度来换取满足实用效率要求的计算速度。21 世纪，随着计算机能力大幅提升，以及水流与物质输运计算的技术瓶颈被逐一攻克[11]，江湖系统高维精细数值模拟方法也应运而生。自 20 世纪 70 年代起，江湖系统整体数值模拟依次经历了一维、一二维耦合、二维模型等多个发展阶段。

1. 一维（1D）模型

在传统江湖系统一维模型中，宽阔的湖泊也被概化为一维河道。江湖系统从而可被抽象为由许多单一河段通过汊点连接而成的广义河网。一维模型的优点是计算量很小、编程简单、能取得基本满足实用精度要求的宏观计算结果（例如河段水面线、断面水位和流量过程等），是过去乃至现在江湖系统整体模拟和研究的主要手段。然而,一维模型[12]采用过于简化的控制方程及基于断面地形和间距的计算模式,存在不能描述河湖平面形态与河势、仅能算出水沙因子与河床冲淤的断面平均值等有限信息、难以刻画涉水工程形态等缺点。此外,在一维模型的实际应用中,取得好的计算结果通常还需具有一定的经验[13]。

平原江湖河网的保护与治理,时常需要精细模拟和深入认识其中滩槽的水沙通量与河势冲淤变化。为了适应高要求应用,学者们开始建立一二维耦合模型、二维模型来整体模拟和研究江湖系统的水沙输移及河床冲淤演变。

2. 一二维(1D-2D)耦合模型

江湖系统一二维耦合模拟的思路是采用一维模块计算大江大河与河网,同时采用二维模块计算宽阔的湖泊水域。现存大多数一二维耦合模型在本质上均为松散耦合模型(嵌套模型)。它们以各模块在上一时步的计算结果作为一二维耦合界面处的分区边界条件,通过互相提供边界条件的方式实现不同维模块的同步计算。谭维炎等[14]率先建立荆江—洞庭湖系统的一二维嵌套模型,各模块均采用显式算法。为了缓解显式算法计算时间步长太小的缺点,胡四一等[15]随后采用四点隐式差分法和三级解法求解江河干流与河网,改善了原模型[14]的数值稳定性。同时,人们还研发了使用隐式一维和二维模块的耦合模型[16-17],这类模型通过定义耦合单元来连接一维和二维网格,并在稳定性和效率上取得明显提升。

如 1.5.2 节所述,在松散耦合模型中,两种模块所交换的信息通常仅被用作分区边界条件,而水流控制方程并未得到跨越耦合界面的充分求解,这将阻碍许多物理作用进行跨越耦合界面的传播,从而降低模型的模拟能力、稳定性和精度。例如,松散耦合模型在模拟超临界流、往复流穿过一二维耦合界面时常常存在困难。因而,松散耦合模型在划定耦合界面时,一般不得不避开存在特殊或复杂流动的水域。近期发展的一二维深度耦合模型[18]能克服嵌套模型的弊端。

3. 二维(2D)模型

二维模型能直接算出水沙因子及河床冲淤在平面上的分布,从本质上克服了一维模型的不足,是较理想的研究江湖系统及其工程问题的数值模拟方法。

迫于时效性要求,早期的江湖系统二维模型常借助粗尺度网格以减小计算量。低分辨率网格无法准确刻画江湖河网中广泛存在的滩槽与河势形态,也难以模拟湖区的枯季流路与季节性河湖形态转换。在中小流量下,基于低分辨率网格的二维水流模型的精度甚至低于一维模型和一二维嵌套模型[19]，采用高分辨率网格建立二维模型固然可解决计算精度问题，但该方法因计算量巨大而难以实用，相关分析如下。文献[19]用仅包含 2.6 万个三角形的低分辨率网格和 Mike21 模型，模拟荆江—洞庭湖系统半年的水流过程需 70h。若改用高分辨率网格并添加非均匀沙模拟，考虑到 CFL 稳定条件对模型中显式欧拉类算法水流与物质输运模型的计算时间步长的双重限制，模型耗时将增加 2 个数量级以上，模型效率无法满足长系列河床演变模拟的时效性要求。由于精度与效率矛盾所带来的困境，江湖系统河床演变高维精细模拟的理论与技术一直都是行业内亟待研究的难题。

江湖系统高分辨率网格二维数学模型存在因效率不足而难以实用的瓶颈，使得一维数学模型统治江湖系统水沙模拟领域长达近 40 年[20-22]。推动江湖系统高维水沙数学模型实用化的关键在于，在保证计算稳定性和精度的前提下提高水动力与物质输运计算的效率。围绕这两个关键问题，笔者经过长期潜心研究，创建了大时空河流数值模拟理论[11]，关键突破为，发现了在隐式水动力模型迭代求解中考虑洪水传播物理特性可改善求解器结构与性能的作用与机制，攻克了隐式水动力模型收敛慢、难以高效并行的技术瓶颈；提出了对流物质输运求解中非物理振荡的控制机制，解决了物质输运模型守恒性、大时间步长、无振荡性、可并行性等优势特性无法统一的难题。

基于上述两点突破，笔者构造了一维、二维、三维水动力和物质输运模型的大量的新算法[11]，实现了水沙数值模拟的守恒性、大时间步长、可并行性、非均匀沙输运快速求解等诸多优势特性的统一，为大时空河流数值模拟实践奠定了基础。该成果形成了一个跨越多个空间维度的大时空河流数值模拟理论与方法体系。下面简介基于新理论和方法开展的江湖系统整体数值模拟实践。

▶ 6.5.2 江湖系统整体数值模拟的精度与时效性

以长江中游荆江—洞庭湖（JDT）系统为例，阐明大型平原江湖系统整体数学模型的性能。使用 Intel Xeon E5-2697a（16 核）、Xeon 8280（28 核）等 CPU 分别搭建测试模型的硬件平台。采用 OpenMP 技术并行模型代码。

1. 江湖系统整体一维模型实践

JDT 系统（3900km²）一维模型分别使用尺度（断面纵向间距）为 1～2km、0.2～0.5km、1～2km 的一维单元剖分荆江、荆南河网、洞庭湖区域。得到的计算网格含有 2382 个单元(11.36 万个子断面)。数值试验[23]表明,即便是模拟具有频繁干湿转换、环状河网特征的 JDT 系统,本书水动力及物质输运模型亦可在高达 1200s 的大时间步长条件下稳定计算,并给出准确的计算结果。模型的精度水平为,断面水位的平均绝对误差(E_z)一般在 0.07~0.25m,断面年径流量的相对误差(E_Q)为 0.1%~5.0%;断面物质输运率的平均绝对相对误差(E_{QC})为 0.29%~0.35%;水量守恒误差(E_m)为 2×10^{-3}~3×10^{-3},物质守恒误差(E_s)为 0.36%~0.46%。

较常用的商业软件 Mike11[24]采用隐式算法和迭代求解,不支持并行;同时,它的计算时间步长受 CFL 稳定条件限制,且数值稳定性易受单元干湿转换、相邻断面深泓急剧升降等因素的影响。基于前述一维网格的 JDT 系统的数值试验表明,Mike11 HD 和 Mike11 AD 分别仅能在 $\Delta t \leqslant 120s$、60s 的条件下稳定运行,对应的最大 CFL 分别接近 1 和 0.5。从水流计算精度来看,本书模型($\Delta t = 900s$)在使用比 Mike11 HD($\Delta t = 120s$)大很多倍的 Δt 的条件下,仍可取得与后者具有同等精度水平的计算结果。从模型计算效率来看,本书模型($\Delta t = 900s$,物质数量 $n = 32$,并行计算核心数量 $n_c=16$)模拟 JDT 系统 1 年非恒定水流与物质输运过程的耗时为 33.3s,其计算速度可达到 Mike11 的 282.8~966.0 倍[23]。

2. 江湖系统整体二维模型实践

JDT 系统整体二维模型采用滩槽优化的四边形无结构网格剖分计算区域,长江(宜都—螺山)、荆南河网、洞庭湖河槽的网格尺度分别为 200m×50m、100m×30m、200m×60m,得到的网格包含 32.8 万个四边形单元。数值试验表明,本书的二维水动力及物质输运模型稳定运行的 Δt 可达 120s 以上(CFL>5)。模型精度水平为[25],在荆江、荆南河网、洞庭湖的水文站断面处,断面水位的平均绝对计算误差(E_z)依次为 0.11m、0.12m、0.15m,断面流量的平均绝对相对误差(E_Q)依次为 4.3%、4.9%、8.5%,模型整体的水量守恒误差(E_m)在 1‰左右。

商业软件 Mike21[26]的特点为,采用基于黎曼间断解的显式算法,计算时间步长受 CFL 稳定条件限制,且稳定性还受到真实河湖复杂地形、干湿边界频繁变动等的影响;支持 OpenMP 并行计算。基于前述 JDT 系统二维网格的模型测试表明,Mike21 HD 和 Mike21 AD 实际允许的最大时间步长在恒定、非恒定开边界条件下分别为 1s 和 0.8s,较本书模型小两个数量级。采用 2012 年水文过程开展模型效率测试($n = 4$,$n_c = 16$)的结果表明,本书模型($\Delta t = 60s$)模拟 JDT 系统 1 年非恒定水流与物质输运过程的耗时为 10.76h+5.96h，Mike21 耗时为 411h+1302h（是前者的 102.5 倍）[23]，前者在本质上改善了江湖系统整体二维模拟的时效性。

3. 江湖系统一二维耦合模型实践

所建立的 JDT 系统一二维耦合模型[18]将荆江和荆南河网作为一维计算区域，将洞庭湖作为二维计算区域（附录 1）。耦合模型中一维、二维计算区域分别使用与前述 JDT 系统一维、二维模型相同的网格。最终，一维网格部分含有 46 个河段和 2115 个单元（17.5 万个子断面），二维网格部分含有 10.4 万个四边形单元。为了兼顾二维模块的要求，令一维和二维模块使用相同的时间步长（$\Delta t = 60s$）。

数值试验表明，在模拟 JDT 系统非恒定流时，一二维耦合模型中的一维、二维模块分别可取得与单一维度（一维或二维）模型几乎相同的精度。使用 2012 年水文过程开展水流模型效率测试（$n_c = 28$），结果如下[18]。一维、二维模块的耗时分别占耦合模型的 2.2%和 97.1%，后者为耦合模型耗时的主要来源。一维与二维模块耦合计算的管理开销在模型总耗时中占比很小（0.7%）。一维与二维模块的并行加速性能在耦合模型中得到了很好的保持，不会受到两种模块耦合求解的不利影响。

隐式水动力模型迭代求解的并行执行通常较为困难或效率不高。因而许多使用隐式一维、二维模块的耦合模型常选用低分辨率网格剖分二维计算区域代替并行计算，来降低计算成本。例如文献[16]和文献[17]使用 2140 个断面和包含 3394 个单元的低分辨率二维网格建立了 JDT 系统的一二维耦合模型，它需要 8～9h 才能完成年非恒定流的模拟。若将低分辨率二维网格替换为这里的高分辨率二维网格（含 10.4 万个单元），文献[16]和文献[17]模型的耗时预估为 260h。这意味着若使用相同的网格和计算机条件，本书耦合模型可能比大多数同类模型快 1～2 个数量级。

4. 江湖系统各种维度模型的时效性

表 6.12 列出了 JDT 系统各种维度模型计算效率的数据。所建立的一维、一二维耦合、二维、三维水动力模型（$\Delta t = 60s$）模拟 JDT 系统 1 年非恒定流过程的耗时[27-28]分别为 158.4s、1.77h、5.42h、2.4d。一般而言，相对于江湖水流模拟，河床演变模拟对网格的分辨率提出了更高要求。于是，将上述 JDT 系统二维模型中的部分区域（荆江与荆南河网）计算网格尺度减半，重新建立 JDT 系统整体的二维模型。在新模型中，荆江、荆南河网、洞庭湖区域河槽的网格尺度分别为 100m×30m、50m×20m、200m×60m，计算网格总计包含 62.95 万个四边形单元（3 个区

域的单元数量分别为 16.46 万个、33.24 万个、13.25 万个）。基于新网格的二维模型在描述和模拟滩槽、复杂河势等方面，将取得更好的效果。在 28 核并行条件下，使用 2020 年水文过程开展了 JDT 系统二维水沙数学模型的效率测试。测试结果表明，模型计算 1 年的非恒定水流、泥沙输运、河床变形过程的耗时分别为 14h、10.6h、1.5h，合计 26.1h，模型已达到实用要求的时效性水平。

表 6.12　不同维模型（$\Delta t = 60s$）计算荆江—洞庭湖系统 1 年非恒定流过程的耗时

模型	计算网格单元数量	CPU（工作核心）	计算耗时
一维（1D）	2382（1D）	Xeon 8280（$n_c = 28$）	158.4s
一二维（1D-2D）耦合	2115（1D），10.4 万（2D）	Xeon 8280（$n_c = 28$）	1.77h
二维（2D）	32.8 万（2D）	Xeon E5-2697a（$n_c = 16$）	10.76h
	32.8 万（2D）	Xeon 8280（$n_c = 28$）	5.425h
三维（3D）	32.8×10 万（3D）	Xeon 8280（$n_c = 28$）	2.4d

总体来看，在取得同等计算精度前提下及相同软硬件环境下，本书模型（包括一维、一二维耦合、二维、三维模型）的计算速度可较主流商业软件提高约 2 个数量级。从时效性的角度来看，大型江湖系统整体的一维、二维、三维水沙数学模型目前已分别达到实时化、实用化、可使用化的应用水平。

参考文献

[1]　许全喜, 朱玲玲, 袁晶. 长江中下游水沙与河床冲淤变化特性研究[J]. 人民长江, 2013, 44(23): 16-21.

[2]　朱玲玲, 陈剑池, 袁晶, 等. 洞庭湖和鄱阳湖泥沙冲淤特征及三峡水库对其影响[J]. 水科学进展, 2014, 25(3): 348-357.

[3]　胡德超. 长江上中游控制性水库建成后洞庭湖区域河床冲淤趋势二维水沙数学模型研究报告[R]. 武汉: 华中科技大学水电与数字化工程学院, 2017.

[4]　MATTHEWS G V T. The Ramsar Convention on Wetlands of International Importance Especially as Waterfowl Habitat[S]. Ramsar: Ramsar Convention Bureau, 1975.

[5]　葛华, 胡德超. 抚河下游尾闾综合整治工程二维水沙数学模型研究[R]. 武汉: 长江水利委员会长江科学院, 2019.

[6] 王超, 张馨月, 罗兴, 等. 团洲垸决口水文应急分析简报(第 2~5 期)[R]. 武汉: 长江水利委员会水文局, 2024 年 7 月.

[7] 黄启有, 吴艳红. 钱粮湖垸洪水风险图编制成果报告[R]. 湖南:中南勘测设计研究院有限公司, 2015.

[8] YU M H, WEI H Y, LIANG Y J, et al. Investigation of non-cohesive levee breach by overtopping flow [J]. Journal of Hydrodynamics, 2013, 25(4): 572-579.

[9] 周建银, 姚仕明, 王敏, 等. 土石坝漫顶溃决及洪水演进研究进展[J]. 水科学进展, 2020, 31(2): 287-301.

[10] 朱勇辉. 均质堤坝漫溃过程模拟研究[D]. 北京: 清华大学, 2011.

[11] 胡德超. 大时空河流数值模拟理论[M]. 北京: 科学出版社, 2023.

[12] 杨国录. 河流数学模型[M]. 北京: 海洋出版社, 1993.

[13] 李义天. 三峡水库下游一维数学模型计算成果比较[C]//长江三峡工程泥沙问题研究, 第七卷(1996—2000), 长江三峡工程坝下游泥沙问题(二). 北京: 知识产权出版社, 2002: 323-329.

[14] 谭维炎, 胡四一, 王银堂, 等. 长江中游洞庭湖防洪系统水流模拟 I 建模思路和基本算法[J]. 水科学进展, 1996, 12: 336-334.

[15] 胡四一, 施勇, 王银堂, 等. 长江中下游河湖洪水演进的数值模拟[J]. 水科学进展, 2002, 13(3): 278-286.

[16] CHEN Y, WANG Z, LIU Z, et al. 1D-2D coupled numerical model for shallow water flows[J]. Journal of Hydraulic Engineering, 2012, 138 (2): 122-132.

[17] YU K, CHEN Y C, ZHU D J, et al. Development and performance of a 1D-2D coupled shallow water model for large river and lake networks[J]. Journal of Hydraulic Research, 2019, 57(6):852-865.

[18] HU D C, CHEN Z B, LI Z J, et al. An implicit 1D-2D deeply coupled hydrodynamic model for shallow water flows[J]. Journal of Hydrology, 2024, 631:130833.

[19] 李琳琳. 荆江—洞庭湖耦合系统水动力学研究[D]. 北京: 清华大学, 2009.

[20] 白玉川, 万艳春, 黄本胜, 等. 河网非恒定流数值模拟的研究进展[J]. 水利学报, 2000, 12: 43-47.

[21] 方春明, 鲁文, 钟正琴. 可视化河网一维恒定水流泥沙数学模型[J]. 泥沙研究, 2003, 6: 60-64.

[22] HUANG G X, ZHOU J J, LIN B L, et al. Modelling flow in the middle and lower Yangtze River, China[J]. Proceedings of the Institution of Civil Engineers-Water Management, 2017, 170(6): 298-309.

[23] HU D C, YAO S M, DUAN C K, et al. Real-time simulation of hydrodynamic and scalar transport in large river-lake systems[J]. Journal of Hydrology, 2020, 582: 124531.

[24] DHI. MIKE11: A modelling system for rivers and channels, reference manual[M]. Horsholm: DHI Water & Environment, 2014.

[25] HU D C, ZHONG D Y, ZHU Y H, et al. Prediction-correction method for parallelizing implicit 2D hydrodynamic models. II: Application[J]. Journal of Hydraulic Engineering, 2015, 141(8), 06015008.

[26] DHI. MIKE 21: A 2D modelling system for estuaries, coastal water and seas (DHI Software 2014)[M]. Horsholm: DHI Water & Environment, 2014.

[27] HU D C, YAO S M, QU G, et al. Flux-form Eulerian-Lagrangian method for solving advective transport of scalars in free-surface flows[J]. Journal of Hydraulic Engineering, 2019, 145(3):04019004.

[28] HU D C, YAO S M, WANG G Q, et al. Three-dimensional simulation of scalar transport in large shallow water systems using flux-form Eulerian-Lagrangian method[J]. Journal of Hydraulic Engineering, 2021, 147(2): 04020092.

河口沿岸一般是经济较活跃区域，涉及防洪、水资源利用、航运、环保等的工程活动较多，使得河口演变常常受到关注和研究。河口又是河流与海洋的衔接区，径潮流在此相互作用，水流由口门内的双向流演化为近海岸的非规则旋转流。在河口多种动力因子影响下，潮流及泥沙输运均十分复杂。本章先概述河口水沙数值模拟方法，再以具有多级分汊、水沙倒灌等特征的长江口为例，介绍大型河口水沙通量循环、河床演变及典型工程扰动机制的精细模拟研究方法。

7.1 河口水沙数值模拟研究概述

在简述入海河口河势与水沙运动特点的基础上，剖析河口水沙数值模拟的技术特点与难点，并以长江口为例介绍大型河口数学模型的发展。

▶ 7.1.1 入海河口水沙运动及治理工程的特点

1. 河口河势与水沙运动特点

河口常呈现为三角洲淤积形态，具有多级分汊、多口入海等平面特征，水域边界极不规则，岛屿和沙洲众多[1]。河口水流除了受径流和潮汐控制，还受到风、科氏力、沿岸洋流等多种动力因子影响，这使河口的水动力环境比内河复杂，并具有如下特点：①河口是河流(浅水流动)与海洋(深水流动)的衔接区，水流在水平方向的运动尺度一般远大于垂向，总体上更接近于长波运动(浅水流动)；②潮流可呈现多种形态，在口门内为往复流(双向流)，在口门外近海岸水域(受地形、不规则海岸线反射等的影响)为非规则旋转流；③强非恒定性，许多河口的 6 h 潮差常常可达数米，伴有流速和流向的快速变化；④强耦合性，在径-潮流紧密联系、此消彼长、相互作用下，感潮河段、海岸带与近海水域的水动力具有强耦合性；⑤受盐度及其不均匀分布的影响，潮流具有分层性、斜压性等三维特征，河口常发生盐水楔入侵、羽流(冲淡水)等；⑥对于分汊型河口，各汊道之间还存在水量交换。在上述复杂水动力环境下，河口泥沙输运十分复杂，存在径潮流交汇区(最大浑浊带[2])、冲淤周期循环、汊道沙量交换等特有现象。

长江口就是一个大型分汊型河口，具有三级分汊与四口入海特征。徐六泾以下的入海通道先被崇明岛分为南北两支，南支被长兴岛分为北港和南港，南港又被九段沙分为北槽和南槽(图 7.1)。长江的巨大径流(大通约 9000 亿 m³/年)和来自外海的周期性潮汐在河口相遇，它们的此消彼长及相互作用使感潮河段、海岸带和近海水域成为一个具有强耦合性的大型地表水流系统。

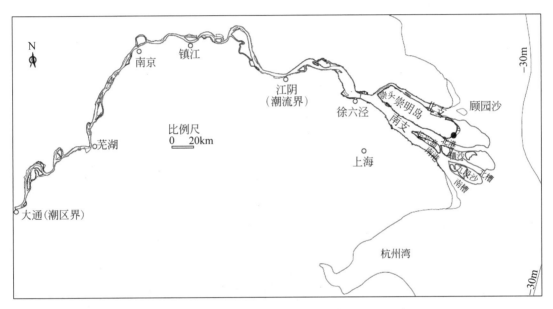

图 7.1　长江口三级分汊与四口入海的平面形态
长江口三级分汊及四个入海口：
①长江入海通道被崇明岛分为北支和南支；②南支被长兴岛与横沙分为北港与南港；
③南港被九段沙分为北槽与南槽

除了多级分汊、河势复杂、耦合性强等特征，长江口还具有"北支倒灌南支"的水沙运动特点。长江口北支下段呈喇叭形展开且入海口门很宽，有利于在涨潮时接纳大量涨潮流；上段狭窄且几乎与南支垂直，在落潮时不利于上游来流进入北支。这种特殊的平面形态，使北支涨潮流在到达北支中上段时仍保持着很高的水流强度并从河床上冲起大量泥沙，为北支水沙倒灌南支提供了动力和沙源。南北支水沙倒灌在长江口形成了较特殊的水沙通量平面循环，并对河床演变产生重要影响。这种汊道间的水沙交换在多级分汊河口中十分具有代表性。

2. 河口整治工程及其特点

河口沿岸通常是经济发展较活跃的区域，人们常常在河口开展堤防建设、河势控制、岸线利用(围垦、码头、港口)、航道疏浚、水资源利用(水库、取排水)、水环境保护(防盐、防污染)等治理工程，以保障人民生命财产安全及满足经济发展需求。河口工程计算的主要任务是，分析河口潮流、物质输运、河床冲淤规律，研究工程的治理效果及其对河口水沙输移与河床演变的影响。此外，研究全球变暖所引起的海平面升高对河口环境的影响也具有重要的实际意义。

根据所处位置，河口整治工程可分为口门内、近海和口门附近三类。口门内的工程例如围垦、航道整治、水库等，涉水建筑物与双向潮流发生相互作用，工程影响一般局限在口门内的双向流河段。近海工程位于远离海岸的水域，例如在近海岛屿上修建海港，涉水建筑物与海域旋转流发生相互作用，工程影响主要在附近海域。在入海口门附近，口门内的双向流演化为近海岸的非规则旋转流。相比于前两类工程，口门附近工程将产生更为广阔和复杂的影响：①涉水建筑物与近海岸潮流(非规则旋转流)的相互作用随着旋转流的周期性变化而不断发生改变，是一个较复杂的动态过程；②工程不仅影响近海岸水域的旋转流，还会对口门内的双向流产生间接影响，而且两种影响紧密联系。

▶ **7.1.2 河口水沙数值模拟的技术要点与研究进展**

可使用原观分析、实体模型试验、数学模型计算等方法研究河口水沙问题。受地形和潮流水沙实测数据时空分辨率的限制，原观分析法一般仅用于分析河口某些局部区域或断面，所取得的认识比较有限。同时，河口整体实体模型试验成本巨大。相比之下，数学模型作为一种成本低且行之有效的手段，在河口水沙研究中获得了越来越广泛的应用。一维模型因为不能描述宽阔的河口水域而无法应用海域开边界不均匀的潮位过程，所以河口海岸数值模拟一般只能采用二维(2D)或三维(3D)模型。下面剖析河口水沙数值模拟的各关键环节。

1. 河口水动力模型的选用

非静压和静压水动力模型均是研究河口的常用模型。需指出，非静压模型在研究河口时并不是必需的。①河口一般被视作浅水流动系统，非静压流动仅存在于局部水域或产生的影响有限。②虽然在水动力特性方面，河口与内陆河湖存在显著区别，例如流向流态多变、非恒定性强、开边界复杂等，但这些特性均可在浅水方程中得到很好的描述。因而，浅水方程模型(三维或平面二维)在模拟河口时一般也能取得准确的结果。③河口模型计算区域通常延伸到深海，并使用那里的潮位过程作为开边界条件。实际中，获取河口海域边界的潮位过程很少采用非静压模型计算的方法，而是采用 GTM[3] 或调和分析法，即非静压模型在解决这个问题上具有可被替代性。目前，河口计算的主要手段仍是浅水方程模型。

浅水方程模型具有结构简单、计算量小等优势。Leendertse[4] 采用方向分裂、垂向固定分层等方法构建了首个河口浅水方程三维水动力模型。目前应用较广的河口三维模型有 POM[5]、UnTrim[6]、FVCOM[7]、Delft3D[8] 等，它们的流行版本均使用了静压假定。河口海洋三维模型综述可参考文献[9]。相比于动水压力，紊流计算的合理程度时常对河口水动力计算准确性的影响更大。相对于三维模型，二维模型的模拟能力较弱，在用于河口时无法直接模拟与咸淡水垂向掺混有关的物理过程及分层流动，但计算量约减小一个数量级。综合考虑模拟能力、计算量等因素，三维静压模型是目前最适合用于研究河口水沙问题的计算工具。

2. 河口盐度与泥沙输运计算的辨析

盐度和泥沙输运同是河口常见的物质输运现象，它们的模拟存在如下差异。①由于水流与河床存在泥沙交换，挟沙水流在穿行过程中将引起河床冲淤，同时河床变形又反过来影响水沙输移。因而，泥沙输运是一个耦合了河床变形的物理过程。盐度输运不改变河床边界，相对泥沙输运简单很多。②盐度是一种保守性溶解质，其运动与水流几乎一致，具有完全跟随性。泥沙输运对水流强度十分敏感，它在水流强度减弱时沉降到河床上或时走时停，属于跟随性较差的悬浮物。③河口盐度源于外海，在口门外围远端海域盐度通常是近似均匀的。而泥沙的来源，除了上游河道来沙之外，河口某些区域的河床侵蚀或沿岸洋流均是潮流挟沙的沙源。例如在长江口，北支中段与下段的河床侵蚀是北支向南支倒灌泥沙的主要来源。④受水流与河床之间泥沙交换的影响，河口可在局部形成明显的高、低含沙量分布，而在局部水域盐度的平面分布一般是很均匀的。

泥沙与盐度输运的差异，使它们在数值模拟技术上有所不同，例如计算网格的分辨率。以二维模型为例，由于盐度在平面上一般分布较均匀，所以盐度输运模拟对网格分辨率要求不高。相比之下，泥沙输运模拟要求使用高分辨率的网格，以便能准确描述复杂河势、精准算出流场和泥沙浓度场（包括高、低含沙量的分布）及各种中小尺度水沙结构，为准确计算冲淤平面分布奠定基础。因而，合格的泥沙输运及河床冲淤模拟所要求的网格分辨率远高于盐度输运模拟。

3. 大型河口冲淤演变数值模拟的困难

用于模拟河口的数学模型通常应满足整体性、准确性、高效性等多重要求。①应将河口的感潮河段、海岸带、近海水域包含在单个模型中作为一个整体进行模拟，以反映它们在水动力及物质输运上的耦合性。因而对于大型河口，模型计算区域通常十分庞大。以长江口为例，大通至近海岸 −4m 等高线的水域面积为 8440km²。②河口岛屿及洲滩众多，河势复杂，粗尺度网格通常只能描绘一个过度平滑的河床、难以解析河口中尺度的环流结构[10]与物质输运过程[11]，因而开展河口海岸水沙计算需采用精细的网格。与精细网格相对应，模型计算时间步长一般不应大于 1~2min，以保证非恒定潮流与泥沙输运模拟的稳定性和时间离散精度。③在研究河口演变时，模型的效率还需满足长时间水沙输移与河床冲淤计算的时效性。由于计算区域大、网格数量多和时间步长小等原因，大型河口长时间非恒定水沙输移与河床冲淤模拟的计算量巨大，是一个典型的大时空水沙数值模拟问题，它给几乎现存所有的二维、三维水沙数学模型都造成了困境。

为了解决河口演变大时空模拟的时效性问题，前人做法是，①在水动力计算中，引入静压假定来回避求解计算量巨大且复杂的 u-q 三维空间耦合方程；②采用隐式算法离散控制方程以允许模型使用大时间步长。这两项策略可有效降低三维水动力的计算成本，并在三维河流海洋模型中获得了广泛应用。得益于它们，大型河口短历时的潮流、盐度输运[12-13]、污染物迁移[14]、泥沙运动[15]等的三维数值模拟研究，在 2000 年前后均已比较普遍。与此同时，对于需要进行大范围长时间精细模拟的河口冲淤演变研究而言，即便已应用上述两项策略，三维模型的效率仍显不足。在此背景下，人们常常采用粗尺度网格[16]、局部模型[17-18]、冲淤放大因子[8]等方法来进一步提高河口水沙数学模型的时效性。为了回避这些简化方法所带来的不利影响，在河口工程计算中，人们时常采用二维模型代替三维模型开展河口冲淤演变计算。二维模型计算量比三维模型减小一个数量级，基本满足河口非恒定水沙输移与河床冲淤大时空精细模拟的时效性要求。

▶ 7.1.3 长江口水沙数学模型的研究与发展

使用数学模型研究长江口水沙输移及河床演变始于 2000 前后，表 7.1 列出了部分较具代表性的模型，它们包括自主研发模型、开源模型、商业软件等。

表 7.1 文献中(部分)长江口平面二维与三维数学模型

年份	文献	模型	维度	领域	上边界	计算网格	网格尺度
1999	Dou et al.[16]	自主研发	2D	水沙	徐六泾	—	—
2003	Cao[19]	自主研发	2D	水沙	江阴	四边形	0.36~8.8km
2004	Zhou & Li[18]	自主研发	2D	水沙	局部	三角形	0.2~0.4km
2006	Wu et al.[13]	ECOM-si	3D	盐水	江阴	四边形	0.08~0.45km
2009	Hu et al.[20]	Delft3D/2D	3D	水沙	江阴	四边形	—
2009	Zuo et al.[21]	自主研发	2D	水沙	局部	三角形	0.03~0.6km
2009	Xue et al.[11]	FVCOM	3D	盐水	江阴	三角形	0.1~10km
2010	Xie et al.[17]	EFDC	3D	水沙	江阴	四边形	0.04~7.6km
2010	Du et al.[22]	ECOMSED	3D	水沙	江阴	四边形	—
2010	Shi et al.[23]	自主研发	2D	水沙	徐六泾	四边形	0.3~1.0km
2013	Zhou et al.[24]	TIMOR	3D	水沙	徐六泾	三角形	—
2013	Song & Wang[25]	POM	3D	水沙	徐六泾	四边形	0.4~2.0km
2013	Kuang et al.[15]	Delft3D/2D	3D	水沙	江阴	四边形	0.06~0.7km
2013	Ma et al.[26]	FVCOM	3D	水沙	大通	三角形	0.1~2km
2014	Shen et al.[27]	SWEM3D	3D	水沙	大通	三角形	0.12~14km
2014	Wan et al.[28]	自主研发	3D	水沙	大通	三角形	0.1~10km
2015	Wu et al.[12]	MIKE21	2D	盐水	大通	三角形	0.2~8km

在模型应用方面，二维模型的应用以 Delft2D、MIKE21 居多，三维模型的应用以 ECOMSED、Delft3D、FVCOM 居多。本章将以长江口与二维模型为例，介绍大型河口水沙通量循环、河床演变及典型工程扰动机制的精细模拟研究方法。长江口模型的概况为(见 3.6 节)：①计算区域上边界位于大通(潮区界)，下游延伸至外海 –50m 等高线附近，将二者之间感潮河段、海岸带和近海水域(图 3.25)作为一个整体进行建模；②采用滩槽优化的高分辨率四边形无结构网格剖分计算区

域，得到 19.93 万个计算单元；③模型可使用大时间步长（如 $\Delta t = 90s$）和 OpenMP 并行技术，具有很高的效率。模型效率测试（上游来流 45000m³/s+下游大潮过程）表明，模型在串行模式下模拟 1 天的非恒定水沙输移的耗时为 1550.7s，在并行条件下（n_c=16）的耗时为 131.1s，加速比达到 11.8。模型（n_c=16）完成长江口 1 年的非恒定水沙输移及河床演变模拟的耗时约为 12.5 h。

7.2 分汊型河口汊道间水沙交换的模拟

对于分汊型河口，研究汊道间水沙交换及在其影响下的河床冲淤规律，有助于提升对河口演变的认识。本节以长江口为例，使用河口整体的高分辨率网格二维模型，计算河口多级汊道之间的水沙交换过程并研究其发生机理。

▶ 7.2.1 长江口南北支水沙倒灌过程的模拟

长江口北支水沙倒灌南支现象在枯季较显著。因此，选用较典型的实测枯季大潮过程（2012 年 12 月 14—16 日）作为计算条件开展二维模型试验，绘制随潮流涨落而变化的各种物理场图，并据此分析长江口多级汊道的水沙输移规律。

1. 长江口双向流与旋转流的特点

长江口潮汐属非正规半日潮型，选取一个完整大潮涨落过程（12 月 14 日 8:00—20:00）的二维模型计算结果绘制逐时流场图（图 7.2 给出了部分关键场景的流场）。

首先基于各时刻流场图分析口门内各级汊道的涨落潮及双向流（表 7.2）；再以北支口门外附近水域为例分析近海岸的不规则旋转流。长江口近海岸为顺时针旋转流，它在一个潮周期内（假设初始流向朝南）将依次经历如下 5 个关键场景。场景 1，近海岸洋流由南向西旋转，海水开始涌向海岸、产生陆向（海洋→内陆）涨潮流。由于纬度差异，北支的涨潮早于南支。场景 2，近海岸的洋流继续顺时针旋转，当它指向西偏北 30° 时（由西向北偏转），北支口门进入涨急状态（图 7.2(a)）。场景 3，外围海域北侧率先进入落潮，近海岸水域形成向北的洋流，使北支口门附近进入一个由涨潮转为落潮的过渡期（图 7.2(b)）。场景 4，涨急 6h 后的落急状态（图 7.2(c)）。场景 5，近岸洋流经过一个周期的顺时针旋转后回到向南流动。图 7.2(d) 为长江口北支口门外水域中流速矢量周期性变化的玫瑰图。

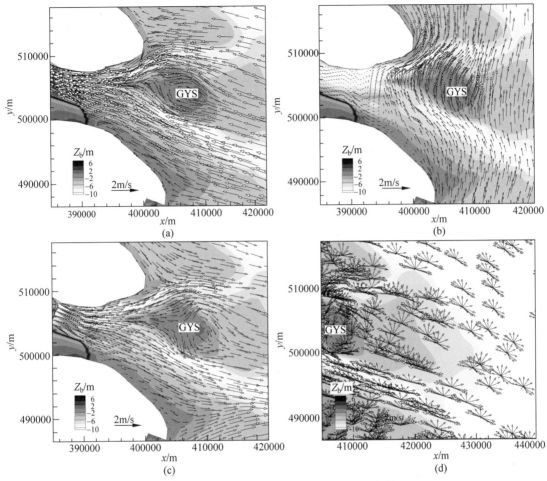

图 7.2　长江口北支入海口附近的非规则旋转流

(a) 涨潮(涨急时刻)；(b) 涨-落潮过渡时段；(c) 落潮(落急时刻)；

(d) 口门外近海岸 12h 流速变化

表 7.2　长江口大潮涨落过程中流场的逐时分析(12 月 14 日 8:00—20:00)

时刻	江阴—徐六泾	长江口北支	长江口南支
8:00	全河段均为落潮流	口门附近开始涨潮，上游落潮与下游涨潮在连兴港下游附近形成遭遇区；落潮最大流速位于灵甸港与三和港之间，为 1.35m/s	全河段均为落潮流；由于纬度较小，南支口门附近涨潮晚于北支
9:00	全河段均为落潮流	落-涨潮遭遇区上溯至三条港与连兴港之间。遭遇区上游为落潮流，最大流速位于灵甸港与三和港之间，为 1.35m/s；遭遇区下游为涨潮流，最大流速位于口门附近，为 0.7m/s	口门处开始涨潮，上游落潮流与下游涨潮流在横沙岛下游附近形成遭遇区

时刻	江阴—徐六泾	长江口北支	长江口南支
10:00	全河段均为落潮流	落-涨潮遭遇区上溯至三和港附近。遭遇区上游为落潮流，最大流速位于灵甸港与三和港之间，为 1.25m/s；遭遇区下游为涨潮流，最大流速位于连兴港附近，为 2.1m/s	落-涨潮遭遇区向上游运动到六滧附近
11:00	全河段均为落潮流	落-涨潮遭遇区上溯至灵甸港附近。遭遇区上游为落潮流，最大流速位于青龙港与灵甸港之间，为 1.1m/s；遭遇区下游为涨潮流，最大流速位于三和港与三条港之间，为 2.5m/s	落-涨潮遭遇区向上游运动到南门附近
12:00 北支涨急	上游落潮与下游涨潮在白茆河口与荡茜之间遭遇	落-涨潮遭遇区上溯至青龙港附近。遭遇区上游，受徐六泾落潮流、南支涨潮流的共同挤压，潮水继续进入北支；遭遇区下游，涨潮流最大流速在青龙港与三和港之间，达 3m/s	落-涨潮遭遇区上溯至荡茜（南支入口）。由此可知，南支涨潮晚、但涨潮流上溯速度明显快于北支
13:00	落-涨潮遭遇区向上游运动到通州沙	口门附近开始落潮，上游涨潮流与下游落潮流在连兴港附近形成分离区。在分离区上游，涨潮最大流速位于灵甸港附近，为 2.3m/s	全河段均为涨潮流，南支落潮晚于北支
14:00	落-涨潮遭遇区向上游运动到长沙附近	涨-落潮分离区上溯至三条港附近。分离区上游，涨潮流最大流速位于青龙港附近的狭窄河段，为 2.4m/s；分离区下游，落潮流已经形成，口门处海向流速约 0.7m/s	在口门处开始落潮，上游涨潮流与下游落潮流在横沙岛下游附近形成分离区
15:00	落-涨潮遭遇区向上游运动到江阴附近，全河段均为涨潮	涨-落潮分离区上溯至灵甸港附近。分离区上游，涨潮流最大流速位于青龙港上游的狭窄河段，为 1.7m/s；分离区下游，落潮最大流速位于三条港附近，为 1.0m/s	涨-落潮分离区向上游运动到六滧与横沙之间
16:00	落-涨潮遭遇区上溯到江阴上游并逐步消失，全河段仍为涨潮	涨-落潮分离区上溯至青龙港附近。分离区上游，涨潮流最大流速位于崇明洲头附近，为 0.4m/s；分离区下游，落潮最大流速位于三条港附近，为 1.25m/s	涨-落潮分离区向上游运动到石洞口附近
17:00	上游涨潮与下游落潮流在徐六泾形成涨-落潮分离区	北支全河段均为海向落潮流，落潮最大流速位于灵甸港与三和港之间，为 1.5m/s	涨-落潮分离区向上游运动到荡茜（南支入口）附近

续表

时刻	江阴—徐六泾	长江口北支	长江口南支
18:00 北支落急	涨-落潮分离区上溯至天生港	北支全河段均为海向落潮流,落潮流最大流速位于灵甸港与三和港之间,达 1.6m/s	全河段均为落潮流
19:00	涨-落潮分离区上溯至双山沙	北支全河段均为海向落潮流,落潮流最大流速位于灵甸港与三和港之间,为 1.5m/s	全河段均为落潮流
20:00	涨-落潮分离区上溯至江阴上游并逐步消失,全河段转为落潮	口门附近开始涨潮,落潮与涨潮在连兴港下游形成遭遇区;落潮最大流速在灵甸港与三和港之间,为 1.4m/s。进入下一涨落潮周期	全河段均为落潮流

注:表中上、下游均与流向无关;陆向是指由海洋→内陆,某点的陆向范围即该点的上游区域。

2. 长江口南北支泥沙倒灌情景

前人曾对长江口北支盐水倒灌南支现象开展了计算[29]与机理性研究[13]。研究发现[29],当长江来流小于 30000m³/s 且青龙港潮差大于 2m 时,开始发生盐水倒灌;当长江来流小于 20000m³/s 且青龙港潮差大于 2.5m 时,倒灌现象将变得显著。这些盐水倒灌规律可为研究长江口泥沙倒灌现象提供参考。

表 7.3 列出了大潮过程中北支含沙量的峰值及其位置,小潮时水沙倒灌的场景与大潮类似但强度明显减弱。选取一个完整大潮涨落过程(12 月 14 日 8:00—20:00)的二维模型计算结果,绘制逐时泥沙浓度场图。在潮流涨落过程中,北支大含沙量涨潮流依次经历了形成、上溯、倒灌、顺南支而下(随南支落潮流下行)4 个阶段,图 7.3 依次展现了它们所对应的 4 个关键泥沙浓度场。

表 7.3　大潮涨落过程中北支含沙量的变化规律(12 月 14 日 8:00—20:00)

时间	浓度范围/(kg/m³)	最大浓度位置	时间	浓度范围/(kg/m³)	最大浓度位置
8:00	1~5	灵甸港	15:00	1~6	青龙港
9:00	1~5	灵甸港—三和港	16:00	1~6	青龙港
10:00	1~5	灵甸港—三和港	17:00	1~5	崇头—青龙港
11:00	1~6	三和港	18:00	1~5	青龙港—灵甸港
12:00	1~7	灵甸港	19:00	1~5	灵甸港
13:00	1~8	青龙港—灵甸港	20:00	1~5	灵甸港—三和港
14:00	1~7	青龙港—灵甸港			

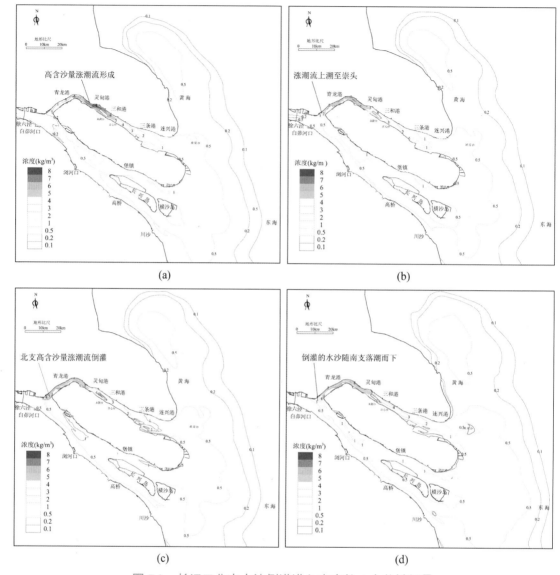

图 7.3 长江口北支水沙倒灌进入南支的 4 个关键场景

(a) 大含沙量涨潮流的形成(12:00); (b) 大含沙量涨潮流上溯到崇头(14:00);

(c) 大含沙量涨潮流倒灌(15:00); (d) 倒灌的水沙随南支落潮流而下(18:00)

▶ 7.2.2 长江口南北支水沙倒灌的通量计算及机理研究

选取枯季大、小潮条件分别开展数值试验[30],通过分析各汊道的水沙通量研究长江口南北支水沙倒灌的形成机理。按潮流闭合原则,在 2012 年 12 月现场测验时段中抽取两个潮流过程。①大潮过程(2012 年 12 月 13 日 23:00—15 日 23:00),对应的大通流量和含沙量分别为 19000m³/s 和 0.113kg/m³,连兴港的潮位范围为 −2.17～2.93m;②小潮过程(2012 年 12 月 8 日 6:00—10 日 6:00),大通流量和含沙量分别为 20700m³/s 和 0.122kg/m³，连兴港的潮位范围为 −1.28～1.23m。使用 GTM 算出对应时段(两天)海域开边界的潮位过程，对其进行循环使用。

为了方便论述，将北支划分为上段(崇头—青龙港)、中段(青龙港—三和港)、下段(三和港—三条港)和口门段(三条港—连兴港)。布设 9 个监测断面记录模型算出的水沙过程：江阴、徐六泾(JY、XLJ)，北支的青龙港、三和港、三条港(QLG、SHG、STG)，南支入口断面及南门、六滧、高桥(SE、NM、LY、GQ)。

1. 长江口水通量的平面循环

将模型算出的断面流量过程分别在涨、落潮时段上对时间进行积分，得到涨、落潮时段的断面水通量(CSWF)，见表 7.4。基于断面水通量在长江口的空间分布，从两个方面分析北支向南支倒灌水量的现象及其形成原因。

表 7.4　口门内河道监测断面水通量的平面分布(亿 m³/d)

区域	监测断面	大潮		小潮	
		涨潮	落潮	涨潮	落潮
上游河道	江阴(JY)	−7.72	24.20	−3.25	19.68
	徐六泾(XLJ)	−28.26	44.57	−15.03	31.39
北支	青龙港(QLG)	−2.48	1.88	−1.63	1.16
	三和港(SHG)	−5.73	5.14	−3.22	2.76
	三条港(STG)	−11.06	10.48	−6.26	5.80
南支	南支入口断面(SE)	−31.41	48.35	−16.34	33.18
	南门(NM)	−38.79	55.64	−18.96	35.82
	六滧(LY)	−28.52	36.05	−13.09	21.15
	高桥(GQ)	−25.32	34.61	−11.36	20.21

注：负值表示陆向(海洋→内陆)，正值表示海向(内陆→海洋)；监测断面位置见图 3.27。

其一，北支口门段十分宽阔(5～8km)，在涨潮时接纳大量潮流涌入；北支的主槽宽度自下而上迅速减小，下、中、上段依次为 3～5km、1～3km、1km。特殊的平面形态使得陆向涨潮流在沿北支上溯的过程中一直保持很大的水流强度。模型的计算结果表明，在大潮条件下，北支下、中、上段的最大流速分别为 2.5m/s、3.0m/s、2.4m/s，穿过 QLG 断面的水通量占 STG 断面的 22.4%。一部分涨潮流(潮头)在穿过北支上段及崇头后进入南支,形成水量倒灌。水量倒灌的历时不长,当北支入海口附近进入涨→落潮转换时段,北支→南支的倒灌随即结束。

其二,北支上段河道狭窄且几乎与南支垂直,这种平面形态在落潮时不利于海向水流进入北支。在北支上段,落潮最大流速(约 1.5m/s)相对于涨潮(约 2.4m/s)显著降低。CSWF 数据显示,北支上段的海向落潮水通量小于陆向涨潮水通量。以北支 QLG 断面为例,大潮期间,涨、落潮两个时段的水通量差为 0.6 亿 m^3/d,占陆向涨潮流水通量的 24.2%。QLG 断面涨、落潮的水通量差,经过在北支上段的衰减后,成为倒灌进入南支的水源,它们将随着南支落潮流运动到下游及口门外。在涨落潮过程中,部分潮水在平面上经历一个逆时针循环。

2. 长江口沙通量的平面循环

将模型算出的断面输沙率过程分别在涨、落潮时段上对时间进行积分,得到涨、落潮时段的断面沙通量(CSSF),见表 7.5。泥沙输运与水流强度密切相关。下面将结合前述断面水通量数据,分析断面沙通量在长江口的空间分布,并阐明北支向南支倒灌泥沙现象中沙源产生、泥沙输运及排放等关键环节。

表 7.5 河口监测断面泥沙通量的空间分布(万 t/d)

区域	监测断面	大潮		小潮	
		涨潮	落潮	涨潮	落潮
上游河道	江阴(JY)	−10.62	33.92	−3.31	20.60
	徐六泾(XLJ)	−55.76	81.11	−15.28	30.76
北支	青龙港(QLG)	−116.73	72.88	−32.28	21.02
	三和港(SHG)	−244.80	204.47	−56.09	50.97
	三条港(STG)	−190.93	198.84	−42.65	46.96
南支	南支入口断面(SE)	−85.76	142.00	−19.33	42.69
	南门(NM)	−157.33	218.09	−31.61	57.77
	六滧(LY)	−130.29	164.43	−20.87	36.27
	高桥(GQ)	−82.05	109.83	−13.83	25.29

其一,北支倒灌南支的沙源。在涨潮期间,高强度涨潮流使北支中段(QLG～SHG)与下段(SHG～STG)河床发生冲刷。由 CSSF 数据可知,北支下段存在一个

涨、落潮的输沙平衡点(在单日径-潮流过程中，落潮的海向泥沙通量与涨潮的陆向泥沙通量正好相等)位于 STG 上游约 4km。QLG 附近至输沙平衡点之间的北支河段发生冲刷，成为沙源区。模拟结果表明，北支陆向涨潮流在通过沙源区时含沙量大幅增加，QLG 附近涨潮流含沙量可高达 8kg/m³(与实测一致)。陆向涨潮流挟带大量泥沙穿过 QLG 进入北支上段，其中一部分绕过崇头进入南支。

其二，北支倒灌南支的动力。涨潮期间，陆向涨潮流在行进至北支上段后仍保持很大的水流强度，它为向上游输沙提供了动力，使一部分泥沙被输运到崇头然后倒灌进入南支。同时，在陆向涨潮流沿北支上段上溯的过程中，随着水流强度逐渐减弱，也有一部分泥沙淤积在沿程。泥沙倒灌前后的若干关键场景如下：北支口门涨潮约 4h 后，北支中段形成大含沙量涨潮流；涨潮约 6h 后，大含沙量水流穿过 QLG 并上溯到崇头；涨潮约 7h 后，北支水沙开始绕过崇头进入南支，倒灌过程持续约 3h；随着北支进入下一涨落潮周期，水沙倒灌逐渐消失。

其三，北支上段落潮流显著弱于涨潮流，海向落潮流的泥沙通量也比陆向涨潮流的泥沙通量小很多。QLG 断面涨、落潮的泥沙通量差为 43.85~11.26 万 t/d，占陆向涨潮流泥沙通量的 37.5%~34.9%，其中部分泥沙倒灌进入南支。

3. 长江口水沙通量的平衡性分析

基于各汊道断面在涨、落潮时段的水沙通量数据，勾画长江口水沙通量的平面分布(图 7.4)，并据此开展长江口水沙通量的平衡性分析。

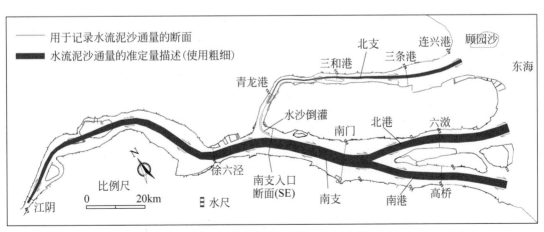

图 7.4　长江口水沙通量空间分布准定量描述

以大潮为例，南支入口断面(SE)在落潮期间的水通量由三部分组成：①在涨潮期间通过南支上溯并穿过断面 SE 的水通量(31.41 亿 m³/d)，在落潮期间原路返回；②大通来流(16.31 亿 m³/d)，因为北支沿程各断面的涨潮水通量均大于落潮，所以可认为来自上游的径流并未通过北支入海，而是全部走南支入海；③由北支倒灌进入南支的水通量(0.6 亿 m³/d)，占断面 SE 落潮水通量的 1.24%。断面 SE 在落潮期间的沙通量也由三部分组成：①在涨潮期间通过南支上溯并穿过断面 SE 的沙通量(85.76 万 t/d)，在落潮期间原路返回；②大通来沙(18.39 万 t/d)在经过长距离冲淤调整后演化为徐六泾断面的下泄沙量(25.35 万 t/d)；③从北支倒灌过来的沙通量(30.89 万 t/d)，占断面 SE 落潮沙通量的 21.75%。

对于小潮而言，由北支倒灌进入南支的水、沙通量分别为 0.46 亿 m³/d、7.88 万 t/d，分别占南支入口断面 SE 落潮水、沙通量的 1.39%、18.46%。

7.3　工程对河口旋转流的扰动机制研究

堤防修建、洲滩围垦、航道建设等均是河口常见的治理工程。本节以长江口北支入海口门整治为例，介绍采用河口整体二维水动力模型研究工程治理效果及工程对口门内外潮流(双向流和不规则旋转流)扰动机制的方法[31]。

▶ 7.3.1　入海口门整治工程的精细建模

由于平面形态特殊，北支在涨潮时具有接潮量大、中上段(河道狭窄)水位高等特点，使北支沿线城镇在极端天气条件下时常处于严重的洪水威胁之中。试图通过改善北支平面形态及塑造新入海通道，来缓解北支沿岸的洪水风险。

规划在北支入海口顾园沙(简写为 GYS，位于连兴港下游约 7.5km)附近建设新的入海通道。顾园沙属于低滩，涨潮时淹没，落潮时出露。2012 年地形显示，顾园沙-2m 等高线所圈围的面积为 42.4km²，其南、北两侧均存在深水通道，河底高程分别为-13～-12m、-12～-10m。拟建的顾园沙整治工程以北支中下段缩窄工程为基础，通过在顾园沙及其附近修建围堤和导流堤，构建新的北支入海通道。为了获得最优的治理效果，拟定如下 3 种工程方案进行比选。

方案 1(两条入海通道，总宽 11km)：沿顾园沙-2m 等高线布置长 25.2km、顶高程为 6m 的环形封闭围堤(0#工程)。工程后，顾园沙区域成为一个封闭的小岛，在涨潮时不再被淹没，顾园沙南北两侧形成分汊型入海通道。

方案 2(南入海通道，宽 6.5km)：在方案 1 的基础上借助 2 条导流堤形成南入海通道；1#导流堤长 7.4km，连接连兴港大堤和顾园沙围堤头部，将顾园沙北侧过流通道封堵；2#导流堤顺着崇明岛北缘向外海延伸，长 16.8km。

方案 3（北入海通道，宽 4.5km）：在方案 1 的基础上借助 2 条导流堤形成北入海通道；1#导流堤长 16.2km，连接崇明岛北岸和顾园沙围堤头部，将顾园沙南侧过流通道封堵；2#导流堤起于连兴港大堤，沿边滩向外海延伸，长 6km。

顾园沙整治位于入海口门附近，它将同时影响近海岸的旋转流与口门内的双向流。由于潮流的非恒定性，工程扰动也将是一个动态的影响过程。在工程作用下潮流沿北支（平面形态很特殊）演进过程的变化规律也将与众不同。此外，工程还将改变长江口（具有三级分汊特征）汊道间水体与物质交换。因此，研究顾园沙工程的治理效果及其对长江口水沙输移的影响将具有挑战性。

在前述长江口二维网格的基础上开展工程建模。采用尺度为 100～200m 的网格对工程局部进行加密，工程附近网格见图 7.5（以方案 3 为例）。在无工程、方案 1～方案 3 条件下的工程建模效果见图 7.6，各方案的特点分析如下。

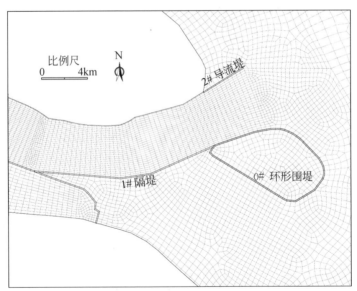

图 7.5 顾园沙整治工程附近的计算网格布置（以方案 3 的北入海通道为例）

方案 1 仅对顾园沙范围内地形较高、过流能力有限的区域进行圈围，围堤对附近水域潮流的扰动将十分有限。在方案 2、方案 3 条件下，进出北支的潮流分别被约束在顾园沙南、北通道之内，通道宽度分别为 6.5km、4.5km，所对应的河宽缩窄率分别为 41%、59%。方案 3 的缩窄程度更强且在该方案下，潮流出入北支的路径更长、更曲折。因而，方案 3 相对于方案 2，涨潮流更难进入北支。此

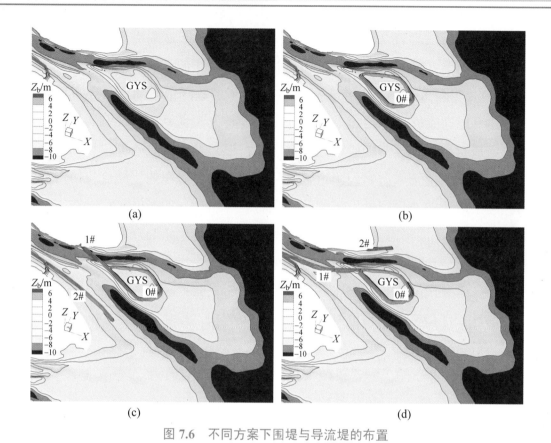

图 7.6　不同方案下围堤与导流堤的布置

(a) 无工程；(b) 方案 1，两条出流通道；(c) 方案 2，南向入海通道；(d) 方案 3，北向入海通道

外，方案 2、方案 3 的出口通道分别具有偏南、偏北的朝向，与附近潮流的旋转方向(顺时针)分别相对、相顺，它们将对近海岸的旋转流产生不同的扰动。

▶ 7.3.2　入海口门整治的工程效应分析

北支口门顾园沙整治通过修建围堤、导流堤等形成新入海通道。相对于旧通道，新入海通道主要有宽度缩窄、方向调整两大变化：①通道缩窄将阻碍潮水进出河口，称之为工程"缩窄效应"；②朝南开口的入海通道(导流堤)可引导近海岸顺时针旋转流进入口门内，这种利于河口接纳涨潮流的作用称为工程"引导效应"。本节以该工程为例，讨论入海口门整治工程的各种作用或影响。

1. 工程的缩窄效应

入海通道的过流能力随着河宽减小而减小。将顾园沙洲头处河道断面宽度定义为入海通道宽度，无工程时整体度量(为 14km)，有工程时分南北两段度量。在方案 1、方案 2、方案 3 条件下，入海通道宽度分别减小至 11km、6.5km、4.5km。

在入海通道缩窄后，北支沿线潮流过程将受到如下影响。在涨潮前半段，来自外海的陆向涨潮流被部分滞留在口门外，北支沿线断面的涨潮流过程萎缩。在涨潮后半段，口门外的滞水将部分进入口门内并沿北支上溯，绝大多数滞水因未能及时进入口门内而随沿岸流漂走。滞水上溯将增加在涨潮后半段北支沿线的流量并延长北支涨潮持续时间。同时，由于绝大多数滞水并未进入口门内，北支沿线断面在涨潮期间的陆向水通量将减小。此外，缩窄效应还将降低和延迟北支沿线断面在涨潮期间流量的峰值，并使它们的过程曲线发生坦化。

在落潮期间，顾园沙工程的缩窄效应继续发挥作用，使北支沿线流量的峰值发生降低和延迟。此外，由于工程使北支入海通道的过流能力降低，部分原先由北支入海的落潮流水通量将被挤压到南支并从南支入海。

2. 工程的引导效应

不同走向的新入海通道将对近海岸不规则旋转流产生不同扰动，同时对北支沿线的双向流产生影响。基于各方案模型计算结果，绘出北支出口附近的流场(图 7.7)。驱动长江口涨落潮的近海岸顺时针旋转流拥有一个过渡性场景(图 7.2(b))，沿岸流朝北)，该流场在不同方案下将受到不同扰动。对于方案 3，入海通道朝向偏北(与沿岸流方向一致)，导流堤对附近北向沿岸流的影响较小(图 7.7(c))。对于方案 2，入海通道走向偏南(与沿岸流相对)，这种入海通道有利于顾园沙附近北向的沿岸流进入北支(图 7.7(b))，那些被导流堤导入口门内的水流将沿着北支上溯进而改变北支沿线的潮流过程，即形成工程引导效应。

在涨潮后半段，方案 2 中南向导流堤的引导效应将逐步显现。将被导流堤引导进入北支的北向沿岸流称为"导入流"，它将对北支潮流产生如下影响：①增加北支沿线涨潮流的流量、水位及陆向的水通量；②延长北支沿线涨潮流大流量的持续时间；③在北支沿线形成额外的槽蓄量(将其称为导入流槽蓄)。随着导入流沿北支上溯距离增加，其强度将逐渐减弱。相应地，导入流槽蓄分布在北支上段的密度小于北支中下段。在落潮期，导入流槽蓄转化为海向水流，随落潮流一同向外海运动，并增加北支沿线的落潮流量和水通量。北支下段落潮因为受导入流槽蓄的累积影响较大，所以落潮流量的增量也较大。

3. 缩窄与引导效应的叠加

以北支出口涨落潮的流量峰值时刻为界限，将涨潮(或落潮)时段分成上、下两个半段。缩窄效应在整个潮流周期内均发挥作用，而引导效应(存在于方案 2)

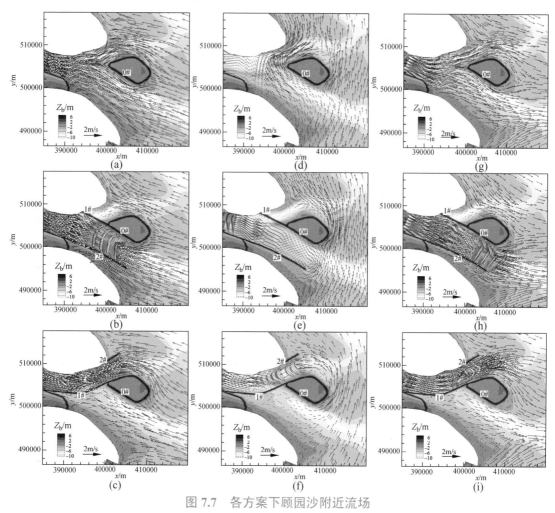

图 7.7　各方案下顾园沙附近流场

(a)～(c)涨急时刻；(d)～(f)涨落过渡；(g)～(i)落急时刻

主要在涨潮的下半段和落潮的上半段发挥作用。缩窄与引导效应所产生的影响在北支沿线有时同向增强、有时异向相抵。当两种效应相互消减时，有时很难判断二者叠加后的结果。不同的工程方案在具体设计上的差异（例如入海通道缩窄与偏转程度等）及水域环境的特殊性（北支特殊的平面形态、工程附近的不规则旋转流等）也增加了工程缩窄与引导效应在北支沿线叠加结果的复杂性。因此，在北支沿线断面潮流的各项指标对工程的响应规律是十分复杂的，见表 7.6。

　　在涨急时刻（12:00），各方案下顾园沙附近的流场模拟结果如图 7.7(a)～(c)所示。由图可知，方案 1 对顾园沙附近潮流的扰动十分微弱，该方案的流场与无工程条件下十分接近。在方案 2、方案 3 中，陆向涨潮流分别被限制在顾园沙的南、北通道之中。方案 3 的入海通道宽度（4.5km）小于方案 2（6.5km），因而前者产生更

表 7.6　顾园沙整治工程对北支沿线潮流指标的影响规律

时段	涨潮过程(陆向潮流)			落潮过程(海向潮流)		
	指标	缩窄效应	引导效应	指标	缩窄效应	引导效应
涨/落潮的前半段	Q	↓	–	Q	↓	↑
	Z	↓	–	Z	↑	↑
	水通量	↓	–	水通量	↓	↑
涨/落潮的后半段	Q	↑	↑	Q	↓	–
	Z	↓	↑	Z	↑	↑
	水通量	–	↑	水通量	↓	↑
整个涨落周期	Q 波峰	↑	↑	Q 波峰	–	↑
	Z 波峰	↓	↑	Z 波谷	–	–
	水通量	↓	↑	水通量	↓	↑

注：Q 为流量；Z 为水位；"↑"表示增加；"↓"表示减少；"–"表示变化趋势不明显。

强的缩窄效应。而且，相对方案 2，方案 3 中涨潮流在顾园沙附近的上溯路径更长且更曲折，陆向涨潮流穿过口门并上溯的难度更大。

在涨→落潮过渡期(15:00)，各方案下顾园沙附近的流场模拟结果如图 7.7(d)～(f)所示。在方案 1 条件下，向北的沿岸流被分为两部分，绕过顾园沙后继续向北行进。在方案 2 和方案 3 中，口门外的一部分滞流(在涨潮前半段由工程缩窄效应导致)穿过口门并沿北支上溯。相比于方案 1，方案 2 隔断了顾园沙的北入海通道(方案 1 中北向沿岸流进入顾园沙南通道之后的继续北行的通道)，南向导流堤在北向沿岸流进入口门后将继续引导它们沿北支上溯，即前述的引导效应。

在落急时刻(18:00)，各方案下顾园沙附近的流场模拟结果如图 7.7(g)～(i)所示。各方案下被缩窄的入海通道在落潮时段也产生缩窄效应，阻碍落潮流出。落潮比涨潮持续时间长且过程更平坦，因而工程对落潮过程的影响相对温和。

▶ 7.3.3　入海口门整治对潮流的扰动计算

入海口门整治工程改变了近海岸的旋转流，同时还将重塑口门内分汊河道沿线断面的流量(Q)和水位(Z)过程。选用枯季大潮条件开展模型计算，研究顾园沙工程对口门内潮流的影响。分别将方案 1～方案 3 条件下的模型计算标识为"双通道、南通道、北通道"，以便比较分析。基于模拟结果，绘出长江口各汊道监测断面的 Q 和 Z 在有、无工程时的变化过程，如图 7.8 所示(断面位置见图 7.4)。

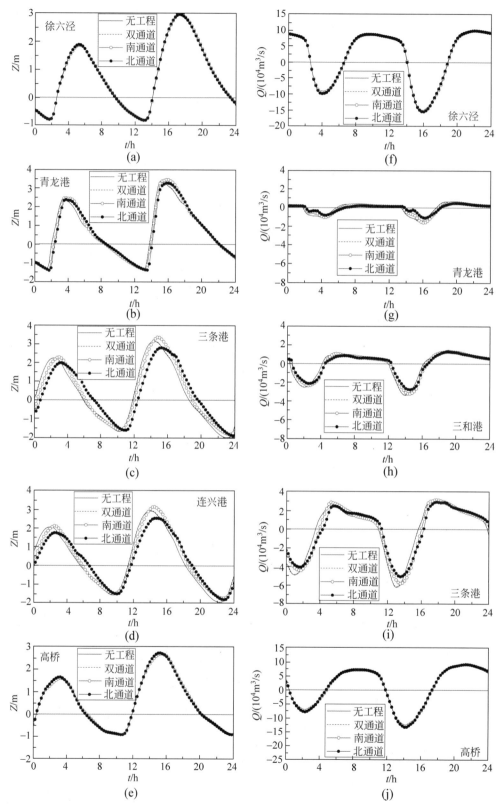

图 7.8　不同方案条件下河口河道断面水位和流量过程

(a)～(e) 水位过程；(f)～(j) 流量过程

分析断面潮流过程的变化可知，顾园沙整治对口门内潮流过程的影响局限在徐六泾以下，工程直接重塑了北支沿线的 Q、Z 的变化过程及 CSWF，对相距较远的南支仅产生微弱的间接影响。在北支沿线不同位置和涨落潮不同时刻，工程缩窄和引导效应的不同叠加结果将导致潮流过程发生不同的变形。

1. 工程对北支沿线流量过程的影响

使用断面流量峰值（涨、落潮时段的峰值分别表示为 $Q_{涨峰}$、$Q_{落峰}$）和断面水通量（涨、落潮时段的水通量分别表示为 CSWF$_涨$、CSWF$_落$）作为描述河口汊道流量过程及其变化的定量指标，有、无工程时的具体数据见表 7.7 和表 7.8。

表 7.7　长江口有、无顾园沙工程时各河段的断面流量峰值及其变化

区域	断面	$Q_{涨峰}$（无工程）	涨潮过程/%			$Q_{落峰}$（无工程）	落潮过程/%		
			双通道	南通道	北通道		双通道	南通道	北通道
上游	XLJ	15.33	−0.11	−0.19	−0.26	9.94	−0.12	−0.22	−0.32
北支	QLG	1.44	−0.22	11.72	−23.18	0.67	−3.88	−15.05	−26.37
	SHG	3.39	−1.21	−4.22	−18.35	1.50	−0.65	−11.35	−14.48
	STG	6.24	−1.60	−6.87	−18.64	3.07	−0.11	3.43	−4.17
南支	NM	19.33	0.29	0.55	3.83	14.53	0.28	0.84	0.88
	LY	13.90	0.25	0.46	3.88	9.66	0.22	0.61	0.58
	GQ	12.81	0.18	0.30	3.66	9.18	0.03	0.66	0.39

注：$Q_{涨峰}$ 和 $Q_{落峰}$ 分别代表涨潮和落潮时段断面流量的峰值（万 m³/s）。

表 7.8　长江口有、无顾园沙工程时各河段的断面水通量及其变化

区域	断面	CSWF$_涨$（无工程）	涨潮过程/%			CSWF$_落$（无工程）	落潮过程/%		
			双通道	南通道	北通道		双通道	南通道	北通道
上游	XLJ	28.26	−0.02	−0.05	−0.05	44.57	−0.02	−0.05	−0.06
北支	QLG	2.48	−0.92	−0.14	−30.17	1.88	−0.85	−15.71	−30.12
	SHG	5.73	−0.55	1.23	−12.26	5.14	−0.52	−4.44	−10.42
	STG	11.06	−0.24	4.95	−3.63	10.48	−0.26	0.03	−4.79
南支	NM	38.79	0.23	0.29	2.73	55.64	0.25	0.64	1.63
	LY	28.52	0.11	0.12	1.85	36.05	0.14	0.42	1.11
	GQ	25.32	0.10	0.12	1.33	34.61	0.11	0.39	0.85

注：CSWF$_涨$ 和 CSWF$_落$ 分别代表涨潮和落潮时段断面的水通量（亿 m³/d）。

在方案 1 条件下，环形围堤影响微弱，北支沿线的流量指标仅发生微幅减小。在方案 3 条件下，工程的缩窄效应起主导作用，导致北支沿线断面的涨潮流量过程显著萎缩，北支沿线的 $Q_{涨峰}$、$Q_{落峰}$ 和 $CSWF_涨$、$CSWF_落$ 大幅减小。关于方案 2，下面分涨潮和落潮两个时段，分别分析北支沿线断面流量过程的变化。

在涨潮期间，工程的缩窄效应会降低断面的 $Q_{涨峰}$ 和 $CSWF_涨$，工程的引导效应所形成的陆向水流会增加北支沿线各断面的涨潮流量(增量自下而上递减)，且缩窄效应和引导效应的叠加结果在北支沿线各不相同。在北支下段，缩窄效应的影响占主导地位，引起 SHG、STG 断面 $Q_{涨峰}$ 下降；虽然 $Q_{涨峰}$ 有所降低，但由于涨潮期间的大流量持续时间加长，穿过 SHG、STG 断面的 $CSWF_涨$ 是增加的。在北支中上段，引导效应形成的导入流在沿北支上溯的过程中发生复杂变形，这是 QLG 断面 $Q_{涨峰}$ 出现增加等变化的原因(图 7.8 (g))。QLG 断面的 $CSWF_涨$ 减少，因为在此处已大幅减弱的导入流已不足以抵消由缩窄效应带来的影响。

在落潮期间，工程的缩窄效应仍继续降低断面的 $Q_{落峰}$ 和 $CSWF_落$，而工程的引导效应形成的导入流槽蓄在落潮时转化为海向水流并增加断面落潮流量。受导入流槽蓄沿北支自上而下的分布及累积增强影响，落潮流量的增量在北支上段小、下段大。缩窄效应和导入流槽蓄作用的叠加结果在北支沿线各不相同。在北支下段，导入流槽蓄引起的落潮流量增量可超过缩窄效应引起的减少量，导致 STG 断面 $Q_{落峰}$ 和 $CSWF_落$ 均增加。在北支中上段，较弱的导入流槽蓄作用不足以抵消由缩窄效应带来的影响，导致 $Q_{落峰}$ 和 $CSWF_落$ 均下降。

2. 工程对北支沿线水位过程的影响

使用断面水位峰值($Z_峰$)和低谷($Z_谷$)作为描述河口各汊道水位过程及其变化的定量指标，有无工程时的变化见表 7.9。分析可知，①工程对长江口水位的影响主要限于北支，水位过程的变化取决于缩窄效应和引导效应在目标位置的叠加结果；②$Z_峰$ 在北支沿线的变化与 $Q_{涨峰}$、$CSWF_涨$ 的变化具有相关性。

方案 1 中的环形围堤影响微弱，北支沿线 $Z_峰$ 变化甚微。在方案 3 中，工程缩窄效应起主导作用，在涨潮期间导致北支沿线 $Z_峰$ 显著降低、水位过程线大幅萎缩。在方案 2 中，工程缩窄效应通过限制涨潮流量而降低北支沿线的 $Z_峰$，工程引导效应形成的导入流通过增加涨潮流量而推高断面 $Z_峰$。受较强的导入流的累积影响，北支下段的水位显著升高，SHG、STG 断面 $Z_峰$ 的升高值达 21.7～23.4cm。

表 7.9 长江口有、无顾园沙工程时各河段的水位极值及其变化(cm)

区域	断面	$Z_峰$（无工程）	$Z_峰$的变化			$Z_谷$（无工程）	$Z_谷$的变化		
			双通道	南通道	北通道		双通道	南通道	北通道
上游	XLJ	295.5	1.3	2.5	2.3	−82.9	0.1	0.4	0.7
北支	QLG	339.8	−0.4	8.3	−11.4	−142.8	−0.1	−0.1	−2.1
	SHG	315.7	1.6	21.7	−35.4	−201.3	0.3	19.6	11.4
	STG	293.3	2.0	23.4	−38.3	−195.8	0.4	22.8	14.4
南支	NM	281.8	1.4	−2.1	−0.8	−103.3	0.1	1.0	0.8
	LY	278.6	1.1	1.5	4.2	−92.9	0.4	1.2	1.6
	GQ	267.3	1.3	0.7	6.3	−116.5	0.5	1.7	1.3

注：$Z_峰$和$Z_谷$分别代表整个涨落潮周期中水位的最高值、最低值。

受北支下段壅水的顶托影响，北支中上段的水位也随之升高，QLG 断面 $Z_峰$ 亦升高 8.3cm。从控制洪水风险角度看，方案 3 具有较好的治理效果。

7.4 工程调控下河口冲淤规律变化研究

本节仍以长江口北支入海口门(顾园沙)整治工程为例，通过模拟典型年潮流水沙过程及河床冲淤，阐明工程对长江口河床冲淤的影响。从工程重塑河口水沙通量的角度，研究和揭示在工程作用下河口冲淤演变趋势的变化机理[32]。

▶ 7.4.1 河口冲淤对入海口整治工程的响应计算

对大通水文站多年的实测数据进行合成得到综合典型年(365 天)逐日水沙过程(总径流量和来沙量分别为 9687.92 亿 m³ 和 1.23 亿 t)，并将其作为长江口二维模型的上游开边界条件。在海域开边界采用 GTM 生成 1999 年逐时潮位过程。在 2011—2013 年实测地形上，开展有、无工程条件下(图 7.6)长江口典型年动床预测。计算中，将导流堤、围堤及被圈围的区域设置为不可冲刷区域。模型逐时步($\Delta t = 90s$)向前演算，直至获得典型年水沙过程作用后的地形。

1. 河口泥沙冲淤量分布的计算结果

有、无工程条件下长江口各区域的泥沙冲淤量见表 7.10(分区如图 7.9 所示)。

在无工程条件下，典型年水沙过程作用后徐六泾区域及南北支均处于冲刷状态，总冲淤量为 11107.5 万 m^3。①徐六泾附近(R1)的冲刷量为 660.8 万 m^3。②北支(R2~R6)的冲刷量为 3885.7 万 m^3：上段(R2)处于淤积状态，中、下段(R3~R5)处于冲刷状态，口门段(R6)处于微冲刷状态。③南支(R7~R12)的冲刷量为 6561.1 万 m^3。根据各分区面积及冲淤量进行估算可知，在无工程时徐六泾区域、北支和南支的河床冲淤幅度分别为 -10.9cm、-10.6cm、-5.5cm(负值表示冲刷)。

表 7.10　有、无工程条件下长江口各分区河床冲淤量的变化

区域	无工程时冲刷量(万)/m^3	冲淤量变化率/%		
		方案 1	方案 2	方案 3
徐六泾	660.8	0.7	2.0	4.6
北支	3885.7	2.6	-1.6	-48.0
南支	6561.1	-0.9	-8.4	17.4
合计	11107.5	0.4	-5.4	-6.2

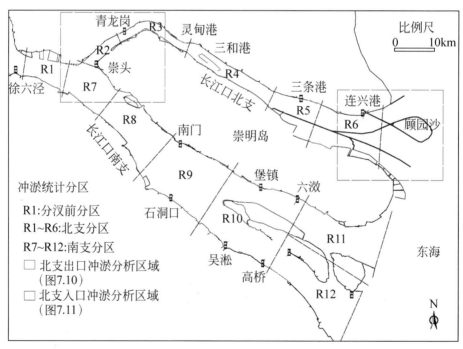

图 7.9　河床泥沙冲淤量的统计分区

顾园沙整治并未改变长江口河床冲淤的基本规律，仅对各分区的冲淤幅度产生影响。①徐六泾区域的河床冲淤受工程影响甚微，方案 1~方案 3 的冲淤量相对于

无工程时的变化率分别为 0.7%、2.0%、4.6%。②北支的冲淤厚度在方案 1～方案 3
条件下分别为–10.9cm、–10.4cm、–5.5cm，相对于无工程时的变化率分别为 2.6%、
–1.0%、–48.0%。③南支冲淤厚度在方案 1～方案 3 条件下分别为–5.5cm、–5.0cm、
–6.5cm，相对于无工程时的变化率分别为–0.9%、–8.4%、17.4%。在各方案中，
方案 2 和方案 3 的影响差异显著，方案 3 对北支冲淤演变的影响最大。

2. 工程对北支入海口门附近河床冲淤的影响

在典型年水沙过程作用后，北支入海口附近的河床冲淤厚度平面分布如图 7.10
所示。在无工程时，北支入海通道很宽，水沙过程作用后北支入海口附近河床仅发
生微幅变形，河床冲淤幅度在 –0.2m～+0.2m，如图 7.10（a）所示。

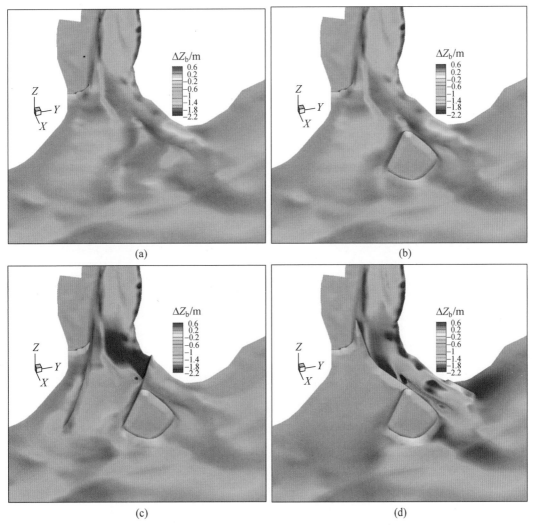

图 7.10 典型年水沙过程作用后北支入海口局部河床演变动态

(a) 无工程；(b) 方案 1：双入海通道；(c) 方案 2：南入海通道；(d) 方案 3：北入海通道

在方案 1 中(双通道),北支入海通道缩窄不明显,且被圈围的区域是地形较高、过流能力有限的区域。因而,工程对北支入海口门附近河床冲淤的影响,虽然直接但是很小。在典型年水沙过程作用后,北支入海口门附近的冲淤幅度仍保持在 $-0.2\sim0.2$m,如图 7.10(b)所示。相比之下,方案 2、方案 3 对北支入海口附近冲淤的影响十分显著。在方案 2 中(南通道),北支入海通道宽度由 14km 缩减为 6.5km,水流变得集中,导致在水沙过程作用后口门附近的河床冲淤幅度增大为 $-1.5\sim0.5$m,如图 7.10(c)所示;在方案 3 中(北通道),北支入海通道宽度缩减至 4.5km,水流更集中,致使口门附近河床冲淤幅度增大为 -2.0m~0.5m,如图 7.10(d)所示。由此可见,北支入海口门附近的河床冲淤幅度与新入海通道的宽度直接相关。此外,从北支中下段的冲刷幅度来看,相对于无工程时的平均值(22.8cm),方案 1、方案 2 条件下的变化很小(分别为 23.5cm、23.8cm),而在方案 3 条件下则减小了约 10cm(因口门上溯的沙量增加和水通量显著减小)。

3. 工程对北支入口河床冲淤的影响

北支上段(崇头—青龙港)的冲淤特性与南北支水沙倒灌过程密切相关。大含沙量涨潮流在北支上段向崇头上溯和南支倒灌的过程中,水流强度降低及行进停滞使涨潮流所挟带的部分泥沙落淤在沿程的河床,从而引起北支上段与入口发生持续性的淤积。顾园沙整治工程通过改变北支沿线的潮流水沙过程来影响北支的河床演变,这种影响在北支入口附近显得尤为明显。

在北支上段,河道具有滩槽复式断面形态,大部分陆向涨潮流从河槽上溯并在其中形成强度很大的水流,同时水流在河槽两侧滩地较弱。在水流集中的河槽,泥沙很难淤积甚至还在局部发生冲刷;在开阔的滩地上,泥沙广泛淤积。图 7.11(a)给出了无工程条件下典型年水沙过程作用后崇头附近的冲淤厚度分布:北支入口在整体上表现为淤积萎缩,平均淤积厚度(淤厚)为 14.4cm;滩地区域发生了大面积淤积,最大淤厚约为 1.1m。顾园沙工程并未改变北支入口的基本冲淤趋势,但在一定程度上使冲淤幅度发生变化,如图 7.11(b)~(d)所示。在方案 1 条件下,北支入口的冲淤变化甚微。在方案 2 条件下,北支入口的平均淤厚减少了 9.3cm,滩地最大淤厚约为 0.90m。在方案 3 条件下,北支入口的平均淤厚减少了 9.0cm,滩地最大淤厚约为 0.75m,滩地淤积幅度相比于方案 2 显著减轻。

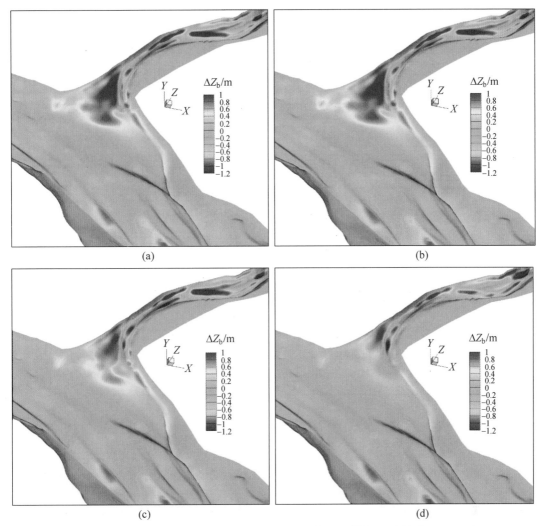

图 7.11　典型年水沙过程作用后北支入口处的河床演变

(a)无工程；(b)方案 1：双入海通道；(c)方案 2：南入海通道；(d)方案 3：北入海通道

▶ 7.4.2　工程作用下河口泥沙通量的变化计算

顾园沙工程通过改变长江口北支的水沙输移过程(尤其是北支向南支倒灌水沙的过程)来影响北支的河床冲淤。下面选用典型大、小潮过程开展数值试验，通过分析有、无工程条件下长江口各汊道的水沙过程及通量，探究在入海口门整治后长江口(尤其是北支入口)河床冲淤规律变化的动力机制。

1. 工程影响下潮流输沙过程的变化

有、无工程时长江口各监测断面输沙率(Q_s)的日变化过程如图 7.12 所示。使用输沙率过程的峰值($Q_{沙峰}$)作为描述 Q_s 变化的定量指标。相对于无工程条件，方

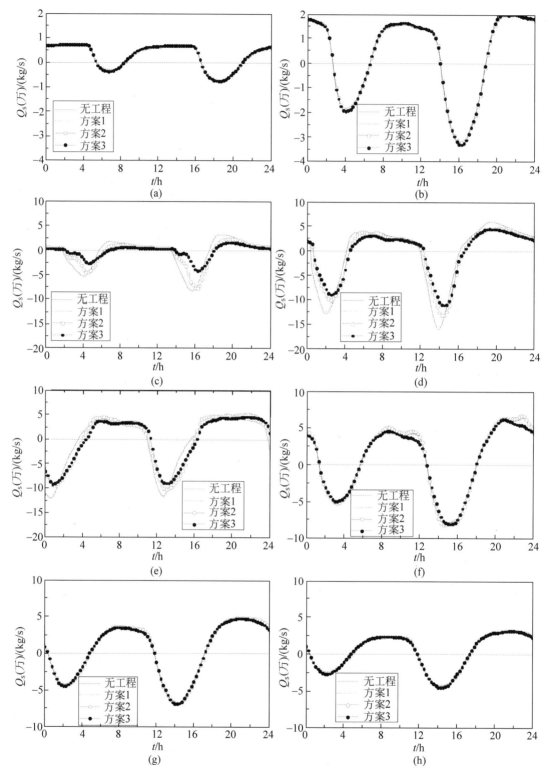

图 7.12　工程前后长江口河道断面输沙率过程的变化(规定陆向涨潮流为负)

(a)江阴；(b)徐六泾；(c)青龙港；(d)三和港；(e)三条港；(f)南门港；

(g)北港水道；(h)；南港水道

案 1～方案 3 条件下 $Q_{沙峰}$ 的变化见表 7.11。北支入口附近的冲淤主要受涨潮流过程影响，下面重点分析工程前后涨潮流输沙过程的变化(以大潮工况为例)。

表 7.11　顾园沙工程实施后长江口汊道各监测断面输沙率峰值的变化

区域	断面	$Q_{沙峰}$ (无工程)	大潮过程/%			$Q_{沙峰}$ (无工程)	小潮过程/%		
			双通道	南通道	北通道		双通道	南通道	北通道
上游	XLJ	3.26	−0.11	−0.19	−0.26	0.88	−0.11	−0.19	−0.26
北支	QLG	8.37	−0.22	−5.78	−50.06	1.75	−1.90	−13.27	−34.09
	SHG	15.94	−1.39	−16.41	−30.37	3.35	−2.02	−17.31	−27.15
	STG	12.19	−0.19	−15.42	−24.01	2.59	−2.17	−13.05	−17.07
南支	NM	7.89	1.50	3.60	2.43	1.62	0.28	2.97	7.14
	LY	6.73	1.97	1.35	2.99	1.13	0.34	0.85	4.29
	GQ	4.35	0.80	0.64	2.56	0.77	0.25	0.11	4.22

注：$Q_{沙峰}$ 代表涨潮、落潮时段内断面输沙率的峰值(万 kg/s)。

方案 1(双通道)的围堤对附近潮流的扰动十分微弱。方案 3(北通道)条件下潮水进入北支的路径最窄、最长、最曲折，因而沿北支上溯最困难。方案 2(南通道)的导流堤由于具有朝南的开口，在涨落潮的过渡期将产生引导效应。3 种方案各具特点，对应地将对长江口的潮流输沙过程产生不同的影响。

在方案 1 条件下，微弱的缩窄效应会引起北支沿线断面流量峰值微幅降低(0.2%～1.6%)，同时北支沿线 $Q_{沙峰}$ 降低 0.2%～1.4%。在方案 3 条件下(3 种方案中缩窄效应最强)，北支沿线断面的流量过程收缩最显著，峰值降低 18.3%～23.2%；与之对应，北支沿线 Q_s 过程的收缩也显著，$Q_{沙峰}$ 降低 24.0%～50.1%。

在方案 2 条件下，缩窄效应降低北支沿线断面的涨潮流流量，而引导效应又增加了涨潮流流量，它们的叠加结果在北支沿线并不相同。在北支中下段，涨潮流流量过程萎缩，峰值减少 4.2%～6.9%；与之对应，Q_s 过程也显著萎缩，$Q_{沙峰}$ 降低 16.4%～15.4%。在北支上段，导入流增加的流量能抵消了缩窄效应的大部分影响，同时涨潮流在上溯过程中发生不规则变形，这为输沙构建了新环境。同时，北支上段涨潮流输沙还受其下游河段输沙过程萎缩(沙源减小)的影响。综合结果是，QLG 断面潮流及输沙过程的变化为，大流量过程被滞后但峰值得到较好保持，涨潮流输沙过程的衰减不明显，$Q_{沙峰}$ 仅发生小幅下降(5.78%)和一定滞后。在北支上段，$Q_{沙峰}$ 的降低值在方案 2 条件下比在方案 3 条件下显著减小。

2. 工程影响下潮流输沙通量的变化

相比于无工程条件，方案 2、方案 3 条件下北支沿线断面的流量和输沙率过程显著收缩，这预示着工程将使北支沿线断面的水通量(CSWF)和泥沙通量(CSSF)减少。有、无工程条件下涨落潮时段长江口汊道监测断面的 CSSF 数据见表 7.12。涨潮流输沙过程的 CSSF 是影响北支冲淤的关键，因而下面重点分析有无工程时涨潮时段(使用下标"涨"标识)的 CSSF 及其变化规律(以大潮工况为例)。

表 7.12　顾园沙工程实施后长江口河道断面泥沙通量(CSSF)的变化

区域	断面	$CSSF_{涨}$ (无工程)	涨潮过程/%			$CSSF_{落}$ (无工程)	落潮过程/%		
			双通道	南通道	北通道		双通道	南通道	北通道
上游	XLJ	55.76	−0.02	−0.05	−0.05	81.11	−0.02	−0.05	−0.06
北支	QLG	116.73	−0.83	−14.89	−55.62	72.88	−0.51	−25.98	−53.54
	SHG	244.80	−0.64	−13.07	−25.38	204.47	−0.82	−17.70	−24.21
	STG	190.93	−0.39	6.45	−3.28	198.84	−0.74	0.21	−7.47
南支	NM	157.33	1.31	3.61	−3.82	218.09	1.33	3.79	−6.35
	LY	130.29	1.41	2.35	0.71	164.43	1.35	2.61	−0.41
	GQ	82.05	0.56	0.79	3.67	109.83	0.66	1.47	3.33

注：使用下标"涨""落"分别标识涨潮和落潮时段；断面泥沙通量的单位为"万 t/d"。

在方案 1 条件下，微弱的缩窄效应使北支沿线的 $CSWF_{涨}$ 微幅降低 0.2%～0.9%；同时使北支沿线的 $CSSF_{涨}$ 降低 0.4%～0.8%。在方案 3 条件下(3 种方案中缩窄效应最强)，北支沿线断面的流量与输沙率过程均显著收缩，与之对应，$CSWF_{涨}$ 降低 3.6%～30.2%，$CSSF_{涨}$ 降低 3.3%～55.6%，均发生了显著降低。

在方案 2 条件下，缩窄效应与引导效应对涨潮流的作用相反且在北支沿线具有不同的叠加结果，对应地 CSWF 和 CSSF 将受到不同影响。在北支中下段，尽管流量峰值降低，但由于大流量持续时间加长，SHG 和 STG 的 $CSWF_{涨}$ 仍分别增加 1.23% 和 4.95%。在北支下段，伴随 $CSWF_{涨}$ 增加，$CSSF_{涨}$ 增加 6.45%；在北支中段，工程后变得扁平的流量过程使水流输沙能力降低，而 $CSWF_{涨}$ 的微弱增加对输沙的影响又相对较小,综合影响是 SHG 的 CSSF$_{涨}$降低 13.1%。在北支上段,在缩窄效应与引导效应的叠加作用下,QLG 的大流量过程变化不大(仅发生一定滞后),QLG 的 CSWF$_{涨}$变化不大。受流量过程扁平化及河段下游涨潮流含沙量过程萎缩的共同影响,北支上段涨潮流输沙能力降低(QLG 的 CSSF$_{涨}$减小 14.9%)。

3. 河床冲淤与水沙通量之间的联系

基于前述的典型年动床预测和大、小潮过程中汊道水沙通量计算这两方面研究结果,分析长江口河床冲淤与水沙通量之间的联系,进而探究工程调控下长江口(这里重点分析北支入口)河床冲淤演变趋势的变化机理。

在方案 1(双通道)条件下,工程对北支上段水沙输移的影响很小,北支入口的河床冲淤幅度与无工程时基本相同。方案 3(北通道)对纳潮的影响最强,导致北支上段涨潮流的流量与输沙率过程显著萎缩,北支上段的 CSWF$_{涨}$和 CSSF$_{涨}$分别减少 30.2%和 55.6%,水沙通量锐减导致在北支入口河段的主槽冲刷和滩地淤积均明显减弱(图 7.11(d))。不同于方案 3,方案 2(南通道)的南向开口在涨潮时段收获了额外的陆向导入流,它抵消了工程缩窄效应在北支上段的大部分影响。在方案 2 条件下,北支上段的 CSWF$_{涨}$和 CSSF$_{涨}$分别仅减少 0.1%、14.9%,因而工程对北支入口附近冲淤的影响较缓和(图 7.11(c))。在北支入海口门整治工程中,不同方案通过对上溯到北支入口河段的水沙通量进行了不同程度的调控,从而改变了北支入口的冲淤幅度,即工程后北支入口河段冲淤趋势的变化机理。

▶ 7.4.3　工程对河口水沙运动的总体影响分析

顾园沙工程对长江口北支河床演变产生直接影响,同时对南支等其他距离较远的区域产生间接影响。在典型年水沙过程作用后,长江口的河床冲淤厚度分布如图 7.13 所示。工程通过调节由北支向南支的水沙倒灌,影响南支的河床冲淤。

以大潮为例,分析工程后泥沙倒灌的变化及其影响。无工程时,由北支倒灌进入南支的沙量为 30.89 万 t/d,占南支入口断面 SE 落潮沙通量的 21.75%。在方案 1～方案 3 条件下,倒灌沙量分别变化 −0.60 万 t/d、+1.5 万 t/d、−25.90 万 t/d。在方案 1、方案 2 条件下,倒灌沙量变化很小,工程对南支冲淤的影响也很小。在方案 3 条件下,倒灌沙量的变化量约占南支 NM 的 CSSF$_{落}$(218 万 t/d)的比例为 11.9%,工程对南支冲淤的影响略有增加。分析南支的冲淤量分布可知,泥沙倒灌的变化主要对南支 NM 以上的河段产生微弱影响，该河段河床的冲刷厚度在方案 3 条件下的最大变幅约为 0.2cm。同时，南支的南北港及南港的南北槽的河床冲淤演变，基本不受北支入海口门整治所引起的各支汊水沙通量变化的影响。

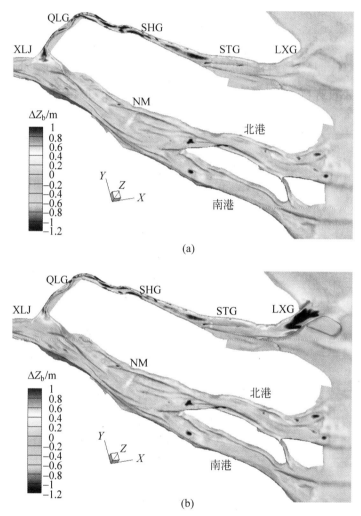

图 7.13　典型年水沙过程作用下长江口三级分汊河道的冲淤分布
(a)无工程条件；(b)有工程条件(北入海通道方案)

参考文献

[1]　WU S H, CHENG H Q, XU Y J, et al. Riverbed micromorphology of the Yangtze river estuary, China[J]. Water 2016, 8: 1-13.

[2]　王重洋, 周成虎, 陈水森, 等. 河口最大浑浊带研究的回顾与展望[J]. 科学通报. 2021, 66(18): 2328-2342.

[3]　CHENG Y C, ANDERSEN O B, KNUDSEN P. Integrating non-tidal sea level data from altimetry and tide gauges for coastal sea level prediction[J]. Advances in Space Research, 2012, 50:1099-1106.

[4]　LEENDERTSE J J, ALEXANDER R C, LIU S K. A three-dimensional model for estuaries and coastal seas, Volume 1, principle of computation[M]. Santa Monica: The Rand Corporation, 1970.

[5]　BLUMBERG A F, MELLOR G L. A description of a three-dimensional coastal ocean circulation model[M]//In: Three-dimensional coastal ocean models[M]. Washingtor D.C.: American Geophysical Union, 1987: 1-16.

[6]　CASULLI V, ZANOLLI P. Semi-implicit numerical modeling of nonhydrostatic free-surface flows for environmental problems[J]. Mathematical and Computer Modeling, 2002, 36(9-10): 1131-1149.

[7]　CHEN C S, LIU H D, ROBERT C, et al. An unstructured grid, finite-volume, three-dimensional, primitive equations ocean model: application to coastal ocean and estuaries[J]. Journal of Atmospheric and Oceanic technology, 2003, 20: 159-186.

[8]　WL|DELFT HYDRAULICS. Delft3D-FLOW User Manual[M]. Delft: [s.n.], 2006.

[9]　GRIFFIES S M, BONING C, BRYAN F O, et al. Developments in ocean climate modelling[J]. Ocean Modelling, 2000, 2(3-4): 123-192.

[10]　CHEN C S, XUE P F, DING P X, et al. Physical mechanisms for the offshore detachment of the Changjiang diluted water in the East China Sea[J]. Journal of Geophysical Research, 2008, 113: C02002.

[11]　XUE P F, CHEN C S, DING P X, et al. Saltwater intrusion into the Changjiang River, a model-guided mechanism study[J]. Journal of Geophysical Research, 2009, 114: C02006.

[12]　WU D, SHAO Y, PAN J. Study on activities and concentration of saline group in the South Branch in Yangtze River Estuary[J]. Procedia Engineering, 2015, 116: 1085-1094.

[13]　WU H, ZHU J R, CHEN B R, et al. Quantitative relationship of runoff and tide

to saltwater spilling over from the North Branch in the Changjiang estuary, a numerical study[J]. Estuarine Coastal and Shelf Science, 2006, 69: 125-132.

[14] ZHANG J X, LIU H. Numerical Investigation of Pollutant Transport by Tidal Flow in the Yangtze Estuary[C]//Trends in Engineering Mechanics Special Publication, No. 2, Los Angeles, California. ASCE, 2010: 99-110.

[15] KUANG C P, CHEN W, GU J, et al. Comprehensive analysis on the sediment siltation in the upper reach of the deepwater navigation channel in the Yangtze estuary[J]. Journal of Hydrodynamics, 2014, 26(2): 299-308.

[16] DOU X P, LI T L, DOU G R. Numerical model of total sediment transport in the Yangtze estuary[J]. China Ocean Engineering, 1999, 13(3): 277-286.

[17] XIE R, WU D A, YAN Y X, et al. Fine silt particle path-line of dredging sediment in the Yangtze river deep-water navigation channel based on EFDC model[J]. Journal of Hydrodynamics, 2010, 22(6): 760-772.

[18] ZHOU F J, LI J C. Influences of the fish-mouth project and the groins on the flow and sediment ratio of the Yangtze river waterway[J]. Applied Mathematics and Mechanics: English Edition, 2004, 25(2): 158-167.

[19] 曹振轶. 长江口平面二维非均匀全沙数学模型[D]. 上海: 华东师范大学, 2003.

[20] HU K L, DING P X, WANG Z B, et al. A 2D/3D hydrodynamic and sediment transport model for the Yangtze estuary, China[J]. Journal of Marine System, 2009, 77: 114-136.

[21] ZUO S H, ZHANG N C, LI B, et al. Numerical simulation of tidal current and erosion and sedimentation in the Yangshan deep-water harbor of Shanghai[J]. International Journal of Sediment Research, 2009, 24:287-298.

[22] DU P J, DING P X, HU K L. Simulation of three-dimensional cohesive sediment transport in Hangzhou Bay, China[J]. Acta Oceanologica Sinica, 2010, 29(2): 98-106.

[23] SHI Z, ZHOU H Q, LIU H, et al. Two-dimensional horizontal modeling of fine-sediment transport at the south channel-north passage of the partially mixed Changjiang river estuary, China[J]. Environmental Earth Sciences, 2010, 61: 1691-1702.

[24] ZHOU X Y, ZHENG J H, DONG D J, et al. Sea level rise along the East Asia and Chinese coasts and its role on the morphodynamic response of the Yangtze river estuary[J]. Ocean Engineering, 2013, 71: 40-50.

[25] SONG D H, WANG X H. Suspended sediment transport in the deepwater navigation channel, Yangtze river estuary, China, in the dry season 2009: 2, numerical simulations[J]. Journal of Geophysical Research: Oceans, 2013, 118: 5568-5590.

[26] MA G F, SHI F Y, LIU S G, et al. Migration of sediment deposition due to the construction of large-scale structures in Changjiang estuary[J]. Applied Ocean Research, 2013, 43: 148-156.

[27] SHEN Q, GU F F, QI D M, et al. Numerical study of flow and sediment variation affected by sea-level rise in the north passage of the Yangtze estuary[J]. Journal of Coastal Research, special issue, 2014, 68: 80-88.

[28] WAN Y Y, ROELVINK D, LI W H, et al. Observation and modeling of the storm-induced fluid mud dynamics in a muddy-estuarine navigational channel[J]. Geomorphology, 2014, 217: 23-36.

[29] 顾玉亮, 吴守培, 乐勤. 北支盐水入侵对长江口水源地影响研究[J]. 人民长江, 2003, 34(4): 1-3.

[30] HU D C, WANG M, YAO S M, et al. Study on the spillover of sediment during typical tidal processes in the Yangtze estuary using a high-resolution numerical model[J]. Journal of Marine Science and Engineering, 2019, 7(11): 390.

[31] HU D C, WANG M, YAO S M, et al. A case study: Response mechanics of irregular rotational tidal flows to outlet regulation in Yangtze estuary[J]. Water, 2019, 11(7): 1445.

[32] 胡德超. 纾解北支平面形态改善方案影响的对策研究专题研究报告[R]. 武汉: 长江水利委员会长江科学院, 2016.

人类改造自然规模最宏伟、影响最深远的活动，莫过于在河流上筑坝挡水形成水库。泥沙淤积作为在水库运行管理中最重要的技术问题，获得了广泛关注。前人曾针对明渠型水库的回水水面线、泥沙淤积分布、减淤优化调度等问题开展了大量研究，取得了丰富的经验和深刻的认识。因而，本章不再讨论较常规的明渠水库水沙问题，而是选取一种较特殊的且前人研究较少的水库——喀斯特河流水库，探究混合流条件下水库泥沙淤积的数值模拟方法及规律。

8.1　水库泥沙淤积数值模拟概述

本节分析明渠与喀斯特河流(默指含有伏流)水库泥沙运动规律，概述水库库区淤积的一维、二维数值模拟方法及计算结果的影响因素，同时讨论伏流型水库一维模型的关键技术问题(不规则封闭断面通道混合流水沙输移的描述与模拟)。

▶ 8.1.1　明渠与伏流水库淤积的特点与问题

在河流上筑坝后，大坝将河道水流壅起形成水库。库区水面线(回水曲线)在坝前接近水平，在回水末端与上游天然河道水面线相切。随着入库流量、坝前水位等的季节性调整，水库的壅水范围与回水末端也将随之变化。水库在各种运行工况下回水的最远端定义为水库终点。将坝前水位最低时(回水末端距大坝最近)仍处于壅水范围的河段称为常年回水区，并将常年回水区末端至水库终点的河段称为变动回水区。在水库库区沿程，随着水深逐渐增加及水面纵比降、流速、水流输沙能力逐渐减小，上游来流所挟带的泥沙逐步淤积下来。

1. 明渠水库库区的泥沙淤积形态

水库泥沙淤积始于库尾，绝大多数水库在其运用初期都具有三角洲淤积形态。在不同的来水来沙、水库运行方式、库沙比(库容与多年平均来沙量的比值)等条件下，库尾淤积体的发展将在库区形成不同的纵剖面。根据河床演变学[1-2]，库区纵剖面分为三角洲、锥体、带状3种形态(图8.1)。①当水库长期处于高水位运用、来沙组成较粗时，库尾淤积体向下游推进缓慢，库区纵剖面通常呈现为三角洲形态；②当库沙比较小、来沙组成较细、水库经常低水位运行时，库尾淤积体可快速发展到坝前，库区纵剖面通常呈现为锥体形态(在坝前淤厚较大)；③当上游来沙又少又细、水库水位经常大幅变动时，库区淤积沿程分布则较均匀并形成带状纵剖面。其中，锥体纵剖面最接近于水库淤积平衡形态。

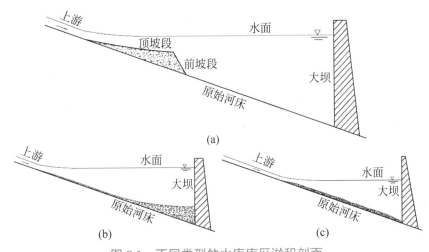

图8.1 不同类型的水库库区淤积剖面

(a)三角洲淤积形态； (b)锥体淤积形态； (c)带状淤积形态

库区在平面上的冲淤通常具有"淤积一大片、冲刷一条带"的特点。在水库高水位运行期，泥沙较均匀地淤积在库区，即"淤积一大片"；在低水位运行期，水流将在前期均匀淤积的基础上沿库区主流通道拉出或巩固形成深槽，使库区具有滩槽复式过流断面。库区的滩地通常少冲多淤(滩面逐年抬高)、河槽有冲有淤，表现出"死滩活槽"的冲淤规律，久而久之形成高滩深槽。

2. 明渠水库库区的泥沙淤积过程

三角洲淤积是水库库区淤积最原始、最基本的形式，可通过分析库尾三角洲淤积体的特点及其推进过程，认识库区泥沙淤积发展的规律。库区三角洲以其顶点(纵剖面转折点)为界，自上而下可被分为顶坡段和前坡段[1-2]。

水流在穿过水库回水末端后的挟沙将处于超饱和状态，随着水流向坝前行进流速逐步减小，粗、细颗粒依次在沿程落淤。这使库区泥沙淤积具有分选特征。顶坡段的淤积高程主要取决于来水来沙条件及水库运行水位。只要床面之上的水深有富余，顶坡段的河床就会不断淤积抬升使水深减小、水流强度增加，直至水流能够将上游来沙全部带到顶坡段下游。顶坡段在形成后一般不会再发生大幅冲淤，同时由于上游卵石与粗沙淤积向下延伸，顶坡段表层床沙通常较粗。顶坡段淤积过高可能引起库尾的回水水面抬升及淤积末端上移，俗称"翘尾巴"现象，它是三角洲向下游推进过程的伴随效应。顶坡段最终具有一个微凹的河床纵剖面（末端与上游天然河道相接），平均纵坡降小于原始河床。

在三角洲淤积体前坡段，水深迅速增加、流速迅速减小，来流的挟沙进一步发生淤积和分选。前坡主要由泥沙自由降落堆积而成，因而前坡的纵比降接近于泥沙的水下休止角（由于水流紊动等因素，泥沙水下休止角在动水环境通常远小于在静水环境）。在入库泥沙的累积性淤积作用下，三角洲淤积体的前坡将不断向下游推进。能从前坡段运动到坝前的泥沙一般是极细的颗粒。

3. 喀斯特河流水库（伏流型水库）的水沙问题

在喀斯特溶岩地区特殊地质条件下，当河流线路上山体底部的可溶性岩石被溶解后，常会形成一条具有封闭断面的贯穿通道，它使河流自上而下得以延续。这种从山底穿行的地下河称为伏流或伏流洞（图 8.2）。因而，喀斯特河流通常具有部分在陆面行进及部分从山底穿行（明渠和伏流交替）的特征。与明渠水流不同，伏流洞中的水流时常处于一种自由表面流与承压流的混合运动（混合流）形态，并随季节发生变化，水沙输运及河床冲淤规律均十分复杂。在喀斯特河流上修建水库一般会尽量避开伏流河段，以排除可能出现的漏水、伏流洞被泥沙淤堵等不利情况。但随着区域经济发展与人口增长，人们有时不得不在含有伏流的河段上修建水库，以满足水资源和水电能源需求。因此，混合流水沙输移规律、壅水

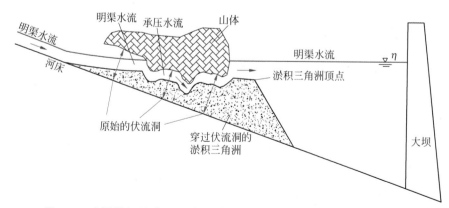

图 8.2　喀斯特河流库尾三角洲穿过不规则封闭断面伏流洞的情形

条件下伏流洞的冲淤演变规律、伏流洞水沙运动对各种入库洪水及水库运行方式的响应规律等，是喀斯特河流水库需要研究的新问题，研究成果可为伏流型水库设计、防沙减淤调度等提供技术支撑。

由于含有明渠流与承压流的衔接与转换，伏流洞中混合流的水流结构本身比较复杂，再加上真实伏流洞还具有不规则的过流断面（由可溶性岩石的不均匀分布和溶解形成），使得伏流洞中的混合流及其输沙规律更加复杂。

当水库含有伏流河段时，大坝壅水将减小伏流洞内的流速，从而改变伏流洞的泥沙输运与冲淤特性。虽然人们已积累大量的关于明渠水库泥沙的研究经验，但对伏流型水库水沙运动的认识还十分有限，原因如下：①国内外喀斯特河流的水资源与水电开发尚处于起步阶段，因而至今所积累的伏流型水库样本很少。极有限的样本不允许人们使用统计分析方法去研究喀斯特河流水库中伏流洞的水沙输移及河床冲淤规律。②开展真实伏流实地勘测或实体模型试验的难度均较大，开展其水沙数值模拟研究的技术与经验也不多。

与明渠型水库相比，伏流型水库库尾三角洲淤积体在向坝前推进的过程中将面临通过库区伏流洞等新情况，并引出如下问题：库尾三角洲将如何自上而下穿过伏流洞？在大坝壅水条件下，库区伏流洞会被完全淤积堵死吗？……此外，壅水条件下伏流洞中混合流输沙的变化规律、伏流洞冲淤演变的变化机理等均有待进一步研究揭示。同时，研究伏流型水库水沙输移及库区淤积问题，对于探究复杂混合流条件下泥沙输运及河床冲淤演变规律也具有重要的意义。

▶ 8.1.2　水库水沙运动的常规模拟方法

一维模型[3-4]通常已能胜任水库库区冲淤量分布和深泓纵剖面的模拟，但由于控制方程太过简化、无法描述孔口出流条件下坝前的三维水沙运动及河床冲淤等缺点，因而并不适用于研究坝区泥沙问题。水库泥沙的传统研究方式为，采用一维模型计算水库运用到各种年限时的库区纵剖面，采用二维模型计算库区局部河段的冲淤分布，同时采用正态实体模型研究坝区淤积形态及拉沙过程。本节以三峡水库为例，概述水库库区水沙运动的一维、二维数值模拟方法。

1. 库区枝状河网的一维模型

水库库区干支流在平面上常常呈现枝状河网形态，例如三峡水库（图 8.3）。一维河网模型开展库区水沙计算的常规方法：①以各支流入汇点为界将库区河网分解成若干单一河段，建立河网拓扑关系将各河段连接起来；②选用合适的数值解法（如 PCM[5]）求解河网水动力过程，进而计算泥沙输运及河床冲淤。

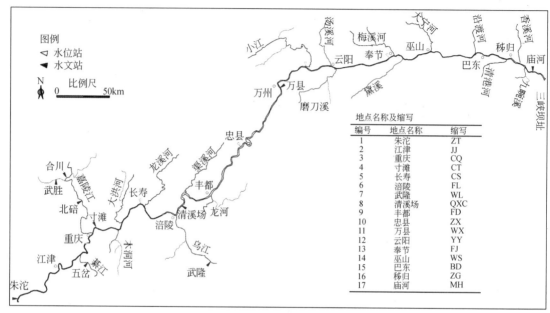

图 8.3　三峡水库库区范围
一般认为江津—涪陵为变动回水区

　　三峡水库枝状河网一维模型的计算区域包括朱沱—三峡大坝长约 735km 的长江干流(河宽 0.7～1.7km)及沿程的支流。根据纵向间距 1～2km 的实测地形断面布置一维网格，得到 588 个计算单元。库区水流计算特点为，①常年回水区具有流速小、水面平等特点，模型算出的水面线对 n_m 不敏感，较容易与实测数据相符合；②干流洪水在行进过程中接纳沿程支流入汇，多源洪水叠加，使准确模拟近坝段的断面流量过程通常并不容易；③变动回水区冲淤较频繁且幅度较大，河道糙率的时空变化很大，使准确模拟该河段的水面线较困难。

　　基于上述一维网格，使用本书模型(PCM 模型)及 Hec-ras[6]开展数值试验。首先，在 2005 年中选出上游来流较大且受壅水影响较小的典型时段开展率定计算，得到三峡库区自上而下的 n_m=0.05～0.035。其次，选用 2005 年水文过程开展非恒定流数值试验。PCM 模型和 Hec-ras 的计算结果均与实测数据符合良好(图 8.4)，与实测值相比，库尾断面的水位(Z)的计算误差一般小于 0.15m，坝前断面的流量(Q)相对误差小于 5%。两个模型具有相同的精度水平。以 Hec-ras 计算结果为基准，PCM 模型算出的逐日水位的差别在 0.022～0.029m，逐日流量(Q)的差别在

0.6%~0.9%。在 $\Delta t = 1200\text{s}$ 和 16 核并行条件下，PCM 模型和 Hec-ras 模拟三峡水库枝状河网 1 年非恒定流过程的耗时分别为 26.8s、34.7s。由此可见，一维河网模型在模拟库区宏观水动力过程时具有很高的精度与效率。

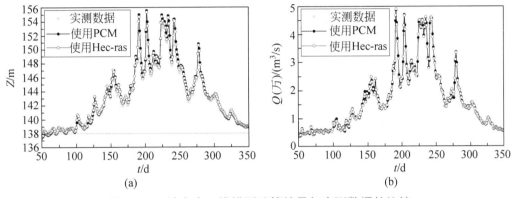

图 8.4　三峡水库一维模型计算结果与实测数据的比较

(a)清溪场水位；(b)庙河流量

2. 库区枝状河网的二维数值模拟

亦可使用二维模型研究库区枝状河网。三峡水库库区整体二维模型选取寸滩—三峡大坝长约 600km 的长江干流及沿程较大支流的入汇段作为计算区域，总水域面积为 635.1km²。计算区域有一个位于长江干流的入流开边界(寸滩)和 10 个位于支流的开边界，如图 8.5 所示。使用滩槽优化的四边形非结构网格剖分计算区域，在长江和支流河槽区域网格尺度分别为 100m×30m 和 50m×20m。得到的计算网格含有 21.3 万个单元。二维模型的 $\Delta t = 60\text{s}$，临界水深 $h_0 = 0.001\text{m}$。

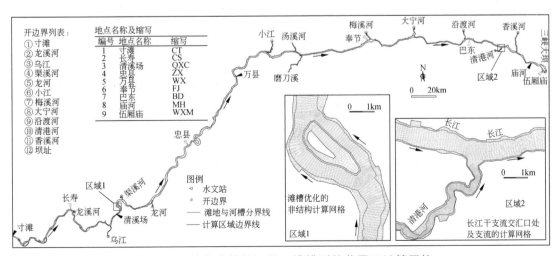

图 8.5　三峡水库枝状河网二维模型的范围及计算网格

率定计算表明，三峡水库库区自上而下的 $n_m = 0.045 \sim 0.035$。在此基础上，选用 2005 年水文过程开展水流（使用 PCM）与物质输运（使用 FFELM）的同步数值试验。据统计，在 2005 年非恒定流过程计算中，最大 CFL 可达 5 以上，表明所建立的三峡水库二维模型具有良好的数值稳定性。模型算出的水位、流量过程与实测数据符合良好（水位平均绝对误差一般在 0.1m 以内），物质输运计算的质量守恒误差仅 0.4%，计算精度较高。在使用 16 核 CPU 的并行计算条件下，模型模拟三峡库区一年非恒定水流与物质输运过程的耗时为 16.86h+9.0h。

3. 库区泥沙计算的影响因素及特点

入库水沙条件、水库运用方式、模型参数等均可对库区淤积计算结果（平衡时间、纵剖面形态等）产生影响。①库沙比越小，水库达淤积平衡的时间就越短；上游来沙越粗，越有利于形成三角洲淤积形态，来沙越细则沿程淤积越均匀。②水库运用方式决定坝前水位条件，长期低水位运行可加速库尾三角洲向下游推进并使其顶坡段变陡，有助于库区形成带状淤积形态。③当水流挟沙力系数 K 较大时，水流输沙能力较强，三角洲顶坡段的平衡水深将较大；当恢复饱和系数 α 较小时，泥沙冲淤较慢，沿程淤积将较均匀，三角洲前坡也较缓。

真实水库库区淤积预测的特点为，①模拟时间长，常需开展数十年甚至上百年水沙输移及冲淤计算；②工况多，在设计过程中通常需要开展水库多种运行方式下的预测；③关注点多，需阐明库区淤积平衡时间、水库排沙比、深泓线纵剖面等。库区淤积预测通常不要求精细模拟，仅要求模型能快速计算并给出靠谱的结果。以三峡水库为例，使用一维模型在开展未来 100 年库区冲淤预测通常只需几个小时，而二维模型耗时则在 100 天以上。考虑到工程计算的时效性要求，目前大多采用一维模型开展库区冲淤预测。当需要了解库区局部河段的冲淤分布等细节时，可采用一维、二维模型联合应用方法（见 8.1.3 节）。

此外，水库一般修建在河流上游（两岸大多为山区），库区干支流实测水文资料通常十分稀缺，这给开展模型率定与验证带来了困难。在这种情况下，一般只能凭借经验设定模型参数。与研究冲积河流冲刷问题不同，研究水库淤积问题对河床级配资料的要求不高，在参数基本合理的条件下准确预测水库淤积通常并不困难。明渠水库淤积的一维模型计算已有大量文献报导，这里不再详述。

▶ 8.1.3　水库一维、二维水沙模型的联合应用

为了解决在库区整体水沙数值模拟时二维模型计算量过大、一维模型无法算出冲淤平面细节等问题，人们常使用一维、二维模型联合应用的方法来开展研究。该方法步骤为，①使用一维模型独立开展库区整体模拟，算出目标断面的流量、含沙量、水位等随时间的变化过程并将其保存下来；②二维模型使用一维模型提供的信息作为开边界条件，对所关注的局部河段开展精细模拟。在该方法中，二维模型的计算结果在宏观上受一维模型控制。下面以三峡水库变动回水区（水动力环境及河床冲淤规律均比较复杂）为例，阐明模型联合应用的具体实施方法。

三峡水库于 2008 年开始 175m 试验性蓄水，水库终点上延至江津附近（距坝河道里程约 660km），变动回水区为江津至涪陵的河段，长 173km，占库区总长的 26.3%（图 8.3）。实测数据表明[7-8]，三峡水库库区在 2003—2010 年的多年平均年泥沙淤积量为 1.46 亿 t，其中变动回水区占 1.1%，常年回水区占 98.9%；2003—2011 年，江津—坝址 66 条较大支流的累计淤积量为 1.803 亿 m^3。

所采用的一维模型是三峡库区干支流整体模型（长江科学院 HELIU-2）。所建立的库区局部河段二维模型的基本情况为，计算区域为长江干流 CJ290～CJ293 长约 5.4km 的长寿河段及支流桃花溪长约 0.4km 的入汇河段；采用四边形无结构网格剖分计算区域，在干支流结合部及支流采用 10m 尺度的网格进行加密；已收集到 2006 年 5 月、2009 年 3 月 1/5000 实测地形图，分别使用它们塑制模型地形。联合使用这两个模型研究三峡水库变动回水区的悬移质冲淤规律。

1. 库区局部河段二维模型的率定

在水流模型率定验证的基础上，通过模拟 2006 年 5 月 16 日—2009 年 3 月 30 日非恒定水沙输移及河床冲淤过程，率定泥沙模型的参数。计算时，采用长江寸滩水文站和长寿水位站的逐日实测数据设定二维模型的进出口水沙条件（长寿水位过程见图 8.6(a)）。结果表明，长寿河段总体上处于微淤状态，当河段的 $K = 0.24 \sim 0.2$ 时，模型算出的河段冲淤量、冲淤分布等与实测数据符合较好。此时，模型算出的淤积量为 56.65 万 m^3，接近实测值 43.95 万 m^3（淤厚为 0.08m）。

图 8.6(b) 给出了长寿河段累积冲淤量随时间的变化过程。由图可知，变动回水区泥沙淤积对坝前水位十分敏感。2006—2007 年三峡水库处于较低水位运用阶段，坝前水位在汛期、非汛期分别远低于汛限水位（145m）和正常蓄水位（175m），大坝壅水影响尚未上延至长寿河段。因此，长寿河段在 2007 年、2008 年末的累

计淤积量仅为 1.0 万 m^3、6.2 万 m^3，淤幅很小，接近天然河道。2008 年后水库进入试验性蓄水阶段，随着坝前水位显著抬高，变动回水区的淤积快速增长。

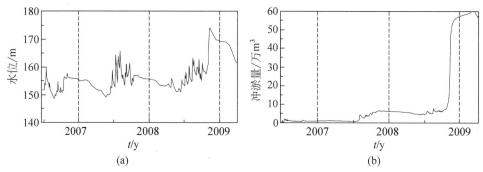

(a)   (b)

图 8.6   三峡变动回水区二维模型边界过程与冲淤量随时间的变化过程

(a)实测长寿水位过程；(b)长寿河段冲淤量随时间的变化过程

2. 变动回水区的冲淤预测

采用一维模型和 90 系列(循环 3 次)独立开展三峡库区水沙计算。计算时段为 2008—2037 年，其中，2013 年后考虑三峡水库上游溪洛渡、向家坝水库的拦沙作用。一维模型计算提供长江干流 CJ290(图 8.7)、桃花溪入口的水沙过程及 CJ293 的水位过程(长江干、支流水沙条件的特征值见表 8.1)。二维模型以此作为开边界条件，在 2009 年 3 月实测地形上开展长寿河段 30 年动床预测。

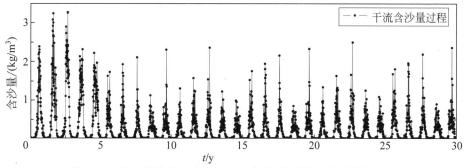

图 8.7   长江干流长寿入口 30 年水文系列进口含沙量过程

图 8.8 给出了计算区域累积冲淤量随时间的变化过程。由图可知，变动回水区的冲淤量变化与年入库沙量正相关。2013 年前，因为上游无水库拦沙，所以累积淤积量快速上升。尤其在两个大沙年后，累积淤积量在第 3 年底达到最大值 703 万 m^3。在第 4—5 年，随着上游来沙减小、前期淤沙被部分冲走，累积淤积量回落至 451 万 m^3。此后，溪洛渡和向家坝水库开始拦沙，使三峡入库沙量显著减小。小含沙量水流带走了研究河段在前 5 年中的部分淤沙，使累积淤积量在第

5—7 年继续回落。研究河段在第 7 年由冲转淤，此后累积淤积量逐年缓慢增加。

表 8.1　在 30 年水文系列中干、支流的年径流量与输沙量

项目	干流		桃花溪支流
	前 5 年	后 25 年	30 年合计
年均径流量(亿)/m³	3305.869	3080.421	2.179
年均输沙量(万)/t	35988.578	13022.364	4.685

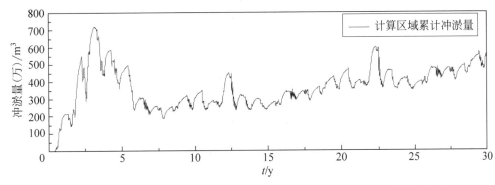

图 8.8　在 30 年水文系列中长寿河段冲淤量随时间变化过程(淤积为正)

在冲淤预测第 30 年末，计算区域总体上处于淤积状态，淤积量为 565.51 万 m³，平均淤厚 1.07m，大部分区域淤厚在 0.5m 以下，某些深槽局部淤厚可达 6～8m。与水库常年回水区相比，变动回水区泥沙淤幅不大，泥沙淤积主要表现为低洼处的填坑淤积(形成许多局部"淤积砣"，如图 8.9 所示)。

▶ 8.1.4　喀斯特河流水库水沙数值模拟方法

相比于明渠，伏流还受到不规则封闭断面、混合流等的影响，水沙输移更加复杂。明渠一维模型不能用于模拟伏流水沙输移。同时，几乎所有现存的混合流模型(绝大多数是一维模型)都是针对圆形、矩形等规则断面管道设计和研发的[9-10]，很难适用于不规则封闭断面通道。此外，当河床发生冲淤时，描述不规则封闭断面的几何变形也是一件困难的事情。因而，伏流水沙数学模型首先需要解决不规则封闭断面通道中混合流模拟、断面变形描述等问题。

鉴于不规则封闭断面通道中混合流水沙输移数值模拟十分困难，前人常常只能采用简化的数学模型研究伏流泥沙问题。文献[11]通过假设伏流河段始终处于充满状态同时其两侧均为明渠，分别使用两套控制方程描述两种流态的水流并使用互相提供边界条件的方式将它们的求解联系起来，进而建立喀斯特河流的一维

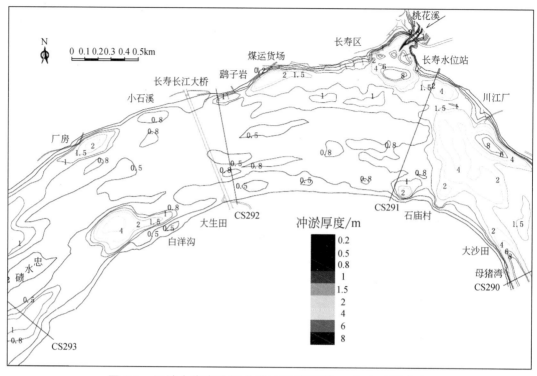

图 8.9　三峡水库变动回水区冲淤预测第 30 年末冲淤分布

水沙数学模型。这种简化模型按河段固化流态后进行求解，无法反映伏流中不同流态的衔接转化。文献[12]借助测压管水头的双重含义实现明渠与承压水流的统一描述和求解，并提出对称影子亚网格技术描述不规则封闭断面及其冲淤变形，进而建立了简单、通用的不规则断面混合流一维水沙数学模型。该模型实现了真实伏流型水库中非恒定混合流、泥沙输运及河床冲淤的同步模拟。

　　亚网格(子断面)方法通用于开敞和封闭断面，将其用于描述不规则封闭断面的困难在于，①封闭断面左右两侧转折点的数量与高度并不一定相同；②位于封闭断面上半、下半部分的各子断面并非一一对应(水平范围不同)。对称影子亚网格技术通过解决这些问题，适用于左、右均只存在一个转折点的不规则封闭断面，并为描述其动态变形奠定基础。其原理为，只保留封闭断面下半部分的离散点(及两侧的转折点)，依据这些点在断面上半部分的投影重构断面上半部分的子断面(重构后的子断面称为影子亚网格)，下半部分的子断面与上半部分的影子亚网格在竖向上是连通的，最终形成下半、上半部分的子断面一一对应的格局。

　　规定封闭断面的冲淤变形仅发生在它的下半部分。当河床发生冲刷时，封闭断面(下半部分)河床变形的描述方法与明渠断面类似。当断面下半部分的子断面高程(河床)被淤积抬升时，其影子亚网格的高程(洞顶)被用作该位置河床淤高的上限。当封闭断面下半部分的子断面高程淤升至其上限时，意味着由该子断面及其影子亚网格构成的竖向连通过流区域被淤死。

8.2　喀斯特河流水库淤积的模拟方法

对于喀斯特河流水库的水沙输移规律及工程问题，当实体模型试验等方法难以实施时，数学模型计算将是一种不可多得的有效途径。以贵州省夹岩水库为例，介绍喀斯特河流水库库区泥沙淤积的数学模型研究方法。

▶ 8.2.1　伏流型水库库区混合流河网一维建模

1. 水库库区河道概况与伏流分布

夹岩水库位于贵州省境内六冲河之上。六冲河是乌江最大的一级支流（乌江北源），全长 268km，平均比降 0.473%。坝址距河口 146km。库区河谷深切、岩溶发育。库尾有大、中、小天桥 3 个伏流河段，明渠与伏流交替。伏流洞下游的六冲河干流上设有七星关水文站，集雨面积为 2999km²。库区沿程有大河、挖嘎河、引底河三条支流入汇六冲河，各支流入汇断面的集雨面积分别为 1195km²、327km²、535km²。库区六冲河干支流在平面上形成枝状河网（图 8.10）。

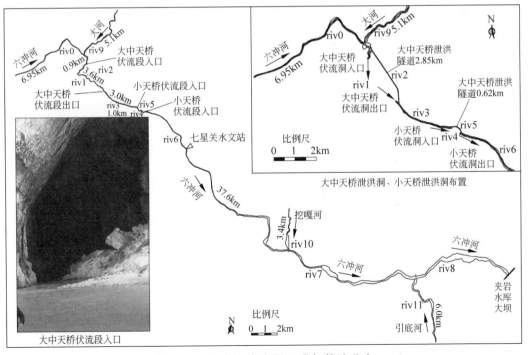

图 8.10　夹岩水库库区河道与伏流分布

大天桥伏流长 2022m，在平面上呈 L 形，进、出口河床高程分别为 1294.14m、1288.91m；中天桥伏流长 1053m，进、出口河床高程分别为 1288.74m、1288.28m；小天桥伏流长 672m，进、出口河床高程分别为 1277.45m、1274.05m。地形勘测显示(图 8.11)，大天桥伏流洞沿程存在两处卡口，最小断面面积仅 65m²；中天桥伏流洞沿程断面变化较大；小天桥伏流洞断面普遍较小。伏流洞小断面所形成的卡口可能影响汛期洪水下泄。此外，在受壅水条件下，泥沙淤积会进一步降低伏流洞的泄流能力或将它们完全堵塞，增加伏流上游河段的洪水风险。

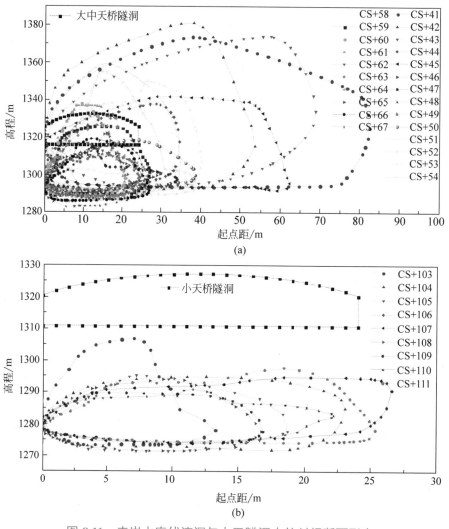

图 8.11　夹岩水库伏流洞与人工隧洞内的封闭断面形态
(a)大中天桥伏流段；(b)小天桥伏流段

因此，在设计夹研水库时，人们在各伏流河段相应布置了泄洪工程，即大中天桥、小天桥人工隧洞(图 8.10)，以满足库尾洪水下泄需求。每条人工泄洪工程线路由 2 条隧洞并列组成，每条人工隧洞均具有 12m×16.5m(底×高)城门洞剖面，按无压流设计，过流能力可按明渠均匀流估算。大中天桥隧洞长 2843m，进、出口底板顶高程分别为 1315.98m、1313.71m，纵坡为 0.8‰；小天桥隧洞长 603m，进、出口底板顶高程分别为 1310.73m、1310.25m，纵坡为 0.8‰。

2. 水库库区河道基础资料及水库运行方式

水文部门于 2012 年 10 月在六冲河干支流开展了床沙采样，以掌握水库蓄水前库区的河床组成(表 8.2)。同时，对库区七星关水文站悬移质进行了采样与颗分试验，分析结果为，粒径小于 0.002mm、0.004mm、0.008mm、0.016mm、0.031mm、0.062mm、0.125mm、0.25mm、0.35mm、0.5mm 的沙重的百分比分别为 12.2%、23.4%、38.7%、60.3%、81.1%、92.7%、97.2%、99.0%、99.6%、100%。悬移质大多为粒径小于 0.062mm 的细沙(占 92.7%)，中值粒径 d_{50} = 0.012mm，平均粒径 d_{pj} = 0.024mm。七星关实测资料表明，六冲河悬移质输沙量与来水丰枯关系密切、年际变化大，丰水年输沙量可达 933 万 t(1983 年)，枯水年输沙可低至 11 万 t(2011 年)。年内悬移质输沙主要集中在汛期，其中 5—10 月输沙占全年的 96.5%。悬移质级配的年内变化规律为，流量越大，输沙量越大、颗粒越粗。实测流量变化范围为 28.7～767m³/s，悬移质 d_{50} 的变化范围为 0.01～0.018mm，对应的最大粒径为 0.189～0.645mm。

表 8.2 六冲河干支流床沙级配情况

区域	小于某粒径的沙重百分比/%										中值粒径/mm	平均粒径/mm
	2mm	5mm	10mm	25mm	50mm	75mm	100mm	150mm	200mm	250mm		
六冲河	3	7.2	10.9	23.2	39.5	53.3	64	76.5	89.9	100	68.8	90.6
大河	6.1	17.3	32.5	63.1	90.5	98.7	100				18.0	22.0
挖嘎河	0.6	0.9	5.7	37.8	82	98.5	99.2	100			31.5	32.6
引底河	7.6	20.3	33.9	56.7	79.5	87.8	100				20.1	28.2

夹岩水库坝址的断面集雨面积为 4312km²，多年平均年径流量为 18.85 亿 m³。水库总库容为 12.34 亿 m³，校核洪水位为 1326.06m，正常蓄水位为 1323m。水库不承担防洪任务，而是以灌溉及城镇供水为主兼顾发电，其运行方式简述如下。水库蓄水期在 5—10 月，预期在 10 月底前蓄水至 1323m；供水期为 11 月—次年 4 月，

水位预期在供水期末(4月底)降至死水位1305m。设计单位提供的1971—1990年坝前水位变化过程如图8.12所示。在夹研水库的库区淤积预测中,根据研究需要,设计了两种水库运用方式计算工况:①极端运用工况,坝前保持正常蓄水位1323m不变;②正常运用工况,坝前使用如图8.12所示的设计水位过程。

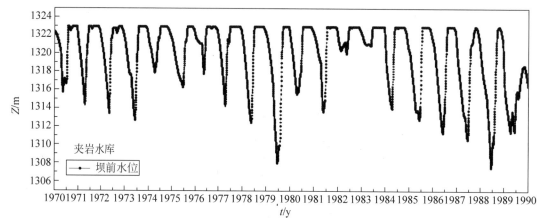

图8.12　夹岩水库设计运行方式(1971—1990年坝前水位变化过程)

3. 库区混合流河网的一维模型建模

选取水库库区六冲河干支流作为一维模型的计算区域(图8.10)。在考虑人工隧洞时,由于隧洞与伏流洞并行过流,库区河网在平面上将具有环状连接特征。建模时,首先将河网以汊点为界分解成若干单一河段,使用尺度为200m的一维网格逐段进行剖分;其次,建立河网拓扑关系将各河段连接起来。得到的计算网格包含12个河段和295个一维单元,各分段的范围与网格特征见表8.3。所建立的模型有4个入流开边界,分别位于六冲河、大河、挖嘎河与引底河。

表8.3　夹岩水库库区河网的分段情况及各段所含有的一维单元的数量

所属河段	河段范围及长度	河段编号	断面数量/个
六冲河	大河入汇点以上,7.0km	riv0	37
大中天桥伏流	大河入汇点—中天桥出口,4.5km	riv1	33(3个为明渠)
大中天桥隧洞	人工隧洞范围,2.8km	riv2	19
六冲河	中天桥出口—小天桥入口,3.0km	riv3	13
小天桥伏流	小天桥伏流段,1.0km	riv4	10
小天桥隧洞	人工隧洞范围,0.6km	riv5	9
六冲河	小天桥伏流出口—挖嘎河汇入点,18.1km	riv6	65
六冲河	挖嘎河汇入点—引底河汇入点,11.0km	riv7	33

续表

所属河段	河段范围及长度	河段编号	断面数量/个
六冲河	引底河汇入点—坝址，8.0km	riv8	23
大河	支流入汇段，4.7km	riv9	24
挖嘎河	支流入汇段，2.8km	riv10	11
引底河	支流入汇段，5.0km	riv11	18

在对人工隧洞进行建模时，将并行的 2 条隧洞合并为一条（洞宽加倍为 24m），根据设计剖面（图 8.11）设置人工隧洞的断面形态；使用散点地形插值得到库区明渠河段的断面地形；在伏流洞采用实测断面地形（图 8.11）。一维混合流水沙数学模型的原理、非均匀沙分组等详情参考 1.2.1 节。由于缺乏足够的水文实测资料开展模型率定计算，模型在应用时使用设计单位建议的参数：河道的 $n_{\mathrm{m}} = 0.04$，人工隧洞的 $n_{\mathrm{m}} = 0.014$。此外，参照以往明渠水库泥沙计算的经验，经试算设定水流挟沙力系数 $K = 0.24$。所建立的一维模型的时间步长 $\Delta t = 1\mathrm{min}$。

▶ 8.2.2　资料稀缺地区水库入库水沙过程推求

夹研水库及其附近除了七星关水文站，再无其他水文测站。在这类资料稀缺地区开展水库库区泥沙计算将会面临如下困难：①无法开展水沙数学模型率定与验证；②需人工构造水库淤积预测所需的入库水沙过程。这里以夹岩水库六冲河干支流为例，介绍推求资料稀缺地区水库入库水沙过程的方法。

1. 生成库区控制性断面的水文系列

七星关水文站建于 1971 年，在 1983 年特大洪水中测验设施被毁，随即停测了流量和含沙量。该站所采用的假定高程与黄海高程之间的换算为，黄海高程＝假定高程 +1181.339m。1971—1990 年，实测最大流量为 707m³/s，多年平均流量为 38m³/s；1972—1983 年，实测最大含沙量达 30kg/m³ 以上，多年平均含沙量为 1.76kg/m³。实测水文数据的特点为，①含沙量（C）与流量（Q）的相关点分布散乱、规律性不强，如图 8.13 所示；②含沙量的持续施测时间较短（仅 1972—1983 年），不能覆盖丰、平、枯各种典型年情况。鉴于这些原因，对该站 1972—1983 年实测含沙量与流量相关点进行拟合，可得到如下的 C-Q 函数关系：

$$C = 6.7759 \times 10^{-6} Q^2 + 0.01977Q - 0.08058 \tag{8.1}$$

式中，C 为断面平均含沙量；Q 为七星关断面流量。均使用国际单位制。

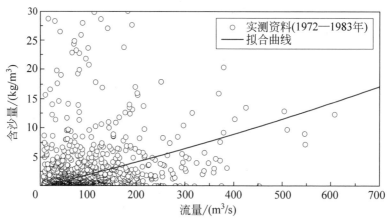

图 8.13 六冲河七星关水文站含沙量-流量关系分析

夹岩水库库区六冲河干流有七星关、坝址两个控制性断面。七星关 1971—1990 年实测水文系列(部分年份流量过程为推算)包含了丰、平、枯等各种典型年，能较全面地代表夹研水库库区河段的水文条件。使用七星关 1971—1990 年逐日流量和式(8.1)，可算出测站断面的逐日含沙量，进而可统计得到年输沙量。依据控制性断面集雨面积的比例，逐年放大七星关的年径流量、输沙量，得到坝址断面在对应年份的数据。推算得到的 1971—1990 年七星关、坝址的总输沙量分别为 4764.78 万 t、7332.38 万 t(与水文部门估算的 7206 万 t 接近)。

2. 构建库区干支流入库水沙过程

将库区控制性断面的水沙过程，按库区干支流(六冲河、大河、挖嘎河、引底河)的集雨面积、来流、输沙能力等进行分配，算出它们的入库水沙过程。

库区干支流流量过程的推算步骤如下。①使用七星关和坝址断面集雨面积，同比放大七星关实测逐日流量，得到坝址逐日流量过程。②根据干支流入库断面的集雨面积计算流量分配比例：七星关以上，六冲河与大河之间的流量分配比例分别为 0.6、0.4；七星关以下，挖嘎河与引底河之间的流量分配比例分别为 0.38、0.62。③使用流量分配比例，分割七星关流量得到六冲河与大河的逐日入库流量，分割坝址与七星关的流量差(ΔQ)得到挖嘎河与引底河的逐日入库流量。

七星关与坝址断面在 1971—1990 年的多年平均流量分别为 38m³/s、59.53m³/s。依据集雨面积进行分割，可得六冲河、大河的多年平均流量分别为 22.9m³/s、15.1m³/s，挖嘎河、引底河的多年平均流量分别为 8.2m³/s、13.3m³/s。使用这些流量和式(8.1)可算出六冲河、大河的多年平均输沙能力分别为 0.375kg/m³、0.22kg/m³，二者之比（含沙量比例系数）为 0.59；挖嘎河、引底河的多年平均输沙能力分别为 0.081kg/m³、0.184kg/m³，二者之比为 0.44。根据各入口的含沙量比例系数（分割控制性断面或两断面之间的来沙）与逐日流量，即可算出各入口的逐日含沙量。此外，按推悬比（20%）估算各入口的推移质来量。

推算结果为，1971—1990 年六冲河、大河、挖嘎河、引底河 4 个入口的总来流量分别为 144.18 亿 m³、95.52 亿 m³、51.41 亿 m³、84.11 亿 m³，总来沙量分别为 3425.88 万 t、1338.9 万 t、543.98 万 t、2023.6 万 t。大河的来沙量占七星关总来沙量的 28%，挖嘎河的来沙量占七星关与坝址之间来沙量之差（ΔS）的 21.2%。坝址断面多年平均悬移质输沙量为 366.62 万 t，将其换算为体积后可知，夹岩水库的库沙比（总库容与年均来沙量之比）约为 337，在水库运用的前 100 年不会存在库容不足问题。通过上述推算，最终获得库区干支流的入库水沙过程。

▶ 8.2.3　库区混合流河网水动力数值试验

本节以夹岩水库为例，介绍喀斯特河流水库库区混合流河网水动力特性的一维数学模型研究方法，主要包括恒定与非恒定两种开边界条件下的数值试验。

1. 水库库区明渠与伏流的流速分析

使用夹岩水库库区一维模型（暂不考虑人工隧洞），在枯季、多年平均、洪峰流量等恒定水流条件下分别开展水动力计算，分析壅水条件下库区沿程的流速状态。3 种工况的开边界条件见表 8.4，坝前使用水库正常蓄水位 1323m。

表 8.4　典型水流条件下夹岩水库库区水文断面及干支流的流量

工况	水流条件	Q（七星关）/ (m³/s)	Q（六冲河）/ (m³/s)	Q（大河）/ (m³/s)	Q（挖嘎河）/ (m³/s)	Q（引底河）/ (m³/s)
1	枯季流量	6.7	4.0	2.7	1.8	3.0
2	多年平均流量	38	22.9	15.1	7.4	12.2
3	洪峰流量	707	425.3	281.7	106.4	174.0

在正常蓄水位时，夹岩水库近坝段明渠断面（水深可达 100m）的过流面积很大，与库尾伏流洞断面（图 8.11）具有很大差异。模型计算结果表明，在工况 1 条件下，库区各段流速均低于 0.02m/s；在工况 2 条件下，伏流段流速增加到 0.1～0.2m/s，明渠段变化不大；在工况 3 条件下，伏流段流速增加到 1～3m/s，与明渠

段(低于 0.25m/s)的差别继续扩大。因而,即便是在大坝壅水条件下,库尾伏流洞在汛期仍具有很大的流速。这预示着,若不修建与伏流洞并行的人工隧道进行分流,伏流洞就会因在大洪水条件下具有很大的流速而不易被泥沙淤堵。

2. 库区人工隧洞的分流计算

使用夹岩水库混合流河网一维模型及 1971—1990 年水文系列,开展库区明渠、伏流洞、人工隧洞整体的水动力计算,研究人工隧洞分流对伏流洞水流流速的影响。采用图 8.12 的坝前水位过程作为模型的下游开边界条件。

模型计算结果表明,人工隧洞将分走原本走伏流洞的大量水流。在 20 年中,大中天桥人工隧洞分流为 90622.7m³,占来流的 32.7%;小天桥人工隧洞分流为197150.3m³,占来流的 70.7%。伏流洞和与之并行的人工隧洞在断面大小、底高程等方面的差异,使大中天桥与小天桥人工隧洞的分流比例不同。

如图 8.11(a)所示,大中天桥人工隧洞底高程在 1313.7～1316m,对应的伏流洞深泓高程为 1280～1295m,后者的断面底高程较低且面积较大因而更容易过流。再如图 8.11(b)所示,小天桥人工隧洞底高程在 1310.25～1310.73m,与之并行的伏流洞深泓高程在 1270～1276m。在小天桥河段,虽然伏流洞底高程也低于对应的人工隧洞,但在水库正常蓄水位时有40%的伏流洞断面的过流面积小于人工隧洞,伏流洞最小断面的过流面积仅为 214m²(为人工隧洞的 2/3)。此外,伏流洞糙率可达人工隧洞的 3 倍以上,较大的河床阻力也将阻碍水流选择从伏流洞穿行。因而,在正常蓄水位条件下小天桥伏流洞的过流能力不如对应的人工隧洞。

大坝壅水与人工隧洞分流的双重影响,将使伏流洞流速大幅减小。而且,伏流洞底高程比对应的人工隧洞底高程低 25～40m,泥沙将优先选择从较低的伏流洞中通过。因而,人工隧洞的开通将会促进伏流洞淤积。相比于大中天桥伏流洞,小天桥伏流洞离大坝更近且被分走的流量更多,将更易被淤堵。

▶ 8.2.4 伏流型水库水沙数学模型参数敏感性研究

在资料(地形、水文数据等)稀缺地区开展水沙数学模型研究,很难采用率定和验证计算来获得模型的参数或检验模型的精度。此时,只能参考设计值或以往类似研究的经验确定模型参数。参数敏感性研究将有助于研究者了解参数对模型结果的影响,增强模型计算结果的可靠性。关于伏流水沙运动及伏流型水库泥沙淤积数值模拟，现有理论和实践经验均较为匮乏，参数敏感性研究有助于更好地理解和模拟伏流这种复杂的水沙动力系统。

以夹岩水库一维模型（不含人工隧洞）为例，开展水动力模型参数（n_m）和泥沙模型参数（K）的敏感性研究。计算条件为，将 1971—1990 年系列循环 5 次作为入库水沙条件（暂不考虑推移质），使用如图 8.12 所示的逐日水位过程下边界条件。在不同的参数条件下，模拟库区混合流枝状河网 100 年的水沙输移及河床冲淤。试算表明，库区呈三角洲淤积特征，且三角洲淤积体在水库运用 60 年内贯穿库尾所有伏流洞，之后伏流洞冲淤处于动态平衡状态。在模型参数敏感性研究中，选取伏流洞淤积平衡后的模型结果来分析参数变化所产生的影响。

1. 河床阻力系数的敏感性数值试验

使用逐渐增大的 n_m（=0.032、0.035、0.038、0.041、0.045）开展数值试验，研究 n_m 对伏流洞冲淤模拟结果的影响。模型算出的水库运用第 95～100 年时伏流洞断面面积（A）随时间的变化如图 8.14（a）所示（以 CS62 为例），伏流段测压管水头的平均纵向梯度（S_f）随时间的变化如图 8.14（b）（以小天桥伏流段为例）所示。由图可知，库尾伏流洞在淤积平衡后，它在年内的冲淤与来流、坝前水位等均有关，可分为沉积、侵蚀、准平衡 3 个时期。在上一年汛后至今年汛前（沉积期），来流较小，水库供水引起库区水位下降从而拉动伏流洞上游河段的前期淤沙向下转移进入洞中，伏流洞因而发生淤积，A 不断减小并在该时段末达到最小值（A_{min}）。在今年汛期（侵蚀期），伏流洞被大流量来流快速冲开，A 在该时段末增加到最大值（A_{max}）。在汛期中后段（准平衡期），来流来沙均很小且坝前水位变化不大，伏流洞冲淤不明显，A 保持在一个高位。随后，伏流洞的冲淤进入下一个循环周期。

通过 n_m 的敏感性试验获得如下发现。① A_{min} 和 A_{max} 均随 n_m 减小而减小。在三角洲穿过伏流洞后，各伏流洞均位于三角洲顶坡段。当减小 n_m 时，伏流洞上游河段水流的速度和输沙能力增大，将有更多的泥沙从那里被带到下游并进入伏流洞。因而，n_m 越小，伏流洞在沉积期遭受的淤积越多因而形成较小的 A_{min}，在侵蚀期也越难将洞内前期淤沙冲开因而形成较小的 A_{max}。由此可见，伏流洞在淤积平衡后，其上游河段泥沙（大部分是床沙）向下转移是控制伏流洞断面规模的主因。② 伏流段的 S_f 在汛期对 n_m 不敏感，在枯季随 n_m 增大而略有增加（图 8.14（b））。

③当 n_m 较小时，三角洲顶坡段高程在总体上略低于使用较大 n_m 时的模拟结果，但在不同 n_m 条件下，三角洲的纵向轮廓差异很小(图 8.14(c))。

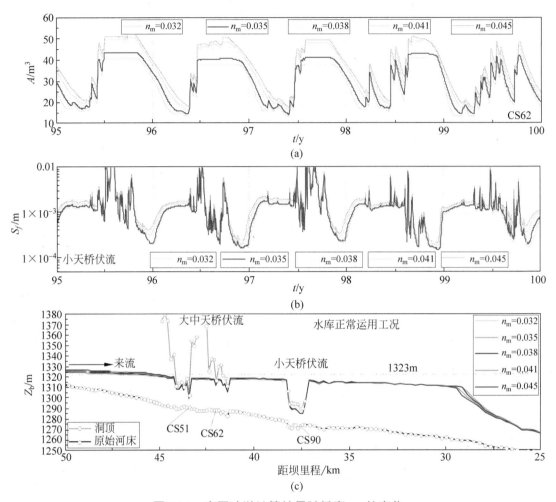

图 8.14　库区冲淤计算结果随糙率 n_m 的变化

(a)伏流洞断面面积；(b)伏流河段测压管水头的平均纵向梯度；(c)淤积三角洲深泓线的纵向轮廓

2. 水流挟沙能力系数的敏感性数值试验

使用逐渐增大的 K(= 0.16、0.20、0.24、0.28、0.32)开展数值试验，研究 K 对伏流洞河床冲淤模拟结果的影响。模型算出的水库运用第 95—100 年时伏流洞断面面积(A)、测压管水头的平均纵向梯度(S_f)随时间的变化如图 8.15 所示。

通过 K 的敏感性试验获得如下发现。①A_{min} 和 A_{max} 对 K 的变化不敏感。当 K 减小时，伏流洞上游河段水流的输沙能力减小，从那里被带入伏流洞的泥沙减少，同时伏流洞自身的水流挟沙力也会减小。多方作用的综合结果是，在库尾伏流洞淤积平衡后，当 K 变化时各方因素变化对伏流洞冲淤的影响可近似相抵。②伏流

段的 S_f 在汛期对 K 不敏感，在枯季随 K 的增大而略有下降(图 8.15(b))。③当 K 较大时，三角洲顶坡段高程在总体上略低于使用较小 K 时的模拟结果，但在不同 K 条件下，三角洲的纵向轮廓差异不大(图 8.15(c))。

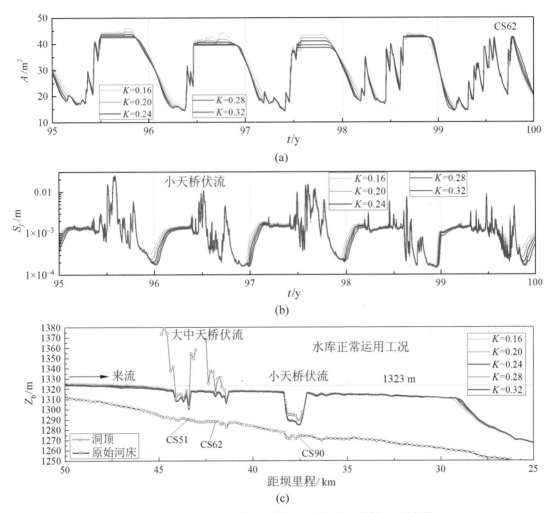

图 8.15　库区冲淤计算结果随水流挟沙力系数 K 的变化

(a)伏流洞断面面积；(b)伏流河段测压管水头的平均纵向梯度；(c)淤积三角洲深泓线的纵向轮廓

　　由参数敏感性研究可知，参数在一定范围内变化对伏流型水库一维模型算出的伏流洞淤积平衡时的纵剖面的影响并不大。当小幅调整 n_m 和 K 的取值时，对于一个已经历充分淤积发展的伏流洞，其周期性的动态冲淤规律并未改变。这些认识对选定伏流水沙数学模型的参数具有指导意义。另需指出，本节借用明渠悬移质挟沙力公式计算伏流洞水流输沙能力，公式中的水深因子在封闭断面承压情况下可能已失去物理意义。同时，当水流条件变化时，伏流洞中的泥沙输运可能处于悬移、推移或它们的混合形式，相关理论与模拟方法还有待探究。

8.3 壅水条件下伏流的冲淤规律研究

本节仍以贵州夹岩水库为例，在极端运用和正常运用两种条件下开展壅水条件下伏流洞百年冲淤演变的一维水沙数学模型预测，分析库尾三角洲穿过伏流洞的过程，探究伏流洞的河床冲淤规律及淤堵发生条件。

▶ 8.3.1 水库库尾三角洲穿过伏流洞的过程

模型（无人工隧洞）算出的水库运用百年间库尾纵剖面的变化如图 8.16 所示。由图可知，在极端运用（坝前保持在正常蓄水位）和正常运用（图 8.12）工况下，库尾三角洲均顺利地穿过库尾各伏流洞且没有造成淤塞，但推进速度不同。

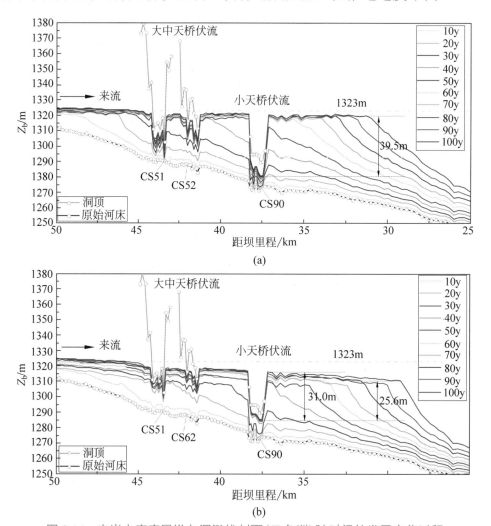

图 8.16 夹岩水库库尾纵向深泓线剖面（三角洲）随时间的发展变化过程

（a）工况 1：极端工况（下游保持为正常蓄水位）；（b）工况 2：正常运用工况（下游使用调度水位）

在极端运用工况下，三角洲(顶点)的推进过程为，①在水库运用第 30 年时推进到大中天桥伏流洞入口；②在第 40 年、第 55 年时分别到达大中天桥、小天桥伏流洞的出口。三角洲淤积体可以顺利穿过伏流洞且不会将洞淤死。当三角洲淤积体穿过伏流洞后，洞内淤积基本达到平衡，仅保留一条狭窄的通道用以继续输水输沙。对于淤积平衡后的伏流洞，河床高程主要受洞顶高程控制。三角洲顶点在第 100 年末推进到距离坝址约 31km 处。在正常运用工况下，坝前水位会因供水而长时间降低。坝前水位频繁降低将加速三角洲向下游推进，在水库运用第 25 年、第 40 年时，三角洲顶点分别到达大中天桥、小天桥伏流洞的出口。相比于极端运用工况，正常运用工况下伏流洞提前约 15 年达到淤积平衡。

在三角洲穿过伏流洞后，坝前水位的季节性降低将使库区水流时常具有较大的流速及输沙能力，并间歇性地将伏流洞上游河段的前期淤沙拉到下游，从而引起下游伏流洞的快速冲淤转换和变化。计算结果表明，坝前水位季节性升降对伏流洞深泓纵剖面具有填洼削尖的作用，并使跨越各伏流洞的三角洲顶坡段具有如下特征：①顶坡段纵剖面不再近似水平，其比降约为 6.8×10^{-4}；②正常运用工况下伏流洞封闭断面河底高程普遍高于极端运用工况下；③伏流洞最低河床与三角洲顶点的高差在极端运用工况下为 39.5m(1320m 减 1280.5m)，该高差在正常运用工况下会缩减到 25.6m(1310.6m 减 1285m)，如图 8.16 所示。

▶ 8.3.2　壅水条件下伏流洞封闭断面的冲淤规律

伏流洞中具有较低顶高程(低顶)的封闭断面往往将发展成卡口，具有代表性。这里自上而下依次选取 3 个低顶封闭断面 CS51、CS62、CS90(位置见图 8.16)来分析伏流洞的断面冲淤演变。这 3 个低顶封闭断面在水库运用 100 年间的冲淤变化过程如图 8.17 所示，它们在第 96—100 年的断面面积变化范围见表 8.5。

表 8.5　在水库运行 100 年后断面过流面积的动态变化范围(m^2)

断面	初始面积	水库运用 100 年后	
		极端运用工况	正常运用工况
CS51	279.9	41.8~61.2	15.1~29.3
CS62	497.4	60.7~82.1	14.6~42.9
CS90	213.9	96.6~123.1	14.8~36.1

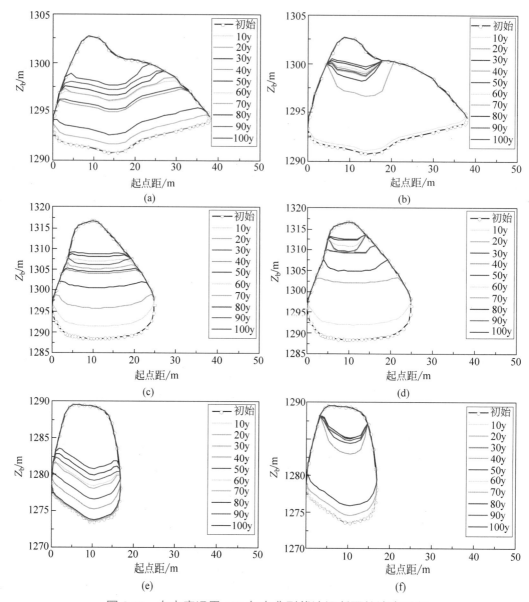

图 8.17　在水库运用 100 年中典型伏流洞断面的演变过程

(a) 极端工况，CS51；(b) 正常运用工况，CS51；(c) 极端工况，CS62；(d) 正常运用工况，CS62；(e) 极端工况，CS90；(f) 正常运用工况，CS90

　　在水库运用初期(三角洲到达伏流洞之前)，伏流洞封闭断面只发生轻微淤积，河床上仅覆盖着一层薄薄的沉积物。在三角洲穿过伏流洞的过程中，洞内封闭断面迅速淤积收缩、河床大幅抬升。在封闭断面内，两侧子断面因顶高程较低而最先被淤死(失去过流作用)，子断面淤死事件由两侧向中心逐步蔓延。当三角洲完全穿过伏流洞后，伏流洞淤积则基本完成，子断面淤死事件也基本停止。此后，伏流洞断面在汛期大流量时段快速冲刷下切，在随后的枯水期又恢复到汛期冲沙前的高程，即伏流洞封闭断面最终处于一种周期性的冲淤动态平衡状态。

在正常运用工况中，伏流洞断面 CS51、CS62、CS90 的动态平衡状态分别形成于第 30—40 年、40—50 年、50—60 年，其过流面积的最终变化范围为 $15\sim42m^2$。在极端运用工况中，CS51、CS62、CS90 达到动态平衡状态的速度比正常运用工况慢许多。直到水库运用到第 90—100 年，这 3 个断面的过流面积仍保持着持续性的缓慢的减少，此时它们的变化范围为 $42\sim123m^2$。

▶ 8.3.3　库区伏流洞保持过流的动力机制

通过分析伏流洞的水流输沙能力及其影响因素，阐明壅水条件下库区伏流洞能够保持通畅而不被淤死的动力机制。图 8.18 给出了伏流洞典型断面（CS51、CS62、CS90）在水库运用前 50 年间水流输沙能力随时间的变化过程。图 8.19 绘出了在水库运用前 50 年间各伏流段沿程 S_f 随时间的变化过程。

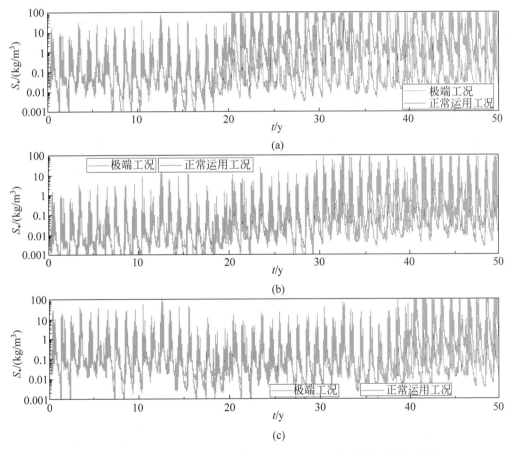

图 8.18　典型封闭断面输沙能力水库运行 100 年间随时间的变化
(a) CS51；(b) CS62；(c) CS90

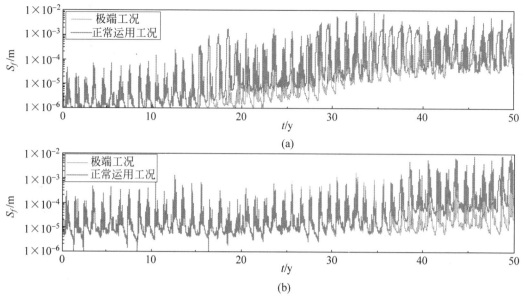

图 8.19　伏流洞沿程测压管水头纵向梯度(S_f)在水库运用 100 年间的变化
(a) 大中天桥伏流洞；(b) 小天桥伏流洞

　　对于已历经充分淤积的伏流洞，当遇到大洪水或水库低水位运行事件时，在伏流洞狭窄的封闭断面过流通道内，水流输沙能力可达 100kg/m³ 量级。强大的水流输沙能力使因前期淤积变得狭窄的伏流洞断面得到快速冲刷扩大。伏流洞狭窄通道中的强大水流输沙能力是库区伏流洞能够保持通畅而不被淤死的原因。

　　那么，伏流洞中强大的水流输沙能力又是如何形成的呢？分析如下。当库尾三角洲穿过伏流洞后，伏流洞过流断面将变得十分狭小，其过流能力发生锐减。此时，若发生大洪水，受伏流洞过流能力限制，大量来流就会被滞留在伏流洞入口上游并在那里发生堆叠。这些滞流将在伏流洞上游形成很高的水位，从而导致在伏流洞进出口具有很大的水位落差，以及在伏流洞沿程产生很大的测压管水头纵向梯度(S_f)。当上游大洪水和下游低水位遭遇时，伏流洞上下游的水位落差将变得更加极端(可达到几十米)，S_f 可达 0.01(图 8.19)。大压力梯度使伏流洞中的水流具有很大的流速及强劲的输沙能力。

　　对于在喀斯特河流水库中一条已历经充分淤积发展的伏流洞，它在未来将处于一种周期性的冲淤动态之中。伏流洞单个周期的水动力及冲淤过程可梳理为，枯季发生淤积(断面面积减小)→汛期来流在伏流洞上游滞留(沿伏流洞形成很大的纵向水力梯度)→洞内产生很大的流速及输沙能力→洞内河床快速侵蚀下切(断面扩大)→下一周期。与此同时，由于上游来流的随机性和坝前水位动态变化的复杂性，伏流洞在各个周期中的冲淤过程可能略有差异。

前述动床预测选用的水文系列包含丰、中、枯各种典型年，具有全面性。模型预测表明，库区伏流洞在经历充分淤积发展后可形成稳定的过流通道，在各种典型年水沙条件下伏流洞均不会被淤死。8.2.4 节的模型参数敏感性研究也增强了这一认识。因此，水库蓄水后库区伏流洞将保持持续过流的结论可被推广应用于其他喀斯特河流水库。库区伏流洞保持过流的动力机制为，对于已充分淤积收缩的伏流洞，其沿程的大水力梯度在洞内产生强劲的水流输沙能力，为在伏流洞内维持狭窄的过流通道提供了动力。需指出，汛期在伏流洞上游由于来流滞留所形成的几十米高的壅水，这将给库尾上游地区造成很大的洪水风险。

由维持水库库区伏流洞过流的动力机制可推知，当伏流洞沿程的大水力梯度条件被地形地质条件、人类活动等破坏时，喀斯特河流水库中伏流洞的冲淤演变规律将发生根本性改变。这种破坏性因素有多种可能，例如，当在伏流洞上游河道中存在侧壁或河底渗漏通道时，汛期在伏流洞前的滞水就会通过这些出路漏走；当在伏流洞上游河道中修建人工分流工程(如取水口、泄洪隧洞等)时，汛期在伏流洞前的滞水就会被分走。在这些破坏性因素影响下，由于伏流洞前不再存在滞流，沿伏流洞的纵向水力梯度将被大幅减小。与之对应，伏流洞中水流强大的输沙能力将随之消失，此时伏流洞将不可避免地被泥沙淤死。

▶ 8.3.4　喀斯特河流水库淤积的实地调研

为了全面认识喀斯特河流水库中伏流洞的冲淤演变规律，本节选取夹岩水库下游约 21km 的抵纳水电站(库区有梯子岩伏流洞)作为查勘对象开展实地调研。

1. 梯子岩伏流洞泥沙淤积调研

抵纳水电站位于贵州省境内六冲河中游油菜河段，正常蓄水位为 1184m。坝址上游 650m 处有梯子岩伏流洞。坝址附近原始河床高程为 1168m，梯子岩伏流洞入口上游附近河床高程为 1172～1174m。大中天桥和梯子岩伏流洞入口断面的集雨面积分别为 2999km^2、4573km^2。抵纳水电站在 2005 年 10 月投运，使梯子岩伏流洞出、入口水位分别抬升 12～14m、10～12m，水库回水很短。收集到的水电站投运前后(分别拍摄于 2004 年 3 月、2019 年 11 月)梯子岩伏流洞出口的场景照片，如图 8.20(在相同地物处已进行标记)所示，暂无其他资料。

同一高程位置

出洞泥沙淤积
形成的沙洲

(a)　　　　　　　　　　　　　(b)

图 8.20　抵纳水电站运行 15 年前后梯子岩伏流洞出口的场景变化
(a) 2004 年 3 月拍摄；(b) 2019 年 11 月拍摄

比较图 8.20 两个时刻梯子岩伏流洞出口的河道场景，可将在抵纳水电站运行 15 年中其库区梯子岩伏流洞的冲淤规律概括为两点：①库尾三角洲淤积体在水库运用 15 年内穿过了伏流洞，其头部以条带状沙洲的形式出露在伏流洞下游。该沙洲高程接近于库水位，表明在伏流洞出口下游发生了约 15m 厚的淤积。②伏流洞现今仍保持过流，说明泥沙并未将其淤死。梯子岩伏流洞的泥沙淤积规律与前述夹岩水库的模型计算研究结论是一致的，也定性证实了后者的合理性。

2. 伏流洞前回水区规模对三角洲行进的影响

当库尾三角洲自上而下推进到伏流洞时，伏流洞的淤积才真正开始。将三角洲从水库终点推进到伏流洞的耗间表示为 ΔT，它主要由两个因素决定：①水库终点与伏流洞之间的距离，距离越小，则 ΔT 越小；②伏流洞上游的储沙空间，较大的空间可存放更多的泥沙并延缓三角洲向下推进的速度，ΔT 也较大。

在喀斯特河流上修建的水库分为高坝和低坝两种情况(图 8.21)。在建高坝时(如夹研水库)，水库终点离伏流洞较远，伏流洞前水深较大，且伏流洞上游的壅水区域可为存蓄泥沙提供较大的空间。因而，在建高坝情况下库尾三角洲向下推进到伏流洞所需的 ΔT 较大。建低坝时(如抵纳水电站)的情况正好相反，在同等来水来沙条件下，库尾三角洲推进到伏流洞所需的 ΔT 较小。

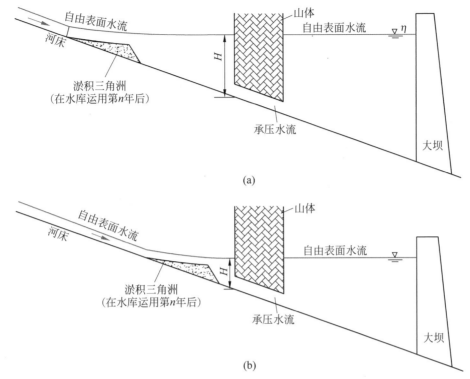

图 8.21   在不同坝高及回水条件下库区伏流洞上游三角洲淤积体的推进
(a)高坝情况：较长的回水，较大的存沙空间；(b)低坝情况：较短的回水，较小的存沙空间

　　夹岩水库和抵纳水电站均位于六冲河中游，两者的差异梳理如下：①夹岩水库大中天桥伏流洞上游水深约为 33m，抵纳水电站梯子岩伏流洞上游水深为 10～12m；②夹岩水库、抵纳水电站多年平均年入库沙量分别为 366 万 t、436 万 t。因此，抵纳水电站库尾三角洲推进到伏流洞所需的时间比夹岩水库小很多。在前述模型动床预测中（正常运用工况），夹岩水库库尾三角洲的顶点在水库运用第 25 年时穿过大中天桥伏流洞（到达其出口）。相比之下，抵纳水电站库尾三角洲穿过梯子岩伏流洞的耗时不足 15 年（根据现场调研照片推测）。

参考文献

[1]　钱宁, 张仁, 周志德. 河床演变学[M]. 北京: 科学出版社, 1987.

[2]　谢鉴衡. 河床演变及整治[M]. 2 版. 北京: 水利水电出版社, 1997.

[3]　韩其为. 水库淤积[M]. 北京: 科学出版社, 2003: 4-10.

[4]　黄煜龄, 庞午昌, 万建蓉. 水库泥沙冲淤过程的数学模型程序说明及方法验证[R]. 武汉: 长江科学院, 1990.

[5] HU D C, LU C W, YAO S M, et al. A prediction-correction solver for real-time simulation of free-surface flows in river networks[J]. Water, 2019, 11(12): 2525.

[6] HEC (Hydrologic Engineering Center). River analysis system, hydraulics reference manual[M]. 4.1 ver. Davis: US Army Corps of Engineers, 2010.

[7] 袁晶, 许全喜, 童辉. 三峡水库蓄水运用以来库区泥沙淤积特性研究[J]. 水力发电学报, 2013, 32(2): 139-145.

[8] 许全喜. 三峡水库蓄水以来水库淤积和坝下冲刷研究[J]. 人民长江, 2012, 43(7): 1-6.

[9] BOUSSO S, DAYNOU M, FUAMBA M. Numerical modeling of mixed flows in storm water systems: Critical review of literature. Journal of Hydraulic Engineering, 2013, 139: 385-396.

[10] 胡德超. 大时空河流数值模拟理论[M]. 北京: 科学出版社, 2023.

[11] ZHANG X F, HU Y, WANG S Q, et al. One-dimensional modelling of sediment deposition in reservoirs with sinking streams[J]. Environmental Fluid Mechanics, 2017, 17: 755-775.

[12] HU D C, LI S P, JIN Z W, et al. Sediment transport and riverbed evolution of sinking streams in a dammed Karst river[J]. Journal of Hydrology, 2021, 596: 125714.

[13] 胡德超. 考虑泥沙淤积情况下的夹岩水库优化调度方案专题报告[R]. 武汉: 长江水利委员会长江科学院, 2021.

水库泥沙计算包括库区和坝区两个方面，本章接着讨论第二方面。在概述坝区水沙运动特点及模拟方法的基础上，采用三维模型开展真实水库全生命周期坝区冲淤过程计算，阐明坝区水沙运动规律及冲刷漏斗形成机理，讨论与坝区淤积有关的水库运用方式优化、排沙洞运用规则制定、枢纽布置优化等问题。

9.1 坝区水沙三维数值模拟概述

本节先介绍坝区水沙运动特点及模拟研究方法，再梳理趋孔水流及坝区泥沙输运、河床冲淤三维数值模拟的技术要点。选取典型的水槽和真实水库，介绍采用三维模型研究坝区流场、压力分布、平衡河床形态等典型场景的方法。

▶ 9.1.1 坝区水沙运动特点及模拟研究方法

水库在通过大坝中孔或底孔进行取水、泄洪、排沙时，孔洞上游水域的水流从各个方位向孔洞汇聚并在孔洞处集中出流，称之为趋孔水流。除了汇聚性，趋孔水流还常常伴随着底涡、表涡等二次流动，呈现出强三维性。在大坝下游，孔洞出流根据水深条件可分为淹没和非淹没出流两种情况：在非淹没条件下，孔洞出流常具有射流特征；在淹没条件下，孔洞出流有时会形成水跃等复杂流态。作为一个经典的水力学问题，闸坝孔洞出流已有 130 多年的研究历史[1]。坝区泥沙运动受孔洞上游趋孔水流的重要影响，研究后者是研究前者的基础。

坝区水沙主要通过孔洞排到下游，孔洞及坝区的淤积特点如下。在水库运用初期，库尾泥沙淤积尚未推进到坝前，坝区孔洞外围淤沙很薄，孔洞底面冲淤主要表现为挟沙水流所引起的间歇性冲淤，穿过孔洞排到下游的泥沙主要是来流挟沙。在水库运用中后期，随着淤积推进到坝前和库区淤成高滩深槽，坝区淤积加厚并在孔洞周围形成集中淤积体。在孔洞前主通道两侧的集中淤积体之间形成坝区特有的冲刷漏斗河床形态，漏斗末端与库区深槽相连。此后，汛期低水位及大流量拉沙将触发集中淤积体发生坍塌，由此产生的土体将成为汛期过洞泥沙的主要来源，同时坍塌事件对坝区孔洞排沙、河床塑造等产生重要影响。

水槽试验、正态实体模型试验、三维数学模型计算是研究坝区水沙问题的主要手段。水槽试验[2-4]通常仅用于开展坝前趋孔水流、河床平衡形态等的机理性研究。坝区实体模型试验一般费用较高、周期很长。21 世纪以来，随着计算机与数值计算技术的发展，人们开始建立三维数学模型研究坝区泥沙冲淤形态、拉沙过程等[5-9]。坝区三维水沙数值模拟方法的研究重点关注如何准确模拟趋孔水流、坝前淤积体坍塌等特有现象，以及如何有效解决坝区水沙输移大时空三维数值模拟计算量大的难题。下面先辨析几种常见的坝区水沙数值模拟方法。

1. 整体模拟与局部模拟方式

根据所选定的计算区域不同，坝区三维数值模拟存在整体和局部模拟两种方式。整体模拟是指将孔洞及其上、下游水域作为一个整体进行模拟[10-14]。该方式常采用 VOF 方法描述水-闸门、水-空气等之间的交界面，计算精度较高，缺点是 VOF 等对模型计算时间步长有限制，导致模型效率不高。而坝区水沙研究通常主要关注孔洞上游区域，由这种实际需求驱动所促成的局部模拟方式[5-9, 15-16]只模拟孔洞上游水域。该方式将大坝孔洞作为计算区域的出流开边界，同时应用能准确刻画孔口出流物理过程的流速与压力边界条件。目前，工程计算大多都采用局部模拟方式。Powell[4]曾分别使用两种方式模拟了趋孔水流，结果表明，计算区域是否包括孔洞及其下游水域对孔洞上游流场的模拟结果没有影响。

2. 全断面过流与孔口出流计算模式（坝址开边界设定模式）

基于上述局部模拟方式，坝区三维数学模型按在坝址处所采用的边界条件不同，分为两种计算模式。第一种计算模式[17-18]假设坝址全断面过流并应用狄利克雷水位边界条件。该计算模式的优点是，无需对孔洞附近网格进行加密，还可借助梯级恒定化等方法来加速长时段坝区动床计算。该计算模式的缺点是，由于并未模拟真正的趋孔水流，很难准确反映坝区三维水沙运动的真实场景或影响。鉴于此，本书坝区三维水沙数值模拟特指如下第二种计算模式。

在第二种计算模式[4-9]（采用孔口出流边界条件）中，三维数学模型的计算量巨大，以往它通常被作为研究坝区水沙问题的一种辅助手段。在孔口出流计算模式下，坝区水沙问题的一种折中模拟方法为，三维数学模型依靠实体模型(或一维数学模型)提供泥沙淤积接近满库时的地形作为初始地形，通过实施短历时计算得到坝区水沙场景、短历时拉沙过程、坝区平衡河床形态等。该方法的优点是，可回避模拟水库全生命周期的坝区冲淤过程而只需开展短历时水沙计算，从而使模型的实际计算量得到本质性减少；缺点为，三维模型依赖其他方法提供初始地形而并未成为一种独立的研究手段，且三维模型的计算精度受初始地形的限制。

▶ 9.1.2　坝区三维水沙数值模拟的技术要点

本书推荐采用局部模拟方式及孔口出流坝址开边界设定模式来开展坝区水沙运动的三维数值模拟研究，现将其中主要的技术要点梳理如下。

1. 模拟趋孔水流的孔口边界条件

趋孔水流垂向运动显著，模拟它需要考虑动水压力的影响。同时，不少学者认为在趋孔水流中黏性的作用相对较小[10]，早期研究常常选用势流方程对其进行描述。本书采用时均 NS 方程统一描述各种三维水流运动。在按照前述的推荐方式模拟趋孔水流时，需采用以设定孔口出流流量为基础的新型边界条件，其中的技术细节涉及孔口描述、孔口流量分配、动水压力边界设定等方面。

①孔口描述。在水平方向上，可根据孔口位置和尺寸布置水平网格，保证孔口与整数条(通常为 1~3 条)网格边是重合的。从垂向看，孔口边界仅在孔口所在的垂向范围内发生出流。对位于孔口边界垂向上的网格分层，可根据孔口的垂向范围检索孔口所占据的网格层(可能随着坝前水位涨落而变动)，将这些网格层定义为孔口出流层，同时将位于孔口之上、之下的网格层定义为固壁层。

②孔口边界流速计算。孔口流量一般可根据孔轴线之上的水头及孔口出流公式(或孔口泄流能力曲线)算出。先使用孔口开度及水平宽度算出过流面积，进而计算孔口垂向各层的水平流速；再将这些流速加载到孔口处通流的网格层。数值试验表明，在孔口边界垂向范围内(孔口出流层)，采用各种流速分布来分配孔口出流流量对趋孔水流模拟结果的影响很小，一般采用较简单的均匀分布即可。

③在孔口范围内各出流层侧面的外法线方向，可令动压水平梯度 $\partial q/\partial n=0$ 构成纽曼边界条件；对于孔口上下的固壁边界，仍采用 $\partial q/\partial n = 0$ 条件。

综上可知，在出流孔口处需且仅需流量数据。在实际运用中，水库坝区各孔洞的出流不同，且单个孔洞的逐日出流流量也是变化的。在设计水库的运用方式时，人们通常根据入库水沙条件、水库调度规则、水位-库容（$Z\text{-}V$）曲线、孔洞泄流能力曲线等开展调洪演算，得到坝区各孔洞的逐日出流流量及坝前水位。然而，入库流量与孔洞出流常常并不同步，再加上极端洪水、各类调度事件、$Z\text{-}V$ 曲线及孔洞泄流能力随库区淤积发生变化等的影响，在长时段动床预测中可能发生坝区水域变干、水位超出坝顶高程等不合理场景。即在模型的进出口均使用流量开边界条件，模型长时段计算存在失稳的风险。可使用"参考水位法"解决这一问题：以调洪演算得到的坝前水位或某一特定水位作为参考，在模型时步推进过程中比较模型算得的坝前水位与参考水位，根据它们的差值微调下一时步的孔洞出流，从而保证坝区水位合理及长时段坝区冲淤计算的稳定。

2. 坝区泥沙输运及淤积体坍塌

坝区泥沙输运及河床冲淤模拟主要涉及孔洞（前）冲沙代表流速选取、孔洞堵塞判断与处理、坝区淤积体坍塌计算等，其技术细节论述如下。

①虽然坝区孔洞出流的流速很大，但在孔洞上游水域中流速会沿着孔洞中轴线在逆水流方向迅速衰减[4]。根据实践经验，一般推荐使用孔洞前网格单元各边的平均流速作为代表性流速，计算孔洞前沿的水流输沙能力。

②被淤积的孔洞将发生断面收缩、泄流能力降低等变化。定量评估泥沙淤积对孔洞泄流能力的影响是比较困难的，在模型计算中通常假设孔洞在被淤死之前泄流能力保持不变，即在同一坝前水位下孔洞在坝区大量淤积后与在空库时具有相同的最大出流流量。该假设可能产生"孔洞流速虚假增大效应"，即当出流流量一定时孔洞在其洞径被淤小后流速比真实值大，这将抑制孔洞淤积并造成模拟结果失真。需定义孔洞淤堵判定标准，以限制该假设产生的负面影响。将被淤积面积（孔洞前河床高出孔洞底板的部分断面面积）占孔洞断面面积的百分比定义为孔洞淤积率，一旦它达到预设标准就认为孔洞被淤死。被淤死的孔洞在模型后续计算中不再过流，原本由它下泄的流量按比例分配给未淤死的孔洞。

③关于坝区集中淤积体坍塌问题，前人研究发现[2-3]：坝区淤积体侧坡度一般接近于泥沙水下休止角坡度，当其大于该坡度时发生坍塌。基于该判定规则构建坍塌计算模块并将其嵌入数学模型，即可实现坝区河床冲淤与淤积体坍塌的同步模拟。在二维、三维模型中，均可构建淤积体坍塌计算模块且实施方法类似，简

述如下。遍历水平网格中的各个单元：先计算单元各方向的地形梯度；再找到单元周围的最大地形梯度，若它大于泥沙水下休止角，则通过沿最大地形梯度方向修正单元高程(把最高单元的土搬到最低单元)来模拟淤积体坍塌。在针对坝区某一单元开展最大地形梯度搜索时，搜索算法应能克服水平网格尺度差异、单元编码无规则等困难；同时坍塌过程计算应严格保证土量守恒。

3. 真实水库坝区水沙三维数值模拟的挑战

真实水库坝区三维模型动床预测计算量巨大，原因分析如下。①三维非静压模型由于需要求解流速与动水压力在三维空间中的耦合问题，模型本身计算量已非常大且随着垂向网格数量急剧增加。②在坝区需要使用变尺度网格(孔洞前网格尺度接近于孔径，常常只有几米)保证孔洞前的网格具有足够的空间分辨率，以准确模拟趋孔水流及在它影响下的泥沙输运及河床冲淤。使用小尺度网格，在增加单元数量的同时还可能对计算时间步长造成限制，从而大幅增加模型的计算量。③真实水库达淤积平衡通常要数十年甚至百年以上，需模拟的时段很长。④坝前水沙运动非恒定性很强，很难借助梯级恒定化(见 1.5.3 节)等简化方法来减小模型的计算量。因而，坝区三维模型动床预测是一个典型的大时空河流数值模拟问题，其巨大的计算量给现存的大多数三维模型都带来了挑战。

近年来，快速提升的计算机与数值计算技术[19]，使三维模型的时效性显著提升，并使得应用三维水沙数学模型开展长时段坝区水沙运动研究成为可能。文献[20]近期借助这些新理论与方法克服三维数学模型计算量大的困难，首次开展了真实水库全生命周期(20 年)坝区非恒定水沙输移及河床冲淤的三维数值模拟。

▶ 9.1.3　坝区水沙运动典型场景的三维数值模拟

1. 坝区水沙运动水槽试验的数值模拟

选取文献[3]趋孔水流水槽试验开展三维水流计算，模拟与分析坝区纵剖面流场与流态。水槽长 30m、宽 0.5m，尾部安装一竖直挡板作为大坝，在坝体中央凿出一条高 0.05m 的水平窄缝充当中孔；在坝前安装一个简单的概化漏斗，斜坡段(坡角 23°)的水平长度为 0.56m，坝前水平段长 0.06m。试验采用恒定流条件，入流流量为 7.6L/s，坝前水深控制在 0.3m。选取大坝至漏斗末端以上 0.44m 范围作为计算区域。在坝前，水平与垂向的计算网格尺度均为 0.01m。$\Delta t = 0.1$s，垂向涡

黏性系数取 $1.0×10^{-6}\text{m}^2/\text{s}$，忽略水平扩散。床面粗糙高度 k_s=0.001m。设置计算区域的初始水位为 0.3m、初始流速为 0，基于此开展趋孔水流模拟。

待模拟的趋孔水流达稳定后，坝区纵剖面流场如图 9.1 所示。当来流进入漏斗区后，河床纵比降突然大增，惯性使来流趋于水平运动而不是紧贴斜坡下行，从而在斜坡段发生水流与床面的分离。纵向主流对斜坡底部（分离区）的水体产生剪切，形成顺时针旋转的底涡。纵向主流在漏斗区沿程下降并逐步向孔口汇聚，同时在主流带上方形成一个滞流区。该滞流区水体在纵向主流的剪切作用下，形成逆时针旋转的表涡。流场模拟结果与试验观测资料在表观上是一致的。

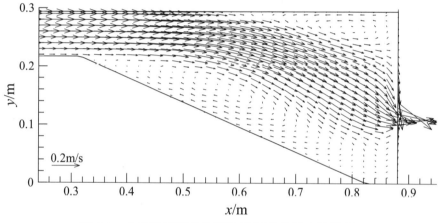

图 9.1　水库坝区包含底涡和表涡的趋孔水流流场

选取文献[2]水库坝区冲刷漏斗动床水槽试验开展三维水沙计算，模拟与分析坝区流场、压力分布及平衡河床形态。水槽高 1.13m、宽 1.2m，其中设一座平板坝。坝体中部开一宽 6cm、高 10cm 的底孔（底面距槽底 20.8cm）。在水槽中均匀铺沙（中值粒径 d_{50} = 0.21mm，容重 γ_s = 2.65t/m³）直至床面距槽底 37.4cm（孔口底面之上 16.6cm），并在孔前预留空间以便水流通过。试验时来流为清水，流量为 19.9L/s，坝前水深控制在 81.48cm 并保持恒定，试验时底孔全开。

采用尺度为 0.05m 的四边形无结构网格剖分水平计算区域，并在孔前局部网格进行加密；垂向网格尺度为 0.03m。k_s = 0.001m，垂向涡黏性系数取 $0.5×10^{-5}\text{m}^2/\text{s}$，忽略水平扩散，$\Delta t$ 取 0.2s。使用代表粒径法描述非均匀沙，代表粒径取 d_{50}，水下休止角取 30°。在底孔前预先挖出一个坡度为 1:1 的规则漏斗作为初始地形（图 9.2(a)），以便在初始时刻形成孔口出流通道。图 9.2(b)给出了模型算出的漏斗平衡形态。正向泄流底孔前所形成的漏斗接近半圆形，孔口外围地形具有对称性。这是因为：在大水深条件下坝前水域空间较大，趋孔水流汇聚时不受约束，水流能从各方位均匀地向底孔汇聚，对河床造成的水力冲刷具有对称性；按水下休止角规则，在以底孔为中心的水平各个方位上岸滩坍塌的概率是相等的。

本例中趋孔水流的特征如下（图 9.3），①河床冲淤稳定后的流场与动水压强空间分布均具有对称性；②对应于水流从不同方向朝底孔汇聚，在穿过孔口垂向轴线 $(y = 0.6\text{m}，x = 2.0\text{m})$ 的所有剖面内均存在立面环流；③在孔口上游，水流流速在逆水流方向随着汇聚面扩大而迅速减小，大流速范围十分有限。

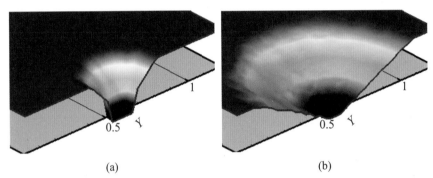

(a)   (b)

图 9.2　初始及计算至冲淤稳定后坝区冲刷漏斗的地形形态

(a) 初始时刻底孔前的地形形态；(b) 冲淤稳定后底孔前的地形形态

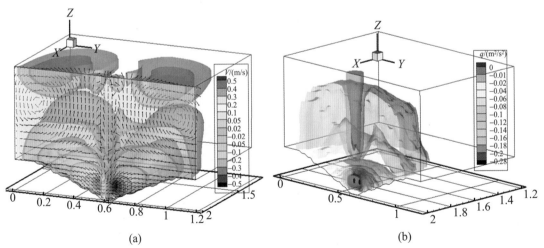

(a)   (b)

图 9.3　计算至冲淤稳定后孔口前的流场与动水压强空间分布

(a) 横向流速等值面的空间分布及 $x = 2.0\text{m}$ 剖面流场，图中流速矢量仅代表方向；

(b) 孔口前动水压强等值面的空间分布

比较模型算出的坝区冲淤平衡河床的纵剖面（$y = 0.6\text{m}$ 剖面）与实测资料（图 9.4(a)）可知，纵坡的计算值和实测值分别为 0.561、0.570；底孔前水平段长度的计算值和实测值分别为 5.1cm、5.74cm。考虑到底孔前网格分辨率等限制，模型的计算精度是可接受的。图 9.4(b)～(e)给出了坝前不同纵向里程处横断面地形的计算结果与实测数据的比较，实测的左(右)横坡分别为 0.59(0.57)、0.55(0.58)、0.4(0.41)、0.3(0.27)，计算的横坡分别为 0.585、0.539、0.407、0.246，二者十分接近。本例证实，三维模型能较好地模拟坝区冲刷漏斗的冲淤平衡河床形态。

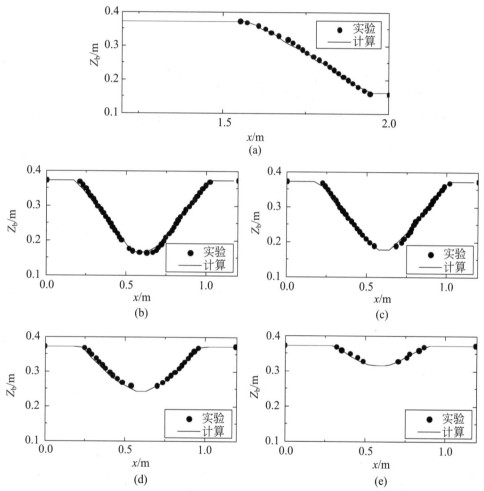

图 9.4　漏斗范围内纵横地形剖面的计算结果与实测资料的比较
(a)纵断面；(b)～(e)横断面 $x=1.95\text{m}$，$x=1.9\text{m}$，$x=1.8\text{m}$，$x=1.7\text{m}$

2. 真实水库坝区平衡河床形态的模拟

以陕西省黑河亭口水库为例，介绍使用实体模型试验和三维数学模型计算研究真实水库坝区水沙运动及河床冲淤的方法，并比较二者的模拟结果。

黑河为陕西省内泾河右岸最大支流，全长 168km，比降 2.9‰，河床由砂卵石组成，平均河宽 300～600m，在亭口镇(设水文站)汇入泾河。黑河流域面积为

$4255km^2$，亭口水文站多年平均年径流量为 2.61 亿 m^3，年输沙量为 1586 万 t(推移质占 16 万 t)，实测最大断面平均含沙量为 $997kg/m^3$，1957—1962 年的平均含沙量为 $49.7kg/m^3$。参考泾河干流景村站资料，悬移质中值和平均粒径分别为 0.018mm、0.027mm。坝址距黑河入泾河河口 2km。枢纽由大坝、开敞式溢洪道、泄洪排沙洞、输水洞等组成。设计坝顶高程为 896.3m；泄洪排沙洞底板顶高程为 856m，设置 7m×7m 的工作闸门。将水库运用的前 50 年等分为 5 个时段，设计正常蓄水位分别为 875m、880m、885m、890m、893m。

制作了几何比尺为 62 的正态实体模型，基于它研究在水库运用中后期坝区淤积形态、槽库容、泄流建筑物的泄流能力变化等。试验用沙为容重为 $1.9t/m^3$ 的拟焦沙(平均粒径为 0.016～0.017mm)，淤积初期的干密度为 $0.7t/m^3$。为了缩短试验周期，根据一维数学模型算出的库区淤积接近满库时的地形铺设实体模型床沙。该地形对应水库运用 35 年末的地形，坝前滩面高程为 881m(已换算到原型，下同)，河槽略低。试验条件为，在进口施放代表性流量($111.5m^3/s$)和含沙量($40kg/m^3$)，水库运行包含高(887m)、低(863m)坝前水位两种场景。

在高、低水位交替条件下开展坝区动床实体模型试验。观察到在试验初期，排沙洞前河床发生强烈的水力冲刷，同时伴随着频繁的高滩坍塌，坝前最终形成稳定的冲刷漏斗(图 9.5(a))。在试验得到的冲淤平衡河床地形上，开展水库泄流能力试验，并拟合水库运用后期泄洪排沙洞的泄流能力曲线。对照空库时的泄流能力曲线，即可分析水库淤积前后泄流建筑物泄流能力的变化(略)。

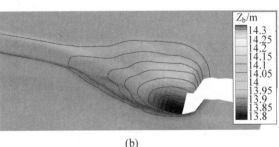

(a)　　　　　　　　　　　　　(b)

图 9.5　试验与计算方法得到的坝区冲刷漏斗平衡形态

(a)实体模型试验得到的坝区河床形态；(b)三维数学模型计算得到的坝区河床形态

三维数学模型使用与前述实体模型相同的研究河段，并在实体模型尺度上开展建模(使用按比尺缩小的研究河段作为计算区域)，以便比较两种模型的模拟结果。在平面上采用四边形无结构网格，并采用 0.05m 尺度的单元对孔前区域进行局部加密。使用代表粒径法描述非均匀沙，代表粒径取 0.017mm。根据黄河刘家峡水库坝前淤积资料[21]，粒径 0.017mm 淤泥的水下休止角取 22.5°。三维数学模型计算采用与前述实体模型试验相同的初始地形和水沙条件。

在水库第一轮高水位运行期间，坝区高滩快速坍塌形成接近半圆的漏斗河床；在随后的低水位运行期间，漏斗尾段被拉伸、形态逐渐偏离半圆。如此往复交替，坝区最终形成与实体模型试验结果接近的河床形态 (图 9.5(b))。图 9.6 比较了由两种模型得到的坝区冲淤平衡后漏斗区域的地形等值线，二者在表观上基本一致，主要区别为，前者平面形态较圆润规则，后者略尖瘦。进一步在高程小于 14.05m 的范围内比较漏斗的纵、横坡可知，在纵向上，实体模型测得的纵坡为 0.247，数学模型的计算值为 0.278，两者较接近；在 $x = -0.05$m 横断面内，实体模型测得的左、右横坡分别为 0.403、0.433（平均 0.418），数学模型的计算值分别为 0.427、0.435（平均 0.431），它们都接近于泥沙水下休止角坡度 0.414。

本例阐明了采用三维数学模型研究坝区泥沙问题的传统方法：采用一维数学模型或实体模型提供泥沙淤积接近满库时的地形作为初始地形，在此基础上开展三维数学模型短历时计算。本章后续内容将开展真实水库全生命周期坝区冲淤演变过程的三维模型计算，探究坝区泥沙淤积规律和相关工程问题。

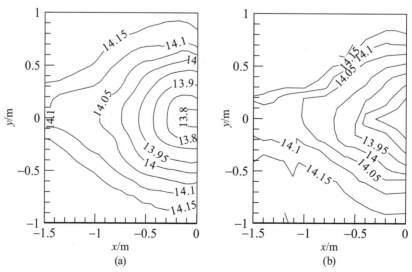

图 9.6　数学模型算出的与实体模型试验得到的坝区地形等值线

(a) 计算得到的漏斗区等高线；(b) 试验实测的漏斗区等高线

9.2　水库全生命周期坝区三维水沙计算

采用三维模型作为一种独立的研究方法开展坝区长时段水沙数值模拟至今仍不普遍，但该方法代表着该领域的发展方向。以卡洛特(Karot)水电站为例，采用三维模型计算真实水库全生命周期的坝区冲淤过程，并阐明坝前冲刷漏斗的形成机理。

▶ 9.2.1　真实水库坝区三维数学模型建模

1. 河道、水库基本概况及研究目的

所选取的巴基斯坦卡洛特水电站是吉拉姆河规划的 5 个梯级电站的第 4 级。吉拉姆河属于印度河水系，干流全长 725km，卡洛特水电站坝址位于吉拉姆河中上游，附近河道比降 2.6‰。坝址控制流域面积为 26700km²，吉拉姆河多年平均流量为 819m³/s，年径流量为 258.3 亿 m³。坝址断面多年平均悬移质输沙量为 3140 万 t(含沙量为 1.22kg/m³)，推移质输沙量为 467 万 t。水电站库区河段长约 26km，两岸山顶地面高程为 510～850m，河道枯期水面宽 30～60m。

卡洛特水电站为单一发电任务水电枢纽。在所推荐的土石坝设计方案中，水库正常蓄水位为 461m，库容为 1.52 亿 m³。在枢纽设计中，将所有出流孔洞均布置在溢洪道内，如图 9.7 所示。共有 4 个 180MW 机组电厂，所对应的 4 个取水口横截面尺寸均为 8.4m×9.5m(宽×高)，底、顶面高程分别为 431m、440.5m。紧邻电厂取水口下游布置 2 个排沙洞(其轴线与电厂入流方向垂直)，横截面尺寸均为 9m×12.5m，底、顶面高程分别为 423m、435.5m。与排沙洞平行布置 6 孔溢洪道，各孔横截面尺寸均为 14m×22m，底、顶面高程分别为 439m、461m。

坝区泥沙研究的目的一般包括阐明坝区水沙运动及河床冲淤规律，了解冲刷漏斗的形成过程及各种出流孔洞的淤积情况，探究水库运用方式、枢纽布置与坝区冲淤平衡河床形态、排沙洞排沙功效等之间的关系，通过多种工况比较研究得到最优的水库运用方式及合理的枢纽布置。

2. 坝区数学模型建模与测试

选取坝前长约 5km 的河段作为计算区域。在水平方向上，采用尺度为 15～20m 的四边形无结构网格剖分计算区域，并采用 8～10m 的网格对出流孔口(电厂取水

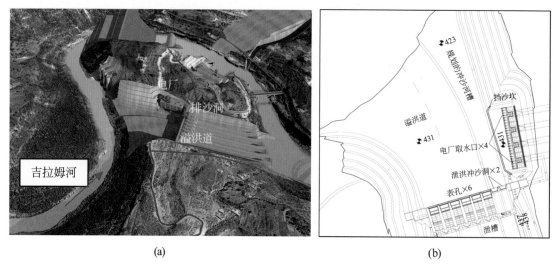

(a)　　　　　　　　　　(b)

图 9.7　巴基斯坦卡洛特水电站周围河道与初拟的枢纽平面布置

口、泄洪排沙洞、溢洪道表孔)附近区域进行局部加密。得到的水平网格包含 6220 个单元,坝前及溢洪道区域网格见图 9.8。在垂向上,使用 10 个 σ 分层以保证模型沿水深具有足够的分辨率。采用 2013 年 4 月实测 1/500 地形塑造模型的初始地形,采用分组法描述非均匀沙($d_{50}=1.79$mm)。为了便于描述各孔洞出流的优先级,

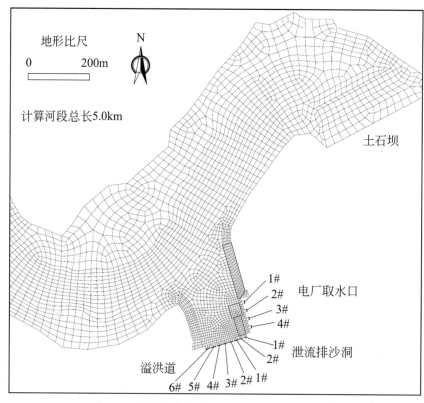

图 9.8　卡洛特水电站坝区计算河道网格布置

将 4 个电厂取水口由北向南依次编号为 1#～4#，将排沙洞由东向西依次编号为 1#、2#，将溢洪道泄流表孔由东往西依次编号为 1#～6#。

在开展坝区长时段三维非恒定水沙计算时，先将进、出口水沙过程整理成以 6h 为间隔（与水库调度动作的间隔相一致）的时间序列，再进行模型逐时步向前推进。Δt_f、Δt_s 分别取 1min、2min。采用 OpenMP 并行化模型代码，计算设备为 12 核工作站（CPU 为 E5-2640）。在三维水流计算中，忽略动水压力项以减小模型的计算量。模型的效率测试表明，三维非恒定水沙数学模型在串行、并行模式下完成 1 年水沙计算的耗时分别为 86.5h、11.75h。

试算表明，卡洛特水库在运行约 15 年时达到淤积平衡。在水库运用的前 10 年，在各种运用方式和枢纽布置条件下水库淤积量及淤积形态的差别均不大。为了节约计算耗时，在开展多工况 20 年模型计算时采取如下策略，①选取较折中的水库运用方式，进行 10 年水沙计算并将计算结果（地形）保存下来；②在水库运用 10 年末的地形上，开展各种工况下的后续模型计算。

3. 三维水沙数学模型参数的确定

三维水动力模型参数主要包括床面阻力系数（C_{Db}）、垂向紊动扩散系数（K_{mv}）等。一般可采用最底层网格高度 δ_b 与床面粗糙高度 k_s 计算 C_{Db}。文献[22]建议 k_s 取 $3d_{90}$，约 $25\sim35d_{50}$，本例中 k_s 取 5.37mm。干湿动边界临界水深 h_0 取 0.1m，并采用 $k\text{-}\varepsilon$ 双方程模型计算 K_{mv}。根据金腊华的调研[21]，国内已运行水库的坝区泥沙水下休止角通常在 $18°\sim30°$，本例水下坍塌模块取中间值 $24°$。此外，用于界定孔口是否被淤死的临界孔洞淤积率设为 55%。至此，除了水流输沙能力公式中的参系数外，三维数学模型的绝大多数参数均已得到确定。

吉拉姆河属资料稀缺地区，现有地形与水文资料不足以支撑开展模型率定计算。这里通过开展一维、三维模型对比试验（利用水库一维模型长期实践所积累的经验）确定 van Rijn 公式中的系数 ξ。数值试验采用 1981—1990 年水文系列，及坝前排沙水位 451m、年均排沙 7 天的水库运用方式。先开展一维模型计算，结果为，水库运用 10 年末坝区累计悬移质淤积量为 2654.8 万 m^3。再分别在 $\xi=0.8$、1、1.2、2、3 条件下开展三维模型计算，结果为，水库运用 10 年末坝区淤积量分别为 2612.5 万 m^3、2600.0 万 m^3、2592.2 万 m^3、2460.8 万 m^3、2383.7 万 m^3。由此可知，水库运用前 10 年（尚未平衡）坝区的淤积量对 ξ 并不敏感。当 $\xi=1.0$

时，两模型算出的最终坝区淤积量差别为 2.1%（分段差别 –17.0%～15.8%），且二者的累计淤积量随时间的变化过程符合很好。忠于原公式，本例取 $\xi = 1$。

▶ 9.2.2　坝区水沙输移规律及冲刷漏斗形成机理

以卡洛特水电站为例，选用较合理的枢纽布置和水库运用方式开展坝区三维水沙计算，阐明真实水库坝区水沙输移规律及冲刷漏斗的形成机理。

1. 坝区水沙输移计算与规律分析

在空库条件下，选用水电站典型的排沙和发电运行工况，模拟分析坝区水沙输移规律。计算条件：入库流量为 $2200 \mathrm{m^3/s}$、含沙量为 $2.1 \mathrm{kg/m^3}$；电厂与排沙洞同时运行，每个电厂取水口流量均为 $300 \mathrm{m^3/s}$，每个排沙洞出流均为 $500 \mathrm{m^3/s}$。初始条件：水库蓄水至排沙水位（446m），库区水体含沙量为 0。基于三维模型计算结果，提取坝区平面流场（以中层水流为例）和泥沙浓度的空间等值面（图 9.9）。

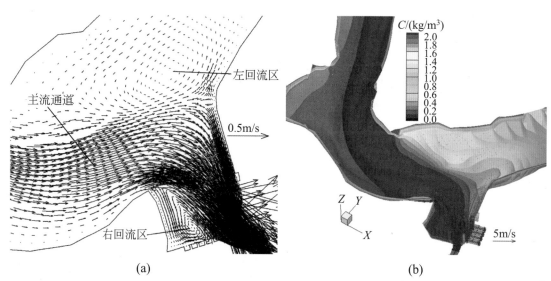

(a)　　　　　　　　　　　　　(b)

图 9.9　典型来流条件下坝区流场(a)与泥沙浓度空间等值面(b)

由图可知，坝区水流的特点为，①上游来流与出流孔洞（电厂取水口和排沙洞）之间形成一条较单一的主流通道；②当上游来流行进到孔洞时，一部分穿过孔洞排出，未及时排出的那一部分受孔洞周围固体边界（河岸或水工建筑物）的阻挡形成折射水流，这些折射水流将沿着固壁向背离主流的方向运动，进而在出流孔洞前主流通道两侧形成显著的平面环流。坝区泥沙输运特点为，①泥沙主要沿主流通道输运，并在沿程落淤；②折射水流跟随主流通道两侧的平面环流行进，其挟沙在沿程落淤，并在出流孔口前主流通道两侧形成集中淤积体。

2. 冲刷漏斗的形成及运行机制研究

通过在初拟的 10 多种水库运用方式下开展三维模型计算与比选，得到能基本保证枢纽正常运行的水库运用方式(排沙水位 446m，年均排沙 25.6 天)，并将其定为推荐方式。下面基于推荐的水库运用方式开展系列年三维水沙计算，模拟坝区由空库到淤积平衡的演变过程，阐明坝前冲刷漏斗的形成机理。

具体计算条件如下。①将 1981—1990 年水文过程(简称 80 系列)循环 2 次构成一个 20 年的系列，将其作为入库水沙条件。②根据前期研究已获得的各孔洞淤积规律，规定电厂运行优先级为 1#>2#>3#>4#，排沙洞运行优先级为 2#>1#，给淤积风险较大的孔洞分配较多的出流。③基于空库的 Z-V 曲线，按“446m 年均 25.6 天拉沙”运用规则进行 20 年的水库水量平衡分析，得到各孔洞的逐日流量过程，作为水库出口边界条件。20 年中各孔洞出流水量统计数据见表 9.1。④溢洪道是在山体中开挖得到的，因为规划的冲沙河槽平面范围及高程并不一定满足冲刷漏洞发展的要求，所以假设将整个溢洪道区域开挖至与排沙洞前沿高程(423m)持平，以便排沙洞前冲刷漏斗能够得到充分发展。否则，冲刷漏斗的发展将被限制在溢洪道原始基岩(431m)之上，同时这还会影响排沙洞的拉沙效果。

表 9.1 系列年(10 年)各孔口出流量统计

孔口类型	编号	出流水量(亿)/m³	占总出流的比例/%
电厂取水口	1#	707.86	26.08
	2#	475.34	17.52
	3#	403.01	14.85
	4#	333.47	12.29
泄流排沙洞	1#	284.91	10.50
	2#	499.24	18.40
溢洪道表孔	1#~6#	8.32	0.31

模型算出的坝区在 20 年间的淤积情况为，①当水库运用到 11.5 年时，泥沙淤积发展到坝前，各出流孔洞开始发生间歇性淤积；②在水库运用第 12—15 年，坝区泥沙淤积迅速加厚；③在水库运行 15 年后，由坝区累计淤积量随时间的变

化过程可知，坝区将处于冲淤交替的动态平衡之中。在水库运用 20 年末，坝区滩、槽均呈现出强烈的淤积，最大淤积厚度可达 60m。

综合坝区水沙输移规律和全生命周期河床冲淤计算结果，冲刷漏斗的形成及运行机制可归纳如下。在水库坝区，水沙主要沿主流通道(坝区河槽)向下输运；在出流孔洞前主流通道两侧，受固壁约束的折射挟沙水流跟随平面环流运动并发生回流淤积，淤积区逐年抬高形成集中淤积体；随着水库运用年限增加，库区淤成高滩深槽且淤积逐年向坝前推进。最终，在出流孔洞前两侧淤积体之间形成漏斗，其尾部与库区深槽相连接(图 9.10)。在水库运用后期，出流孔洞外围淤沙很厚。排沙洞拉沙所得的漏斗空间常常迅速被两侧淤积体坍塌下来的泥沙填充，漏斗区域反复经历着"拉沙→填充"循环。当排沙洞拉沙能力充足时，冲刷漏斗可保持其形态和功能，仅在年内发生动态冲淤，河床处于一种动态平衡状态。否则，随着排沙洞被淤积堵死，冲刷漏斗将丧失调节能力，并影响水库运行。

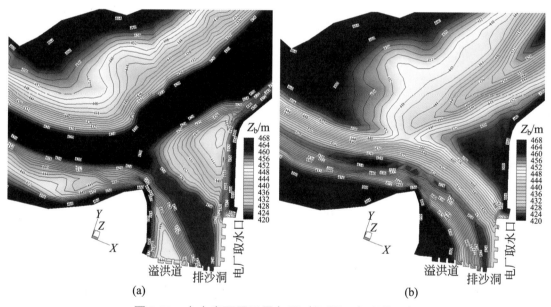

图 9.10　在水库不同运用年限时坝区河床冲淤形态

(a)水库运用 10 年末；(b)水库运用 20 年末

3. 坝区平衡剖面形态分析

基于系列年三维模型计算结果，分析坝区淤积平衡后冲刷漏斗的纵、横剖面形态。在 20 年末，坝区河槽在平面上呈弯曲形态，纵向深泓在 426～432m 高程起伏(图 9.11(a))。由图可知，在排沙洞上游 750m 范围内形成深泓较低平的河段

（漏斗区 423m 高程之下为基岩），该平段末端以 1:25 的纵坡与上游深槽衔接。选取冲刷漏斗末端(排沙洞上游约 800m)的横断面进行分析：在水库运用 20 年后，断面大幅淤积，在 461m 水位下的面积由初始的 12492m² 减小到 2960m²，减小了约 76.3%，形成了与造床流量相匹配的断面规模(图 9.11(b))。另外，模型算出的冲刷漏斗的横坡主要受泥沙水下休止角控制，接近于设定值 24°。

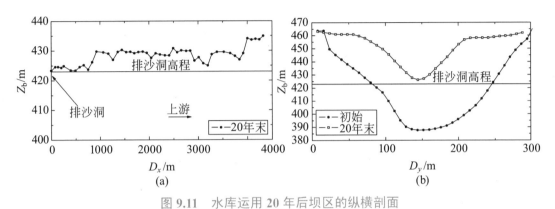

图 9.11　水库运用 20 年后坝区的纵横剖面
(a)河槽纵向深泓高程的沿程变化；(b)冲刷漏斗末端横断面形态

9.3　水库(坝区)减淤优化调度

水库运用方式对坝区泥沙淤积影响巨大。以卡洛特水电站为例，介绍使用三维数学模型开展多工况比选[23]得到最优水库运用方式的方法，包括确定合适的排沙水位和时长(可用启动排沙的临界入库流量代表)、优化各孔洞出流比例等。

▶ 9.3.1　水库减淤调度运用方式研究概述

兴利和除害对水库运用方式的要求常常是相反的。以多沙河流水电站为例，①发电要求水库尽量蓄高水位，而排沙要求水库在汛期长时间处于低水位运行；②发电要求来流尽量通过电厂流路出流，冲沙要求来流多走排沙洞。制定水库运用方式的关键在于，确定合理的汛期排沙水位及时长，在保证出流孔洞不被淤死、水库可持续正常运行等前提下，让水库兴利效益达到最大。

研究制定水库运用方式一般分为 3 个阶段。①通过在不同汛期排沙水位下(同时假设一个较充分的拉沙时长)开展坝区模型水沙计算研究，获得一个较合理的汛期排沙水位 Z_x。②研究在 Z_x 条件下维持水库可持续正常运行所需要的最小的年均排沙时长。定义水库启动排沙的临界入库流量 Q_c，其含义为，当入库流量大于

某一临界值 Q_c 时，水库就将水位降低至 Z_x 并进入排沙运行状态(停止发电，开启排沙洞)。然后，即可根据系列年入库流量过程及 Q_c 算出年均排沙时长。③在有了 Z_x 和 Q_c 之后，按拟定的过流优先级算出各孔洞的出流比例。

对于卡洛特水电站，第一阶段研究表明其 Z_x 不应高于 446m。由于第一、二阶段研究方法类似，本节仅介绍第二阶段及之后的工作。在 Z_x=446m 条件下，根据 80 系列入库流量过程，初拟了 4 种 Q_c 水库运行方式，它们的年均排沙时长见表 9.2。基于空库 Z-V 曲线，分别按照运用方式 1~方式 4 的启动排沙规则，进行 20 年的水库水量平衡分析，得到电厂、排沙洞、溢洪道各孔洞的逐日出流过程。在这 4 种运用方式下，电厂取水口总出流占来水的比例分别为 78.46%、69.06%、70.74%、73.65%。三维模型研究表明，方式 3 是保证水库可持续正常运用的临界方式。现将表中水库运用方式 1 的坝区泥沙淤积研究情况简述如下。

表 9.2　卡洛特水电站维持 446m 排沙水位的几种初拟的运用方式

运用方式	启动排沙的临界入库流量 Q_c/(m³/s)	年均 446m 水位排沙时长/d	来水的发电利用率/%
1	2460(2 年一遇洪峰)	7.1	78.46
2	2000	29.0	69.06
3	2100	25.6	70.74
4	2200	22.8	73.65

在 80 系列入库流量过程条件下，应用年均 7.1 天排沙规则开展水库水量平衡分析，得到各孔洞的出流水量(表 9.3)。据统计，坝前水位不高于 456m、451m、446m 的运行时间分别为 11.9d、8.7d、7.1d。按原设计方案(图 9.7)进行溢洪道开挖：仅将冲沙槽开挖至 423 m，其他区域高程为 431m。

模型计算结果表明，在年均 7.1 天排沙运用方式下，水库可正常运用约 10 年；随着 10 年后泥沙淤积发展到坝前，各孔洞开始淤积，2 个排沙洞分别在第 10.4 年、11.5 年被堵死，仅剩下 4 个电厂取水口通流。鉴于此，在排沙洞淤死后，模型不再使用表 9.3 的孔洞出流条件，而是将入库流量平均分配给尚可正常过流的电厂取水口，以保证模型能继续计算。因而，水库运用 11 年后的模拟结果是在"电厂取水口流量加大"的假设条件下得到的，只具有参考意义。

在水库运用第 10 年末、15 年末、20 年末，坝区累计淤积量分别为 2182.6 万 m³、

表 9.3　卡洛特水电站"年均 7.1 天拉沙"运行方式各孔口的出流量统计

孔口类型	孔口编号	水量(亿)/m^3	百分比/%
电厂取水口 (占 78.46%)	1#	637.84	23.52
	2#	420.55	15.51
	3#	420.04	15.49
	4#	649.48	23.95
泄流排沙洞	1#	289.45	10.67
	2#	286.56	10.57
溢洪道	1#~6#	8.28	0.31

注：考虑到两侧的电厂取水口更易受泥沙淤积，所以加大它们的出流比例。

3235.9 万 m^3、3276.8 万 m^3。坝区累计淤积量随时间的变化过程见图 9.12。枯季来沙少，淤积量增速较慢(曲线较平)；洪季来沙多，淤积量迅速增加(曲线较陡)。在水库运用第 12—15 年，坝区淤积大幅放缓、进入准平衡期；在 15 年后，坝区达到淤积平衡，主流通道的纵向深泓在 428~432m 高程范围内起伏。

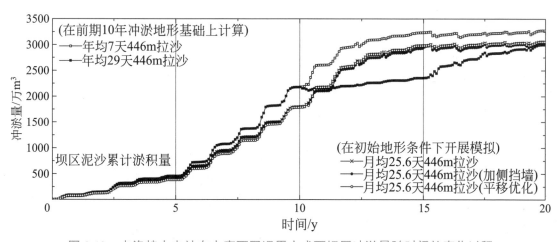

图 9.12　卡洛特水电站在水库不同运用方式下坝区冲淤量随时间的变化过程

从淤积厚度的平面分布来看，坝区普遍淤积较厚。在水库运用 10 年末，排沙洞侧向的淤厚达 8m 以上，溢洪道回流区的淤厚达 24m，电厂取水口侧向的淤厚达 4m。水库运用 15 年末坝区淤厚分布见图 9.13，两个排沙洞均被淤死，溢洪道回流区的淤厚达 28m，电厂取水口(1#)侧向的淤厚达 10m 以上。

排沙洞淤积动态。1#、2# 排沙洞孔口垂向高程范围均为 423~435.5m，中心高程为 429.25m。在年均 7.1 天排沙的运用方式下，排沙洞前河床高程的逐日变

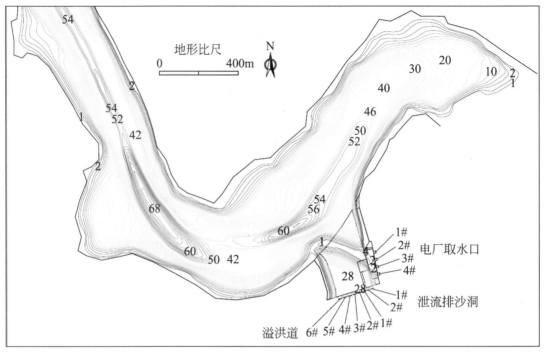

图 9.13　卡洛特水电站在年均 7.1 天拉沙运用方式下运用 15 年末的坝区淤积厚度分布

化见图 9.14。在水库运用初期，大部分泥沙已在库区落淤，输运到排沙洞前的泥沙数量很少；排沙洞拉沙时长充足，各孔洞在年内仅发生间歇性微淤。随着淤积推进到坝前，2#排沙洞最先受到侧向集中淤积体坍塌的影响。在第 10 年末，1#、2# 排沙洞前的河床高程分别为 423m、428.55m，淤积率分别为 0%、44.4%。此后，随着坝区淤积进一步加厚、河槽深泓进一步抬高，排沙洞拉沙所得空间常常被集中淤积体坍塌下的土体迅速填充，排沙洞拉沙时长开始变得不足。此时，排沙洞年内的淤沙在汛期拉沙期间仅有部分被带走，孔洞开始发生累积性淤积。在第 10.4 年、

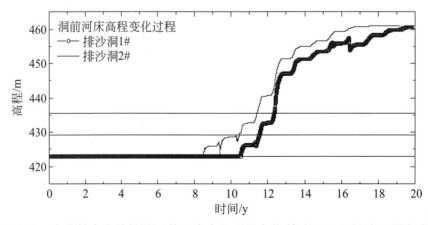

图 9.14　卡洛特水电站排沙洞前河床高程逐日变化（年均 7.1 天拉沙运用方式）

第 11.5 年，2#、1#排沙洞先后被淤死。在第 15 年末，主流通道两侧的集中淤积体高程可达 460m，1#、2#排沙洞前的河床抬升至 453.6～456.6m。由此得到的启示为，应优化水库运用方式，在水库运行后期增加拉沙时长以提升排沙规模。

电厂取水口淤积动态。在水库运用初期，孔口仅发生间歇性淤积。随着淤积推进到坝前，1#电厂取水口最先受到侧向集中淤积体坍塌的影响。在第 10 年末，1#～4#电厂取水口孔前河床高程分别为 433.6m、432.66m、431.63m、431m。虽然电厂取水口底高程较高(431m)，但部分孔口已开始发生淤积。在第 15 年末(坝区冲淤已达动态平衡)，受主流通道两侧集中淤积体坍塌的影响，电厂取水口已受到显著淤积。1#～4#电厂取水口前的河床高程分别达到 432.12m、431m、431m、434.42m，孔洞分别被淤积了 11.8%、0%、0%、36.0%。由此可知，年均 7.1 天排沙的运用方式无法保证水库可持续正常运行，且在第 15 年末主流通道左侧 1#电厂上游附近的集中淤积体高程达 460m，严重威胁 1#电厂取水口的安全。

▶ 9.3.2　增加排沙时长对坝区减淤的作用

应用年均 29 天排沙规则开展水库水量平衡分析，得到各孔洞的出流水量(表 9.4)。据统计，坝前水位不高于 456m、451m、446m 的运行时间分别为 35.85d、32.12d、29d。按原设计方案(图 9.7)进行溢洪道开挖，仅将冲沙槽开挖至 423m，其他区域高程 431m。

为了节省计算时间，本工况计算在前述年均 7.1 天排沙运用方式的第 10 年末的计算结果(地形)基础上进行。模型计算结果表明：年均 29 天排沙的运用方式可保证水库在第 10—20 年保持基本正常运行。但需指出，受侧向集中淤积体坍塌影响，1#电厂取水口在第 16.4 年时被淤积堵死。在之后的计算中，将 1# 电厂的出流平均分配给其他尚可正常过流的孔洞，以保证模型能继续计算。

在水库运用 10 年、15 年、20 年末，坝区累计淤积量分别为 2182.6 万 m³、2357.4 万 m³、3005.3 万 m³。坝区累计淤积量随时间的变化见图 9.12。在水库运用第 10—15 年(少沙年)，坝区淤积较缓慢；在第 15—20 年(多沙年)，坝区淤积量仍继续增长。从累计淤积量的变化趋势来看，20 年后坝区淤积增量将十分有限。20 年末，坝区主流通道的纵向深泓在 428～432m 高程范围内起伏。在水库运用 15 年末，排沙洞侧向的淤厚达 8m，溢洪道回流区的淤厚达 28m，电厂取水口侧向淤厚达 4m；在 20 年末，溢洪道回流区、电厂取水口侧向的最大淤厚均达到 30m 以上。

表 9.4   卡洛特水电站"年均 29 天排沙"运行方式各孔口的出流量统计

孔口类型	孔口编号	水量(亿)/m³	百分比/%
电厂取水口 (占 69.06%)	1#	574.64	21.17
	2#	357.54	13.17
	3#	356.16	13.12
	4#	585.70	21.58
泄流排沙洞	1#	416.53	15.35
	2#	415.93	15.33
溢洪道	1#～6#	7.32	0.27

排沙洞淤积动态。排沙洞前河床高程逐日变化见图 9.15。在年均 29 天排沙的运用方式下，1#、2#排沙洞出流占入库水量比例平均提升至 15.3%。随着排沙洞拉沙时长增加，在第 10—20 年，1#排沙洞无淤积，仅 2#排沙洞由于受侧向淤积体坍塌影响而发生累积性淤积。在第 15 年末，2#排沙洞前河床高程为 426.67m，孔洞淤积率为 29.4%；在第 20 年末，2#排沙洞前河床高程为 429.39m，孔洞淤积率为 51.1%。溢洪道回流区集中淤积体在水库运用后期高程达 460m，坍塌下的土体快速填充 2#排沙洞拉沙所得的空间。由此得到的启示为，在水库运用后期，可优先启用受侧向集中淤积体威胁较大的排沙洞(调整各洞出流比例)以提升排沙效果。

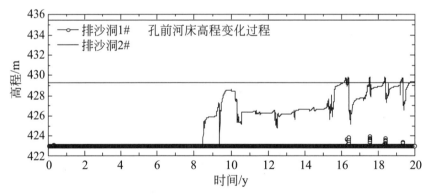

图 9.15   卡洛特水电站排沙洞前河床高程逐日变化(年均 29 天拉沙运行方式)

电厂取水口淤积动态。电厂取水口前河床高程的逐日变化过程见图 9.16。在第 15 年末，1#～4#取水口前河床高程分别为 433.72m、432.13m、431m、431m；在第 20 年末，1#～4#取水口的淤积率分别为 100%、6.6%、0%、0%。在 1# 电厂进水口前主流通道左侧，集中淤积体高程在第 20 年末达 460m，受其坍塌的影响，1#取水口在第 16.43 年被堵死，应优化孔洞过流优先级和比例。

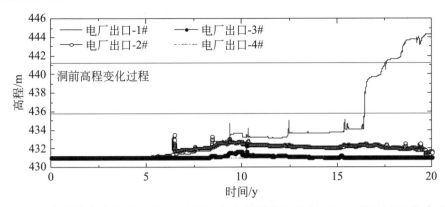

图 9.16　卡洛特水电站电厂取水口前河床高程逐日变化(年均 29 天拉沙运行方式)

▶ 9.3.3　优化孔洞出流比例对减淤的作用

根据前述孔洞淤积规律和启示，规定电厂运用的优先级为 1#>2#>3#>4#，排沙洞运用的优先级为 2#>1#。在此基础上，应用年均 25.6 天排沙规则开展水库水量平衡分析，得到各孔洞的出流水量(表 9.5)。坝前水位不高于 456m、451m、446m 的持续时间分别为 30.8 天、28 天、25.6 天。本工况不再使用原规划的冲沙河槽设计方案，而是将溢洪道区域全部开挖至 423m 作为初始地形，以便坝区冲刷漏斗能够得到充分发展。

表 9.5　卡洛特水电站"年均 25.6 天排沙"运行方式各孔口的出流量统计

孔口类型	孔口编号	水量(亿)/m³	百分比/%
电厂取水口 (占 70.74%)	1#	707.86	26.08
	2#	475.34	17.52
	3#	403.01	14.85
	4#	333.47	12.29
泄流排沙洞	1#	284.91	10.50
	2#	499.24	18.40
溢洪道	1#~6#	8.32	0.31

模型计算结果表明，在水库运用第 11.5 年时泥沙淤积发展到坝前，当前运用方式可保证水库基本正常运行到淤积平衡之后。需指出，当水库运用到约 15.5 年时，受侧向集中淤积体坍塌影响，1#电厂取水口被迅速淤死。鉴于此，在之后的计算中，将 1#电厂出流平均分配给其他可正常过流的孔洞以使模型能继续计算。因而，水库运用 15.5 年后的模拟结果将与真实情况存在一定的偏离。

在水库运用第 10 年末、15 年末、20 年末，坝区累计淤积量分别为 2182.6 万 m³、2961.4 万 m³、3079.9 万 m³。坝区累计淤积量随时间的变化过程见图 9.12。在水库运用第 10—15 年，坝区淤积显著放缓；在第 15 年之后，坝区淤积基本达到平衡。在第 20 年末，坝区主流通道的纵向深泓在 426～432m 高程范围内起伏。图 9.17 给出了

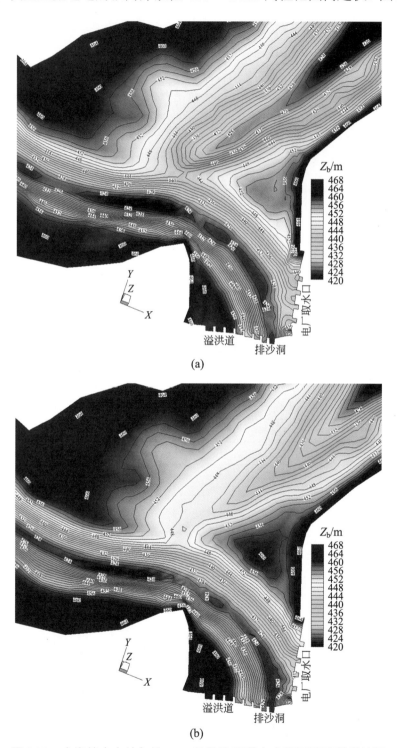

图 9.17　卡洛特水电站年均 25.6 天拉沙运用方式下坝区淤积后地形

(a)水库运用 15 年末；(b)水库运用 20 年末

水库运用在第 15 年、20 年末的地形。水库运用在第 15 年末排沙洞侧向(溢洪道回流区)河床高程淤至 460m，在第 20 年末电厂取水口上游附近(回流区)的河床淤积抬升到 460m。

排沙洞淤积动态。将 2# 排沙洞出流比例增加到 18.40% 之后，其拉沙时长获得显著增强。在第 10—20 年，1#排沙洞无淤积，仅 2#排沙洞由于受侧向淤积体坍塌的影响发生累积性淤积。在第 20 年末，2#排沙洞前的河床高程为 428.16m，淤积率为 41.8%。可进一步调整各排沙洞的出流比例以减轻 2#排沙洞的淤积。

电厂取水口淤积动态。在第 15 年末，1#～4#电厂取水口前的河床高程分别为 436.8m、435.2m、432.8m、434.1m；在 20 年末，1#～4#电厂取水口前的河床高程分别为 446.6m、433.5m、431m、431m。受侧向集中淤积体(在水库运用后期淤至 460m)坍塌的影响，1#电厂取水口在第 15.5 年被堵死，2#电厂取水口淤积率为 26%。因此，在年均 25.6 天排沙的运用方式下，通过优化各孔洞的出流比例已很难消除部分电厂取水口的淤积。这可能是由于在开展枢纽布置设计时考虑不充分所致。9.4 节将继续探讨通过局部优化枢纽布置来解决坝区孔洞泥沙淤积的问题。

9.4　坝区枢纽布置的防沙优化

对于因为水库枢纽布置不合理所引发的坝区局部集中冲刷、孔洞淤塞等泥沙问题，可通过优化建筑物平面布置、细部结构等来加以解决。仍以卡洛特水电站为例，介绍使用三维数学模型开展水库枢纽布置防沙优化研究的方法。

▶ 9.4.1　水库坝区出流孔洞淤堵的原因剖析

前述研究表明，所设计的卡洛特水电站枢纽布置在水库运用后期存在部分电厂取水口被泥沙淤死等问题。为此，设计单位提出，在 4 个电厂取水口外围增设一圈拦沙坎(将所有取水口包围在一个封闭空腔之中)，通过在一定程度上阻挡泥沙进入取水口水域来缓解取水口淤积和减少过机泥沙，从而解决包括 1#电厂取水口淤死在内的所有取水泥沙问题。围圈式拦沙坎的设计顶高程为 440m，后文将这个枢纽布置优化方案简称为"440m 拦沙坎"方案。由此分析可知，拦沙坎可起到屏障的作用，将推移质挡在坎外，同时减少进入取水口水域的悬移质数量。为了检验该方案能否达到预期的取水防沙效果，在"年均 25.6 天 446m 排沙"水库运行方式下同步开展了系列年三维模型计算和正态实体模型试验研究。

440m 拦沙坎方案的三维数学模型计算结果[23]。比较有、无拦沙坎条件下的计算结果可知，在两种方案下，坝区累积淤积量变化过程基本相同，淤积平衡后坝区冲淤分布、排沙洞与各电厂取水口前的淤积厚度十分接近；即便有拦沙坎保护，1#电厂的取水口仍被淤死，第 20 年末洞前的河床高程可淤至 446m 左右。研究结论为，440m 拦沙坎方案不能解决 1#电厂取水口被淤死的问题。

440m 拦沙坎方案的实体模型试验结果[24]。受试验周期限制(需 5～7 天模拟 1 年水库淤积)，实体模型在三维数学模型半年后才取得研究结果。从坝址以上 5km 河段来看，数学模型算出的水库冲淤平衡后的淤积量为 3000 万 m³，实体模型的试验结果约为 2300 万 m³，后者较前者少淤积 24%(误差可接受)。据试验者分析，实体模型坝区淤积较小，可能与试验时加在进口的推移质未能运动到坝区有关。

从水库运用第 20 年末的地形来看，数学模型与实体模型结果在电厂取水口前沿区域展现出相同的淤积分布规律：淤厚从 1#电厂取水口上游侧的拦沙坎向下游逐渐减小(图 9.18(c))。数学模型算出的 1#～4#电厂取水口前的河床高程为 446～431m；实体模型试验得到的结果为 440.5～431.5m。实体模型的试验结果印证了之前由数学模型研究提出的"1#电厂取水口被淤死"的结论，二者的差别主要在于通过实体模型试验得到的 1#电厂取水口前的淤厚较小。其可能原因为，实体模型试验中推移质与粗沙未运动到坝区，坝区淤沙成分主要为中细沙(水下休止角较小)，这使得主流通道两侧的集中淤积体很难形成陡边坡也很难淤得很高(图 9.18(b))，同时也降低了集中淤积体坍塌对位于其坡脚的孔洞的影响。

此外，实体模型研究还包括在水库运用 20 年末地形上的泄流能力试验。试验条件为，在模型进口施放大流量(1500～3400m³/s)，关闭电站，洪水通过排沙洞和溢流坝表孔下泄。试验观测到，在大洪水通过时，坝区的集中淤积体发生大幅移动，导致拦沙坎保护范围内的区域被全部淤平(图 9.18(d))。

由于 1# 电厂取水口被淤堵并不是因水流所挟带的泥沙落淤所致，因此 440m 拦沙坎方案并未抓住该现象的本质，也未解决问题。两种模型的研究结果一致认为 1#电厂取水口被淤堵的真实原因是：1#电厂取水口位于坝区集中淤积体(主流通道左侧回流区的淤积体)的坡脚，在水库运用后期将受到集中淤积体坍塌土体的较严重的淤堵作用；同时，取水口的位置并未处在冲刷漏斗拉沙控制范围内，无法享受排沙洞拉沙所带来的减淤作用。根据 1#电厂取水口被淤堵的真实原因，下面将尝试两种思路优化枢纽布置，以期解决坝区孔洞淤堵问题。

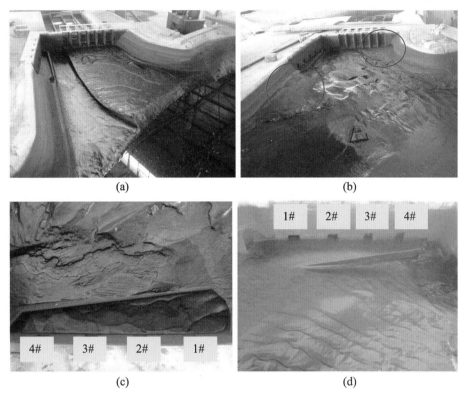

图 9.18　卡洛特水电站实体模型试验水库运用过程中坝区河床的泥沙冲淤形态[24]
(a) 枢纽运用 5 年末溢洪道区域的河床；　(b) 枢纽运用 20 年末溢洪道区域的河床；
(c) 枢纽运用 20 年末的电厂局部河床；　(d) 20 年淤积地形上发生大洪水后的河床

▶ 9.4.2　枢纽平面位置优化的减淤作用

在水库汛期拉沙期间，坝前低水位及排沙洞泄流所引起的快速水流，将对坝区冲刷漏斗范围内的前期淤沙产生直接而强烈的冲刷和带走作用，并使漏斗容积得以恢复。需指出，汛期拉沙主要作用于漏斗控制区，影响范围有限。根据冲刷漏斗工作的特点，提出卡洛特水电站枢纽平面布置的如下优化方案：将电厂取水口整体逆时针微幅旋转（约 5.54°）并向冲沙河槽平移（约 14.5m），使之处于排沙洞前冲刷漏斗控制区内（图 9.19），以便直接利用排沙洞的拉沙作用及时消减各电厂取水口的淤积，从而缓解集中淤积体对 1#电厂取水口的威胁。

为了检验新方案的效果，在"年均 25.6 天 446m 拉沙"水库运行方式下开展了系列年三维模型冲淤预测。与原始枢纽布置下的模型计算结果相比，旋转平移方案下坝区累积淤积量变化过程没有发生变化（图 9.12）。旋转平移后的枢纽布置可保证水库正常运行，不再出现孔洞淤塞。在水库运用第 10 年末、15 年末、20 年末，坝区累计淤积量分别为 1790.1 万 m³、2979.5 万 m³、3055.7 万 m³。在第 15 年时，坝区基本达到淤积平衡，主流通道的纵向深泓在 426～432m 高程范围内起伏。

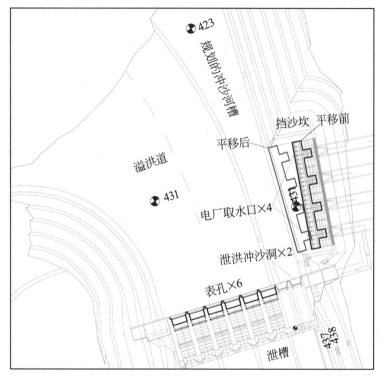

图 9.19   电厂取水口旋转平移到冲刷漏斗的控制范围

在水库运用第 15 年末，溢洪道回流区集中淤积体的淤厚为 35～36m，电厂取水口(1#)外侧集中淤积体的淤厚为 30m，1#电厂取水口前的淤厚为 1～2m，2#～4#电厂取水口前无淤积。在第 20 年末，溢洪道回流区集中淤积体的淤厚增加到 36～37m，高程达 460m；电厂取水口(1#)外侧集中淤积体的淤厚增加到 36m，高程达 458m；1#电厂取水口前的淤厚为 2～4m，其他电厂取水口前无淤积。图 9.20 给出了"旋转平移"枢纽布置方案下第 20 年末的坝区河床形态。

排沙洞淤积动态。在水库运用第 10—15 年，1#排沙洞无淤积，仅 2#排沙洞由于受侧向淤积体坍塌的影响发生累积性淤积。在第 15 年末，2#排沙洞前的河床高程为 428.9m，淤积率为 47.4%。在第 20 年末，2#排沙洞前的河床高程为 429.3m，淤积率为 50.6%。两排沙洞的平均淤积率为 25.3%，基本满足水库可持续正常运用的要求。

电厂取水口淤积动态。在水库运用前 15 年，各电厂取水口均处于无淤积状态。在第 15—20 年，2#～4#电厂取水口均无淤积，仅 1#电厂取水口随着其外侧

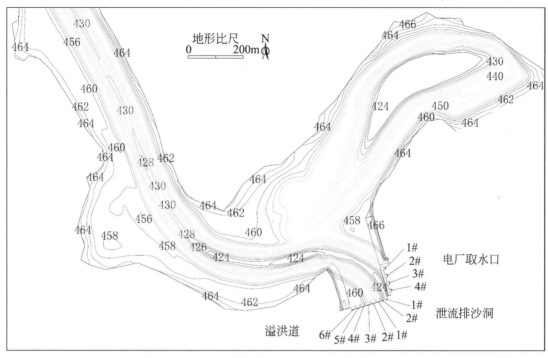

图 9.20　卡洛特水电站枢纽平面布置优化后运用第 20 年末的坝区地形

集中淤积体的淤高开始发生一定淤积。在第 20 年末，1#电厂取水口前的河床高程为 433.4m，孔洞淤积率为 24.9%。由此可见，当电厂取水口被移入冲刷漏斗拉沙控制区域之后，它们在水库淤积平衡后均不会被泥沙淤积堵塞（仅 1#电厂取水口发生小幅淤积），基本达到了枢纽布置防沙优化的预期目的。

▶ 9.4.3　建筑物细部改造的减淤作用

卡洛特水电站 1#电厂取水口被淤堵的直接原因是其外侧集中淤积体的坍塌作用，一个解决问题的思路为，修建挡墙将集中淤积体挡住，阻止其坍塌下的土体进入电厂取水口区域。据此，可通过微调前述 440m 拦沙坎方案得到一种新的枢纽布置。其具体修改为：加高 1#电厂取水口上游侧的拦沙坎形成高墙，挡墙高程由冲沙河槽附近的 440m 逐渐增加到与河岸衔接处的 461m，它对淤积体坍塌下的土体形成约束并使之落入冲沙河槽。由于处于拦沙坎空腔内的各电厂取水口处于同等输水输沙地位，可规定它们拥有同等的运用优先级，同时规定排沙洞运用的优先级仍为 2#>1#。然后，在"年均 25.6 天 446m 拉沙"水库运用方式下（各孔洞出流见表 9.6）开展系列年坝区三维模型动床预测。

表 9.6 卡洛特水电站"年均 25.6 天排沙"运行方式各孔口的出流量统计

孔口类型	孔口编号	水量(亿)/m³	百分比/%
电厂取水口 (占 70.74%)	1#	477.35	17.59
	2#	480.39	17.70
	3#	483.63	17.82
	4#	478.31	17.62
泄流排沙洞	1#	284.91	10.50
	2#	499.24	18.40
溢洪道	1#～6#	8.32	0.31

与原始枢纽布置下的模型计算结果相比,高挡墙方案下坝区累积淤积量的变化过程没有发生变化(图 9.12)。高挡墙枢纽布置方案可保证水库可持续正常运行,不再发生孔洞堵塞。在水库运用第 10 年末、15 年末、20 年末,坝区累计的淤积量分别为 1796.5 万 m³、2961.4 万 m³、3049.3 万 m³。在第 15 年时,坝区淤积基本达平衡。

在水库运用第 15 年末,溢洪道回流区集中淤积体的淤厚为 35～36m,电厂取水口(1#)外侧集中淤积体的淤厚为 30m,1#～4#电厂取水口前的淤厚为 2～6m。在第 20 年末,溢洪道回流区集中淤积体的淤厚为 36～37m,高程达 460m;电厂取水口(1#)外侧集中淤积体的淤厚为 36m,高程达 458m;1#～4#电厂取水口前的淤厚仍为 2～6m。图 9.21 给出了高挡墙方案下在第 20 年末的坝区地形形态。

排沙洞淤积动态。在水库运用第 10—15 年,1#排沙洞无淤积;受侧向淤积体坍塌影响,2#排沙洞已发生累积性淤积。在第 15 年末,2#排沙洞前的河床高程为 428.45m,孔洞淤积率为 43.6%。在第 20 年末,2#排沙洞前的河床高程为 429m,两排沙洞的平均淤积率为 24.1%,基本满足水库可持续正常运用的要求。

电厂取水口淤积动态。在水库运用第 15 年末,1#～4#电厂取水口前的河床高程分别为 431.8m、431.9m、432.0m、432.1m,孔洞淤积率为 8.2%～11.3%;在第 20 年末,1#～4#电厂取水口前的河床高程分别为 431.8m、431.95m、432.2m、432.3m,孔洞淤积率为 8.6%～13.9%,相对于第 15 年末变化不大。在拦沙坎、高挡墙的保护下,电厂取水口的淤积程度主要由水流含沙量与空腔内淤积体决定,在第 20 年末 1#～4#电厂取水口的淤积率不大。但需指出,拦沙坎、高挡墙在阻挡推移质、粗沙和坍塌土体进入电厂取水口前沿区域的同时,也会阻止汛期拉沙对电厂取水口前淤沙的消减作用。因而，电厂取水口前淤沙的清理只能依靠电厂自身通流或不定期人工清淤。

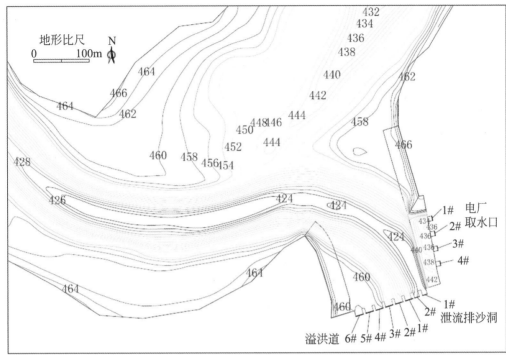

图 9.21　卡洛特水电站枢纽建布置局部优化后第 20 年末的坝区地形

9.5　水库泥沙数值模拟技术讨论

　　一维、二维、三维模型均被广泛用于水库泥沙计算。一维模型具有结构简单、参数少、资料需求不多、速度快等优点，是开展长河段长时间水沙输移及河床冲淤模拟的主要手段。一维模型可算出河道断面水沙过程、断面冲淤等，常被用于研究水库在不同运用年限时库区的水面线、深泓纵剖面及库尾三角洲的推进过程等。早期，人们多采用一维恒定流模型研究库区淤积。他们将年水文过程划分为 60～70 个时段，逐时段计算库区水沙输移及河床冲淤，以最大限度地减少模型耗时。20 世纪末，随着计算机与数值计算技术发展，一维非恒定流水沙数学模型已具备快速或实时计算的效率，例如，可在几小时内完成数十年乃至百年的库区动床预测，目前它们已全面取代一维恒定流模型。特别是在新理论[19]背景下，水库淤积模拟与减淤优化调度的实时耦合计算已初具可行性。

　　随着我国大江大河水库建设进入尾声，水电开发逐步转向西南山区河流，喀斯特河流及其水库工程开始越来越多地出现在人们的视野。对具有伏流与明渠交替特征的喀斯特河流，人们需克服对不规则封闭断面通道混合流水沙运动进行数学描述和模拟等困难，研发简单实用的伏流水沙数学模型，以解决在喀斯特河流上修建水库所遇到的泥沙淤积问题。本书通过研发非恒定混合流一维水沙数学模型，并以贵州夹岩水库为例，首次开展了伏流型水库百年淤积预测。研究发现，喀斯特河流水库库尾也服从三角洲淤积规律，且三角洲淤积体能顺利穿过伏流洞，并在其中保留一条狭窄的输水输沙通道。需指出，伏流型水库泥沙计算目前还处在起步阶段，关于混合流输沙的描述及计算方法等还有待深入研究。

二维模型的研发难度、计算效率等均适中。二维模型求解水深平均的浅水方程与物质输运方程，能够克服一维模型无法算出水沙因子及冲淤厚度平面分布的局限性，在水库泥沙研究中常被用于研究一些较特殊区域(如第 8 章列举的变动回水区等)的河床冲淤规律。该模型的不足在于，现存的大多数二维模型仍沿用一维模型中水沙计算的概念与方法，如糙率、水流挟沙力、恢复饱和系数等，其自身的理论并不完善。从计算效率来看，在常规工作站上，大型水库库区整体精细二维模型完成年非恒定水沙输移及河床冲淤计算的耗时在 1 天量级，已初具实用价值。然而，水库淤积至平衡往往需要数十年甚至百年以上。因而，在实际工作中常常采用一维、二维模型联合应用法研究库区局部河段的水沙问题。

相比于一维、二维模型，三维模型由于研发难度大、时效性较低等缺点在水库泥沙计算中使用较少。目前，三维数学模型在水库泥沙研究中的应用通常仅局限于坝区水沙问题研究，而且主要是坝区短历时水沙计算。由于坝区水沙运动非恒定性较强，需采用非恒定流模型开展研究，这给坝区长时段水沙输移及河床冲淤三维模型计算进一步增加了困难。一方面坝区三维水沙数学模型计算量过大，另一方面实体模型可靠性优于数学模型。出于这两方面考虑，人们至今仍习惯于采用正态实体模型研究坝区泥沙问题。本章系统梳理了孔口出流条件下水沙输移及河床冲淤的三维数值模拟方法，并以卡洛特水电站为例，首次实现了真实水库全生命周期坝区水沙过程(20 年非恒定水沙输移与河床冲淤)的三维数值模拟。该项工作的意义为，①使三维水沙数学模型不再依赖其他手段提供初始地形，成为一种独立的坝区泥沙问题研究手段；②通过模拟坝区典型水沙输移场景和水库全生命周期坝区冲淤过程，阐明了真实水库坝区冲刷漏斗的形成机理；③归纳了使用三维模型开展水库运用方式与枢纽布置优化研究的方法。需指出，三维水沙数学模型待定的参数较多。当实测资料较匮乏时，目前还没有很好的方法来确定这些参数。加强已建水库的现场观测和试验，积累资料、获得可靠的模型参数，将有助于改进三维泥沙计算模式和提升坝区三维水沙计算的准确性。

参考文献

[1] MONTESI J S. Irrotational flow and real fluid effects under planar sluice gates[J]. Journal of Hydraulic Engineering, 1997, 123（3）: 219-232.

[2] 熊绍隆. 深水孔口前冲刷漏斗形态研究[J]. 西北水电, 1983, 4: 10-21.

[3] 金腊华. 有压进水口前冲刷漏斗形态与水流运动特性的研究[D]. 武汉: 武汉水利电力学院, 1990.

[4] POWELL D N. Sediment transport upstream of orifices[D]. Clemson: School of Clemson University, 2007.

[5] 冯小香. 水库坝前冲刷漏斗形态数值模拟研究[D]. 武汉: 武汉大学, 2006.

[6] 陆俊卿, 张小峰, 董炳江, 等. 水库冲刷漏斗三维数学模型及其应用研究[J]. 四川大学学报: 工程科学版, 2008, 40（6）: 43-50.

[7] 胡德超. 三维水沙运动及河床变形数学模型研究[D]. 北京: 清华大学, 2009.

[8] HU H M, WANG K H. Modeling flows and sediment concentrations in a sloping channel with a submerged outlet[J]. Computers & Fluids, 2011, 44: 9-22.

[9] XUE W Y, HUAI W X, LI Z W, et al. Numerical simulation of scouring funnel in front of bottom orifice[J]. Journal of Hydrodynamics, 2013, 25（3）: 471-480.

[10] KIM D G. Numerical analysis of free flow past a sluice gate[J]. KSCE Journal of Civil Engineering, 2007, 11（2）: 127-132.

[11] AKOZ M S, KIRKGOZ M S, ONER A A. Experimental and numerical modeling of a sluice gate flow[J]. Journal of Hydraulic Research, 2009, 47（2）: 167-176.

[12] DANESHMAND F, JAVANMARD S A S, LIAGHAT T, et al. Numerical solution for two-dimensional flow under sluice gates using the natural element method. Canadian Journal of Civil Engineering, 2010, 37: 1550-1559.

[13] CASSAN L, BELAUD G. Experimental and Numerical Investigation of Flow under Sluice Gates[J]. Journal of Hydraulic Engineering, 138（4）: 367-373.

[14] ONER A A, AKOZ M S, KIRKGOZ M S, et al. Experimental validation of volume of fluid method for a sluice gate flow[J]. Advances in mechanical engineering, 2012, 461708.

[15] 曹志先, 谢鉴衡, 魏良琰. 水库坝前冲刷漏斗平衡形态的数学模拟[J]. 水动力学研究与进展: A 辑, 1994, 19(5): 617-625.

[16] KHOSRONEJAD A, RENNIE C D, SALEHI NEYSHABOURI A A, et al. Three-dimensional numerical modeling of reservoir sediment release[J]. Journal of Hydraulic Research, 2008, 46(2): 209-223.

[17] RUETHER N, SINGH J M, OLSEN N R B, et al. 3D computation of sediment transport at water intakes[J]. Proceedings of the Institution of Civil Engineers: Water Management, 2005, 158(WM1): 1-8.

[18] JIA D D, SHAO X J, ZHANG X N, et al. Sedimentation patterns of fine-grained particles in the dam area of the Three Gorges Project: 3D numerical simulation[J]. Journal of Hydraulic Engineering, 2013, 139(6): 669-674.

[19] 胡德超. 大时空河流数值模拟理论[M]. 北京: 科学出版社, 2023.

[20] 胡德超, 池龙哲, 杨琼, 等. 水库坝区冲刷漏斗的形成机理[J]. 浙江大学学报: 工学版, 2015, 49(2): 257-264.

[21] 金腊华, 石秀清. 试论模型沙的水下休止角[J]. 泥沙研究, 1990, 3: 87-93.

[22] WU W M, RODI W, WENKA T. 3D numerical model for suspended sediment transport in channels[J]. Journal of Hydraulic Engineering, 2000, 126(1): 4-15.

[23] 胡德超, 赵瑾琼, 刘小斌. 卡洛特水电站坝区泥沙淤积三维数值模拟研究报告[R]. 武汉: 长江科学院, 2014.

[24] 刘小斌, 金中武. 巴基斯坦卡洛特水电站坝区泥沙模型试验研究报告[R]. 武汉: 长江科学院, 2014.

第 10 章

涉河工程的扰动计算

涉河工程种类繁多，涉及河道岸线利用(码头、围垦等)、跨河交通(桥梁、穿江隧道等)、河势控制、航道整治、取水及采砂等多个方面。在河流治理和管理中，时常需要开展涉河工程对河道水沙运动的扰动计算，通过分析有、无工程条件下河道水位、流速、冲淤等的变化，评估工程产生的影响。本章选取几种较具有代表性的涉河工程，介绍关于它们的水沙扰动计算和研究方法。

10.1 涉河工程扰动计算的基本方法

涉河工程通过改变河道水沙输移影响河床冲淤，其中水流扰动分析是工程扰动计算的基础。在各类涉河工程中，码头工程较简单，其水流扰动计算也较典型。本节以码头为例，介绍使用二维模型开展涉河工程水流扰动计算的方法。

▶ 10.1.1 普通涉河工程(码头)的二维精细建模

以长江下游安庆河段皖河口下游 300m 处的中石化码头[1]为例。该工程自上而下布置有 1 个 5000m³ 液态烃泊位(1#)、4 个 5000t 泊位(2#～5#)和 1 个 2000t 港作泊位(6#)，如图 10.1 所示。采用浮式码头结构，由趸船、钢引桥、墩台、接岸引桥等组成，墩台基础采用∅1000mm PHC 桩。1#～5#泊位前端各布设一艘 85m 长的趸船，6#泊位前布设 2 艘 68m 长的趸船。研究河段及码头工程建模如下。

综合考虑工程河段的河势等条件，选取长江下游吉阳矶至宁安铁路桥长约 56km 的河段作为计算区域。采用顺、垂直水流方向尺度分别为 200m、50～80m 的四边形无结构网格剖分计算区域，在码头附近采用 8～20m 的网格进行局部加密(图 10.2)。采用 2011 年 10 月 1/10000 实测地形图塑制模型。率定计算表明，河段在小流量下(28500m³/s)、大中流量下(43200m³/s)的糙率分别为 0.020～0.024、0.018～0.020。实际计算时可根据来流情况对河道糙率进行动态调整。

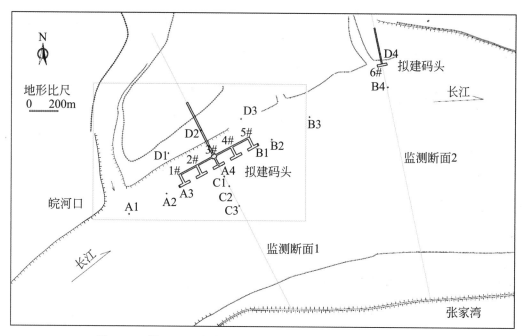

图 10.1　长江下游安庆河段的河势与中石化码头的平面布置

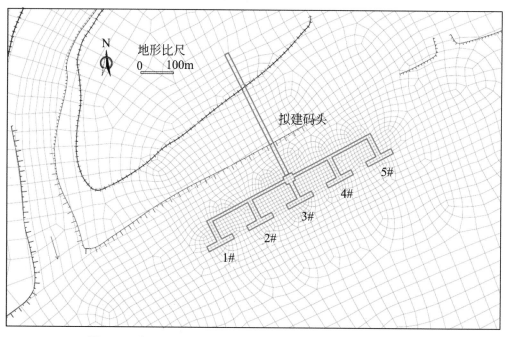

图 10.2　长江下游安庆河段中石化码头工程建模的计算网格

如图 10.2 所示，码头平台、引桥处的网格与涉水建筑物在平面上是重合的。因而，可通过修改工程区域网格的地形、糙率等来反映码头修建后河道边界的变化。当码头平台及引桥梁板被淹没或部分淹没时，可按淹没深度设定河底高程增量并据此修正地形。实践经验表明，上述方法能较准确地反映码头对河道水流的影响。下面采用二维水流模型分别在有、无工程条件下开展工程河段的水流计算，并根据计算结果定量分析码头对河道水位、流速等的影响。

▶ 10.1.2　工程对河道水流的扰动计算

为了全面反映在不同来流条件下工程对河道水流的影响，通常选取研究河段的各种典型流量水流条件分别进行计算，本例见表 10.1。在某级流量下，若缺乏实测资料，可使用流量所对应的水文站水位及河道水面纵比降，近似推算研究河段出口的水位作为开边界条件。工程对河道水流影响的二维模型计算结果包括工程修建前、后计算区域内所有网格节点的水位、垂线平均流速等。水位（流速）变化值是指有、无工程条件下河道水位（水深平均流速）的差值。

表 10.1　长江下游安庆河段中石化码头水流扰动分析的计算条件

序号	水流条件	进口流量/(m³/s)	出口水位/m (1985 黄海)
1	防洪设计流量	长江 83500，皖河 0	16.77
2	平滩流量	长江 45000，皖河 0	12.21
3	多年平均流量	长江 28700，皖河 0	8.87
4	枯季流量	长江 14000，皖河 0	5.35
5	皖河频率洪水	长江 38750，皖河 5700	10.41

为便于分析有、无工程条件下河道水位和流速的变化，通常在工程附近布设若干水位、流速监测点和监测断面。本例在码头附近布设 15 个水位流速监测点和 2 个流速分布监测断面（图 10.1），A、B、C 区监测点分别位于码头平台上、下游和外侧，D 区位于引桥附近与近岸水域。通过比较有、无工程条件下监测点及监测断面水力要素的变化，定量评估工程对河道水流的影响。

由无工程条件下的模型计算可知，防洪设计、平滩、多年平均、枯季流量这 4 种水流条件下的流场特征为，①1#～5#码头平台附近的流速分别为 1.4～2.0m/s、0.8～1.1m/s、0.5～0.7m/s、0.2～0.3m/s，流速较大，是重点研究区域；②6#码头平台附近的流速分别为 0.05～0.1m/s、0.1～0.15m/s、0.2～0.25m/s、0.1～0.2m/s，水流很缓，预估码头修建对河道水流的影响将很小。在皖河频率洪水条件下，在皖河口下游沿长江干流左岸形成长约 2.6km 的回流区，码头平台位于其中，工程附近的流场特征为，①码头附近的流向自下而上（相对于长江流向）；②1#～5#码头平台附近的流速为 0.3～0.5m/s，6#码头平台附近的流速约为 0.6m/s。因此，在长江洪水、皖河洪水条件下，码头对附近水流的扰动规律将是不同的。

1. 工程对河道水位的扰动分析

图 10.3 为工程前、后码头附近水位变化的等值线图，表 10.2 为码头对河道水位影响的最大值及范围。由图表可知，工程后河道水位的变化主要集中在码头上下游局部区域，表现为码头迎水侧水位壅高、码头背水侧水位降低。

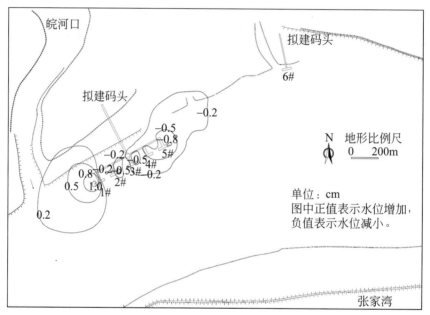

图 10.3　码头修建后河道水位变化的等值线(防洪设计洪水条件)

表 10.2　在长江干流中修建码头后工程附近水位变化的极值及水位影响范围

计算条件	水位影响值/cm		(壅水/降水范围)/m	
	壅高最大值	降低最大值	码头平台上游	码头平台下游
防洪设计洪水	1.0	−0.8	470	440
平滩流量洪水	0.8	−0.7	310	200
多年平均流量	0.5	−0.5	180	190
枯季流量	0.3	−0.2	60	40
皖河频率洪水	0.2	−0.1	80	120

注：在皖河频率洪水水流条件下，壅水/降水影响范围以"变化值大于 0.1cm"为标准勾画。

比较各级水流条件下的工程影响可知，在大流量条件下码头的阻水面积较大，对河道水位的影响也较大。在防洪设计流量条件下，工程后，1#～5#码头上游水位壅高，最大壅高值为 1.0cm，位于 1#码头平台上游附近，壅水范围(变化值大于 0.2cm，下同)位于 1#码头平台上游 470m 范围内；2#～5#码头下游水位降低，最大值降低为 0.8cm，位于 5#码头平台下游附近，水位降低范围在码头平台下游 440m 范围以内。码头引桥附近监测点数据表明，工程后近岸水位变化在 0.2cm 以内。由此可见，该码头对研究河段行洪水位的影响不大。

2. 工程对河道流场的扰动分析

图 10.4 为工程前、后码头附近流速变化的等值线。表 10.3 列出了工程前、后各监测点流速大小及方向的变化。码头对附近河道流场的影响主要表现为：由于工程阻水作用，码头迎水侧流速减小(A 区)；由于桩基阻水绕流、水流发散等作用，码头背水侧流速也发生减小(B 区)；受到码头平台挤压，码头平台两侧的局部水域为流速增大区(C 区)；近岸区(D 区)流速通常变化很小。此外，河道流量越大，码头阻水面积越大，对附近河道流场的影响也越大。

在防洪设计洪水条件下，工程后，1#～5#码头附近水域的流速有增有减。流速减小值一般在 2～12cm/s，最多减小 14cm/s，分别位于 2#～5#码头平台的下游附近；流速增加值一般在 2～4cm/s，最多增加 6cm/s，位于码头平台两侧附近。流

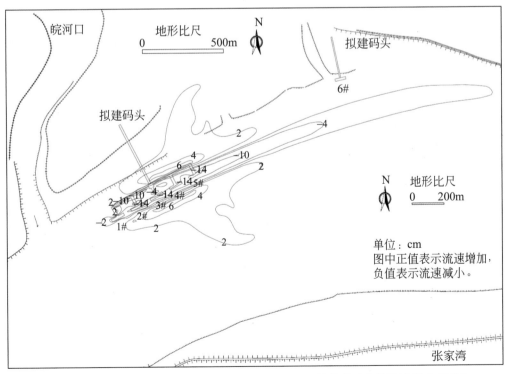

图 10.4　长江干流中修建码头后河道流速变化的等值线(防洪设计洪水条件)

表10.3　在长江干流中修建码头后工程附近河道监测点的流速变化(防洪设计洪水)

监测点	流速及流速变化/(cm/s)			流向及流向变化/(°)		
	工程前	工程后	变化值	工程前	工程后	变化值
A1(码头上游400m)	171.5	171.3	−0.3	29.8	29.8	0.0
A2(码头上游100m)	193.2	191.3	−1.9	26.4	26.2	−0.2
A3(码头平台上游附近)	195.3	188.2	−7.1	25.3	24.9	−0.4
A4(码头平台中心)	171.7	160.1	−11.6	22.1	21.9	−0.2
B1(码头平台下游附近)	154.7	140.6	−14.1	23.1	21.9	−1.2
B2(码头下游100m)	161.1	149.5	−11.6	23.0	22.3	−0.7
B3(码头下游400m)	112.0	104.8	−7.2	19.7	19.7	0.0
B4(码头下游1000m)	104.4	100.9	−3.5	15.4	15.5	0.0
C1(码头平台外侧75m)	204.0	210.2	6.2	27.7	27.5	−0.3
C2(码头平台外侧150m)	229.1	231.6	2.5	29.8	29.6	−0.1
C3(码头平台外侧300m)	252.8	253.4	0.6	31.6	31.5	−0.1
D1(码头引桥上游附近)	100.9	101.7	0.8	11.1	12.5	1.3
D2(码头引桥附近)	93.9	94.8	0.9	−9.4	−8.4	1.1
D3(码头引桥下游附近)	69.1	69.8	0.7	−10.9	−10.1	0.8
D4(码头引桥附近)	10.2	10.8	0.6	−88.4	−87.2	1.2

注：正值表示逆时针偏转，负值表示顺时针偏转，下同。

速影响范围(变化值大于2cm/s)为码头平台上游80m至下游1850m及码头平台外侧460m范围内。近岸监测点(D1～D4)数据表明，工程后近岸流速变化在1cm/s以内。分析工程前后各监测点的流向可知，除靠近码头平台的部分区域流向变化较大之外(最大值1.3°)，其他区域流向变化均较小，一般在1.0°以内。

图10.5给出了工程前、后码头附近监测断面流速分布的变化。由图可知，工程后码头对河道主流及近岸流速基本没有影响。综合上述各个方面，本码头对附近流场影响很小、影响范围有限，对河道主流及近岸流速基本无影响。

3. 工程对汊道分流比的影响分析

码头上下游分别为清节洲、江心洲分汊型河道。工程后这些分汊型河道分流比在不同流量条件下的变化见表10.4。各汊道分流比受工程的影响在防洪设计洪水条

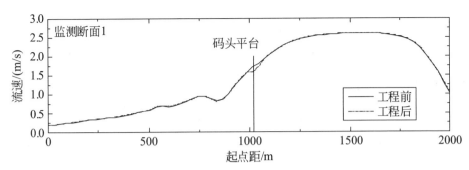

图 10.5　长江干流中码头修建对附近河道断面流速分布的变化(防洪设计洪水条件)

表 10.4　长江干流中修建码头后附近汊道分流比的变化(%)

计算水流条件	清节洲左汊		江心洲右汊	
	工程前分流比	工程后变化值	工程前分流比	工程后变化值
防洪设计洪水	77.53	0.003	27.64	0.012
平滩流量	74.00	0.002	27.82	0.003
多年平均流量	76.03	0.002	27.70	0.001
枯季流量	85.71	−0.001	24.01	0.002
皖河 5%洪水流量	75.26	−0.001	27.75	0.000

件下最大,工程后清节洲左汊分流比增加 0.003%,江心洲右汊分流比增加 0.012%。
由此可见,码头对上下游分汊型河道分流比的影响很小。

10.2　淹没式涉河工程的扰动计算

　　对于淹没式涉河工程,可采用实体建模反映工程引起的河道边界改变进而开展扰动计算。以潜丁坝和护滩带为例,介绍淹没式涉河工程的水流扰动计算方法,并讨论这些工程的集合体(如航道整治工程)对河道水流的扰动规律。

▶ 10.2.1　潜丁坝对河道水流的扰动计算

　　以荆江郝穴—新厂河段潜丁坝为例[2],进行工程建模并采用二维模型开展工程对河道水流的扰动计算。为了全面反映工程在不同水流条件下对河道水流的影响,在计算中分别选取研究河段防洪设计(50000m³/s)、平滩(30000m³/s)、多年平均(12800m³/s)、枯季(7750m³/s)流量作为典型水流条件。

作为典型的低水整治建筑物，潜丁坝在中小流量条件下的阻水作用较大（工程后河道水位变化较明显且影响范围较大），在大洪水时影响较小。图 10.6 为工程后潜丁坝附近河道水位变化的等值线图。潜丁坝对河道水位的影响主要集中在工程上下游局部，工程上游水位壅高、下游水位降低。在防洪设计流量下，工程后潜丁坝上游水位壅高的最大值为 1.4cm，位于坝体上游附近，壅水区域（变化值大于 0.2cm）在潜丁坝上游 1900m 范围内；潜丁坝下游水位降低的最大值为 1.2cm，位于坝体下游附近，水位降低区域在潜丁坝下游 1160m 范围内。

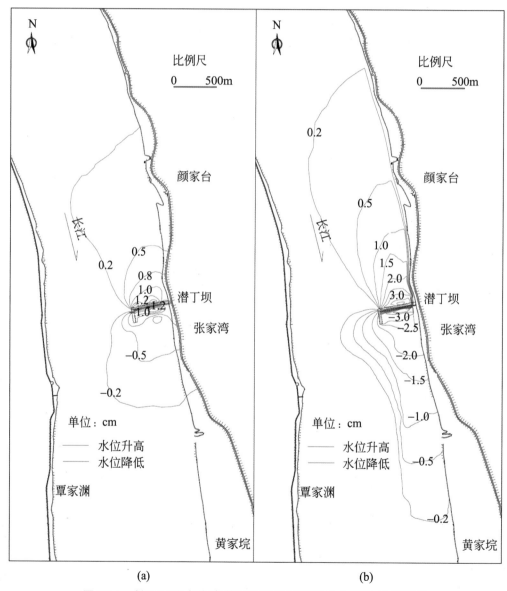

图 10.6　长江干流中修建潜丁坝后附近河道水位变化的等值线

(a)防洪设计洪水；(b)整治流量

图 10.7 为工程后潜丁坝附近河道流速变化的等值线图。由图可知，潜丁坝对附近河道流场的影响为：坝体区域在工程后产生较大的局部纵向水面落差，流速显著增大；工程外侧水域受到工程挤压，流速增大；潜丁坝上下游局部水域受工程阻水等作用，流速减小。作为低水整治建筑物，潜丁坝在中小流量水流条件下对附近流场的扰动及影响范围较大，在大洪水条件下影响减小。在防洪设计流量下，工程后潜丁坝及其外侧水域流速增加，最大增加值为 8cm/s，位于坝体区域；工程后潜丁坝上下游局部水域流速减小，最大减小值为 16cm/s，位于潜丁坝下游附近。流速影响区域(变化值大于 2cm/s)在工程上游 490m、下游 3300m 和外侧 800m 范围内。工程附近河道水流流向变化一般在 0.5° 以内。

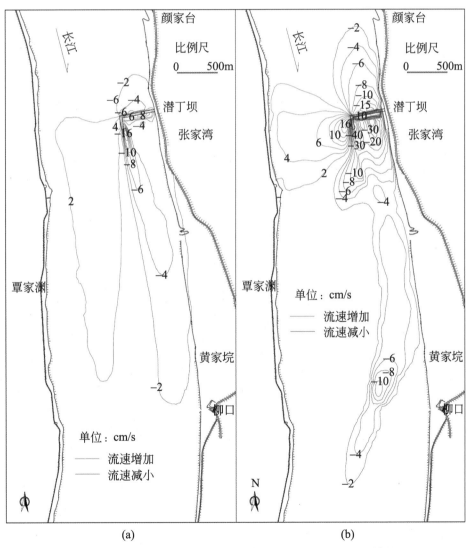

图 10.7 长江干流中修建潜丁坝后附近河道流速变化的等值线
(a)防洪设计洪水；(b)整治流量

▶ 10.2.2 护滩带群对河道水流的扰动计算

护滩带与潜丁坝同属于低水整治建筑物，区别在于：前者通常修建在滩地上用于固滩防冲，后者多修建在水流顶冲区用于挑开水流或修建在汊道(规模较小的支汊或中汊)用于遏制汊道发展；前者通常高1～2m，比后者矮很多；前者通常成群布置，后者常常单独发挥作用。护滩带的阻水作用(水位壅高和降低区的分布、水位变幅随水流条件的变化等)、对流场的扰动(流速增大和减小区的分布、流速变幅随水流条件的变化等)等与潜丁坝类似，但前者对河道水流的扰动一般弱于后者。对于护滩带群，还需分析它们对河道水流扰动的叠加作用。

以长江中游白浒山—中观矶河段右岸的护滩带群为例[3]，采用二维模型开展工程对河道水流的扰动计算。该护滩带群共包含4条护滩带，其中1#护滩带具有勾头平面形态。护滩带长600～900m，宽160～180m。选用研究河段防洪设计、平滩、多年平均、枯季流量作为典型水流条件，开展工程扰动计算。图10.8给出了多年平均流量条件下工程后工程附近水位和流速变化的等值线图。

工程后各护滩带均表现为滩体上游水位升高、下游水位降低。在多年平均流量下，工程后，水位壅高的最大值为1.5cm，位于1#护滩带上游附近，壅水区域(变化值大于0.5cm)在1#护滩带上游1850m范围内；水位降低最大值为1.5cm，分别位于3#、4#护滩带下游附近，水位降低区域(变化值大于0.2cm)在4#护滩带下游1750m范围内。4个护滩带的叠加影响为，滩体上游水位壅高的程度由下游向上游逐级增强，滩体下游水位降低的程度自上而下游逐级增强。

工程后表现为各护滩带及其外侧流速增大，及各护滩带上下游局部流速减小。在多年平均流量下，工程后，护滩带外侧河道区域流速的最大增加值为4cm/s，位于1#护滩带外侧附近；流速最大减小值为10cm/s，位于3#、4#护滩带下游附近。工程对河道流速的影响范围(变化值大于2cm/s)为1#护滩带上游480m至4#护滩带下游2850m、工程外侧1100m范围内。4个护滩带对附近流场的叠加影响为，滩体上下游流速的减小程度从上游护滩带向下游护滩带逐级增强。

▶ 10.2.3 航道整治工程的扰动计算

航道整治通常选取多种涉河工程进行组合，以达到维护已有航道或开辟新航道的目的。具体的工程(或措施)按功能可分为三类：①通过挑流或固滩维持已有航槽，包括潜丁坝、护滩带、鱼骨坝等；②通过抑制非航运汊道冲刷来增强主航

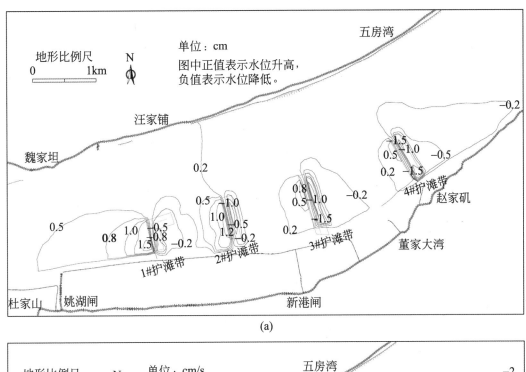

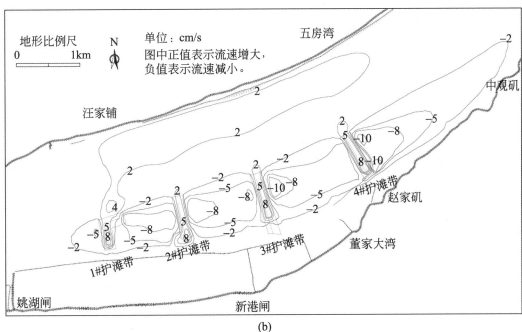

图 10.8　长江干流中护滩带群修建后附近河道水位与流速变化的等值线

(a)河道水位变化等值线；(b)河道流速变化等值线

道，包括护底、潜锁坝等；③通过开挖、清除局部碍航物等开辟新航路，包括疏浚
（挖槽）、炸礁等。此外，还存在一些辅助性工程，如护岸、护坎等。第一、二类
工程抬升局部河床且其轴线与河道纵向水流垂直，因而具有阻水作用。与之相反，
第三类工程通过降低局部河床高程，使河道过流断面增大。三类工程有一个共同

特点，即它们在河道中均处于淹没状态。航道整治常常是一系列淹没式涉河工程的集合体，可采用 2.5 节方法进行工程的精细建模。

　　以嘉陵江苍溪航电枢纽库区的航道整治为例[4]，概述航道整治工程扰动计算。该项目通过在主河槽中实施挖槽、炸礁等方式来开辟新航道，同时修建丁坝(1#、2#、3#)和顺坝(4#)来约束水流与维护航道。采用尺度为 10～20m 的三角形网格剖分计算区域，以适应山区河道的复杂地形。对工程区域网格进行局部加密，使之在平面上与涉水建筑物重合。按设计方案设置工程区域网格节点的地形，来反映工程后河道边界的变化。计算网格与工程建模效果见图 10.9。

　　从工程对河道水位的扰动来看，第一、二类工程的影响为，涉水建筑物上游水位升高、下游水位降低。具有束流或挑流作用的工程，还将引起工程外侧上游水域水位升高、下游水域水位降低。第三类工程使河道过流断面增加，其主要影响为，工程上游附近区域水位降低，工程下游附近区域水位抬升。因而，第一、二类工程与第三类工程对河道水位的影响是相反的。

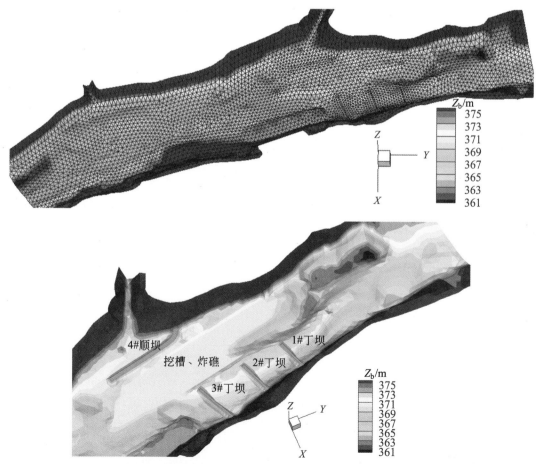

图 10.9　嘉陵江苍溪航电枢纽库区航道整治工程建模的计算网格及效果

从工程对河道流场的扰动来看，第一、二类工程的影响为，涉水建筑物上下游流速减小，其阻水作用导致在工程本体局部形成较大的纵向水位落差和流速增量。第三类工程的影响为：工程区域水位略降，但水深显著增加因而流速减小；工程区域水位降低使工程头部（上游）附近局部纵向水面比降增加及流速增加；工程区域汇聚了更多的流量，当这些流量集中从工程尾部出流时将导致那里的流速增加。因而，第一、二类工程与第三类工程对河道流场的影响也是相反的。

由此可见，航道整治将多种涉河工程组合在一起使用，它们对河道水流的叠加影响是十分复杂的，一般需针对具体河段和具体问题开展模拟和研究。

10.3 非淹没式涉河工程的扰动计算

对于高丁坝、桥墩等非淹没涉河工程，可选用挖空法对它们进行建模；对于洲滩围垦等，则可视情况选用挖空法或实体建模法。本节以跨河桥梁与河道岸线调整为例，介绍采用二维模型开展非淹没式涉河工程水流扰动计算的方法。

▶ 10.3.1 跨河桥梁对河道水流的扰动

以位于府澴河（武汉市内长江左岸支流）的朱家河桥为例[5]，开展桥墩对河道水流的扰动计算。府澴河在汇入长江前分汊为北支（斗马河）和南支（朱家河），分别在谌家矶和江咀汇入长江。选取府澴河岱家山至谌家矶、江咀之间总长约 10km 的河段作为计算区域，基于挖空法进行桥墩建模（图 2.13）。

选取府澴河 5 年一遇的洪峰流量与长江干流 1954 年最高水位进行组合，作为工程扰动计算的水流条件。其中，府澴河（岱家山）、澴水流量分别为 3200m^3/s、390m^3/s，朱家河流量为 1216 m^3/s；武汉关、谌家矶、江咀的水位分别为 27.64m、27.5m、27.43m（黄海）。分别在有、无桥墩条件下开展河道水流模拟。

工程后水位变化主要集中在桥墩上下游附近。图 10.10 是工程后各桥墩附近水位变化的等值线图。由于桥墩队列与河道水流斜交，靠上游的桥墩迎水侧的水位升高更显著，靠下游的桥墩背水侧的水位降低更显著。河道来流流量越大，桥墩阻水作用越强，工程后水位变幅也越大。在 5 年一遇洪峰条件下，工程后，桥址上游水位升高的最大值为 0.65cm，位于最上游桥墩的上游附近，壅水区域为桥址上游 1050m 范围内；桥址下游水位降低的最大值为 0.2cm，位于最下游桥墩的下游附近，水位降低区域在各桥墩下游数十米范围以内。

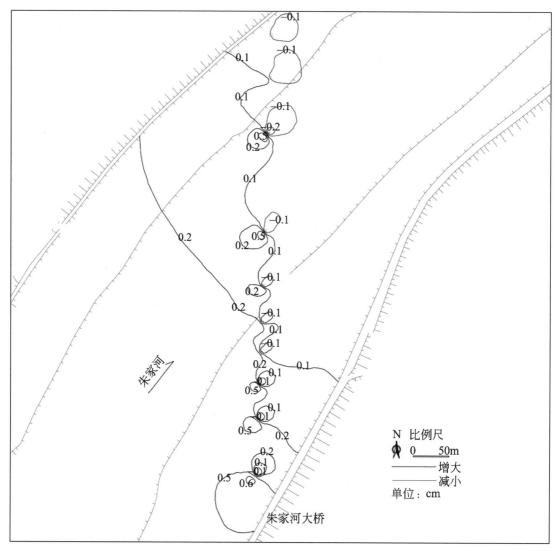

图 10.10　在河道内修建桥墩后河道水位的变化

图 10.11 为工程后桥墩附近的流场变化与流速变化等值线。由于墩台阻水及绕流作用,桥墩上下游流速均发生减小;受墩台挤压作用,桥墩之间、桥墩与大堤之间流速增大。工程后,桥墩上下游流速减小的最大值为 20cm/s,流速减小区域(变化值大于 2cm/s)为桥墩上游 25m 至桥墩下游 100m 范围内。受桥梁走向、桥墩分布等的综合影响,流速增加区主要分布在靠近河道左岸的水域,流速增加值一般为 2~6cm/s,流速增加范围位于桥墩之间及桥墩上游 50m、下游 90m 范围内。由此可见,桥墩群对工程河段的流场影响不大且影响范围有限。

在实际工作中,有时为了探明跨河、穿河工程断面的冲淤发展趋势(便于确定基础埋藏深度),还需进行工程所在断面的极限冲刷计算,这类计算一般可采取两种方法。①基于二维水流模型算出工程所在断面的水力参数(流速、水深等

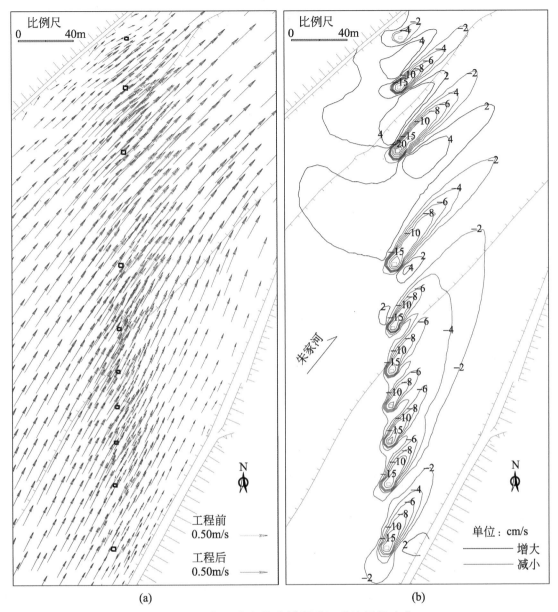

图 10.11 在河道内修建桥墩后河道流场的变化

(a)工程前后桥墩附近流场变化；(b)工程前后桥墩附近流速变化的等值线

沿断面的分布)，使用《公路桥位勘测设计规范》《堤防工程设计规范》等推荐的公式，算出断面在发生极限冲刷后的水深，并将其换算为河床下切深度。②选用冲刷不利典型年或系列年水沙过程，借助水沙数学模型开展动床预测。

▶ 10.3.2 河道岸线调整对水流的影响

人们常常通过调整河道岸线和开展配套建设，达到提高防洪标准、稳定河势、开发利用岸线等目的。以长江(金沙江)宜宾县河段防洪护岸综合整治为例[6]，开展岸线调整对河道水流的扰动计算。在长江一级支流横江入汇口以下，金沙江宜宾县河段宽 500~550m，在平面上呈弯曲形态，工程位于河段左岸(凸岸)。横江入汇金沙江后顶冲在后者左岸的一处天然矶头之上，该矶头为在其下游实施岸线调整提供了稳定的控制性节点。岸线调整起于矶头下游约 200m 处，终点位于烧瓦沱，全长约 3km。岸线调整后临江建堤，江堤后方滩地转化为不过流的陆域，这将减小河道过流断面。新岸线在行经路线上的河床高程为 270~280m，其规划原则为，保证江堤平顺、尽量少占用河道过流断面，减少工程对河道行洪的影响。

二维模型计算区域为向家坝至柴坝子长约 12.8km 的河段。岸线调整的工程建模方法为，综合考虑现状河道形态与新堤线走向来布置网格，并对工程附近网格进行局部加密；将新堤线所圈范围内的河床均抬升至堤顶高程(设计值)，以此反映岸线调整后河道边界的变化。工程前后的河道形态如图 10.12 所示。

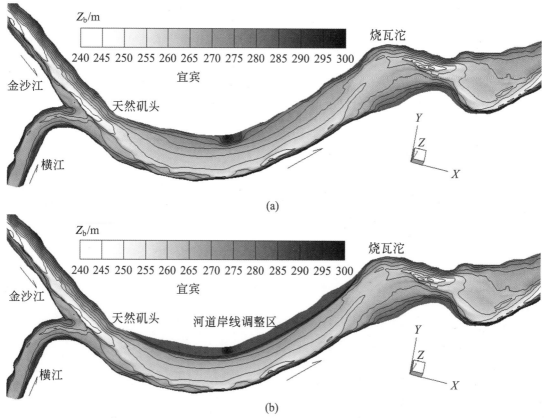

图 10.12　长江宜宾段河道岸线调整前后河道形态的变化

(a) 调整前；(b) 调整后

沿新堤线自上而下布置 5 个横断面，分析工程引起的断面缩窄程度。在金沙江 10% 洪水水位下，这些断面在无工程时的过流面积分别为 8998m²、8855m²、8132m²、8823m²、9324m²，工程后断面分别被占用 744m²、762m²、508m²、466m²、389m²，平均和最大断面缩窄率分别为 6.07%、7.90%。

研究河段的洪水包括金沙江和横江两个来源。为了全面评估工程对河道水流的影响，采用研究河段 10%、5% 频率洪水的组合(表 10.5)开展水流计算。为了便于定量分析工程前后河道水位和流速的变化，在研究河段沿程布设了 9 个监测断面，它们的位置与水文部门规定的金沙江大断面一致。其中，JSJ10～JSJ08 位于工程上游，JSJ07～JSJ04 位于岸线调整河段，JSJ03、JSJ02 位于工程下游。

表 10.5　岸线调整工程水流扰动分析的计算条件(水位使用 1985 年黄海基面)

工况	水流条件	进口流量/(m³/s)	柴坝子水位/m
1	金沙江 10%洪水，横江为相应流量	金沙江 25200，横江 1200	280.51
2	横江 10%洪水，金沙江为相应流量	金沙江 19890，横江 6510	280.51
3	金沙江 5%洪水，横江为相应流量	金沙江 28200，横江 1400	281.92

工程后，受河道束窄影响，工程上游及新堤线河段上半段工程外侧水位壅高，工程下游及新堤线河段下半段工程外侧水位降低。表 10.6 为工程前后各监测断面的水位变化。河道水位变幅在工况 1、工况 2 条件下接近，在工况 3 条件下略大。在工况 3 条件下，工程后，工程上游及新堤线河段上半段工程外侧水位壅高值一般在 0.5～3.8cm，水位壅高范围(变化值大于 0.5cm)在工程上游 3200m 范围内；工程下游及新堤线河段下半段工程外侧的水位降低值一般在 0～3.6cm，水位降低范围(变化值大于 0.5cm)在工程下游 540m 范围内。

表 10.6　岸线调整前后河道断面水位的变化(m)

断面	金沙江 10%		横江 10%		金沙江 5%	
	工程前	变化值	工程前	变化值	工程前	变化值
JSJ10	284.067	0.00	283.949	0.00	285.599	0.01
JSJ09	283.330	0.01	283.510	0.01	284.756	0.01
JSJ08	283.231	0.02	283.337	0.02	284.591	0.02
JSJ07	283.086	0.03	283.156	0.03	284.480	0.04
JSJ06	282.965	0.02	282.986	0.02	284.388	0.02

断面	金沙江 10%		横江 10%		金沙江 5%	
	工程前	变化值	工程前	变化值	工程前	变化值
JSJ05	282.508	0.01	282.514	0.01	283.904	0.01
JSJ04	282.280	−0.03	282.283	−0.03	283.697	−0.04
JSJ03	282.005	0.00	282.006	0.00	283.445	0.00
JSJ02	281.634	0.00	281.635	0.00	283.018	0.00

受壅水影响，新堤线上游局部水域流速减小；受河道缩窄影响，新堤线外侧水域流速增加；新堤线末端紧邻河道卡口(河势较特殊)，河道流速有增有减。来流流量越大，工程对河道流场的影响也越大。在金沙江 5%洪水条件下，工程后，新堤线外侧河道流速增加的最大值为 28cm/s；新堤线上下游及堤线附近流速减小的最大值为 35cm/s；流速影响范围(变化值大于 2cm/s)为新堤线起点上游 800m 至终点下游 1050m 范围内。图 10.13 为工程后河道流速变化的等值线图。

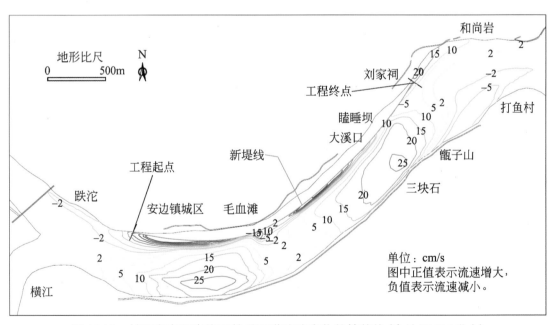

图 10.13　长江宜宾段岸线调整后河道流速变化的等值线(金沙江 5%洪水)

10.4　河道滩地内港池的影响及回淤计算

我国具有悠久的内河航运历史，尤其是在大江大河下游经济发达区域，但凡岸滩稳定、水域优良的河道岸线均已被开发用作港区。在岸线紧缺的河段人们常常只能通过在河道滩地内开挖港池来满足航运业务需求。以长江下游扬州港江都港区为例[7]，介绍采用二维模型开展河道滩地内港池水沙扰动计算的方法。

▶ 10.4.1 河道滩地内港池的工程建模

所述港池位于长江下游扬中河段太平洲左汊嘶马弯道段杨湾河口，三江营下游约 12km 处。杨湾河口上、下游分别为海昌、海螺码头。在海昌码头引桥、杨湾河之间的滩地内背靠长江大堤开挖港池(至 –3.7m 高程)，并利用海昌码头、杨湾河之间的岸线作为进出港池的口门。港池内回旋水域直径为 188m。

选取太平洲左汊刘家港至石城长 27km 的河段作为计算区域(图 3.17)。在河道采用尺度为 100m×40m 的四边形无结构网格，在港池及附近采用 8～10m 网格进行局部加密，如图 10.14 所示。港池开挖前后工程及附近的形态见图 10.15。

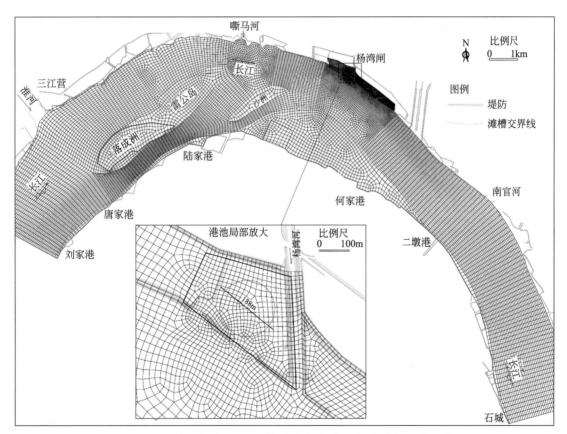

图 10.14　长江扬中河段河道滩地内港池工程建模的计算网格

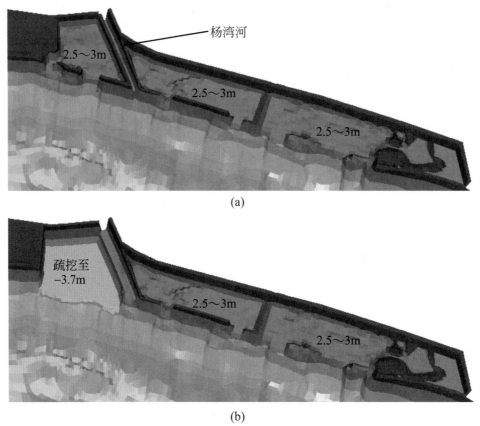

(a)

(b)

图 10.15　长江下游扬中河段河道内港池工程建模的效果图

(a)无工程时；(b)有工程时

▶ 10.4.2　河道滩地内港池工程对水流的扰动

选取典型水流条件，开展杨湾河口港池工程对河道水流扰动的二维模型计算。研究河段位于长江太平洲左汊，后者流量为长江来流流量乘以它的分流比(约 0.9)。此外，研究河段来流还包括从三江营入汇的淮河。长流规报告规定的长江下游防洪标准(1954 年实际洪水)水流条件为：长江来流 91860m³/s，由此计算出太平州左汊流量为 85400×0.9m³/s，再加上淮河入汇 15000m³/s；淮河口(三江营站)、江阴(肖山站)的防洪设计水位分别为 6.45m、5.34m，根据河道纵向里程插值得到石城水位为 6.1m。以此作为边界条件开展港池开挖的水流扰动计算。

1. 港池开挖对河道水位的影响

在现状条件下，港池区域的临江生产堤存在两处缺口，水流从上游缺口进入滩地并从下游缺口流出。港池开挖时将清除这些残缺的生产堤，同时减弱河道左岸对江水的约束。因此，港池开挖后左岸的贴岸水流将发生一定左摆，并使进入左岸滩地(港池)的水流增加。河道水流左摆后将直接顶冲在杨湾河河堤(与长江干流近似垂直)之上，江水受到河堤阻挡，将形成小幅局部壅水。

图 10.16 是工程后港池附近水位变化的等值线图。工程后，港池及其外侧水位升高，港池上下游局部水位降低。模型计算表明，港池位于弯道凹岸，流量越大，工程后近岸纵向水流的左摆越明显，工程对河道水流产生的扰动也越大。在防洪设计洪水条件下，工程后港池上游水位降低的最大值为 1.2cm，位于原生产堤前沿；港池及其外侧水位升高的最大值为 1.6cm，位于杨湾河堤前沿；港池下游水位降低的最大值为 1.0cm，位于杨湾河堤下游附近。水位影响区域(变化值大于 0.2cm)在港池上游 360m、下游 810m 及外侧 490m 范围内。

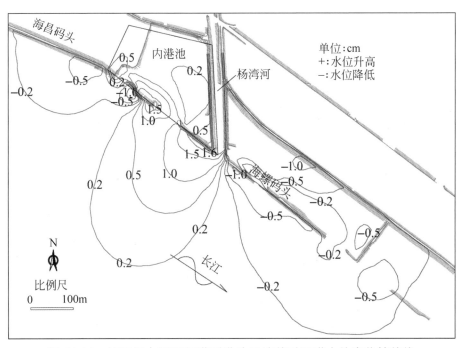

图 10.16　长江扬中河段河道型港池开挖前后河道水位变化等值线

2. 港池开挖对河道流场的扰动

图 10.17 是工程后港池附近流速变化的等值线图。图 10.18 是工程前后港池附近的局部流场。工程后，港池附近水域流场的变化为：原滩地水流通道(现港池外侧内缘)流速减小；伴随着近岸纵向水流左摆，港池外侧外缘出现流速增加带，同时引起附近河道流速减小；杨湾河堤产生阻水，在其下游形成流速减小区。模型计算表明，流量越大，港池开挖对河道流场的扰动也越大。

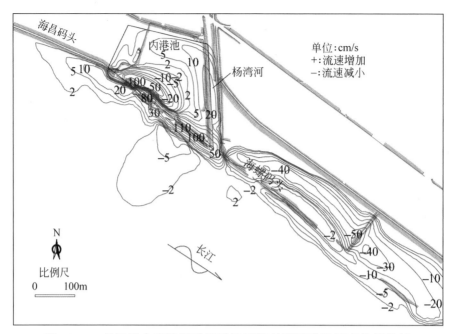

图 10.17　长江扬中河段河道型港池开挖前后河道流速变化等值线

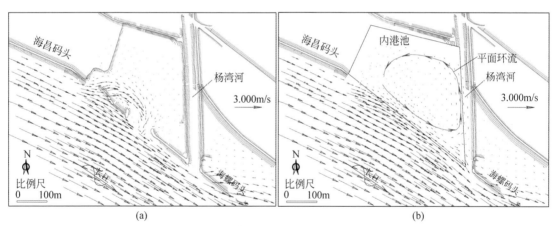

图 10.18　长江扬中河段河道型港池开挖前后港池及其附近水域河道流场
(a) 工程前；(b) 工程后

　　在防洪设计洪水条件下，工程后原滩地的水流通道(现港池外侧内缘)流速减小的最大值为 1.0m/s；港池外侧近岸区流速增加的最大值为 1.1m/s；港池下游流速减小的最大值为 0.55m/s，位于杨湾河堤下游约 600m 处；港池外河道流速减小的最大值为 0.06 m/s，位于港池外约 100m 处。工程对流速的影响区域(变化值大于 0.02m/s)为港池上游 310m、下游 1200m 及外侧 340m 范围内。另外，从港池处河道横断面流速分布(图略)变化来看，工程后河道主流线的偏移很小。因而，工程对河道流场的影响仅限于港池上下游及外侧局部，对河道主流的影响很小。

此外，工程后由于贴岸纵向水流剪切，港池内将出现显著的逆时针平面环流：水流沿杨湾河堤进入港池、从港池西侧流出，流速沿程逐渐减小。在防洪设计流量下，环流流速在港池东侧为 0.265m/s，在港池西侧减小到 0.060m/s；在多年平均流量下，环流流速在港池东、西侧分别为 0.027m/s、0.011m/s。

▶ 10.4.3　河道滩地内港池的泥沙冲淤计算

使用冲刷不利(选用 1998 年)和中水中沙(选用 2002 年)典型年，开展杨湾河口港池工程对河道冲淤的扰动计算及港池回淤计算。大通站实测资料显示，1998 年、2002 年的长江干流年径流量分别为 12439 亿 m³、9927 亿 m³，年输沙量分别为 3.99 亿 t、2.76 亿 t。采用长江下游整体一维潮流数学模型计算，提供模型进口断面的逐日流量。对于冲刷不利典型年，采用 2.6 节的下包线法推求模型进口的逐日含沙量，以考虑三峡及其上游水库拦沙的影响；对于中水中沙年，采用实测含沙量设置进口泥沙边界条件。在模型出口，加载以小时为时间间隔的潮位过程。分别在有、无工程条件下开展非恒定潮流输沙与河床冲淤过程模拟。

1. 港池开挖对河道冲淤的扰动

模型计算表明，在典型年水沙过程作用后，研究河段总体上表现出河槽冲刷和滩地淤积的规律。在冲刷不利条件下，研究河段最终处于冲刷状态，在无、有工程时冲刷量分别为 2419.6 万 m³、2417.6 万 m³，后者较前者少冲刷 0.1%。在中水中沙条件下，研究河段最终处于微淤状态，在无、有工程时淤积量分别为 17.3 万 m³、19.1 万 m³，后者较前者多淤积 10.4%，但绝对增量不大。由冲淤量分河段统计可知，港池开挖的影响主要集中在工程上下游 1～2km 河段内。

在有、无工程条件下，模型算出的河道冲淤厚度平面分布(图略)基本相同。在河道滩地内开挖港池将增大河道断面并使水流分散，从而减小工程所在河段水流的输沙能力。选取港池附近的河道横断面 CS5～CS8 分析工程对断面冲淤的影响。有工程相对于无工程，港池附近横断面冲淤厚度变化见表 10.7。

在冲刷不利典型年条件下，有工程相对于无工程：在港池范围 CS6 处，河槽冲刷深度最多减小 0.18m，滩地淤积厚度最多增加 0.07m；距离港池上、下游 1km 以上的河道断面，冲淤厚度受港池开挖的影响已非常小。

表 10.7　有、无工程时港池附近横断面冲淤厚度变化(有工程减无工程)的极值

河道断面及其位置	冲刷不利条件/cm		中水中沙条件/cm	
	河槽(冲)	滩地(淤)	河槽(冲)	滩地(淤)
CS5(港池上游约 450m)	+6.8	+6.7	+3.8	+2.9
CS6(港池开挖区域中部)	−18.2	+6.9	−12.3	+4.6
CS7(港池下游约 300m)	+11.6	+5.7	+5.7	+3.3
CS8(港池下游约 850m)	+1.8	+2.7	+1.2	+1.4

2. 港池区域的泥沙回淤分析

模型计算表明，在 1998 年、2002 年两种典型年条件下，港池区域均呈现出累计性的淤积趋势，最终淤积量分别为 2.21 万 m^3、3.11 万 m^3，平均淤积厚度为 0.28m、0.40m。图 10.19 给出了两种典型年条件下港池淤积量随时间的变化过程。在冲刷不利条件下，水流含沙量较小，港池的回淤较缓慢；在中水中沙典型年条件下，水流含沙量相对较大，港池的最终淤积量也较大。图 10.20 给出了港池的冲淤厚度分布(中水中沙条件)。

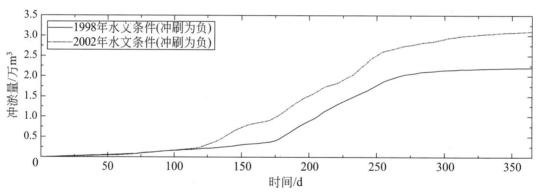

图 10.19　长江扬中河段内港池在各种水文年条件下回淤量随时间的变化过程

由图 10.20 可知，港池在平面上呈现出淤积厚度由外向内、自下而上逐渐减小的规律，这可能与港池外侧边缘(港池所在滩地与河槽结合部)的滩槽水沙交换、港池内平面环流等有关。一方面，港池外侧边缘的水流强度相对较弱，同时河道中又有大量泥沙向该区域扩散，复杂的水流结构及滩槽水沙交换导致该区域容易形成水流过饱和状态和较多的淤积。另一方面，挟沙水流沿港池中逆时针平面环流的输移规律为，泥沙逐步落淤，水流强度与含沙量逐渐减小，淤积沿程减弱。这使得淤积厚度在环流入流侧(港池东侧)较大、在港池内侧和西侧较小。

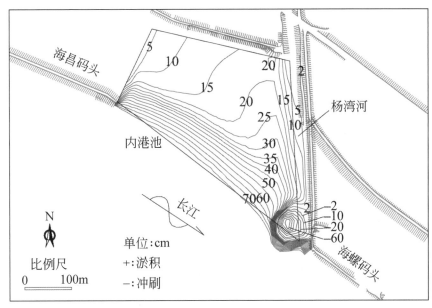

图 10.20　长江扬中河段河道滩地内港池区域冲淤厚度分布的等值线

港池开挖后,河道近岸纵向水流左摆后顶冲在杨湾河堤出口,对顶冲部位河床造成较强烈冲刷。在冲刷不利、中水中沙典型年条件下,集中冲刷区均位于杨湾河堤上游 75m 范围内,最大冲深分别为 0.75m、0.70m。另需指出,本例中的局部集中冲刷是由港池开挖后长江纵向近岸水流左摆等引起,与局部河势和堤防条件、工程布置等均有关,是一种可能但并不绝对发生的现象。

10.5　河道采砂的影响及回淤计算

河道采砂研究主要关注两方面问题:采砂通过改变河道的水沙输移及河床冲淤演变规律,给区域防洪、河势控制、航运等带来的影响;采砂坑的回淤速率、规划采砂区的可持续运用等。以长江下游规划的河道采砂区为例,介绍采砂对河道冲淤演变扰动的二维模型研究方法,及采砂坑的回淤计算方法。

▶ 10.5.1　河道及采砂坑的二维建模

所选实例为安庆采砂区[8],它位于长江干流安庆河段安庆水位站下游约 14km 处。二维模型计算区域为长江干流杨家套—宁安铁路桥长约 33km 的河段。采用四边形无结构网格剖分研究河段,顺、垂直水流方向的网格尺度分别为 200m、50～80m,在采砂坑及附近采用尺度为 20～50m 的网格进行局部加密。

模型的率定与验证计算(流量 28500~43200m³/s)表明,计算河段的糙率为 0.020~0.022。图 10.21 是来流为 28500m³/s 时的河道流场。由图可知,水流经过五里庙后被潜洲、江心洲分为三股,潜洲左汊流程最短且较顺直,因而分流比较大、水流较集中。潜洲左、右汊的水流在马窝附近汇合,进而与江心洲右汊在前江口附近汇合,最终流入下游的单一河段。二维模型较好地模拟了分汊型河道水流分汇、在河道缩窄处水流集中、在河道放宽处水流分散等特征。

河道采砂区通常是沿河道纵向的狭长区域,其特点与疏浚类似。采砂区的二维建模方法为,先勾画采砂区的平面轮廓,据此布置采砂区及其附近网格,然后将采砂区河床开挖至设计高程。此外,在开展河道采砂二维模型计算时,常常还需考虑工程动作引起的局部河床阻力增加(加糙有一定促淤作用)。安庆规划采砂区(图 10.21)的长、宽分别为 2500m、200m,采砂设计开挖深度为 1.2m。

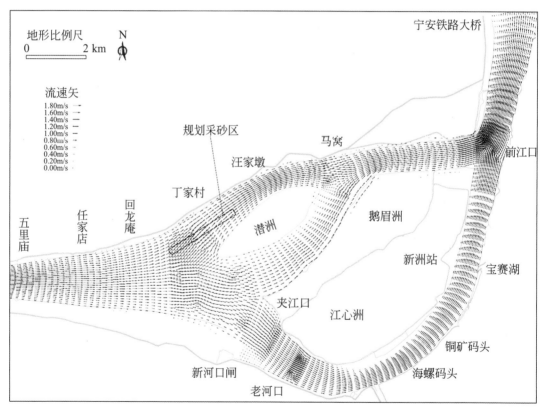

图 10.21 长江安庆河段分汊型河道流场与规划采砂区布置

▶ 10.5.2 河道采砂对河道水流的扰动计算

在防洪设计、平滩、多年平均、枯季流量等典型水流条件下(同 4.4 节),采用二维模型开展采砂对河道水流的扰动计算。在汛期(河道水深较大),采砂(小幅挖低局部河床)所增加的水深相对较小,工程影响较小且范围有限;在枯季(河道水深较小),采砂动作所引起的水深增加相对较大,工程影响较大。

模型计算表明,工程对河道水位的影响集中在采砂坑及其上下游局部水域。工程后采砂区前半段及上游附近水位降低,后半段及下游附近水位升高。图 10.22 为枯季流量下工程后采沙坑附近水位变化的等值线图。水位降低的最大值为 0.5cm,降低范围(变化值大于 0.1cm)为从采砂坑延伸至研究河段进口。水位升高的最大值为 0.5cm,升高区域为采砂坑下游 300m 范围内。由此可见,即便是在工程影响最大的枯季流量条件下,本例采砂对河道水位的影响也很小。

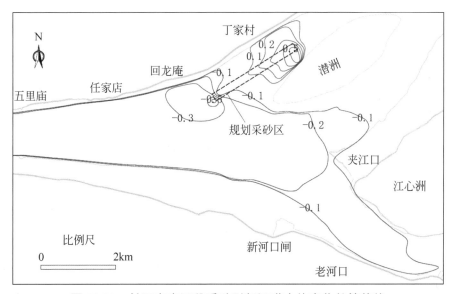

图 10.22　长江安庆河段采砂引起河道水位变化的等值线

图 10.23 为枯季流量下工程后采沙坑附近流速变化的等值线图。由图可知,工程后在采砂坑上游局部、下半段及下游附近流速增大,增大的最大值为 7cm/s;在采砂坑上半段及其两侧流速减小,减小的最大值为 3cm/s。工程对河道流速的影响区域(变化值大于 1cm/s)为采砂坑上游 300m 至下游 2200m 及外侧 560m 范围内。采砂坑附近水流流向变化一般在 0.5° 以内。由此可见,即便是在工程影响最大的枯季流量条件下,本例采砂对河道流场的影响也十分有限。

▶ 10.5.3　河道采砂的动床冲淤计算

选取各种典型年开展采砂对河道冲淤影响的二维模型计算,并分析采砂坑的回淤速率。考虑到三峡工程运用后长江下游来沙大幅减少,应尽量选用 2003 年后

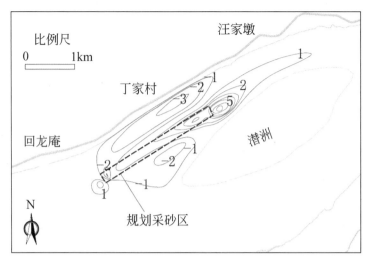

图 10.23　长江安庆河段采砂引起河道流速变化的等值线

的年份作为典型年。这里选用 2011 年、2005 年、2010 年分别作为小水小沙、中水大沙、大水中沙典型年，研究河段在各年份水沙因子的年特征值见表 10.8。

表 10.8　长江下游安庆河段典型年水文年水沙年特征值

年份	年径流量（亿）/m³			年输沙量（亿）/t		
	九江站	湖口站	大通站	九汀站	湖口站	大通站
2011（小水小沙）	5517.3	969.5	6671.0	0.502	0.077	0.718
2005（中水大沙）	7656.1	1464.6	9011.1	1.724	0.155	2.123
2010（大水中沙）	7686.0	2217.4	10251.4	0.853	0.159	1.824

　　3 种典型年的动床预测结果表明：①经过小水小沙、中水大沙、大水中沙典型年水沙过程的作用后，研究河段在总体上将分别处于微冲刷、不冲不淤、冲刷状态；②采砂对河道冲淤的影响仅限于工程局部河段。以中水大沙年为例，在经历 2005 年的水沙过程后，研究河段在总体上近似处于不冲不淤状态：在有、无工程条件下研究河段的冲淤量分别为 32.4 万 m³（冲刷）、38.6 万 m³（冲刷），河床平均冲刷厚度均接近于 0.003m，表明采砂对河道冲淤量的影响很小。图 10.24 为有、无采砂条件下河道的冲淤厚度平面分布。

　　研究河段在水沙过程作用后有冲有淤但幅度不大，一般在 −2～+1m。比较有、无工程条件下的河床冲淤厚度分布可知，除了采砂坑及其附近局部区域外，河道其他区域的冲淤厚度基本相同，表明采砂对河道冲淤分布的影响很小。

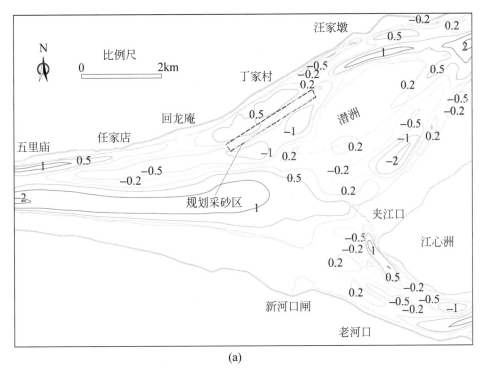

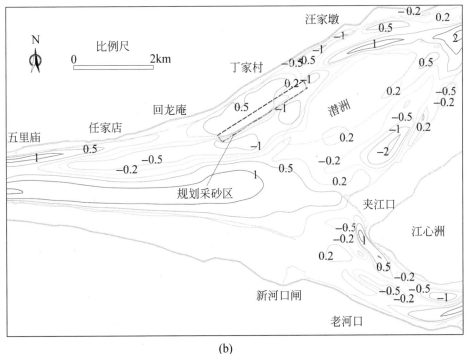

图 10.24　长江安庆河段有、无采砂条件下河床冲淤厚度的等值线
(a)无工程工况；(b)采砂工程工况

采砂坑回淤分析。在无工程时，经历小水小沙、中水大沙、大水中沙年水文过程作用后，采砂区淤积量分别为 0.68 万 m³、10.81 万 m³、12.93 万 m³，平均淤

积厚度分别为 0.01m、0.21m、0.25m。在有工程条件下，采砂区淤积量分别增加到 9.43 万 m^3、29.87 万 m^3、35.86 万 m^3，淤积厚度分别为 0.18 m、0.57m、0.70m，采砂坑的回淤率（淤积厚度除以设计采砂深度）分别为 15.32%、47.72%、58.27%。采砂坑在小水小沙年回淤较慢，在中水大沙和大水中沙年回淤较快。

参考文献

[1] 方娟娟，胡德超. 中国石化股份有限公司安庆分公司危化品码头及油气输送管线迁建项目防洪评价报告[R]. 武汉：长江科学院，2016.

[2] 胡德超，何广水. 长江中游荆江河段航道整治工程防洪评价报告（郝穴至塔市驿段）[R]. 武汉：长江科学院，2016.

[3] 刘心愿，胡德超. 长江中游湖广至罗湖洲航道整治工程防洪评价报告[R]. 武汉：长江科学院，2012.

[4] 胡德超，栾春嬰. 嘉陵江川境段航运配套工程苍溪航电枢纽库区航道整治工程防洪评价报告[R]. 武汉：长江科学院，2013.

[5] 李发政，胡德超. 武汉市堤角至汉口北地方铁路工程防洪影响评价报告[R]. 武汉：长江科学院，2011.

[6] 胡德超，李大志. 四川省宜宾县安边镇金沙江防洪护岸综合整治工程防洪评价报告[R]. 武汉：长江科学院，2011.

[7] 胡德超. 扬州港江都港区前进作业区杨湾内港池码头工程水流特性与防洪影响技术论证报告[R]. 武汉：长江科学院，2011.

[8] 长江水利委员会长江科学院. 长江中下游干流河道采砂规划（2016—2020）[R]. 武汉：长江科学院，2015.

流域洪水管理涵盖了洪水预报、风险评估、调控等多项业务，洪水演进计算是其经常需要开展的基础性工作。一维、二维水动力模型及它们的耦合模型都是洪水演进计算最常用的模型类型。一维模型可实时模拟大范围江湖洪水演进过程，二维模型可精细再现城镇、各种洪泛区的淹退水场景。在信息化时代，将洪水模拟搬上网络，实现在线计算并借助可视化引擎展示洪水场景，是行业的发展趋势。本章就来讨论流域洪水演进模拟及其在线计算的相关内容。

11.1 流域大范围洪水演进的实时模拟

本节梳理流域洪水演进模拟的特点及技术要点，介绍使用一维水动力模型开展流域大范围洪水演进实时模拟的方法，阐明流域洪水演进模拟能达到的精度与时效性水平，讨论区间产流、地形等对流域洪水演进计算结果的影响。

▶ 11.1.1 流域洪水演进及模拟的特点

我国是世界上洪灾最频繁的国家之一。据史料统计，从公元前 206 年至 1949 年，全国共发生洪灾 1092 次，平均约每两年一次。新中国成立后，较著名的 1954 年、1998 年、2020 年长江流域特大洪水均造成了重大损失。受气候变化、人类活动等的多重影响，流域防洪近年来正在面临新的挑战，研究洪水的形成演化和致灾机理具有重要的实用价值。为了应对新形势，国家"十四五"规划纲要提出"构建智慧水利体系，以流域为单元提升水情测报和智能调度能力"的新要求及防洪"四预"（预报、预警、预演、预案）工作纲领。

洪水在流域内沿主干江湖自上而下演进（耗时在数日至十多日及以上，行程可达数百至上千公里），沿途接纳支流、区间产流入汇并与通江湖泊交换水量，各路来流的时空异步叠加及人类活动的影响导致流域洪水演进通常十分复杂。例如，长江上游来流由宜昌演进至长江口行程 1893km（需 15~20 天），沿程接纳入汇并与洞庭湖、鄱阳湖等交换水量，还受到流域中水库、泵站、蓄滞洪区及其他洪泛区的调节。流域洪水演进模拟的任务是：以地形、水文等数据为基础，开展洪水在江湖河网中传播过程的计算，预报在洪水事件中流域各控制性断面流量与水位的发展变化趋势，评估可能产生的淹没风险；在各种水工程调度场景下，开展洪水预演并据此制定防洪预案。流域洪水演进模拟的技术要点剖析如下。

其一，模拟流域洪水演进的前提是，准确描述真实地表水流物理过程并选用合适的模型。防洪关注的重点通常是人口密集、经济发达的流域中下游，这些区域常常江湖河网密布，流路及水流变化规律复杂。此外，除了包括江湖河网，流域洪水的载体还涉及沿河城镇、蓄滞洪区等。常规水文学的洪水演进计算方法（如马斯京根法）由于控制方程过于简化、不能充分反映真实地表水流物理过程，常常很难取得准确的计算结果，也无法应用于平面区域淹退水过程的模拟。基于完整的圣维南方程组的水动力模型能克服水文学方法的不足。通常可采用一维水动力模型计算流域洪水演进，采用二维模型精细模拟城镇与蓄滞洪区的淹退水过程及场景，以满足洪水预报、预演等对不同层次水流信息的需求。

其二，流域洪水演进模拟的基本方法。现实中流域洪水演进模拟一般不会从江河源头开始，而是在流域中选取一控制性断面作起点，并选取其下游另一控制性断面（或入海口）作终点，对两断面间区域进行模拟。因而流域洪水演进模拟需设定上（下）游控制性断面的流量（水位），沿程支流入口的流量及区间产流。在洪水预演时，控制性断面及沿程支流入口的水文数据可使用实测资料；在洪水预报时，在下游控制性断面只能采用水文部门依据流域整体情况预报的短期水位过程。计算区间产流的一般方法为，基于子流域气象及下垫面资料，采用水文模型算出各子流域出口及区间总体的产流。因而，流域洪水演进模拟涉及水文与水动力两方面计算，且研究者需要将估算的区间产流在合适的时间和地点添加到水动力计算之中。区间产流估算的准确性将直接影响流域洪水演进计算的精度。在具备各类边界条件后，即可开展江湖河网洪水的演进计算与遭遇分析。

其三，流域洪水演进模拟还涉及水工程调度，如水库、闸坝、泵站、蓄滞洪区等的应用。实现江湖洪水演进与水工程应用的一体化同步模拟，是开展洪水预演及调控的基础。其中，对水工程进行精细建模并对水工程的应用方式进行合理准确的数学解析或描述，是实际工作中首先需要解决的问题。

其四，在流域洪水演进模拟中，江湖河网的耦合性要求将它们作为一个整体进行模拟，以期全面了解洪水的演进过程及未来变化趋势，这使得所涉及的水动力计算区域通常十分庞大。而流域洪水管理对洪水演进模拟的时效性要求又很高，期待模型在保证计算精度的前提下能尽可能快地运算并实时提供可供调用的数据，以便及时应对汛期紧急情况和进行调控决策。采用水动力模型对大范围江湖河网进行整体模拟本身计算量就很大，同时还需开展与水文、水工程等的一体化计算，这使得流域大范围洪水演进的实时模拟常常难度较大。

其五，流域洪水演进计算的精度受多方面因素影响，如洪水特性、区间产流、地形质量及水动力模型的数值算法、时空离散分辨率、参数等。例如当地形较陈旧或不能如实反映最新的河湖状况时，水动力模型就可能产生较大的误差。因而，准确模拟流域洪水演进并不容易。以往流域大范围洪水演进模拟的精度水平一般为，流量平均绝对相对误差≤5%、水位平均绝对误差≤0.25m。而且，使用高阶数值算法及过度精细的时空离散所带来的精度改善通常并不明显。

总之，流域大范围洪水演进模拟需克服洪水载体多样、物理过程复杂、影响因素多(如区间产流、水工程调度等)、计算区域大、时效性要求高、计算精度不易提升等诸多困难，具有挑战性。在整体模拟、全面考虑、实时计算等要求下，建立水文-水动力-水工程运用一体化模型开展流域洪水演进模拟是大势所趋。下面以长江中下游为例，讨论影响流域洪水演进模拟精度的重要因素。

▶ 11.1.2　长江中下游整体洪水演进计算

建立长江中下游(宜都—长江口+洞庭湖+鄱阳湖，图 11.1)整体的一维水动力模型，探究区间产流、地形等因素对流域大范围洪水演进模拟精度的影响[1]。计算区域被划分为 111 个河湖段，计算网格包含 4183 个断面(24.3 万个子断面)。在初步率定河湖糙率后，通过在 CPU 为 Xeon 8280 的计算机上模拟 2012 年水文过程测试模型的效率。结果为，一维模型($\Delta t = 5min$)模拟年非恒定水流过程耗时约 60s，流域大范围场次洪水演进模拟可达到秒级实时计算的水平。

1. 区间产流对洪水演进计算的影响

设计了如下试验，研究区间产流对流域大范围洪水演进模拟精度的影响。基础工况(工况 0)的计算条件为，采用枝城水文站实测数据设定宜都(上游控制性断面)的流量过程，采用长江口各潮位站实测资料设定长江各入海口(下游控制性断

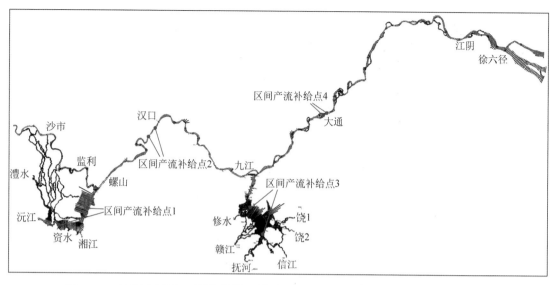

图 11.1　长江中下游及两湖整体一维水动力模型的计算区域及计算断面布置

面）的水位过程，采用洞庭湖四水、鄱阳湖五河水文站的实测数据设定各入湖支流进口的流量过程，暂不考虑长江干流沿程的支流入汇与区间产流。

在工况 0 条件下，模型算出的 2012 年洞庭湖出口（七里山断面）的流量过程如图 11.2（a）所示。由图可知，当不计洞庭湖区间产流时，模型将显著低估七里山断面的流量过程。可借助反算法（使用七里山断面实测逐日流量减去在不计洞庭湖区间产流条件下该断面的模型计算结果），推算洞庭湖区间产流过程，如图 11.3 所示。统计表明，2012 年洞庭湖区间产流的总水量占洞庭湖出口年径流量的 15.61%（表 11.1）。由此可见，洞庭湖区域的区间产流的水量十分可观。

工况 1 计算条件：以工况 0 为基础，增加考虑洞庭湖区间的产流过程（入汇点位置见图 11.1）。如图 11.2（a）所示，工况 1（由于考虑了洞庭湖区间产流影响）模型算出的七里山流量过程与实测值的符合程度，相对于工况 0 有本质性改善。

采用反算法，可依次求得城陵矶—汉口河段（将汉江入汇并入区间产流）、鄱阳湖区间、湖口—大通河段在 2012 年的逐日产流过程。工况 2～工况 4 依次在前一工况的基础上，逐个增加考虑城陵矶—汉口、鄱阳湖、湖口—大通各个区段的产流（图 11.3）。统计表明，2012 年城陵矶—汉口、鄱阳湖、湖口—大通各区段的产流的水量分别占区段出口径流量的 9.46%、23.14%、2.80%。在工况 2～工况 4 条件下，模型算出的汉口、湖口、大通断面的流量过程分别如图 11.2（b）～（d）所示。模型在考虑区段产流影响后的计算精度均得到了显著提升。

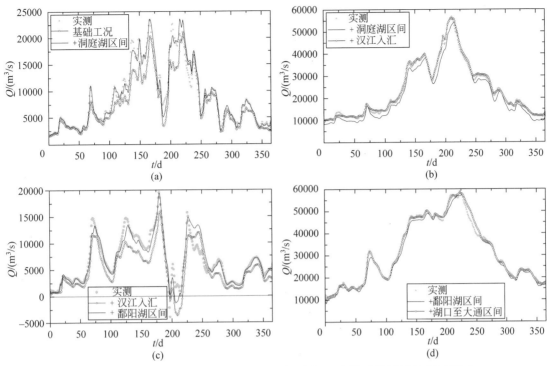

图 11.2　区段产流对长江中下游各控制性断面流量过程模拟结果的影响

(a) 七里山；(b) 汉口；(c) 湖口；(d) 大通

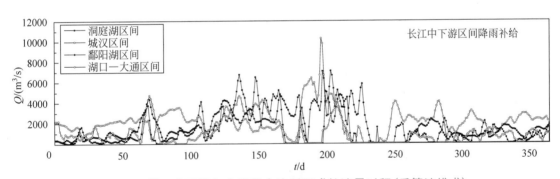

图 11.3　长江中下游各个区段产流所形成的流量过程(反算法推求)

表 11.1　长江中下游各个区段产流所形成的水量及其占区段出口年径流量的比例

区段产流(亿)/m³		区段出口控制性断面年径流量(亿)/m³		区段产流占比/%
洞庭湖区间产流	445.90	七里山	2857.14	15.61
城汉河段入汇	715.72	汉口	7565.96	9.46
鄱阳湖区间产流	488.99	湖口	2113.41	23.14
湖口—大通河段入汇	281.25	大通	10029.14	2.80

　　需指出，上述推求区间产流过程的反算法只是一种事后开展洪水反演分析的方法，无法用于洪水预报。在实际洪水预报工作中，应积极收集流域气象、下垫

面等资料，使用水文产流模型算出区间产流过程；同时，应尽量将江河干流沿程的各支流的入口处理为开边界，并积极收集支流的水文实测资料或预测数据作为开边界条件。这样处理的优点在于，能较准确地给出区间产流和支流入汇的时空分布(发生时间、地点等)，帮助提升流域大范围洪水演进模拟的精度。

2. 地形新旧对洪水演进计算的影响

截取上述长江中下游大模型中的荆江—洞庭湖部分并以此为例，探讨地形对流域大范围洪水演进模拟精度的影响[1]。计算区域拥有 50 个河湖段和 2382 个断面(11.36 万个子断面)。在长江干流、荆南河网、洞庭湖区域，分别使用 2016 年 10 月—2017 年 3 月、2020 年 7—9 月、2012 年实测散点地形，插值得到河道断面地形。$\Delta t = 1$min。使用 2016 年实测水文资料，率定江湖河网的断面糙率。

在三峡及其上游水库运用后，长江中下游河道发生了长距离、持续性冲刷下切，并引起江湖关系变化。在荆江—洞庭湖区域，紧邻三峡大坝下游的荆江冲淤变化最显著，荆南河网次之，洞庭湖地形变化很小。将水文过程与地形在施测年份上的接近程度定义为时间匹配性。下面通过使用不同年份水文过程开展江湖洪水演进计算，来阐明时间匹配性对洪水演进模拟精度的影响。数值试验使用上述地形，并采用前述的反算法推算区间产流过程，具体包括 3 种工况：分别采用 2015 年、2016 年、2017 年逐日实测水文过程设定开边界。

3 种工况的洪水演进模拟精度水平(以断面水位平均绝对误差作为代表)见表 11.2。因为所模拟的 2016 年、2017 年水文过程与地形的时间匹配性较高(主要与长江干流地形相匹配)，所以这两年的模拟精度较高，总体的水位平均绝对误

表 11.2　不同时间匹配性时荆江—洞庭湖系统洪水演进计算的水位误差(m)

区域	水文站点	2015 年水文过程	2016 年水文过程	2017 年水文过程
长江干流	枝城	0.373	0.282	0.415
	枝江	0.268	0.104	0.149
	陈家湾	0.385	0.262	0.171
	沙市	0.316	0.220	0.219
	郝穴	0.308	0.294	0.196
	石首	0.302	0.278	0.256
	监利	0.213	0.271	0.206

续表

区域	水文站点	2015 年水文过程	2016 年水文过程	2017 年水文过程
三口洪道	新江口	0.125	0.076	0.123
	弥陀寺	0.333	0.295	0.206
	管家铺	0.355	0.386	0.347

差分别为 0.247m、0.229m。2015 年水文过程与地形的时间匹配性较低，导致模拟精度降低，总体的水位平均绝对误差增加到 0.298m。由此可见，在进行流域洪水演进预报时，应尽可能使用最新的地形及与之对应的模型参数。

11.2　开阔陆域淹退水过程的精细模拟

对于地形复杂、内含多种地物的开阔陆地区域，例如，沿河城镇、蓄滞洪区、各种洪泛区等，需使用二维模型才能模拟其中复杂的流场和洪水进退过程。开展针对这些区域的洪水演进模拟，以及基于它的淹没场景构建、洪水指标分析、淹没损失计算、水工程调控方案制定等均是流域防洪的重要工作。本节介绍其中较具代表性的蓄滞洪区分洪过程、城镇淹退水过程等的精细模拟方法。

▶ 11.2.1　河道向蓄滞洪区分洪的一二维耦合计算

人们常常采用一二维耦合计算的方法，兼顾流域大范围实时模拟、局部区域精细模拟等不同层级应用的需求。一二维耦合模型首先将河道/河网、开阔水域(湖泊、蓄滞洪区等)分别规划为一维、二维计算区域，然后分别采用一维、二维模块开展洪水演进计算。下面以长江中游荆江蓄滞洪区为例[3]，介绍河道向蓄滞洪区分洪的一二维耦合模型数值试验方法。

1. 一二维耦合模型的建模与测试

一维计算区域为长江宜都—螺山长 365km 和三口洪道总长 127km 的河段(图 11.4)。计算区域有宜都、七里山 2 个入流和新江口、沙道观、弥陀寺、康家岗、管家铺、螺山共计 6 个出流。尽量将模型开边界布设在水文站断面以便精准使用实测资料。二维计算区域(荆江蓄滞洪区)东滨荆江、西临虎渡河、南抵黄山头，东西宽 13.55km，南北长 68km，面积 921.34km²，设计蓄洪容积 54 亿 m³。

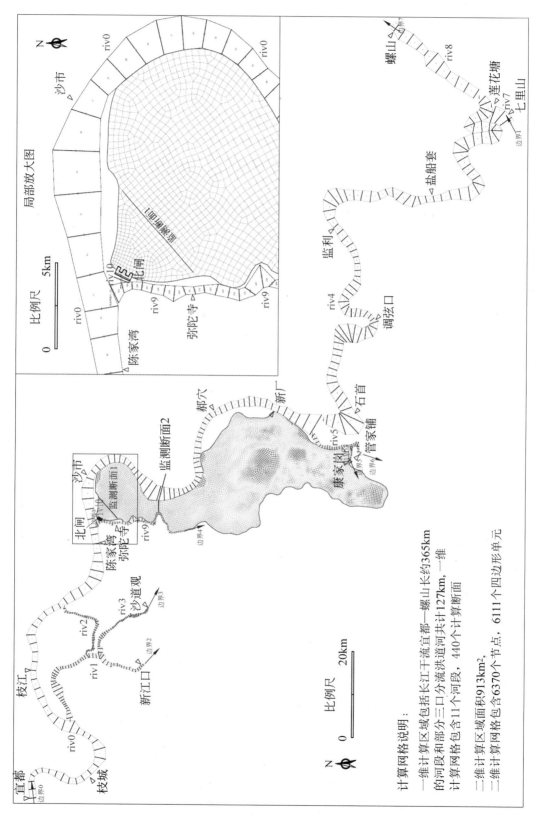

计算网格说明:

一维计算区域包括长江干流宜都—螺山长约365km
的河段和部分三口分流洪道河共计127km,一维
计算网格包含11个河段,440个计算断面

二维计算区域面积913km²,
二维计算网格包含6370个节点,6111个四边形单元

图11.4 荆江分洪一二维耦合水动力模型的计算区域及计算网格

1998 年洪水后国家加固了荆江大堤,达到沙市 45m(冻结基面,简称冻结)、城陵矶 34.4m(冻结)的防洪标准。荆江蓄滞洪区启用条件为,沙市水位达到 45m(冻结)并继续上涨,再根据上游来水趋势做决定。荆江蓄滞洪区入口位于虎渡河进口段的左岸,设分洪闸(称北闸)。北闸长为 1054m,底板顶高程为 41.5m。

将一维计算区域划分为 11 个河段,分别采用纵向尺度为 2km、0.5km 的一维计算网格对长江干流、三口分流道进行剖分,得到的一维网格包含 440 个单元,见表 11.3。采用尺度为 400m 的四边形无结构网格剖分二维计算区域。在北闸附近(蓄滞洪区入口),生成与开边界并排对齐的单元队列,同时采用尺度为 200m 的网格进行局部加密。所得到的二维网格包含 6111 个单元。

表 11.3　一维计算区域的河段及其断面数量

河段	断面数量	河段	断面数量	河段	断面数量	河段	断面数量
riv0	109	riv3	42	riv6	8	riv9	54
riv1	52	riv4	95	riv7	3	riv10	1(CS439)
riv2	40	riv5	25	riv8	11		

本例只存在一个一二维耦合界面(位于北闸),分区连接方式为[2]:①将耦合界面二维分区侧的单元队列融合成一个降维单元(一维),使用二维单元队列中各单元水力因子的平均值作为降维单元的水力因子;②在虎渡河与北闸间插入一个辅助断面(CS439),由它构成辅助河段 riv10(它只含一个断面),并将一维、二维分区之间原来的侧向连接转换为正向连接;③CS439 与耦合界面处二维分区中的降维单元发生对接,从而为不同维模块的耦合计算奠定基础。

一维、二维模块使用统一的时间步长(60s)。使用 2012 年实测水文资料开展一维模块率定计算,得到长江干流和分流洪道自上而下 $n_m = 0.029 \sim 0.020$。选取 2020 年 6—9 月(122 天)的洪水过程开展验证计算。此外,在 CPU 为 Xeon 8280 的计算机上开展了模型的计算效率测试(具体条件见下文),模型完成汛期 122 天非恒定流过程的模拟约需 2.4min,达到了实时计算的时效性水平。

2. 河道向蓄滞洪区分洪的模拟

沙市 2020 年的最高水位为 43.36m(冻结),未达到分洪标准,因而荆江蓄滞洪区在真实长江 2020 年的洪水中未被启用。鉴于此,这里根据荆江蓄滞洪区的地形特点(北高南低,高程为 41.5~32.8m),以 2020 年 6—9 月的洪水为基础,假设了一种自动分洪计算工况,使所模拟的洪水过程含有河道向蓄滞洪区分洪的场景。具体计算条件为:假设北闸不存在,当虎渡河进口段水位高于荆江蓄滞洪区入口河床(41m)时自动漫溢分洪;蓄滞洪区在分洪之前河床为干。在这些约定下,使用一二维耦合模型开展河道与蓄滞洪区整体同步的洪水演进计算。

模型算出的虎渡河向荆江蓄滞洪区分洪的几个关键场景如图 11.5(规定 1 月 1 日为年度第 1 天)所示。当模型算至 205.5 天时,虎渡河进口段水位开始高于北闸附近河床,在一维、二维分区交界面发生一维湿单元使二维干单元变湿的现象,标志着河道向蓄滞洪区分洪开始(图 11.5(a))。此后,水流在蓄滞洪区的干河床上逐步向下游演进(图 11.5(b))。由图可知,模型较好地模拟了河道侧向分洪及洪水在蓄滞洪区干河床上的演进过程。

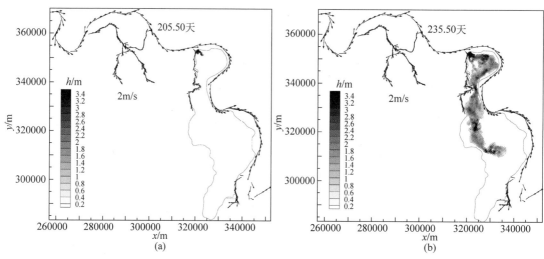

图 11.5　荆江蓄滞洪区自动分流条件下长江 2020 年洪水的淹没场景
(a)蓄滞洪区进洪初始时刻场景;(b)蓄滞洪区进洪 30 天后场景

对比无分洪条件下的模型计算结果,研究分洪对长江干流的影响。蓄滞洪区内监测断面的分流过程见图 11.6。将有、无分洪时的模型计算结果进行相减可知,在 2020 年汛期,蓄滞洪区自动分洪对长江干流沿程断面水位过程的影响不大,洪水位峰值的降低值大多在 0.1m 以内(各断面水位变化见表 11.4);同时,分洪后长江干流水位的变化还因受洪水传播与变形的影响而较复杂。由表可知,在太平口上游,分洪后河道水位峰值降低较小,一般在 0.04m 以内;在太平口下游,分洪后河道水位峰值降低相对较大,一般在 0.08m 以内。

表 11.4 荆江蓄滞洪区自动分流对长江干流 2020 年水位峰值的影响(m)

水文站	不分洪	分洪	水位变化	水文站	不分洪	分洪	水位变化
宜都	47.85	47.84	−0.011	监利	35.05	35.02	−0.037
枝城	46.62	46.61	−0.010	盐船套	33.95	33.92	−0.024
枝江	44.47	44.45	−0.021	莲花塘	32.56	32.55	−0.003
陈家湾	41.94	41.90	−0.039	新江口	43.06	43.05	−0.010
沙市	41.28	41.25	−0.031	沙道观	42.83	42.81	−0.019
郝穴	38.85	38.78	−0.069	弥陀寺	41.51	41.42	−0.092
新厂	38.27	38.19	−0.073	分流口	41.65	41.54	−0.105
石首	37.44	37.36	−0.081	康家港	37.03	37.03	−0.001
调弦口	36.39	36.35	−0.043	管家铺	36.86	36.85	−0.009

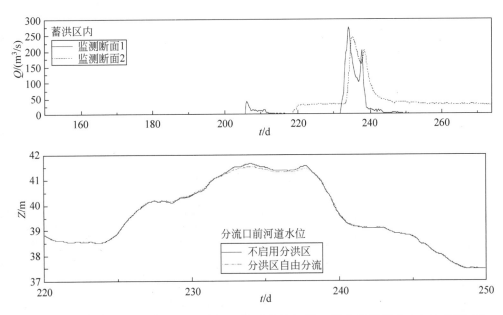

图 11.6 荆江蓄滞洪区自动分洪过程及其对虎渡河进口段水位的影响(2020 年洪水)

▶ 11.2.2 城镇淹退水过程的精细模拟

当堤防发生漫溢或决口时,沿河城镇将遭受外洪入侵。对于这种场景,可采用二维水动力模型将河道及沿河城镇作为一个整体开展同步的洪水演进模拟。城镇洪水演进模拟的特殊要求在于:①需精确刻画城镇区域的地形、地貌及其中无规则分布的各种地物；②需快速精细地算出洪水演进的物理场数据，并构建城镇淹退水的场景(包括洪水在建筑物间的演进路径与流态，城镇内的淹没水深及其分布、淹没历时等)，以便评估城镇洪水淹没损失，及时制定避险转移路线和防洪预案等。下文将基于上述考量介绍城镇淹退水过程的精细模拟方法。

1. 沿河城镇的精细建模

城镇区域地物主要包括建筑物、道路、各种基础设施等，具有数量多、形状大小不一、分布无规律等特点。图 11.7 给出了澧水流域溇水皂市水库下游约 11km 处沿河城镇(新关镇)的建筑物分布[1]。繁杂地物的快速精细建模，是开展城区水动力计算首先需解决的技术问题。此外，河道与沿河城镇洪水演进的整体同步精细模拟，还需克服城区地物与河道之间计算网格尺度的差异。

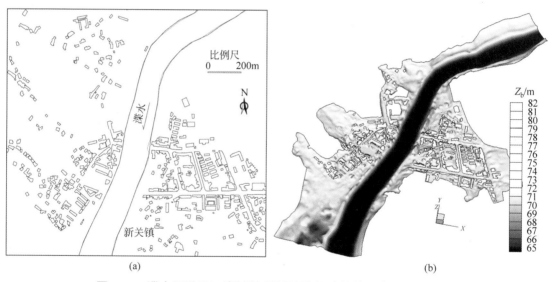

图 11.7　溇水下游沿河岸城镇(新关镇)的建筑物分布与地形形态
(a)河道与沿河城镇房屋分布；(b)河道与沿河城镇地形形态

城区建筑物二维建模可采用附加糙率法、实体塑造法、挖空法等(见 2.5 节)。附加糙率法通过增加建筑物区域的糙率来反映其影响，并未真实刻画建筑物的形态，也难以帮助构建建筑物附近的精细洪水场景。实体建模法需事先了解建筑物的详细空间要素，它在塑造建筑物时可能引起周围计算网格地形抬升，对附近流场计算产生虚假扰动。挖空法建模较为简单，只需使用建筑物平面轮廓，且不会对周围水流计算产生扰动。其缺点是，被挖空的区域将成为完全不过流区域，这将侵占一定的储洪空间。城区建筑物一般位于地势较高处，因而在实践中挖空法侵占储洪空间所产生的不利影响很小，通常远小于实体建模扰动所造成的影响。

采用挖空法开展城区精细建模(需配套使用高分辨率二维网格对地物进行精细刻画)，建模流程如下。①基于 GIS、AutoCAD 地形图等批量勾画城区各地物的平面轮廓，形成一个面域集合。②对于地物分布较复杂的区域，可根据地物在平面上的形态、尺度与分布特征将城镇范围划分为若干分区，以帮助实现对各局部区域网格疏密程度的控制。③将代表建筑物的面域从各个分区中抠去，并基于剩下的区域生成高分辨率网格。④连接城区与河道网格。一般可采用网格尺度逐级放大(如城镇→沿城河道→上下游河道多级放大)方法，实现城区精细网格与河道大尺度网格的平顺衔接，从而克服河道与城镇对计算网格分辨率的不同要求，帮助实现城镇淹退水的精细与快速模拟。

以上述新关镇为例，开展城区及附近河道的二维建模。计算区域包括：长 2.5km 的溧水干流河道(其中穿城河段长 1.1km)，河道宽约 200m、纵比降约 0.001；新关镇高程小于 82m 的陆域范围，面积约为 $0.411km^2$。采用四边形无结构网格剖分计算区域：①为了精准刻画建筑物及其附近地形地貌，城区网格尺度取 2~5m；②在城区→穿城河道的过渡区，网格尺度增加到 8~10m；③在穿城河道→上下游河道的过渡区，顺水流方向网格尺度进一步增加到 20m。得到的二维网格包含 21710 个单元(图 11.8)。该网格在精准刻画城区地形地物的前提下，将单元总数控制在 2 万个左右，为快速模拟城镇外洪淹退水过程奠定了基础。

2. 城镇外洪入侵的模拟效果

溧水下游1%、5%频率洪水的流量峰值分别为 $9910m^3/s$、$7280m^3/s$。这里根据皂市水库 2011 年真实入库洪峰($8623m^3/s$，约 2%)，设计了一个持续 5 天的尖瘦型单峰洪水过程，作为城镇淹退水模拟的计算条件。稳定性测试表明，模型可在 $\Delta t \geq 60s$ 的大时间步长条件下稳定计算，并给出合理的模拟结果(河道洪水陡涨陡落及城镇淹退水过程)。河道内最大流速 4.3m/s(CFL>25)；在城镇与河道结合部(网格尺度 4~8m)，最大流速 2.0m/s(CFL>15)。图 11.9 给出了当河道流量涨至较大时外洪涌入城区的流场。由图可知，二维模型较好地模拟了城区被淹没时的流场与各种水流形态，例如，建筑物附近的绕流、局部区域的平面回流等，并清晰地勾勒出洪水演进路径，从而实现了外洪在城镇陆域演进的精细模拟。

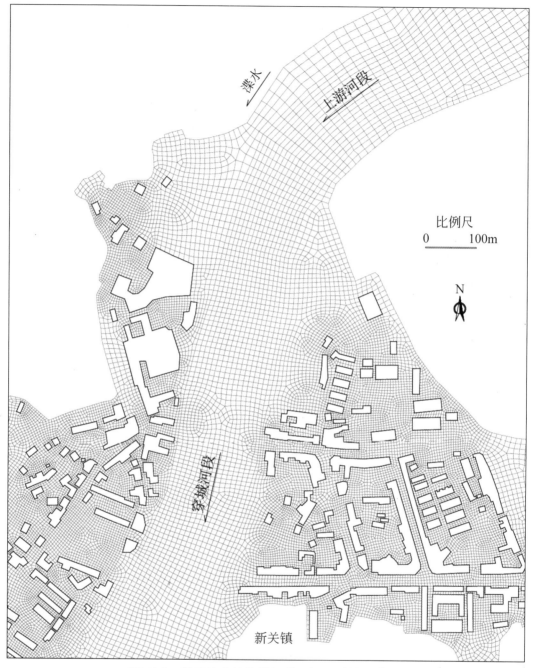

图 11.8　基于挖空法开展河道及沿河城镇的建模

　　图 11.10 在三维地形图上展示了新关镇的淹退水场景。新关镇沿线无堤防，因而它是否被外洪淹没直接由河道水位决定。在所模拟的淹退水过程中，新关镇城区共经历了 4 个场景：①初期河道水位较低，城区处于无水状态（图 11.10（a））；②河道水位上涨至 76m 后，河水漫过河岸并开始沿街道涌入城区（图 11.10（b））；③河道流量达到峰值，水位上涨至 80m 以上，城区淹没达到最大（图 11.10（c））；④洪水退

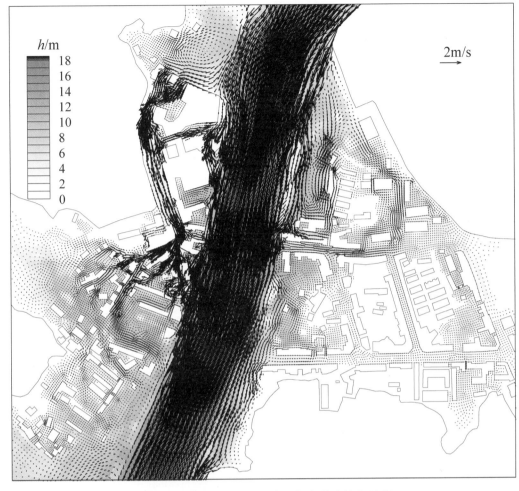

图 11.9　城镇外洪涌入时洪水演进路线与流场

去，城镇低洼区域仍保留着积水（图 11.10（d））。基于 GIS 三维地形图的洪水淹没场景，形象展示了城镇的淹没水深及其平面分布。基于城区洪水流场与淹没场景，即可开展避险转移路线制定、洪水淹没损失评估等工作。

　　前述的城镇精细建模具有两大优势：①可保证非恒定水流进出城镇的精细模拟；②为构建逼真的三维洪水淹没场景提供分辨率充足的空间要素数据。模型测试表明，所建立的新关镇及穿城河段整体的二维水动力模型（单元数量为 2 万个，$\Delta t = 60s$）在主流工作站上（CPU：Xeon 8280）模拟 15 天洪水的耗时约为 6min，这种时效性在流域洪水管理中是可接受的。但需指出，当研究区域由局部区域变为流域级别后，直接采用高分辨率网格二维模型开展流域大范围洪水演进计算，耗时将增加数十至数百倍，实时二维水动力计算显然不现实；同时，构建洪水淹没场景所需渲染的图元数量也将急剧增加，给动态展示与分析带来困难。

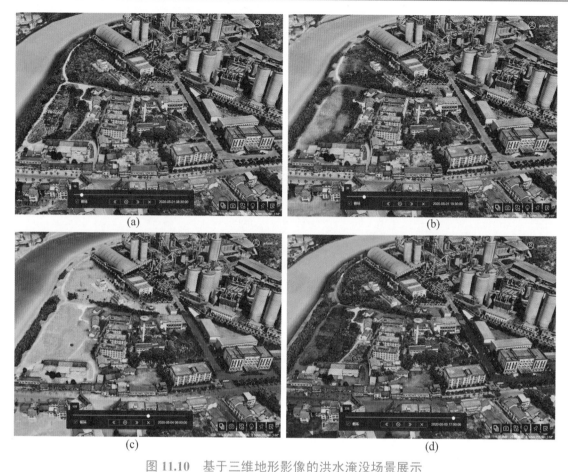

图 11.10　基于三维地形影像的洪水淹没场景展示

(a)城镇进洪之前的场景；(b)河道洪水涌入城镇的场景；(c)河道洪峰时刻城镇的淹没场景；
(d)退水后城镇洼地的积水场景

11.3　流域洪水场景的实时模拟与可视化

对于流域大范围洪水演进，一维、二维水动力模型均难以兼顾实时计算与洪水场景构建。本节讨论流域大范围洪水演进的一二维复合模拟与结果可视化思路，并介绍一种基于河湖断面数据实时构建洪水淹没场景的方法。

▶ 11.3.1　流域洪水场景模拟与可视化概述

流域洪水演进模拟、场景构建、指标分析、淹没损失计算等是防洪预演的主要工作。其中，洪水场景构建是进行洪水指标分析、淹没损失计算等的基础。洪水流经的江河湖泊通常具有面积大、河势复杂(指河湖内部存在分汊、岛屿、洲滩等情况)等特点，这给实时模拟和构建洪水淹没场景均带来了困难。

一方面，使用高分辨率网格二维模型能较好地模拟复杂边界及河势条件下洪水演进的平面物理场，为构建精细洪水场景提供分辨率充足的数据。然而，若直接采用高分辨率网格二维模型开展大范围河湖洪水演进计算，由于单元数量及计算耗时巨大，模型很难满足洪水模拟的时效性要求；同时，由于所需渲染的图元（若以单个网格单元作为基础图元）的数量巨大，洪水场景构建及其动态展示也将十分困难。另一方面，采用一维模型开展大范围河湖洪水演进计算的耗时虽很短，但它只能算出河湖断面的宏观洪水信息数据（如水位、流量等随时间的变化过程），很难提供满足洪水场景构造所需的高分辨率平面物理场数据。因而，一维、二维水动力模型均存在难以兼顾实时计算与场景构建的问题。

缓解上述问题的一般思路为，先采用一维模型开展洪水演进计算得到河湖断面的洪水信息数据，再通过空间插值将断面数据（主要使用水位）映射到二维网格上得到洪水淹没的平面信息数据（淹没范围、水深分布等），进而构造基于多网格单元图元的洪水淹没场景。该思路被称为一二维复合模拟与结果可视化，它可有效解决海量二维网格所带来的二维模型计算时效性及洪水场景可视化问题。其中，数据空间插值是常规操作，洪水淹没场景构造是核心，后者的性能要求为，构造出的洪水淹没场景及其随时间的变化能准确反映真实洪水演进过程，且场景的构造和渲染满足实时性。在实际应用中，二维模型通常会采用适应能力较强的无结构网格来描述和模拟边界不规则、河势复杂的河湖地形地貌，这类计算网格的特点是网格元素的编码具有无规则性；同时，在真实洪水演进过程中计算网格中有水单元（湿单元）在平面上的分布又具有无规律性。这些实际情况使上述洪水淹没场景构造具有挑战性。因而，研究和找到一种基于河湖断面数据实时构建洪水淹没场景的方法具有重要的科学与实用意义。此类方法的实施步骤包括：①建立计算区域的一维与二维计算网格，确保两套网格完整跨越河湖中的河槽、岛屿、洲滩等（若考虑沿岸城镇模拟，还需将断面向两岸延伸以充分覆盖其陆域）；②开展一维模型计算，得到断面洪水信息数据；③将断面数据插值到二维网格之上，得到计算区域的淹没范围、水深分布等，进而构建洪水淹没场景。

本节遵循上述思路，提出一种基于河湖断面数据实时构建洪水淹没场景的方法，其核心是一种基于断面数据与二维无结构网格快速生成"微面域"进而基于它们构建大范围复杂河湖洪水淹没场景的通用方法。

▶ 11.3.2 河/湖断面洪水数据向水平面的映射

一维模型只能算出断面数据,而构造洪水淹没场景需使用水力因子(主要包括水位等)的平面分布数据,从而引出了数据由低维向高维空间映射的工作。这里以二维非结构网格为例,介绍将一维断面数据映射到二维平面的方法。

选取荆江—洞庭湖区域为例,模型基本情况为(见 6.5 节):一维网格包括 2382 个断面,标识为 CS0～CS2381,模型能实时计算并提供断面水文数据;二维非结构网格包含 32.8 万个四边形,它可支撑精细洪水淹没场景的构造。

1. 一维与二维计算网格的基础信息

一维网格的基础信息包括断面地形、平面信息等。断面地形,通常采用起点距～高程的存储格式。平面信息包括一维单元(断面)的编号与名称、断面中心的平面坐标、河网的结构信息、河段的连接关系等[2]。

二维非结构网格基础信息包括散点地形、网格元素的拓扑关系等。散点地形的存储格式为,节点编号、平面坐标 (X, Y)、高程。网格元素最基本的拓扑关系是单元所包含的节点的数量及编号列表,例如,使用 $i34(i)$ 表示 i 单元的节点数量;使用 $nm(i,l)$ 表示 i 单元第 l 个节点的编号,$l=1, 2, \cdots, i34(i)$。基于这些信息开展搜索,可建立网格元素的扩展拓扑关系,主要包括:① $j(i,l)$,i 单元第 l 条边的编号,$l = 1, 2, \cdots, i34(i)$;$ic3(i,l)$,i 单元第 l 个邻单元的编号,$l = 1, 2, \cdots, i34(i)$,当某条边所对应的邻单元不存在时使用-1 标识;② $i(j,l)$,是共用边 j 的两个单元的编号,$l=1, 2$,规定 $i(j,1)$ 储存编号较小的单元,且当边的某一侧位于计算区域外时使用-1 标识;$ip(j,l)$,边 j 两个端点的节点编号,$l = 1, 2$。

2. 一维断面数据向二维网格的映射

河湖断面的水力数据将随着洪水演进而不断更新,因而将数据由河湖断面插值到二维网格将是一个需要反复执行的操作。可预先建立二维网格与一维模型断面之间的对应关系并将其保存下来,以提升数据由断面向二维网格映射的计算效率。该预处理包括建立子区域、关联子区域与网格单元等环节。

将相邻两个断面之间的二维区域定义为一个子区域,从而将整个平面区域划分为若干子区域。子区域可依次标识为 DCS0,DCS1,……(图 11.11)。子区域的要素数据包括子区域两个断面的编号及断面端点的平面坐标。

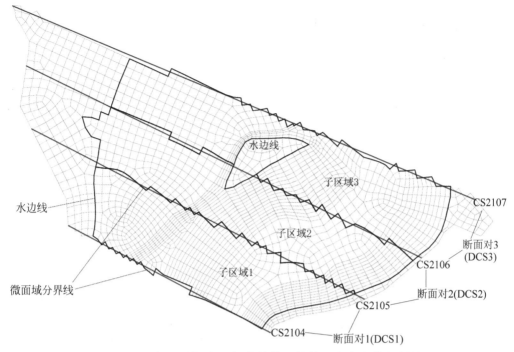

图 11.11　断面对的建立与非结构网格单元水力参数的插值

CS 表示一维模型计算断面

在建立子区域集合后，基于二维单元的中心点坐标搜索它所属的子区域。当二维单元中心位于断面线上时，规定它属于较小编号的子区域。定义子区域与二维单元的正、反映射关系：①为每个二维单元，储存它所属的子区域的编号；②为每个子区域，储存它所拥有的二维单元的数量及编号列表。这个正、反映射关系是固定不变的，它能给数据由断面向二维网格映射带来极大的便利。

一维模型算出的一个时刻的所有断面的水力数据为"一帧"，将这些数据向二维网格插值映射的步骤如下。对于一个给定的二维单元，①获取它所处的子区域，基于该子区域两个断面的平面位置信息插值得到二维单元的水力数据；②计算单元中心处的水深，判定单元的干湿状态并给予标识。待遍历完二维网格的所有单元并获得了它们的干湿状态后，便可基于这些信息构造洪水淹没场景。

▶ 11.3.3　基于河/湖断面水力数据快速构造淹没场景

使用可视化引擎展示洪水淹没场景的一种简单思路为，将每个湿的二维单元作为一个面域进行渲染从而得到水域的分布与范围。江湖大范围高分辨率二维网格所包含的单元常常可达数十万之多。当同步渲染的面域过多尤其是在进行场景动态展示时，现有的主流可视化引擎均会因为数据量过大而发生卡顿。因而，通过直接渲染二维单元进行大范围洪水场景可视化是低效的且不实用的。下面介绍一种"微面域"方法，通过渲染微面域可快速构建江湖洪水淹没场景，且所构建的场景与二维网格的空间分辨率具有同等水平的精细程度。

1. 微面域与水域边的定义

微面域是指将某范围内相邻的二维湿单元组合起来所得到的一个较大的淹没区域。通过渲染微面域代替直接渲染单元，可减少可视化引擎所需渲染的面域的数量，从而大幅提升场景构造效率。湿单元的分布、无结构网格元素编码均具有无规则性，这给在平面上构造微面域造成了困难。这里介绍一种基于非结构网格拓扑关系，在子区域内快速构造微面域的方法，其主要技术环节包括定义水域边（可用于构造微面域的网格边）、搜索水域边集合、确定各微面域的水域边等。对于某子区域，先搜索它的水域边集合，再将水域边连接成若干个封闭区域（微面域）。单个微面域在形式上就是从子区域的水域边集合中选出的一个子集。

首先需要回答什么样的网格边才是能用于构造微面域的水域边。经分析，将满足如下条件之一的网格边定义为水域边：①网格边两侧的单元均为湿，且这两个单元分属两个不同的子区域；②网格边一侧单元为湿且另一侧单元为干（或不存在），其两侧的单元可处于同一子区域，也可处于不同的子区域。不管是上述哪种情况，水域边两侧在单个子区域内有且只有一个湿单元。根据这个定义，遍历计算区域中所有湿单元的边，可得到计算区域的水域边集合；对于某一子区域，遍历其中所有湿单元的边，便可得到该子区域的水域边集合。

在子区域内构造微面域的计算将具有如下特点。①微面域处于单个子区域范围内，其构造只使用本子区域的水域边数据，因而在各子区域内搜索微面域时互不干扰，可并行开展。②单个子区域可能拥有多个互不重合的微面域。

2. 构造微面域的步骤

微面域构造在单个子区域中进行，先为每条水域边定义一个用于标识"是否已被使用"的属性（没用过设为 0，已用设为 1），再执行如下步骤。

第 1 步，将子区域中所有水域边的属性变量均设为 0。创建一个新的微面域，初始时刻它所拥有的水域边的数量为 0，即该微面域的水域边子集为空。

第 2 步，按照编号由小到大的顺序遍历当前子区域中的水域边集合，将找到的第一条未被使用过的水域边（满足属性为 0）添加到当前微面域。

第 3 步，对于第一条被添加到微面域的水域边，取出它的两个节点，将它们分别标识为 0#点与 1#点，将 0#点规定为当前微面域水域边界的首节点；同时，将 1#点定义为"牵引节点"，它是搜索微面域下一水域边的基础。

第 4 步，基于非结构网格的拓扑关系，先找出牵引节点周围的所有水域边，再进行挑选。具体而言，根据牵引节点周围的水域边的总数 N（去掉已添加到微面域的水域边之后）分两种情况。当 $N=1$ 时，直接认定仅有的这条水域边为微面域的下一水域边（入选微面域的水域边子集）。当 $N>1$ 时，则需进行筛选。经过大量分析和试验，牵引节点周围的某一水域边属于当前微面域所需满足的条件为，该水域边对应的湿单元（在单个子区域内水域边两侧只存在一个湿单元）与上一条添加到微面域的水域边对应的湿单元，为同一或相邻单元。

第 5 步，对于新添加到微面域的水域边，将其第 2 个节点（新加入的节点）作为牵引节点，再次使用第 4 步操作添加下一条水域边……如此反复，不断地搜索新水域边。当新水域边的新加入节点的编号与当前微面域 0#点的编号相同时，微面域的水域边界就达到闭合，标志着该微面域的水域边子集构造完成。水域边的基本元素为两个节点。因而，可使用由水域边子集（或与它对应的节点序列）所围成的封闭水域边界来描述微面域。因为以节点为基本元素的微面域渲染起来数据量更小，所以一般选择将微面域储存为节点序列的形式。

第 6 步，执行第 2～5 步，创建和搜索当前子区域中的下一微面域，直至该子区域剩余的未用的水域边的数量小于一个规定的下限（通常可设为 2%～5%）。

第 7 步，执行第 1～6 步，创建和搜索其他子区域中的微面域。

选取荆江—洞庭湖系统中的某水域（图 11.12），举例说明基于无结构网格构造微面域时的若干关键操作。如图 11.12 所示，在子区域中找到的第一条未被用过的水域边 $S1$，它的两个节点分别为 $N1$ 和 $N2$。将其中的 $N1$ 规定为当前微面域水域边界的首节点（0#点），则 $N2$（1#点）便成为牵引节点。

①在除去已加入到微面域的 $S1$ 后，$N2$ 周围只有一条水域边（$S2$），因而直接认定 $S2$ 为微面域的下一水域边并将它添加到微面域，同时将牵引节点向前推进到 $S2$ 的新加入节点 $N3$。②在去除 $S2$ 后，$N3$ 周围还剩下 3 条水域边（$S3$、$S4$、$S5$）。其中，$S5$ 对应的湿单元与 $S2$ 对应的湿单元相邻，符合入选条件，而 $S3$、$S4$ 均不符合。因而，认定 $S5$ 为微面域的下一水域边并将它添加到微面域，同时将牵引节点向前推进到 $N4$。③当牵引节点推进到 $N6$ 时，在去除 $S7$ 之后，$N6$ 周围还存

在 3 条水域边($S8$、$S9$、$S10$)。其中，$S10$ 对应的湿单元与 $S7$ 对应的湿单元为同一单元，满足入选条件，而 $S8$、$S9$ 都不满足。因而，认定 $S10$ 为当前微面域的下一水域边并将它添加到微面，同时将牵引节点推进到 $N7$。以此类推，直至牵引节点的编号与 0#点相同，微面域构造随即完成。

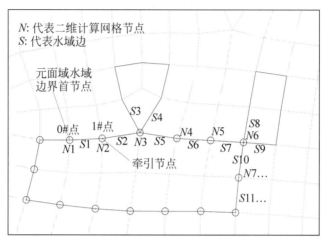

图 11.12　搜索微面域水域边界过程中的关键性判断

上述微面域构造方法的优点为，①适用于所有类型的二维网格(结构化网格可被视为非结构网格的特例)；②适用于真实河湖各种不规则水域；③在搜索微面域时可充分利用非结构网格的拓扑关系，不必为寻找一条符合要求的水域边而在子区域的水域边集合中反复开展遍历搜索，因而具有很高的计算效率。

3. 微面域水域边界节点的压缩

将多个微面域组合起来便可得到计算区域的洪水淹没场景。需指出，当研究区域很大时，大范围洪水淹没全景构建所需渲染的微面域数量、所涉及的地理坐标数据量及辅助计算量仍十分庞大，仍可能导致洪水淹没场景动态展示的卡顿。分析可知，流域大范围洪水淹没全景展示并不需要微面域与二维计算网格具有同等水平的精细程度。为了满足不同精细程度场景展示的需求，可通过减小微面域几何精度的方式构造近似微面域，从而压缩微面域的数据量和渲染工作量。

了解微面域水域边界上网格节点的特性有助于构造近似微面域。与两类水域边相对应，可将微面域水域边界节点分为两类：①位于两个相邻子区域中的两个相邻的微面域的公共水域边界上的节点(图 11.13 实心点)，对应第一类水域边；②在单个子区域内水域边界上的节点(图 11.13 空心点)，对应第二类水域边。

第一类节点对所构造的水域分布不会造成影响，可全部消除。第二类节点描绘了水域的平面形态。当水域边界较平顺时，可采用临界夹角(α_0)判定规则对第二类水域边界节点进行适度删减，方法如下。在一段仅含有第二类节点的水域边界上，从它的一端开始依次取出两条相邻的水域边，计算它们的夹角 α。当夹角$\alpha > \alpha_0$ 时，保留这两条水域边所涉及的 3 个节点。当 $\alpha \leqslant \alpha_0$ 时，说明水域边界较平顺，可将两条水域边的公共节点从微面域的水域边界中删除。通过规定不同的 α_0，该方法可控制近似微面域水域边界重构的精细程度。因而，上述微面域水域边界节点压缩的方法可用于洪水淹没场景的分级展示，方法如下。首先，根据指定的数字地球场景缩放比例，估算所需渲染的微面域的数量，据此确定一个较合适的α_0；其次，根据所选定的 α_0 构造对应分辨率的近似微面域。

对图 11.13 的精细水域边界进行节点压缩后，可得到近似水域边界，被它包围的水域即近似微面域(图 11.14)。以图 11.13 的微面域 2 为例，在按上述方法删

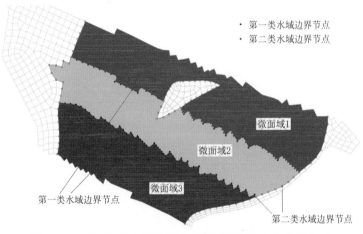

图 11.13　微面域水域边界上的网格节点的分类及分布

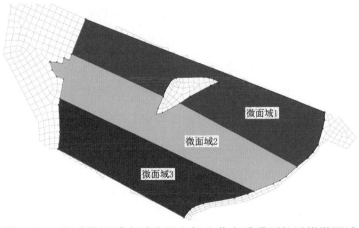

图 11.14　删减微面域水域边界上部分节点后得到的近似微面域

减水域边界节点后，节点数量(地理坐标数据量)被压缩了约 85%，而构造出的水域平面形态几乎不受影响(图 11.14)。此外，还可将多个相邻的微面域拼接为一个面域以加速渲染。测试表明，上述洪水淹没场景构造方法在用于荆江—洞庭湖系统(2382 个一维断面，32.8 万个二维单元)时，可达秒级执行速度。

总而言之，本节方法具有可靠性高、通用性强、执行效率高、场景展示快等优势，具体表现如下。①使用该方法构建的洪水淹没场景与基于二维模型计算结果构建的洪水场景十分接近，能准确反映洪水的演进过程。②具备处理计算网格编码、湿单元在平面上分布不规则等复杂情况的能力，具有通用性。③充分利用了无结构网格元素的拓扑关系，巧妙设计了洪水淹没微面域的构造方法及流程(避免了反复的遍历搜索)，这使算法执行效率很高且并不复杂，可满足实时构建洪水淹没场景的需求。荆江—洞庭湖实例测试表明，该方法在应用于构建真实流域大范围洪水淹没场景时耗时可低至秒级水平。④避免了直接使用无结构网格单元作为图元来构建洪水淹没场景，解决了在流域大范围洪水淹没可视化时场景含有图元数量过大、渲染与动态展示困难等问题。同时，该方法存在如下缺点：①一维模型计算并未真实模拟水流在河湖沿岸陆域中的演进过程，模拟精度降低；②一维模型计算结果不能支撑构建平面流场；③在连通关系较复杂的陆域，基于空间插值构造出的淹没范围、水深平面分布等与实际情况可能存在差别，产生一些虚假的局部淹没区域(如在陆域中某些孤立低洼区产生虚假淹没)。

▶ 11.3.4 基于 WebGIS 的洪水淹没场景可视化

目前常用于洪水三维场景展示的工具有基于 DirectX 和 Vulkan 的可视化引擎 Unreal Engine(UE[4-6])、基于 WebGL 的开发包 Cesium[7-10]等。其相同点是，①均可实现高性能 3D 地图渲染；②都提供了各种点、线、面绘图要素并支持在这些要素上添加样式和属性，来实现数据的可视化；③都支持加载矢量和分级栅格瓦片来构建三维场景，并支持在局部加载高分辨率的倾斜摄影数据以改进场景渲染效果；④都提供了缩放、平移、旋转等用户交互功能，允许用户在地图上通过鼠标、键盘、触摸等进行交互操作；⑤都可使用插件和开发包来增强地图应用的功能和性能。此外，也有些可视化引擎直接基于三维空间散点进行渲染，如深圳优立公司的产品。这类可视化引擎在展示大型三维场景时需操作海量数据，使渲染速度受到限制，同时也对计算机硬件提出了较高的要求。

基于 WebGIS 的可视化技术在目前洪水场景展示领域中应用最普遍，它涉及前端与后端开发。下面介绍一种简单的基于 Cesium 的洪水可视化方法。

1. 简易 B/S 架构前后端开发技术概述

洪水演进计算与展示网络平台可采用前端、后端分离的研发方式。在这种研发方式下，后端负责洪水演进计算、数据空间映射、淹没场景数据生产等，前端负责读取后端准备的数据(通常为 json 格式)进行洪水场景构建和展示、人机交互等。而且，前端、后端一般作为两个不同的工程进行独立研发，分别有独立的代码库和各自的开发人员，并常常被部署在不同的服务器上。前端、后端的工程师约定好交互端口，前端通过调用后端接口的数据实现二者交互。

前端、后端分离的研发方式具有如下优点：①分工与责任界限明确，研发工作更专一、效率更高；②二者研发互不干扰，前端无需向后端提供开发模板，后端也无需向前端嵌入代码；③性能提升，通过前端的路由配置可实现页面按需加载，无需在进入首页时就加载网站的所有数据，后端服务器也无需解析前端网页；④两者代码中的漏洞(Bug)互不影响，降低了系统的维护成本。

前端、后端可选用不同框架来构建各自的系统，目前常用的轻量级组合为，采用 SpringBoot 框架构建后端系统，采用 Vue 框架构建前端系统，将 Cesium 作为"依赖包"加载到前端 Vue 框架之中。在数据交互方面，较简单的方法为，在前端使用 Html 页面通过 ajax 调用后端 Restuful API 数据接口的数据。所涉及的 SpringBoot 和 Vue 框架、Cesium 开发包(依赖包)简介如下。

Spring 是基于 Java 的一种开源应用框架。它无需开发重量级的可重复使用组件(JavaBean)，而是通过依赖包注入、面向切面编程等实现 JavaBean 的功能，同时为开发者提供了一系列解决方案及大量的 Web 框架。Spring 的配置包括 xml、注解、Java 配置 3 个阶段，十分繁琐和复杂；同时，在项目中对依赖包的管理也是一个较棘手的问题，一旦选择了错误的依赖包版本，将产生不兼容问题。为了解决 Spring 的弊端，Pivotal 团队提供了一种定位于简化 Spring 搭建和开发过程的开源轻量级框架，称为 SpringBoot[11-13]。SpringBoot 通过集成大量的框架，使依赖包的版本冲突、引用不稳定等问题得到了很好的解决。

Vue 是一款用于构建用户界面的 JavaScript 框架[14-17]。它采用数据驱动模式，通过操作数据而尽量避免通过操作 dom 树来操控所有的一切。在 Vue 框架中，视图和数据通过 ViewModel 进行通信，而不能直接交互。ViewModel 作为一个观察者，监听数据的变动并通知对应的视图进行更新。Vue 基于数据驱动和组件化思想构建，它的核心库只关注视图层，并提供了十分简洁和易于理解的 API。

Cesium 是一款面向三维数字地球和地图的 JavaScript 开源库[7-10]。它支持多种场景模式，可用于渲染 3D 地球、2D 地图、各种地理信息等，能做到二维、三维一体化。Cesium 支持 WebGL 硬件加速，适用于数据在 GIS 图层上动态展示。通过加载 Cesium 提供的 Java 开发包，用户可快速搭建 WebGIS 应用，且无需安装任何插件就能在支持 Html5 标准的浏览器上运行。通过使用 Cesium 提供的 API，可得到全球级别的高精度地形、影像和海量的三维模型、矢量等数据。

2. 江湖洪水演进过程的展示流程

基于 Vue+Cesium，进行江湖系统洪水演进过程的展示，主要包括加载数字地球、生产与获取淹没数据、展示洪水淹没场景、动态播放 5 个步骤。

第 1 步，在前端使用 Cesium 的 API 函数加载三维数字地球作为洪水可视化的背景，可供导入的地图资源包括天地图、谷歌地图、高德地图等。在此基础上，使用 FlyTo、SetView 等 API 函数，将网页的视觉窗口定位到目标区域。

第 2 步，在后端调用水动力模型开展江湖洪水演进过程计算，将断面水力数据映射到二维非结构网格，进而生产构造淹没场景所需的各种层级的微面域数据，并将它们保存为可视化引擎所规定的图元格式数据。

第 3 步，前端从后端获取流域基础信息、江湖洪水淹没分布的时间序列数据(各时刻不同精细程度的微面域)等。较为简单的实现方法为，前端通过 axios 组件向后端的数据存储地址发起访问，并获取以 json 格式存储的各类数据。

第 4 步，展示江湖洪水淹没场景。一般可采用实体(entity)、图元(primitives)等方法。Cesium 提供了展示实体的 API 函数，通过为实体添加坐标、材质、贴图等属性达到想要展示的效果。使用从后端接口读取的 json 数据设置实体属性，即可展示洪水淹没区域的分布。基于实体的展示方法的缺点为，当地理范围较大、需展示的微面域较多时，需渲染大量的实体并占用大量内存(甚至超过浏览器所允许的容量)，导致洪水淹没场景展示卡顿甚至引起浏览器崩溃。

基于图元的展示方法是指，将某一时刻淹没场景中的所有微面域的地理信息数据打包并基于它们创建一个集合图元进行展示。一般而言，相对于基于实体的展示方法，基于图元的展示方法在效率上会有显著提升。

第 5 步，动态播放洪水演进过程。为各时刻的洪水淹没场景（每个时刻为一帧）分别创建一个图元进而形成一个时间序列（亦可将各帧数据集中装载到一个图元之中），再根据时间顺序依次显示各时刻的淹没场景，即可实现洪水过程的动态展示。以荆江—洞庭湖系统为例的洪水过程展示如图 11.15 所示。

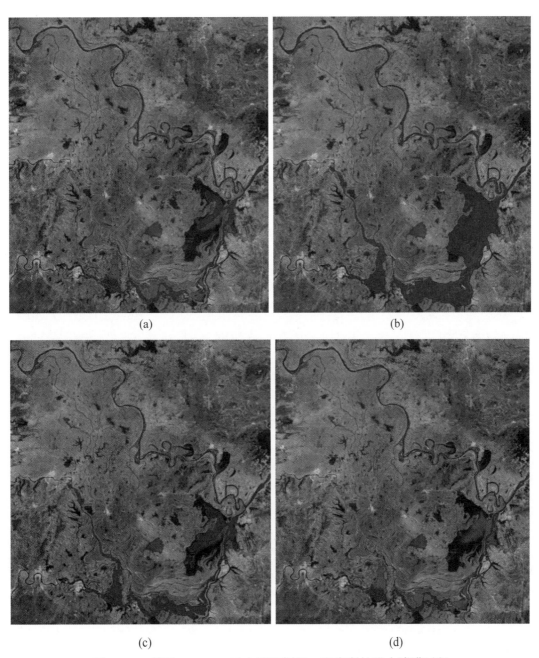

(a)　　　　　　　　　　　　　　　(b)

(c)　　　　　　　　　　　　　　　(d)

图 11.15　基于 WebGIS 动态展示荆江—洞庭湖的洪水演进过程

(a)枯→汛过渡时段淹没分布；(b)洪峰时段淹没分布；(c)汛→枯过渡时段淹没分布；
(d)洪水退却后枯季的淹没分布

11.4 河流在线计算的设想

数字流域建设主要内容包括：建立数据底板，实现流域信息查询与管理；对水文、水动力、水环境等模型进行标准化封装，建立水利专业模型库，实现模型在线计算；建立数字化场景，实现模型计算结果的动态展示和分析；建立针对性的水利业务(如防洪、水资源利用、水环境保护等)应用平台。作为其中的关键环节，河流在线计算对模型性能提出了比常规应用更高的要求。本节介绍河流在线计算的多维复合数值模拟解决方案，并探索河流在线计算系统的设计。

▶ 11.4.1 多维复合河流数值模拟方法

相对河流数学模型的常规应用，河流在线计算提出了标准化封装、实时计算、场景构建与展示等新要求。标准化封装虽较繁琐但难度不大，而同时低维与高维模型均存在实时计算与场景构建难以兼顾的问题。在满足模型应用时效性的前提下，目前较先进的河流数学模型[2]的计算效率仅能支撑流域大范围一维模型与局部河段二维模型的实时计算。一维模型虽然效率很高，但只能算出河湖断面的宏观特征(难以提供满足场景构造所需的细节数据)。二维模型虽能提供充足的水动力与物质输运细节，但在用于大时空模拟时又很难满足时效性要求。鉴于此，下面介绍一种多维复合数值模拟方法，它可缓解实时计算与场景展示的矛盾。

河流多维复合数值模拟的原理为，先采用低维模型算出河流的宏观要素，再使用它们及高维计算网格、预先储存的各种物理因子的空间分布等，构造河流场景的高维细节。这个复合概念适用于水流及各种物质输运的模拟。以水沙数值模拟为例，所述的多维复合数值模拟框架如图 11.16 所示。多维复合水沙数值模拟的关键在于，建立各种水沙因子的空间分布函数(数学表达式)，并借助它们构造特定开边界条件或场景下的水沙因子的较高维度的分布。

在多维复合水沙数值模拟中，可使用实测数据分析、高维模型计算等开展预研究，建立水深、流速、泥沙浓度等的空间分布函数并将它们储存到数据库。高维模型预研究的方法如下。①建立研究区域的二维模型并在各种典型开边界条件下开展数值试验，基于计算结果，采取数理解析或大数据相关分析等方法，分析水沙因子及河床冲淤的平面分布规律并建立对应的分布函数。②建立研究

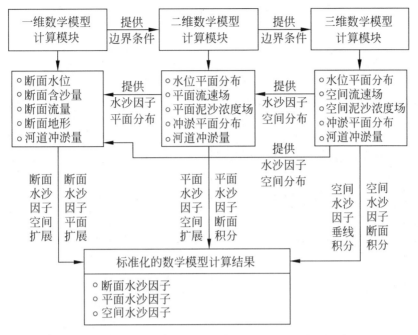

图 11.16　河流多维复合数值模拟的工作流程（以水沙模拟为例）

区域的三维模型并在各种典型开边界条件下开展数值试验，对研究区域中水沙因子的垂线分布规律进行数学解析或大数据相关分析并得到分布函数。

　　应用水沙变量分布函数构建高维水沙物理场的方法如下。①建立研究区域整体的一维模型，通过计算得到断面的水位、流量、泥沙浓度、地形、冲淤量等数据。②在构建平面水沙物理场时，从数据库中取出水沙因子的平面分布函数，基于它和断面数据进行二维构建，就可获得水沙因子的平面分布。③在构建三维水沙物理场时，先基于断面数据进行二维构建，再从数据库中取出水沙因子沿水深的分布函数进行三维构建。如果已具备二维模型的计算结果，则可基于它直接开展三维构建并获得水沙因子的三维空间分布。

　　多维复合模型解决了低维模型（计算结果信息不足）与高维模型（计算量过大）能力与效率不能兼顾的问题，为开展河流在线计算提供了强力支撑。需指出，河流多维复合数值模拟目前还处在探索阶段，亟待深入研究、充实与实践。

▶ 11.4.2　流域洪水演进在线计算初探

　　准确高效的河流数学模型为模拟河流物理过程提供了坚实内核，日新月异的WebGIS 及网络编程技术又提供了强大的系统平台研发工具。这两方面支撑使研发河流在线计算系统具有可行性。下面以流域洪水演进模拟为例，从功能模块、前后端设计等入手，探索河流在线计算系统的具体实现。

1. 洪水演进模拟的功能模块设计

流域洪水演进在线计算系统，通过模拟、展示、人机交互等，实现洪水预演、风险评估、防洪预案制定等功能。该系统的主要模块设计如下。

(1)流域信息查询与展示模块。在数字地球背景上，通过鼠标键盘等操作调用流域数据底板，实现如下功能：①查看与分析研究区域的地理坐标、地形地貌、下垫面信息、气象资料、水文站资料等；②查看建模区域的范围、各类边界等，以及一维、二维模型的计算网格和断面地形、散点地形等。

(2)水利专业模型配置模块。①构建水文、水动力、水工程运用等的数学模型，对它们进行标准化封装；②创建水利专业模型控制参数的设置页面，以便设定模型计算的起止时刻、启动选项、结果输出的时间间隔及位置等；③创建水利专业模型计算参数的设置页面，以便设定模型的计算参数、初始条件等；④创建水利专业模型的开边界及数据连接页面，以设定水动力模型的开边界或关联水文模型、水工程调度模型计算结果，如设定水动力模型各开边界的属性(入流、出流)及对应的流量、水位时间序列，指定区间产流的入汇地点和流量过程等。

(3)水文(产流)模型率定模块。功能与工作流程为，①根据已有资料情况选定率定计算的时段，在数据底板中自动搜索并加载对应时段的气象、墒情、附近水文站实测流量等数据；②调用水文模型计算各子流域或区间的产流过程，通过比较产流计算结果与实测数据(区间首尾控制性水文断面流量的差值)评估模型计算参数的好坏程度；③根据计算参数的评估结果及调整规则，调出计算参数设置页面设定更优的参数，然后再进行第②步的操作，如此反复直至模型计算结果符合要求或参数组合达到较优；④得到各子流域或区间的模型计算参数。

(4)水动力模型参数率定模块。功能与工作流程为，①根据已有资料情况选定率定计算的时段，在数据底板中自动搜索和加载对应时段的水文测验、水文站数据；②调用水动力模型计算江湖河网水面线、断面水流过程等，通过比较计算结果与实测水位、流量等评估模型计算参数的好坏；③根据计算参数的评估结果及调整规则，调出计算参数设置页面设定更优的参数，再进行第②步的操作，如此反复直至参数符合要求或达到较优；④得到各河段的模型计算参数。

（5）洪水预演模块。①根据防洪需求，制定典型的水文条件组合；②分析水库、蓄滞洪区、抽排泵站等的特点，制定多种备选的水工程运用组合；③在不同组合的水文和水工程运用条件下，调用水利专业模型开展区域洪水演进模拟，将计算结果保存到数据库；④借助河流多维复合数值模拟方法，构建洪水演进场景，基于数字地球动态地展示洪水场景及其变化过程。

（6）洪水风险评估模块。①根据洪水预演结果，分析流域控制性断面洪水要素的变化规律和研究区域各部分的淹没风险；②根据研究区域中人口、建筑物等的分布和淹没情况（淹没范围、水深及洪水流速等）综合评估洪水风险。

（7）防洪预案模块。①根据洪水预演结果，定量评估研究区域附近水工程（水库、蓄滞洪区、民垸等）的作用，主要计算在水工程的各种运用方式下蓄洪量、滞洪时间、洪峰削减率等洪水情势关键指标的变化；②生成有、无工程调节作用下区域洪水演进过程的关键指标的报表，分析在不同水工程调度方案下洪水要素的变化规律，据此开展水工程调度方案比选并得到最优的区域防洪预案。

2. 简易在线计算系统设计

介绍一种简易的洪水演进在线计算系统，它采用 SpringBoot 框架开展后端研发，同时在 Vue+Cesium 框架下进行前端研发。研发该系统所需完成的预备工作包括水利专业模型程序的标准化封装、网络传输数据格式的选定等。

（1）水利专业模型程序的标准化封装。前后端研发大多采用 Java、C# 等计算机语言，与研发水利专业模型常采用的语言（Fortran、C/C++等）并不相同。多种语言混合编程不仅操作复杂而且可靠性不高。为了克服语言不一致的问题，人们常常将专业计算程序（以流域洪水演进一维模拟与可视化为例，包括产流计算、水动力计算、淹没微面域构造、地理坐标转化等）编译成可执行文件（exe）。若采用多维复合数值模拟方法，还需建立由低维结果向高维洪水场景要素映射的转换库及对应的可执行文件。在线计算系统通过调用这些可执行文件实现专业计算及相关数据转化。标准化封装的目的是实现专业计算程序与基础数据（如计算网格与地形数据及模型控制参数、计算参数、开边界条件等）的分离。因而，在对专业计算程序进行标准化封装的同时，还需使用若干文件对模型的基础数据分别进行规范化的存储。

（2）选定网络传输数据的格式。在前端与后端之间传递数据目前大多采用 json

格式，其优点为：清晰明了、易读写；都是压缩格式、占用带宽小；支持多种服务器端语言、便于解析；能直接作为服务器端代码使用，大幅简化了服务器端和客户端的代码编制工作且易于维护。在 SpringBoot 框架下，可在 Controller 中指定数据传输方法。在使用@RestController 进行自动配置后，在每个数据传输类中只需进行地址传输、类型设置等少量工作，即可实现前后端的数据交换。

（3）后端研发。专业计算程序均已被封装成可执行文件，因而后端不再包含相关代码。在 SpringBoot 框架下，Controller 将用户在前端提交的请求通过与各URL 进行匹配后分配给对应的接收器，在处理完成后向用户返回结果。借助Controller 定义的方法调用专业模型的可执行文件，同时将执行进度、计算结果等信息传递给数据接口供前端调用。具体而言，在收到前端发送的业务请求后，后端将依次执行如下任务：①模型计算，如调用水利专业模型模拟洪水演进（可使用一个辅助变量记录执行进度）；②数据处理，如基于计算结果生成不同精度的洪水淹没微面域；③数据转化，将微面域大地坐标转化为经纬度并保存为 json 数据以备前端调用。

（4）前端研发。Vue 框架主要由配置、模块、组件、路由等部分及作为功能入口的 main.js 文件组成。前端除了需加载 Cesium.js 依赖包，通常还会导入一些其他依赖包，如加载 axios 库进行前后端数据交互、ElementUI 库进行界面设计、echarts 库进行图表制作。系统首页对应根地址，使用 Cesium 的 API 加载三维数字地球、流域信息、水文站点、水工程信息等，并定位到目标区域。

（5）动态展示。通过在前端设定时间逻辑函数，便可进行洪水场景的依次播放，实现洪水演进过程、淹没分布随时间变化的动态展示。在拥有流域三维地形、地物地貌、水工程等的背景中展示洪水场景及其变化，远比单调展示模型结果数据更加形象。以前述荆江—洞庭湖系统为例，在线计算系统可在 2min 内完成年洪水演进模拟、淹没场景构建、前后端数据传输、前端可视化等系列工作。

参考文献

[1] 胡德超. 江河湖库与城镇洪水演进专业模型库研发专题研发报告[R]. 武汉: 长江科学院, 2022.

[2] 胡德超. 大时空河流数值模拟理论[M]. 北京: 科学出版社, 2023.

[3] 周建银, 胡德超, 赵瑾琼. 复杂水力条件下的洪水演进模拟及规律研究[R]. 武汉: 长江科学院, 2021.

[4] 朱阅晗, 张海翔, 马文娟. 基于虚幻 4 引擎的三维游戏开发实践[J]. 艺术科技, 2015, 28(9): 5-6.

[5] 符清芳, 张茹. 基于虚幻 4 的自然场景制作[J]. 电脑知识与技术, 2016, 12(31): 188-189.

[6] 余肖翰, 余麒祥. 基于 UE4 引擎的海洋虚拟可视化初探[J]. 应用海洋学报, 2017, 36(2): 295-301.

[7] 朱栩逸, 苗放. 基于 Cesium 的三维 WebGIS 研究及开发[J]. 科技创新导报, 2015, 12(34): 9-11.

[8] 江华, 季芳, 龙荣. 基于 Cesium 的倾斜摄影三维模型 Web 加载与应用研究[J]. 中国高新科技, 2017, 1(6): 3-4.

[9] 孙晓鹏, 张芳, 应国伟, 等. 基于 Cesium.js 和天地图的三维场景构建方法[J]. 地理空间信息, 2018, 16(1): 65-67.

[10] 乐世华, 张煦, 张尚弘, 等. 基于 Cesium 的 WebGIS 流域虚拟场景搭建[J]. 水利水电技术, 2018, 49(5): 90-96.

[11] 张峰. 应用 SpringBoot 改变 Web 应用开发模式[J]. 科技创新与应用, 2017(23): 193-194.

[12] 吕宇琛. SpringBoot 框架在 Web 应用开发中的探讨[J]. 科技创新导报, 2018, 15(8): 168, 173.

[13] 邵健伟, 梁忠民, 王军, 等. 基于 SpringBoot 框架的中长期水文预报系统设计与开发[J]. 水电能源科学, 2020, 38(4): 6-9, 5.

[14] 朱二华. 基于 Vue.js 的 Web 前端应用研究[J]. 科技与创新, 2017(20): 119-121.

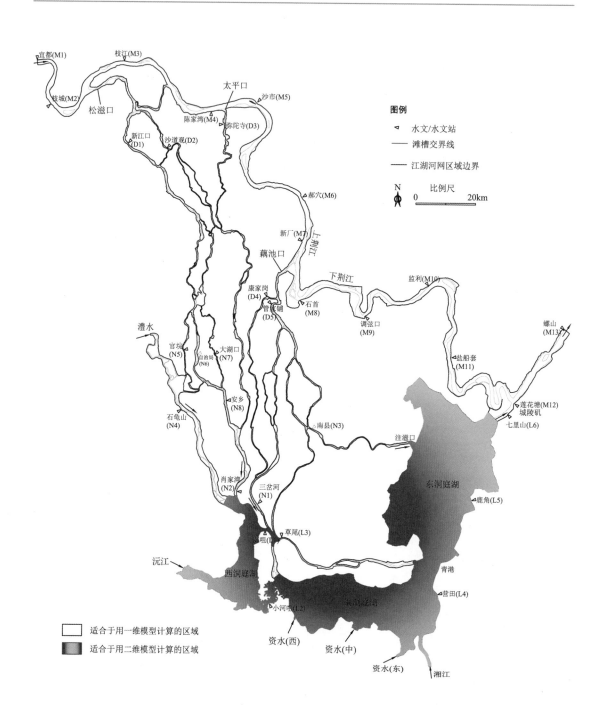

Tecplot 可用于对河流数学模型的计算结果进行可视化,尤其可实现各种物理场(地形、水位、水深、流速、物质浓度、冲淤厚度等)的动态展示。Tecplot 可识别的数据格式主要包括点式(POINT)与块式(BLOCK)两种,分别对应于基于无结构网格、结构网格的物理场数据。BLOCK 数据格式要求计算网格在每一个坐标维度上具有相等的离散点数量。其一,以本书图 3.12(横断面环流在河道沿程变化)为例介绍使用两种数据叠加展示三维地形及河道立面环流的方法。

①制作地形文件。对于基于平面二维无结构网格数据,采用 POINT 数据格式,其文件头如图 B.1 所示。数据部分为:先按编号由小到大依次存放各节点的 X、Y、Zb 数据(每行储存一个节点)直至最后一个节点;再按编号由小到大依次存放各单元所包含的节点的列表(每行储存一个单元)直至最后一个单元。

图 B.1　适用于 Tecplot 软件的无结构网格地形数据格式

②制作立面环流(类似于横断面切向流场)数据文件。假设河道中某横断面由 J 条(表 B.1 的代码用 N 表示)垂线代表,每条垂线上有 I 个(代码中为 nv+1)离散点,则该横断面就被一个 $J×I$ 结构化网格覆盖。对于结构网格数据,采用 BLOCK 数据格式,其文件头如图 B.2 所示。"ZONE T="T= 0.00h", I=11, J=41, F=BLOCK"表示该结构化网格有 11 行 41 列。表 1 代码中,横断面各垂线各离散点环流流速的水平与垂向分量分别被保存在两个二维数组 v_g、w_g 之中。图 B.2 的储存规则为,先针对单个变量存完其在立面中的所有离散点数据后,再存下一变量的数据。

③绘图。加载平面地形及所有立面数据,使用 Tecplot 的 3D Cartesian 模式。在 Plot→ Vector→ Varaibales 选项中,分别选定 U、V、W 对应的变量。

表 B.1　将立面环流数据输出为 Tecplot 可识别格式数据的 C++代码

```
//C++语言结构体与变量定义
typedef struct CROSECTV //横断面中的垂线
{
        double    x;   //垂线的平面位置
        double    y;   //垂线的平面位置
        double    eta; //垂线处的水位高程
        double    Zb;  //垂线处的底面高程
}CroSectV,*lpCroSectV;
int    N; //横断面中的垂线的数量
CroSectV CSPV[N]; //横断面中的垂线
FILE    *stream;  //文件指针
string tfile;     //字符串变量
double x1j, y1j; //横断面水平投影线左端点
double x2j, y2j; //横断面水平投影线右端点
double thetan;   //横断面水平投影线的方向
thetan=atan2(x1j-x2j,y2j-y1j);
double sn_x,sn_y; //方向变量
sn_x= cos(thetan);
sn_y= sin(thetan);


//垂向剖面环流流场的文件输出
stream=fopen("立面环流数据.dat","a+");
fprintf(stream,"TITLE =\"Profile RESULT\"\n");
tfile="VARIABLES = \"X\" \"Y\" \"Z\" \"U\"\"V\" \"W\" ";
fprintf(stream,"%s\n",tfile.c_str());
fprintf(stream,"ZONE T=\"T=%.2fh\",I=%d, J=%d,F=BLOCK\n",
time,nv+1,icount2);
```

```
for(i=0;i<N;i++)//输出 x 坐标
{      for(k=0;k<=nv;k++)
       {fprintf(stream,"%e\t",CSPV[i].x);}
       fprintf(stream,"\n");         }
for(i=0;i<N;i++)//输出 y 坐标
{      for(k=0;k<=nv;k++)
       {fprintf(stream,"%e\t",CSPV[i].y);}
       fprintf(stream,"\n");         }
for(i=0;i<N;i++)//输出 z 坐标
{      deltaZ=Max(CSPV_[i].eta-CSPV[i].Zb,0.0);
       for(k=0;k<=nv;k++)
       {fprintf(stream,"%e\t",
          CSPV[i].Zb + (1+sgm[k])*deltaZ +0.5);}
       fprintf(stream,"\n");        }
for(i=0;i<N;i++)//输出 U
{      for(k=0;k<=nv;k++)
       {fprintf(stream,"%e\t",-vg[i][k]*sn_y);}
       fprintf(stream,"\n");         }
for(i=0;i<N;i++)//输出 V
{      for(k=0;k<=nv;k++)
       {fprintf(stream,"%e\t",vg[i][k]*sn_x);}
       fprintf(stream,"\n");         }
for(i=0;i<N;i++)//输出 W
{      for(k=0;k<=nv;k++)
       {fprintf(stream,"%e\t",wg[i][k]*0.1);}
       fprintf(stream,"\n");         }
fclose(stream);
```

图 B.2　适用于 Tecplot 软件的结构化网格变量数据格式

　　其二，Tecplot 还支持点式与块式的混合数据，主要用于三维模型计算结果的可视化。以基于平面无结构垂向 σ 网格的三维模型为例，输出计算结果的代码见表 B.2，此时 ZONETYPE 为"FEBRICK"。数据输出思路为，首先输出节点及基于它的物理场数据；其次输出三维网格单元的拓扑关系(以六面体为例，即单元包含的 8 个节点的列表)。在输出节点数据时，采用逐层输出的方法，即在输出完第 1 层的数据后，再输出第 2 层的数据直到所有的层。在输出单元拓扑关系数

据时，仍采用逐层输出的方法。对于一个在平面上有 np 个节点、ne 个单元且有 nv+1 个层面的三维计算网格，输出数据文件的格式如图 B.3 所示。

表 B.2　将三维模型结果数据输出为 Tecplot 可识别格式的 C++代码

```
stream=fopen("3D 结果.dat","a+");
tfile="VARIABLES = \"X\" \"Y\" \"Z\" \"U\" \"V\" \"W\" ";
fprintf(stream,"%s\n",tfile.c_str());
fprintf(stream,"ZONE ");
fprintf(stream,"N=%d, E=%d,DATAPACKING=POINT, ZONETYPE=FEBRICK \n",
np*(nv+1),ne*nv);
//先输出节点
for (k=0;k<=nv;k++)   //k 层
{
        for(i=0;i<np;i++) //i 节点
        {
                zb_=zmsl-dp[i];
                zf_=zmsl+peta[i];
                if(sgm[k]<=-1) zbb_=zb_;
                else if(sgm[k]>=0) zbb_=zf_;
                else zbb_=zmsl+peta[i]+sgm[k]*D_p1[i];
                u=uu2[i][k]; v=vv2[i][k]; w=ww2_z[i][k]*0.1;
                fprintf(stream,"%e\t%e\t%e\t%e\t%e\t%e",m_X[i],m_Y[i],zbb_,u,v,w);
                fprintf(stream,"\n");
        }
}
//再输出单元
for(k=1;k<=nv;k++) //k 层
{
      for(i=0;i<ne;i++) //i 单元
        fprintf(stream,"%d\t%d\t%d\t%d\t%d\t%d\t%d\t%d\t\n",
                (k-1)*np+nm[i][0]+1,(k-1)*np+nm[i][1]+1,
                (k-1)*np+nm[i][2]+1,(k-1)*np+nm[i][3]+1,
                (k)*np+nm[i][0]+1,(k)*np+nm[i][1]+1,
                (k)*np+nm[i][2]+1,(k)*np+nm[i][3]+1);
}
fclose(stream);
```

```
3D结果.dat - 记事本
文件(F)  编辑(E)  格式(O)  查看(V)  帮助(H)
TITLE ="Data with original node ordering"
VARIABLES = "X" "Y" "Z" "U" "V" "W" "UVW" "k" "eps"
TEXT CS=FRAME X=70,Y=80 H=20 ZN=0, HU=POINT, T="-0.001 days"
ZONE N=61160, E=53910,DATAPACKING=POINT, ZONETYPE=FEBRICK
395987.80  267896.40  26.91  2.069E-02 -1.436E-01  1.866E-05   1.451E-01  2.472E-04  1.944E-04
396993.30  268070.40  21.14  7.969E-02 -3.176E-01  6.809E-05   3.275E-01  8.309E-04  1.193E-03
397088.30  267672.00  20.74  7.052E-02 -2.924E-01 -1.968E-04   3.008E-01  6.986E-04  9.369E-04
......
2921    3329    265    17     8481    8889    5825    5577
3329    3348    266    265    8889    8908    5826    5825
3348    3367    267    266    8908    8927    5827    5826
......
```

图 B.3　Tecplot 可识别的三维模型计算结果的数据格式

AutoCAD 提供了强大的 scr 脚本绘图功能，可通过自动绘制点、直线、多段线及填充封闭区域等，实现河流数学模型计算结果可视化。还可按照变量值对所绘制的图元的属性(如线宽、颜色等)进行设置，以实现形象展示。具体绘图用途包括生成散点地形图、批量绘制河道断面线、绘制二维网格、绘制地形等高线、生成流速矢量场、绘制各种物理量(水位、水深、流速、浓度、冲淤厚度等)的等值线等。可视化编程十分简单，只需将模型计算结果先按照 scr 文件格式输出，再执行 AutoCAD 中"工具"选项中的"运行脚本"即可。用于绘制散点地形图的 scr 脚本的 C++ 代码及数据格式示例文件分别如表 C.1 和图 C.1 所示。

表 C.1　生成带颜色的散点地形图的 scr 文件的 C++代码

```cpp
void scr_color(double xmax,double xmin,double x0,int &ci,int & cj,int
&ck,int k1,int k2)
{   //k1,k2 表示颜色上下限 6 白/5 紫/4 红/3 黄/2 绿/1 青/0 蓝
    k1=k1*256; k2=k2*256;
    double xmin1;
    int i0,j0,k0,c0;
    if(xmax!=xmin)
    {   xmin1=xmin+(xmax-xmin)*0.02;
        c0=k2+int((x0-xmin1)/(xmax-xmin1)*(k1-k2));
        if(c0<0) c0=0;          }
    else c0=k2;

    if(k1>k2) {if(c0>=k1) c0=k1;if(c0<=k2) c0=k2;}
    else{if(c0<=k1) c0=k1;   if(c0>=k2) c0=k2;}
    //红绿蓝三基色 i,j,k
    if(c0<=256) {i0=0;j0=c0; k0=255;}//青蓝
    if(256<c0&&c0<=512) {i0=0; j0=255; k0=512-c0;}//绿青
    if(512<c0&&c0<=768) {i0=c0-512; j0=255; k0=0;}//黄绿
    if(768<c0&&c0<=1024) {i0=255; j0=1024-c0; k0=0;}//红黄
    if(1024<c0&&c0<=1280) {i0=255;j0=0;k0=c0-1024;}//紫红
    if(1280<c0) {i0=255;j0=c0-1280;k0=255;}//白紫

    if(i0<0) i0=0; if(i0>255) i0=255;
    if(j0<0) j0=0; if(j0>255) j0=255;
    if(k0<0) k0=0; if(k0>255) k0=255;
    ci=i0;cj=j0;ck=k0;
}
```

```cpp
//---输出 scr (带颜色的地形散点)
//红、蓝色对应的变量值
double ured=80,umin=60;
Out =fopen ("point.scr","w+");
//定义线宽
fprintf(Out,"pline 0,0 w 0 0 \nRedraw\n");
//定义输出区域的范围
fprintf(Out,"Limits %14.9e,%14.9e %14.9e,%14.9e\n",
xpmin,ypmin,xpmax,ypmax);
fprintf(Out,"Zoom E\n");//缩放
//新建图层
fprintf(Out,"Layer make zb_w coLor 001
set zb_w \n");
//输出地形散点
for(j=0;j<NP1;j++)
{
    scr_color(ured,umin,zb1[j],ci,cj,ck,4,0);
    fprintf(Out,"Color t %d,%d,%d\n",
            ci,cj,ck); //设置颜色
    //输出带颜色的散点
    fprintf(Out,"_point ");
    fprintf(Out,"%.4f,%.4f,%.2f\n",
            x1[j],y1[j],zb1[j]);
}
fprintf(Out,"Zoom all\n");
fclose(Out);
```

```
point.scr - 记事本
文件(F) 编辑(E) 格式(O) 查看(V) 帮助(H)
pline 0,0 w 0 0
Redraw
Limits 5.225718100e+005,3.275038804e+006 5.304218100e+005,3.283788804e+006
Zoom E
Layer make zb_w coLor 001  set zb_w
Color t 255,0,0
_point 522675.8100,3283788.8044,86.04
Color t 0,162,255
_point 529079.8100,3280410.8044,63.51
......
Zoom all
```

图 C.1　绘制散点地形数据的 scr 脚本文件数据格式

对于一个拥有 np 个节点的平面二维网格（结构化网格、无结构网格均为），输出基于该网格的流场的 scr 文件的 C++代码见表 C.2。此外，用于填充封闭区域及绘制文字的 scr 脚本的数据格式示例文件见图 C.2。

表 C.2　输出散点地形的 scr 文件的 C++代码

```
void scr_arrow(double *x,double *y, double ur, double angu)
{
        double ss=0.3;   //箭尖相对长度
        double ang=8.0; //箭尖角度
        double auv=angu*3.1415926/180.0;
        double uz=ur*cos(auv);
        double vz=ur*sin(auv);
        double aa=ang*3.1415926/180.0;
        double cosa=cos(aa);
        double sina=sin(aa);
        double ass;
        ass=0.8*ss; //尾巴长短(越大越短)
        x[1]=x[0]+uz;
        y[1]=y[0]+vz;
        x[2]=x[1]-ss*(cosa*uz+sina*vz);
        y[2]=y[1]+ss*(sina*uz-cosa*vz) ;
        x[3]=ass*x[0]+(1-ass)*x[1];
        y[3]=ass*y[0]+(1-ass)*y[1];
        x[4]=x[1]-ss*(cosa*uz-sina*vz);
        y[4]=y[1]-ss*(sina*uz+cosa*vz);
        x[5]=x[1];
        y[5]=y[1];
}
```

```
//输出流场
int nstep=1; //当 i 为 step 整数倍时输出
for(i=0;i<np;i++) //np
{
    if(up[i]<=1e-3) continue;
    if( int(i/nstep)*nstep-i==0 )
    {
        scr_color(ured,umin,up[i],ci,cj,ck,5,0);
        fprintf(stream,"Color t %d,%d,%d\n",ci,cj,ck);
        xar[0]=m_X[i];
        yar[0]=m_Y[i];
        //构造流速矢量
        scr_arrow(xar,yar,uv[i],ag[i],kstyle);
        fprintf(stream,"_pline\n");//输出流速矢量
        for(iar=0;iar<6;iar++)
        {
            if(iar!=5)
                fprintf(stream,"%14.9e,%14.9e ",xar[iar],yar[iar]);
            else
                fprintf(stream,"%14.9e,%14.9e \n",xar[iar],yar[iar]);
        }
    }
}
```

```
填充注释块.scr - 记事本
文件(F) 编辑(E) 格式(O) 查看(V) 帮助(H)
Layer make Lb0004000 coLor 180  set Lb0004000
coLor 180
Hatch solid  Y
2.597320060e+005,3.539916268e+005
2.616582190e+005,3.539916268e+005
2.616582190e+005,3.533759228e+005
2.597320060e+005,3.533759228e+005
CLOSE
Layer make MyTEXT color 7  set MyTEXT
Text m 2.626213255e+005,3.536837748e+005 3.078520e+002  -4.0
```

图 C.2　用于填充封闭区域的 scr 脚本的数据文件示例